普通高等教育材料科学与工程“十二五”规划教材

工程材料及热成形技术
（第2版）

徐　跃　张新平　主编
张乐莹　齐加胜　江金国　副主编

国防工業出版社
·北京·

内 容 简 介

本书内容分为四篇。第1篇为工程材料的基本理论，包括金属材料、高分子材料、陶瓷材料、复合材料四种工程材料的组织结构，材料化过程中的组织控制及组织和性能的关系，金属材料的热处理与改性理论和高分子材料、陶瓷材料的改性理论。第2篇为工程材料，系统介绍了每种工程材料的种类、成分、组织结构、性能特点和应用。第3篇为工程材料的热加工，着重介绍了铸造、压力加工和焊接三种热加工工艺和它们当前最新的工艺发展情况。第4篇为工程材料的选用，介绍了工程材料的失效种类、原因和预防措施，材料工程应用的选材原则。各章均附有本章目的、本章重点、本章难点、思考题与习题。

本书根据高等工科院校机械类专业的"工程材料及机械制造基础"课程相关教学大纲和教学基本要求编写，可作为高等院校机械类专业学生的教材，也可供有关工程技术人员学习、参考。

图书在版编目(CIP)数据

工程材料及热成形技术 / 徐跃，张新平主编. —2版. —北京：国防工业出版社，2015. 10

普通高等教育材料科学与工程"十二五"规划教材

ISBN 978-7-118-10422-6

Ⅰ.①工… Ⅱ.①徐… ②张… Ⅲ.①工程材料-热成型-工艺-高等学校-教材 Ⅳ.①TB3

中国版本图书馆CIP数据核字(2015)第225568号

※

国防工业出版社出版发行

(北京市海淀区紫竹院南路23号 邮政编码100048)

腾飞印务有限公司印刷

新华书店经售

*

开本 787×1092 1/16 **印张** 21 **字数** 478千字

2015年10月第2版第1次印刷 **印数** 1—3000册 **定价** 39.50元

(本书如有印装错误，我社负责调换)

国防书店：(010)88540777 发行邮购：(010)88540776

发行传真：(010)88540755 发行业务：(010)88540717

普通高等教育材料科学与工程“十二五”规划教材
编　委　会

前 言

“工程材料及热成形工艺”课程是高等院校机械类专业的一门综合性技术基础课。工程材料是用于各工业部门中制造结构的材料。这些工业部门包括机械、电子、建筑、化工、仪器仪表、航空航天、军工等所有工业部门。热成形工艺是将处于一定温度的工程材料加工成合乎要求的形状结构件的制造工艺与技术。本课程是从工程应用角度出发，阐明工程材料的基本理论及工程材料的成分、加工工艺、组织、结构与性能之间的关系，介绍常用工程材料及其热成形工艺与应用等基本知识。本课程的目的是使学生通过学习，在掌握工程材料的基本理论及基本知识的基础上，初步具备根据零件的使用条件和性能要求合理选用工程材料的能力、根据所选材料合理设计零件结构和制订零件工艺路线的能力。

本书是根据高等工科院校机械类专业的“工程材料及机械制造基础”课程相关教学大纲和教学基本要求、在参考了大量相关教材和科技著作的基础上编写，在课程体系上做了较大的调整。全书由四部分组成：第一部分为工程材料的基本理论，由第 1 章到第 4 章组成，介绍了有关工程材料的基本概念和基本理论，内容包括工程材料性能与指标，构成材料的结构、组织和性能以及它们之间的关系，工程材料的材料化与改性；第二部分为工程材料，包括第 5 章到第 8 章，介绍了常用金属材料、高分子材料、陶瓷材料及复合材料的成分、组织、性能及应用范围；第三部分为工程材料热成形工艺，即第 9 章，介绍了常用金属材料、高分子材料、陶瓷材料零件的热成形工艺过程及其结构工艺性要求；第四部分为工程材料的选用，即第 10 章，介绍了机械零件的失效方式、分析方法与选材原则、常用机械零件的选材。

本书在第 1 版的基础上做了以下修订：

(1) 每章内容均结合先前版本学生使用反馈情况和最新的研究成果进行了不同程度的改编。

(2) 将书的结构分为四篇，使本书内容条理更加清晰，层次感更强。

(3) 在各章中开篇均增加了本章目的、本章重点、本章难点，每章结尾均增加了思考题与习题。读者在使用本书学习过程中能抓住核心，抓住重点，得到更佳的效果。

本书编写分工为：第 2、3 章由徐跃编写和改编；第 1、4、9 章由张乐莹、张跃、周建中编写和改编；第 5、10 章由齐加胜编写和改编；第 6 章由张新平和徐跃编写和改编；第 7 章由江金国编写和改编；第 8 章由薛建华编写和改编。最后由徐跃负责全书的总成。颜银标、朱和国担任全书的主审。

本书由徐跃、张新平任主编，张乐莹、齐加胜、江金国任副主编。在本书编写过程中，国防工业出版社给予了热情的帮助和指导；全书参考了国内外有关教材、科技著作及论文，并引用了有关教材和文献的资料和插图，在此特向有关作者和单位致以诚挚的感谢。

南京理工大学材料科学与工程学院李建亮老师对本书的编写提出了宝贵的建议和意见，在此表示由衷的感谢。

限于编者的本身水平和视野，本书难免存在一些疏漏甚至错误，诚恳地希望读者予以指正。

目　录

第1篇　工程材料的基本理论

第2篇 工 程 材 料

第3篇 工程材料的热加工

第4篇 工程材料的选用

第1篇　工程材料的基本理论

第1章　工程材料的种类及其性能指标

本章目的:学习工程材料的种类,以及材料的力学、理化和工艺性能指标。

本章重点:掌握常用力学性能指标的物理意义、实用意义及应用场合。

本章难点:强度、硬度的测试及表示方法。

材料与人类文明的发展息息相关,从古猿人使用的木头、石器等材料到现代卫星使用的铝合金以及深潜潜艇使用的钛合金材料,人类的每一步进化都受益于新型材料的发明和使用。材料按用途分为两类:结构材料和功能材料。结构材料主要是强调强度、硬度、塑性和韧性等力学性能,用来制造机器零件和工程构件的材料,如钢、铝合金、尼龙等。功能材料则是以光、声、电、磁、热等物理性能为指标,用来制造特殊性能元件的材料,如硅等。

工程材料主要是指结构材料,是用于机械、车辆、建筑、船舶、化工、仪器仪表、航空航天、军工等各工程领域中制造结构件的材料,主要利用材料的力学性能,如强度、硬度及塑韧性等。设计机械零件时,零件的结构、形状和尺寸与所选工程材料性能指标密切相关。要设计出理想的零件,必须选择合理的材料,以满足零件所要实现的功能(承受载荷、耐冲击、耐腐蚀等)。因此,首先了解工程材料具有的性能及其性能指标,对掌握材料组织和性能之间的关系,进而合理选择材料,都是必要的。

工程材料的性能通常分为使用性能和工艺性能。使用性能是材料在使用过程中表现出的各种性能,它包括物理性能(密度、熔点、导热性、导电性等)、化学性能(耐腐蚀性、抗氧化性等)、力学性能(强度、塑性、冲击性能、疲劳强度等)。工艺性能是材料在加工成形过程中表现出的性能,它包括可铸性、可焊性、可锻性、可切削性和热处理性能等。

本章主要介绍工程材料种类,工程材料的力学、理化和工艺性能指标,要求重点掌握常用力学指标的物理意义、实用意义及应用场合,了解测试与表示方法。

1.1　工程材料的种类

材料种类繁多,通常按其组成特点、结构特点或性能特点进行分类。工程材料按组成特点可分为金属材料、非金属材料和复合材料三大类。

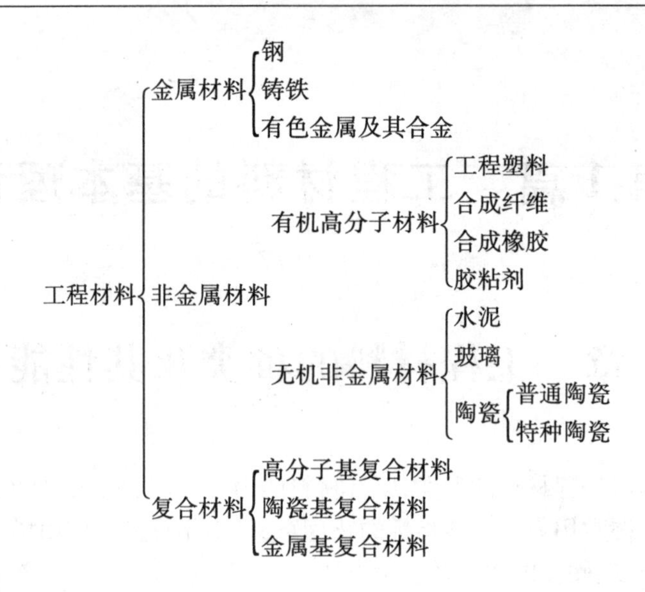

1. 金属材料

金属材料是最重要的工程材料,包括纯金属及其合金(以纯金属为基、加入其他纯金属或非金属元素所构成的金属材料),作为工程材料使用的主要是合金。元素周期表中共有八十多种金属元素,其中以铁、铝、铜、钛、镍等为基构成的合金作为工程材料使用。工业上把金属及其合金分为两大部分。

黑色金属:只有铁、锰、铬三种及其合金。

有色金属:黑色金属以外的所有金属及其合金。

其中黑色金属应用最广,90%以上的金属结构材料和工具材料是以铁为基的合金。钢铁材料具有优良的工程性能,价格也比较低。

按照性能特点,有色金属分为轻金属、易熔金属、难熔金属、贵金属、铀金属、稀土金属和碱土金属等,这些金属及其合金一般用于特殊场合。

2. 非金属材料

工业中除金属材料外,非金属材料在近几十年也得到了越来越广泛的应用。非金属材料可分为有机高分子材料(聚合物)和无机非金属材料。

以高分子化合物或高分子聚合物为主要组分所构成的材料称为高分子材料,它分为有机高分子材料和无机高分子材料,这里主要介绍有机高分子材料。有机高分子材料分为天然高分子材料和人工合成高分子材料两大类,工程上主要使用人工合成高分子材料。所谓高分子聚合物是指相对一分子质量为$10^4 \sim 10^6$、分子结构呈链状、链上有重复的化学结构单元的化合物。高分子材料种类很多,工程上通常根据机械性能和使用状态将其分为四大类。

塑料:指室温呈玻璃态的高分子聚合物,具有较高的强度、韧性和耐磨性。

合成纤维:指高分子聚合物通过机械处理所获得的纤维材料,具有高的强度。

橡胶:指室温呈高弹态的高分子聚合物,具有优良的弹性性能。

胶粘剂:指室温呈黏流态的高分子聚合物。

陶瓷材料属于无机非金属材料(由金属元素与非金属元素如氧、氮、硼等形成的化合物所构成的材料),是无机非金属材料的典型代表,由不含碳、氢、氧结合的化合物构成;

工程上应用最广的是工业陶瓷材料；近年来出现的高温结构陶瓷、导体和半导体陶瓷、生物陶瓷等都是新型陶瓷材料。按照成分和用途，工业陶瓷材料可分为：

普通陶瓷材料（又称传统陶瓷）：主要为硅、铝氧化物构成的硅酸盐材料。

特种陶瓷材料（又称新型陶瓷）：主要为高熔点的氧化物、碳化物、氮化物、硅化物等经烧结而成的材料。

金属陶瓷材料：指用陶瓷生产方法获得的金属与化合物粉末所构成的材料。

3. 复合材料

复合材料是由几种材料通过复合工艺组合而成的新型材料，它既能保留原组成材料的主要特性，又能通过复合效应获得原组分所不具备的性能，还可以通过材料设计使各组分的性能互相补充并彼此关联，从而使材料具有新的优越性能。按照构成基体材料的不同，复合材料分为金属基复合材料、陶瓷基复合材料和聚合物基复合材料。它在强度、刚度和耐蚀性方面比单一的金属、陶瓷和聚合物都优越，是一类特殊的工程材料，一直是材料科学与工程学科研究的热点之一，该类材料具有广阔的应用与发展前景。

另外，根据材料的具体用途，又可将材料分为航空航天材料、信息材料、电子材料、能源材料、机械工程材料、建筑材料、生物材料、农用材料等。有时也将材料分为传统材料和新型材料。传统材料一般是指需求量和生产规模大的材料；而新型材料是建立在新思路、新概念、新工艺的基础上，以材料的优异性能为主要特征的材料。实际上，两者并无严格区别，因为传统材料也在不断提高质量、降低成本、扩大品种，在工艺及性能方面不断更新；而新材料经过长期应用又变成了传统材料。如钢铁材料刚出现的时候是新材料，但是现在钢铁材料则是一种传统材料。而钢铁材料经过细晶化获得超级钢则又是一种新材料。

本教材主要介绍工程结构材料。下面各章按上述工程材料的分类进行讨论。

1.2　工程材料的力学性能及指标

工程材料的主要性能包括力学性能、理化性能和工艺性能等。材料在外力作用下所表现出的各种性能称为力学性能，常用强度、塑性、硬度、韧性、疲劳强度、断裂韧性和高低温力学性能等表征。

在各种工作状态下的工程构件和机械零件，都要承受载荷。有的零件所受载荷的大小或方向不随时间变化，或随时间变化非常缓慢，这种载荷称为静载荷；有的零件所受载荷的大小或方向随时间变化非常快，这种载荷称为动载荷。在不同类型载荷作用下，构成零件的材料将表现出不同的力学行为。因此，应根据受力情况，选用不同的性能指标，来评价材料力学性能的好坏。

1.2.1　静载荷下的材料力学性能

1. 材料强度与塑性的测试

强度和塑性是材料最重要、最基本的力学性能指标，由拉伸试验法测定。按国标 GB/T 228—2002 将材料制成标准拉伸试样；装于拉伸试验机后，缓慢地施加拉力，试样逐渐伸长、直至断裂；拉伸过程中，自动记录拉力 F 和伸长量 ΔL 的关系曲线——拉伸曲线；

将拉力 F 除以试样原始横截面积 S_0 即得应力 σ(MPa),伸长量 ΔL 除以试样原始长度 L_0 即得应变 ε(%),消除试样几何尺寸的影响,得到应力-应变曲线,如图1-1所示。

图1-1中,oe 为直线段,应力与应变成线性关系,该直线段的斜率称为弹性模量(E);如果卸去载荷,伸长的试样立即恢复原状,这种可恢复原状的变形称为弹性变形,弹性模量反应了材料产生弹性变形的难易程度;应力与应变的比值 $E=\sigma/\varepsilon$ 称为材料的弹性模量,是衡量材料抵抗弹性变形能力的指标。E 越大,材料的刚度就越大。超过该点后,如果卸除载荷,试样的形状不能完全恢复,这种不能恢复的永久变形称为塑性变形。s点为曲线上的一平台,表明此时应力不变,而应变仍在增加,这种现象称为"屈服"。材料屈服后,要使应变继续进行,必须提高应力;变形至b点,应力达到最大值,此时,试样局部截面变细,出现"颈缩"现象。颈缩后,应力开始下降,变形主要集中在颈缩区域,最后在颈缩处断裂。由拉伸试验可测得强度和塑性指标。

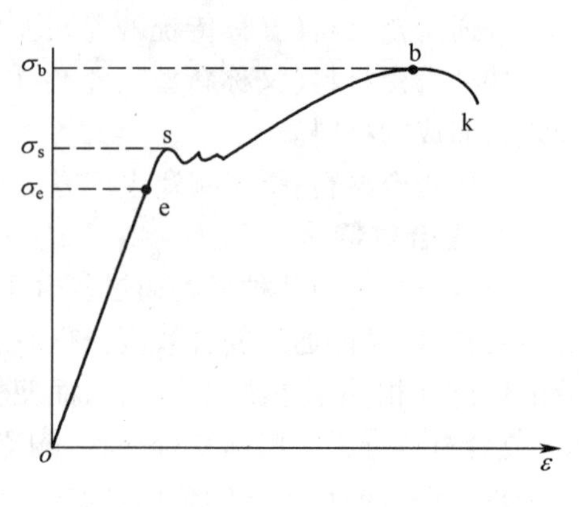

图1-1　低碳钢的应力-应变曲线

2. 强度指标

弹性极限:指材料由弹性变形过渡到弹-塑性变形的最大应力,它表征材料开始塑性变形的抗力。在工作过程中不允许发生塑性变形的零件(如弹簧),设计时应根据弹性极限来选材和设计,保证工作应力不超过材料的弹性极限。

屈服强度:指材料产生明显塑性变形时的应力,它表征材料产生明显塑性变形时的抗力,可以分为上屈服强度 R_{eH} 和下屈服强度 R_{eL}。机械零件经常因过量的塑性变形而失效,一般来说不允许发生明显的塑性变形。由于下屈服点的数值较为稳定,因此以它作为材料抗力的指标,称为屈服点或屈服强度。工程中常根据下屈服强度确定材料的许用应力。屈服强度不仅有直接的使用意义,在工程上也是材料的某些力学行为和工艺性能的大致度量。例如:材料屈服强度增高,对应力腐蚀和氢脆就敏感;材料屈服强度低,冷加工成形性能和焊接性能就好;等等。因此,屈服强度是材料性能中不可缺少的重要指标。

屈服现象发生在退火或热轧的低碳钢和中碳钢等材料中,其他金属材料在拉伸时,无明显的屈服现象产生。因此,国标GB228—1987规定:发生0.2%残余伸长的应力作为屈服点,此时的强度值即为屈服强度。在GB228—2002中用 $R_{p0.2}$ 表示。如图1-2所示,铸铁不发生明显塑性变形,属于脆性材料,因而定义其残余塑性变形为0.2%时的应力值为其屈服强度。

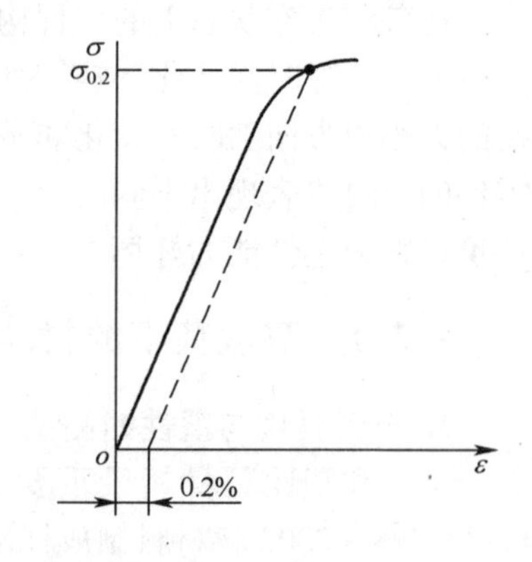

图1-2　铸铁的应力-应变曲线

抗拉强度 R_m($R_m=F_b/S_0$,MPa):也称强度极限,指试样在拉伸时所能承受的最大应力,它表征材料对最大均匀变形时的抗力。一般来说,在静载荷作用下，只要工作应力不超过材料的抗拉强度，零件就不会发生断裂。因此，它也是设计和选材的主要依据。

屈服强度与抗拉强度的比值称为屈强比。屈强比越小，工程构件的材料强度利用率降低，但可靠性越高；屈强比越大，材料强度利用率增大，但可靠性降低。因此，应根据实际情况选择合适的屈强比。一般，碳素钢屈强比为0.6~0.65，低合金结构钢为0.65~0.75，合金结构钢为0.84~0.86。

工程材料都可用拉伸试验法测量它们的强度性能；但陶瓷材料更多地采用三点弯曲试验法测量抗弯强度（图1-3），以该强度作为陶瓷材料的强度性能指标。另外，陶瓷的抗拉强度很低，而抗弯强度较高，抗压强度更高，因此要充分考虑与设计陶瓷应用的受力状态。

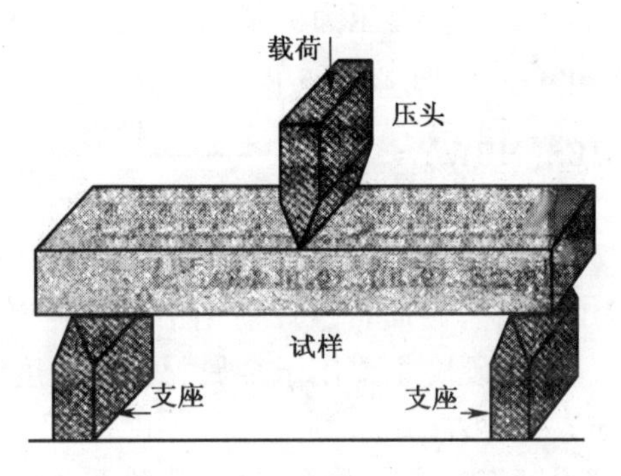

图1-3　三点弯曲试验示意图

3. 塑性指标

塑性：材料在外力作用下产生永久变形的能力，它表征材料在外力作用下产生永久变形而不发生破坏的能力。可用伸长率A和断面收缩率Z来表示。

$$A = \frac{L_1 - L_0}{L_0} \times 100\% \tag{1-1}$$

式中　A——伸长率（%）；

L_1——试样断裂时的长度（m）；

L_0——试样的原始长度（m）。

$$Z = \frac{S_0 - S_1}{S_0} \times 100\% \tag{1-2}$$

式中　Z——断面收缩率（%）；

S_0——试样的原始横截面面积（m^2）；

S_1——试样断裂处的横截面面积（m^2）。

材料具有一定塑性才能顺利地进行各种变形或成形加工，还可以提高零件使用的可靠性，防止突然断裂。A、Z越大，材料塑性越好。由于伸长率与试样尺寸有关，因此，比较伸长率时要注意试样规格统一。

几类工程材料中，通常：聚合物的塑性最好，如橡胶的弹性变形可达1000%以上；金属材料的塑性亦较好，小于100%；Al_2O_3陶瓷、石英玻璃几乎不发生塑性变形，为脆性材料。

4. 硬度指标

硬度是一种重要的力学性能指标,用静载压入法(即在静载荷下将一个硬的物体压入材料)测量。硬度值反映了材料表面抵抗其他硬物压入其表面的能力,它表征材料抵抗塑性变形的能力。硬度试验形式有布氏硬度、洛氏硬度和维氏硬度等。

因硬度试验所用设备简单,操作方便、迅速,不损坏工件,而且硬度值和抗拉强度之间存在一定的对应关系,零件图上的技术要求往往只标注硬度值,所以硬度试验已成为产品质量检查、制定合理工艺的重要试验方法。

1) 布氏硬度

布氏硬度用布氏硬度计测量。布氏硬度试验是用一定的压力 F 将直径为 D 的淬火钢球或硬质合金球压入试样表面,保持一定时间 t 后卸去载荷,移去压头,再测量试样表面压痕直径 d,如图 1-4(a)所示。由压力 F 除以压痕面积 S 作为被测材料的布氏硬度值,见式(1-3),单位为 MPa,但习惯上不标单位。

$$\mathrm{HBS(HBW)} = \frac{F}{S} = \frac{2F}{\pi D\sqrt{D^2 - \sqrt{D^2 - d^2}}} \tag{1-3}$$

淬火钢球适用于测量退火、正火、调质钢件及铸铁、有色金属等硬度小于 450 的材料,硬度值标注为"测量值 $\mathrm{HBS}_{D/F/t}$";硬质合金球适用于测量硬度超过 450 的材料,硬度值标注为"测量值 $\mathrm{HBW}_{D/F/t}$"。布氏硬度主要用于金属材料的硬度测量,少用于陶瓷。

布氏硬度压痕直径较大,一般不用于测量成品零件,也不能用来测量较薄的零件。不同金属材料的布氏硬度与强度有一定的关系,由这些关系,可估算出强度或硬度。

低碳钢:$R_m \approx 3.53\mathrm{HBS}$

高碳钢:$R_m \approx 3.33\mathrm{HBS}$

调质合金钢:$R_m \approx 3.19\mathrm{HBS}$

灰铸铁:$R_m \approx 0.98\mathrm{HBS}$

退火铝合金:$R_m \approx 4.70\mathrm{HBS}$

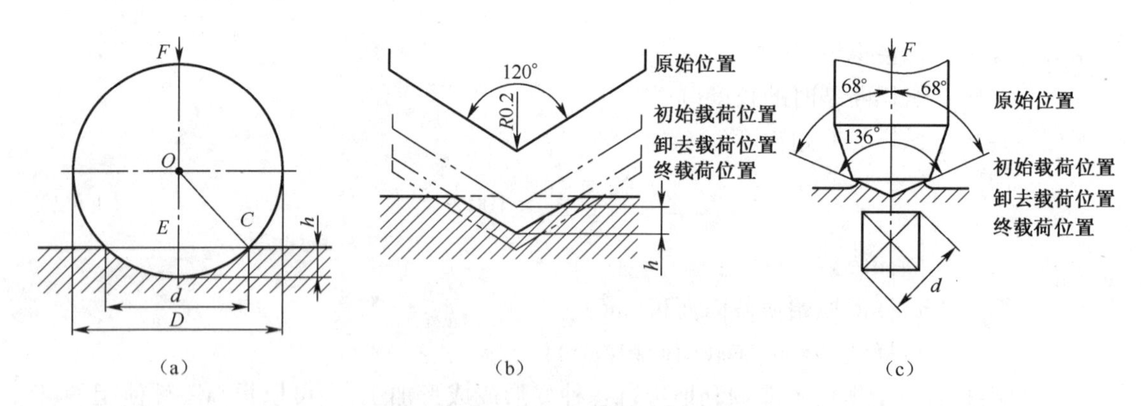

图 1-4　常用硬度测试原理示意图

(a)布氏硬度;(b)洛氏硬度;(c)维氏硬度。

2) 洛氏硬度

洛氏硬度用洛氏硬度计测定。洛氏硬度试验原理如图 1-4(b)所示。用顶角为 120° 的金刚石圆锥体或直径为 1.588mm 的淬火钢球作为压头,以一定的压力压入试样表面,测量压痕深度来确定其硬度。压痕越深,材料越软,硬度值越低;反之,硬度值越高。被测材料的硬度,可直接在硬度计刻度盘读出。

$$洛氏硬度 = K - h/0.002 \tag{1-4}$$

式中　K——常数;

　　h——压痕深度。

根据压头和载荷不同,常用洛氏硬度为 HRA、HRB 和 HRC 三种,见表 1-1。除表中所列外,还有 12 种洛氏硬度,HRA、HRC 也可测量陶瓷材料的硬度。

表 1-1　常用洛氏硬度的种类、表示方法及适用范围

类型	压头种类	总负荷/N	测量值有效范围	应用范围
HRA	120°金刚石圆锥	588	60~85	硬质合金、淬火钢表面
HRB	ϕ1.588mm 钢球	980	25~100	有色金属
HRC	120°金刚石圆锥	1470	20~67	调质钢、淬火钢

3）维氏硬度

维氏硬度用维氏硬度计测量。维氏硬度试验的原理与布氏硬度相同,区别在于所用的压头不同:前者所用的是锥面夹角为 136°的金刚石正四棱锥体,压痕是四方锥形(如图 1-4(c));后者所用的是球体,压痕是圆形。

维氏硬度标注为"硬度值 HV_P",单位(MPa)一般不标出;维氏硬度试验所用载荷较小,压痕深度浅,适用于测量较薄零件、表面硬化层、金属镀层、薄片金属和陶瓷材料的硬度。它对软、硬材料均适用,所测硬度的有效值范围为 0~1000HV。

另外,由试验测得的各种硬度值不能直接进行比较,必须通过硬度换算表换算成同一种硬度值后,方可比较其大小。

金属材料的硬度测量常用布氏硬度、洛氏硬度和维氏硬度等。陶瓷材料的硬度测量方法有静载压入法和划痕法。静载压入法所测的硬度值反映陶瓷材料抵抗破坏的能力;划痕法所测的硬度称为莫氏硬度,分为 15 级,数值大的材料可划刻数值小的材料,其值只表示硬度由小到大的顺序,不表示软硬的程度。

各种材料的硬度值见表 1-2。从表中可看出:陶瓷材料的硬度值最高;金属材料的硬度值次之;高聚物的硬度值最低,一般不超过 20HV。

常用硬度符号、试验条件和应用如表 1-3 所示。

表 1-2　典型材料的硬度值

材料		条件	硬度/(kgf/mm^2)①
金属	99.5%铝	退火	20
		冷轧	40
	铝合金(Al-Zn-Mg-Cu)	退火	60
		沉淀硬化	170
	软钢	正火	120
		冷轧	200
	轴承钢	正火	200
		淬火(830℃)	900
		回火(150℃)	750

(续)

材料		条件	硬度/(kgf/mm²)①
陶瓷	WC	烧结	1500~2400
	金属陶瓷(WC-6%Co)	20℃	1500
		750℃	1000
	Al_2O_3		约1500
	B_4C		2500~3700
	BN(立方)		7500
	金刚石		6000~10000
	硅石		700~750
	钠钙玻璃		540~580
	光学玻璃		550~600
聚合物	聚苯乙烯		17
	有机玻璃		16

①kgf为非法定计量单位。1kgf=9.80665N

表1-3 常用硬度符号、试验条件和典型应用

硬度种类	硬度符号	压头类型	常用试验载荷/kgf	有效范围	典型应用
布氏硬度	HBS	ϕ10mm的淬火钢球	1000	<450	退火、正火或调质钢件
	HBW	ϕ10mm的硬质合金球	1000	<650	淬火钢等较硬材料
洛氏硬度	HRA	120°金刚石圆锥体	60	70~85	硬质合金、表面淬火钢
	HRB	ϕ1.588mm的淬火钢球	100	25~100	退火钢、有色金属
	HRC	120°金刚石圆锥体	150	20~67	一般淬火钢
维氏硬度	HV	136°金刚石圆锥体	5~120	0~1000	经表面处理后的表面层

1.2.2 动载荷下的力学性能

1. 冲击韧性

作用于零件上的载荷以极快的速度发生变化,这种载荷称为冲击载荷。在实际生产中,许多零件承受冲击载荷,如运输工具在起动、紧急制动或停止的瞬间,其中有许多零件承受极大的冲击载荷。此时,材料在冲击载荷作用下表现出的力学行为与上述拉伸是不同的,其力学性能的好坏由冲击韧性指标来评价。

冲击韧性是反映金属材料对外来冲击负荷的抵抗能力,一般由冲击韧性值(a_k)和冲击功(A_k)表示,其单位分别为J/cm²和J。冲击韧性或冲击功试验(简称"冲击试验"),因试验温度不同而分为常温、低温和高温冲击试验三种;若按试样缺口形状又可分为"V"形缺口和"U"形缺口冲击试验两种。

冲击韧性通常用一次摆锤冲击试验来测定,其测试原理示意图如图1-5所示。试验时,将带有缺口的标准冲击试样置于试验机的支承座上,摆锤升至一定高度H_1后落下,试样被冲断,摆锤继续摆动升至高度H_2,则冲断试样所消耗的功A_k为

$$A_k = mg(H_1 - H_2) \tag{1-5}$$

式中　A_k——摆锤冲断试样所消耗的功(J)；

m——摆锤质量(kg)；

g——重力加速度(m/s^2)；

H_1、H_2——摆锤冲断试样的前、后高度(m)。

冲击功 A_k 表征材料的冲击韧性，它表征材料抵抗冲击载荷不发生变形和断裂的能力。对于工作中承受冲击载荷的零件，在选材时必须考虑冲击韧性，以免发生突然断裂，造成严重安全事故。而用试样缺口处的截面积 S 去除 A_k，可得到材料的冲击韧性 a_k（冲击值）指标，即 $a_k = A_k/S$。

材料冲击韧性的大小与材料本身特性（如化学成分、显微组织和冶金质量等）、试样几何参数（尺寸、缺口形状、表面粗糙度等）和试验温度等有关。

材料的冲击韧性随温度的变化如图 1-6 所示。通常冲击韧性随温度降低均下降，并在某一温度附近急剧降低，这一温度称为材料的冷脆转化温度。使用温度高于材料的冷脆转化温度时，材料呈韧性断裂（断裂前有明显塑性变形）；使用温度低于材料的冷脆转化温度时，材料呈脆性断裂（断裂前无塑性变形）。因此，在设计低温下工作的零件时，应选用冷脆转化温度低于使用温度的材料。

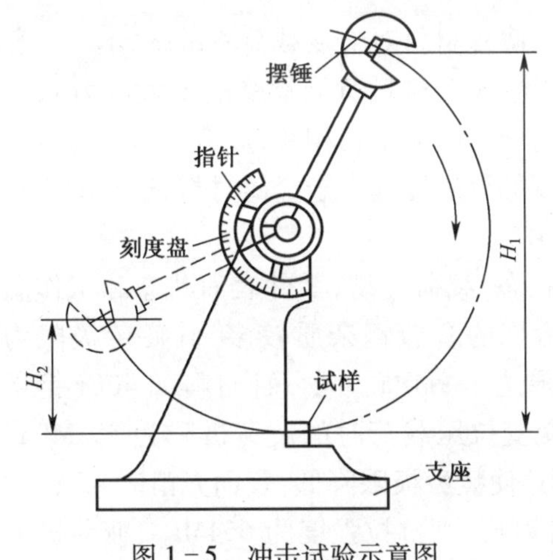

图 1-5　冲击试验示意图

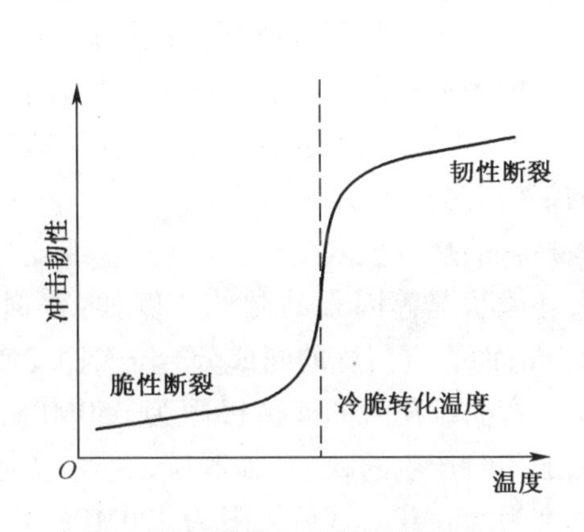

图 1-6　冲击韧性与温度的关系

陶瓷材料为脆性材料，因其韧性极低，一般不用一次摆锤冲击试验法来测量其韧性。

2. 疲劳强度

交变载荷下的力学性能指标用疲劳强度表示。机械零件如轴、齿轮、弹簧等，大多受交变载荷（即载荷的大小、方向呈周期性变化）作用，尽管交变应力低于屈服强度，但在交变应力的长期作用下，零件仍会发生突然断裂，这种现象称为疲劳。疲劳断裂前无明显塑性变形，断裂是突然发生的，因此具有很大的危险性。疲劳破坏是机械零件失效的主要原因之一。据统计，在机械零件失效中大约有 80%以上属于疲劳破坏。由于疲劳破坏前没有明显的变形，疲劳破坏经常造成重大事故，所以对于轴、齿轮、轴承、叶片、弹簧等承受交变载荷的零件要选择疲劳强度较好的材料来制造。

材料所能承受的、不发生疲劳断裂的最大交变应力称为疲劳强度(σ_{-1})，它表征材材料抵抗疲劳断裂的能力。由疲劳试验法测定材料疲劳曲线（即 σ-N 曲线，交变应力与断裂循环次数之间的关系曲线),如图 1-7 所示。从曲线可看出,σ 越小,N 越大;当应力低于某一数值时,经无数次应力循环也不会发生疲劳断裂,该应力值即为材料的疲劳极限 σ_{-1}。一般试验时规定,钢在经受 10^7 次、非铁(有色)金属材料经受 10^8 次交变载荷作用不产生断裂时的最大应力称为疲劳强度。

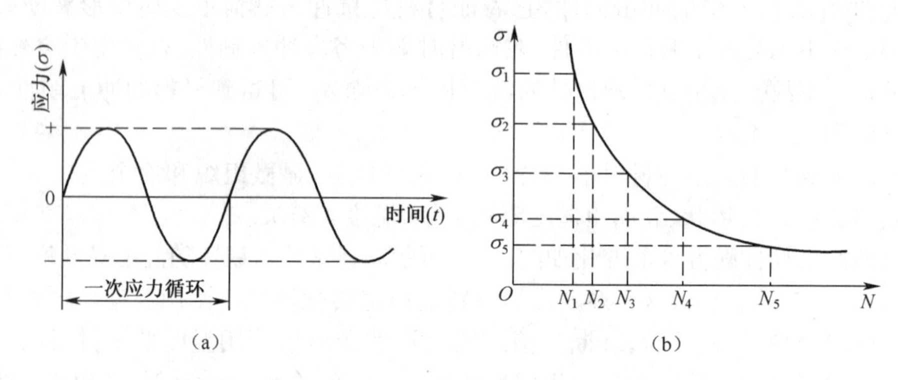

图 1-7 疲劳试验法测定的材料疲劳曲线示意图

(a)循环应力;(b)疲劳应力与应力循环次数的关系曲线。

陶瓷材料的疲劳与金属材料疲劳的差别较大:陶瓷材料对交变载荷不敏感,不存在真正的疲劳极限,只有条件疲劳极限(即在一定循环周次下材料所能承受的最大应力),陶瓷断口中不易观测到疲劳条纹;金属材料的疲劳与交变载荷密切相关,疲劳断口留有疲劳条纹形成、扩展和断裂的形貌。陶瓷材料疲劳强度的分散性远大于金属材料,这与陶瓷材料的结构有关。

材料的疲劳极限受材料的种类、纯度与组织状态,载荷类型,零件表面状态和工作温度及环境状况等因素的制约。例如:普通电炉冶炼的合金钢杂质较多,其疲劳极限为 630MPa;而真空冶炼的同成分合金钢,其疲劳极限达 789MPa。同一种材料如 40Cr 钢承受交变弯曲载荷时的疲劳极限为 650MPa,承受交变拉压载荷时的疲劳极限为 552MPa。冷热加工时产生的缺陷(如脱碳、裂纹、刀痕、碰伤)使疲劳极限降低:表面光滑时 45 钢抗拉强度为 656MPa,疲劳极限为 280MPa;若表面有刀痕,则抗拉强度为 654MPa,疲劳极限为 145MPa。高温使材料的疲劳裂纹易形成和扩展,降低了疲劳极限。材料在腐蚀介质中工作时,由于表面产生点蚀或表面晶界被腐蚀而成为疲劳源,在变应力作用下就会逐步扩展而导致断裂。例如在淡水中工作的弹簧钢,疲劳极限仅为空气中的 10%~25%。因此,在设计承受交变载荷的零件时,对材料和制造工艺应提出更高要求。

1.2.3 高温下的力学性能

许多零件在高温下长期工作,如高压蒸汽锅炉、汽轮机与燃气轮机叶片、航空发动机中的一些零件,对于制造这些零件的材料,仅考虑其常温力学性能是无法满足使用性能要求,因为金属材料的性能与温度密切相关。通常材料的强度随温度升高而降低、塑性增加;而且在高温条件下,材料力学性能还与所加载荷的持续时间有关。一般钢铁材料的最高工作温度约为 550℃,镍基材料可在 1200℃ 工作;陶瓷材料的工作温度可达 1500~3000℃;高分子材料的工作温度较低,如聚乙烯、聚氯乙烯、尼龙等,长期使用温度在

100℃以下，而酚醛塑料的使用温度可达 130~150℃，聚四氟乙烯可长期在 250℃下工作。

对于高温下工作的材料，不能简单地用应力-应变关系来评定力学性能，而应考虑温度、时间两个因素。如在 450℃时，20 钢可短时承受 330MPa 的应力；将所加应力降至 230MPa，在 300h 后才发生断裂；如将应力降至 120MPa，在 10,000h 后发生断裂。

高温下的材料随应力作用时间延长而产生塑性变形的现象称为蠕变。材料的高温性能用蠕变强度和持久强度来表征。蠕变强度是指材料在一定温度、一定时间内产生一定蠕变变形量所能承受的最大应力值，如“$\sigma_{0.1/1000}^{600}=88\text{MPa}$”表示在 600℃、1000h 内，产生 0.1%蠕变变形量所能承受的最大应力值为 88MPa；持久强度是指材料在一定温度下、一定时间内所能承受的最大断裂应力，如“$\sigma_{100}^{800}=186\text{MPa}$”表示在 800℃、工作 100h 所能承受的最大应力为 186MPa。在设计高温下工作的零件时，应按材料的蠕变强度和持久强度来选择材料和确定结构。

陶瓷材料的高温强度优于金属材料，高温抗蠕变能力强，且有很高的抗氧化性，适宜在高温下使用。

1.3　工程材料的理化性能

材料的品种繁多，性能各异，除根据材料的实际用途、工作条件和零件的损坏形式选取材料的某些性能作为选材和使用依据外，材料的理化性能（如密度、熔点、热膨胀性、导电性、导热性、光电性能、抗腐蚀性及耐磨性等）也是选用材料的重要依据。

1. 密度

密度是指材料单位体积的质量。工程金属材料的密度一般为$(1.7\sim19)\times10^3\text{kg/m}^3$。密度小于 $5\times10^3\text{kg/m}^3$的金属称为轻金属，如锂、铍、镁、铝、钛及其合金；密度大于 $5\times10^3\text{kg/m}^3$的金属称为重金属，如铁、铜、铅、钨及其合金。大多数高分子材料的密度一般在 $1.0\times10^3\text{kg/m}^3$左右。陶瓷材料的密度一般在$(2.5\sim5.8)\times10^3\text{kg/m}^3$。

抗拉强度 R_m 与密度 ρ 的比值称为比强度；弹性模量 E 与密度 ρ 的比值称为比弹性模量，这两个比值反应了材料力学性能与密度的综合效能。对航空、交通等工业产品要选用比强度高、比弹性模量大的材料，如钛合金、铝合金、高分子材料及其复合材料等。

2. 耐磨性

耐磨性指材料表面在工作中承受磨损的能力。材料的耐磨性与材料的硬度、热稳定性、表面摩擦因数、表面粗糙度以及工作时两摩擦表面的相对运动速度、载荷性质和润滑状况等多种因素相关。耐磨性是材料表面性质和工作条件的综合体现，许多零件往往是由于磨损失效而丧失了工作能力的。高分子材料的硬度比金属低，但耐磨性优于金属；有些高分子材料具有自润滑性能，其摩擦因数很小，如聚四氟乙烯、尼龙等。

3. 耐蚀性

耐蚀性是材料对环境介质（如水、大气）及各种电解液侵蚀的抵抗能力。

金属腐蚀包括化学腐蚀和电化学腐蚀，化学腐蚀是指金属发生化学反应而引起的腐蚀，电化学腐蚀是金属和电解质溶液构成原电池而引起的腐蚀。金属材料抗腐蚀性还与其所处的温度高低有关，工作温度越高，氧化腐蚀越严重。有些金属氧化时，可在表面形成一层连续、致密并与基体结合牢固的氧化膜，从而阻止进一步氧化，如铝、铬等都具有这种防护功能;但大多数金属材料在没有防护时均会发生不同程度的腐蚀。

陶瓷结构非常稳定,很难与环境中的氧发生作用。陶瓷有较强的抵抗酸、碱、盐等腐蚀的能力,也能抵抗熔融的有色金属(如铝、铜等)的侵蚀。但在有些情况下,例如高温熔盐和氧化渣等会使某些陶瓷材料受到腐蚀破坏。

高分子材料通常具有优良的化学稳定性和耐蚀性,可耐酸、碱和大气的腐蚀,如聚四氟乙烯即使在沸腾的王水中仍保持稳定。但有些塑料,如聚酯、聚酰胺类塑料在酸、碱的作用下会发生水解,使用时应注意。

4. 熔点

熔点是指材料熔化的温度。金属和合金的冶炼、铸造和焊接等都要利用这个性能。熔点低的金属称易熔金属(如Sn、Pb等),这类材料主要用于生产保险丝、焊丝等。熔点高的金属称难熔金属或耐热金属(如W、Mo等),这类材料主要用于生产耐高温零件如燃气轮机转子等。陶瓷材料的熔点一般都高于常规金属材料。

5. 热膨胀性

热膨胀性是材料受热后的体积膨胀,常用线性膨胀系数表示。对精密仪器或机器的零件,尤其是高精度配合零件,热膨胀系数是一个尤为重要的性能参数。如发动机活塞与缸套的材料就要求两种材料的膨胀量尽可能接近,否则将影响密封性。一般情况下,陶瓷材料的热膨胀系数较低,金属次之,而高分子材料最大。工程上有时也利用不同材料的膨胀系数的差异制造一些控制部件,如电热式仪表的双金属片等。

6. 导电性

导电性材料传导电流的能力,用电导率表示。材料的导电性与材料本质、环境温度有关。金属一般都具有良好的导电性,银的导电性最好,铜和铝次之,导线主要用价格低的铜或铝制成;合金的导电性一般比纯金属差,所以用镍-铬合金、铁-锰-铝合金等制作电阻丝;金属电导率随温度升高而降低。

绝大多数高分子材料具有优良的电绝缘性能,可以作为电容器的介质材料,是电器工业中不可缺少的电绝缘材料,广泛应用于电线、电缆及仪表电器中;但有些高分子复合材料也具有良好的导电性,正像陶瓷材料一样,一般都是良好的绝缘体,但有些特殊成分的陶瓷却是具有一定导电性的半导体,其电导率随温度升高而增大。

7. 导热性

导热性是材料传导热的能力,用热导率表示。材料的热导率大,导热性好。金属中导热性以铜最好,银和铝次之;纯金属的导热性比合金好,而合金的又比非金属好;高分子材料、陶瓷材料的导热性能较差。

在材料加热和冷却过程中,由于表面与内部产生较大温差,极易产生内应力,甚至变形和开裂。导热性好的材料散热性也好,利用这个性能可制作热交换器、散热器等器件;相反利用导热性较差的材料可制作保温部件。陶瓷的导热性比金属差,是较好的绝热材料。

8. 磁性

磁性是材料可导磁的性能。磁性材料可分软磁材料和硬磁材料。软磁材料容易磁化,导磁性良好,但当外磁场去掉后,磁性基本消失,如硅钢片等;硬磁材料具有外磁场去掉后保持磁场、磁性不易消失的特点,如稀土钴等。许多金属都具有较好的磁性,如铁、镍、钴等,利用这些磁性材料,可制作磁芯、磁头和磁带等电器元件;也有许多金属是无磁性的,如铝、铜等;非金属材料一般无磁性。

9. 光电性能

光电性能是材料对光的辐射、吸收、透射、反射和折射的性能以及荧光性等。金属对光具有不透明性和高反射率,而陶瓷材料、高分子材料反射率均较小。某些材料通过激活剂引发荧光性,可制作荧光灯、显示管等。玻璃纤维作为光通信的传输介质。利用材料的光电性能制作一些光电器元件的前景十分广阔。

1.4　工程材料的工艺性能

材料的工艺性能是指在制作零件过程中采用某种加工方法制造零件的难易程度。材料工艺性能的好坏,会直接影响到制造零件的工艺方法、质量以及制造成本。不同类型的材料,工艺性能大不一样。本节主要介绍金属材料的工艺性能,高分子材料和陶瓷材料的工艺性能留待讨论它们的成形时一并介绍。

金属材料的工艺性能包括铸造性能、锻造性能、焊接性能、热处理性能以及切削加工性能等。下面主要介绍铸造性能、锻造性能、焊接性能和切削加工性能。

1. 铸造性能

铸造性能亦称可铸性,是指金属及合金易于浇注成形并获得优质铸件的能力。铁水流动性好、收缩率小表示可铸性好。常用的金属材料如灰铸铁、锡青铜的铸造性较好,可浇铸薄壁、结构复杂的铸件。

2. 锻造性能

锻造性能亦称可锻性,是指材料是否易于进行热压力加工的性能。可锻性包括材料的塑性及变形抗力两个参数。塑性好或变形抗力小,锻压所需外力小,则可锻性好。钢的可锻性良好,而铸铁则不能进行压力加工。

3. 焊接性能

焊接性能亦称可焊性,是指材料是否易于焊接在一起并能保证焊缝质量的性能。可焊性好坏一般用焊接接头出现各种缺陷的倾向来衡量。可焊性好的材料可用一般的焊接方法和工艺,焊时不易形成裂纹、气孔、夹渣等缺陷。含碳量低的低碳钢具有优良的可焊性;而含碳量高的高碳钢、铸铁和铝合金的可焊性较差。

4. 切削加工性能

切削加工性能是指材料在切削加工时的难易程度。它与材料的种类、成分、硬度、韧性、导热性及内部组织状态等许多因素有关。切削加工性好的材料切削容易,刀具寿命长,易于断屑,加工出的表面也比较光洁。如一般碳钢比高合金钢硬度低,更易于切削,其切削加工性能好。但铝合金由于硬度过低,易发生“粘刀”现象,因此其切削加工性能不好。对于塑性大的材料如低碳钢,可以通过正火调质或冷拔来降低塑性能,提高硬度,改善其切削加工性能;而脆性材料如高碳钢,则可经过退火处理来降低硬度,改善切削加工性能。另外,尽管铸铁比钢的硬度值更高,但其切削加工性能更好。这是因为,铸铁中含有石墨,易产生断屑,且石墨对刀具起到了润滑的作用,降低了刀具的损耗。

思考题与习题

1. 工程材料分为哪几大类？各有何特点？

2. 某仓库内1000根20钢和60钢热轧棒料混在一起。怎样用最简便的方法把这堆钢分开？

3. 在外力作用下,材料抵抗塑性变形和断裂的能力称为__________。

4. 材料在外力去除后不能完全自动恢复而被保留下来的变形称__________。

5. 金属材料抵抗硬物体压入的能力称为__________。

6. 常见的硬度表示方法有:__________硬度、__________硬度和维氏硬度。

7. 当温度降到某一温度范围时,冲击韧性急剧下降,材料由韧性状态转变为脆性状态,这种现象称为__________。

8. 机械零件在正常工作情况下多数处于(　　)。

A. 弹性变形状态　B. 塑性变形状态　C. 刚性状态　D. 弹塑性状态

9. 在设计拖拉机气缸盖螺栓时主要应选用的强度指标是(　　)。

A. 屈服强度　B. 抗拉强度　C. 伸长率　D. 断面收缩率

10. 工程上希望屈强比高一些,目的在于(　　)。

A. 方便设计　B. 便于施工

C. 提高使用中的安全系数　D. 提高材料的有效利用率

11. 低碳钢、陶瓷、普通塑料三种材料的冲击韧性值由大到小的排列顺序是(　　)

A. 低碳钢、陶瓷、普通塑料　B. 低碳钢、普通塑料、陶瓷材料

C. 陶瓷、低碳钢、普通塑料　D. 普通塑料、低碳钢、陶瓷材料

第2章　工程材料的结构

本章目的：固体材料中质点的四种结合形式。理想金属的晶体结构，实际金属的晶体结构，晶体缺陷种类及对金属力学性能的影响。三种典型金属的晶格类型。高分子聚合物的结构、组成与形态。陶瓷材料的键合类型及组织。

本章重点：固体材料中质点的结合形式。晶体缺陷种类及对金属力学性能的影响。三种典型金属的晶格类型。合金相的类型及其结构与性能。

本章难点：晶体缺陷种类及工程应用中其对金属力学性能的影响。合金相的类型、结构与性能特点。

材料的性能决定于材料的化学成分和其内部的组织结构。由于固体物质的多样性，表现为固体物质内部质点（原子、离子、分子）及键合形式（金属键、离子键、共价键、分子键）的不同，质点的聚集状态（晶体、非晶体）不同，显示出材料性能的复杂性。为了更加科学地研究、选用和使用材料，有必要深入研究工程材料的结构。

2.1　固体材料中质点的结合形式

工程材料最基本构成的质点有原子、离子和分子，质点空间排列是否有序，可分为晶体和非晶体。如金属材料多数属于晶体，大多数陶瓷材料、高分子材料内部既有晶相，也有非晶相。掌握质点间（原子、离子和分子）的作用方式（即结合键类型），对研究材料内部组织结构和性能是非常必要的。本节重点介绍金属晶体、离子晶体、共价晶体和分子晶体质点间的结合，并介绍四大类工程材料结合键的组合形式。

2.1.1　金属晶体中质点间的结合

构成金属晶体的基本质点是金属原子。由于原子间的相互作用，金属原子相互接近时外层电子便从各自原子中脱离出来，为整块金属晶体中的原子共用，形成“自由电子气”。金属正离子与自由电子间的静电作用，使金属原子相互结合，这种结合方式称为金属键，其特征在于无明显的方向性和饱和性。金属原子间依靠金属键结合形成金属晶体。除铋、锑、锗、镓等金属为非金属键结合外，绝大多数金属都是金属晶体。图2-1(a)为金属晶体结构示意图。

2.1.2　离子晶体中质点间的结合

构成离子晶体材料的基本质点是离子。当正、负离子形成化合物时，通过外层电子的重新分布和正、负离子间的静电作用而相互结合，从而形成离子晶体，这种结合键称为离子键。大部分盐类、碱类和金属氧化物都属于离子晶体，部分陶瓷材料（MgO、Al_2O_3、ZrO_2等）及钢中的一些非金属夹杂物均以这种键合形式结合成晶体。图2-1(b)为离子晶体

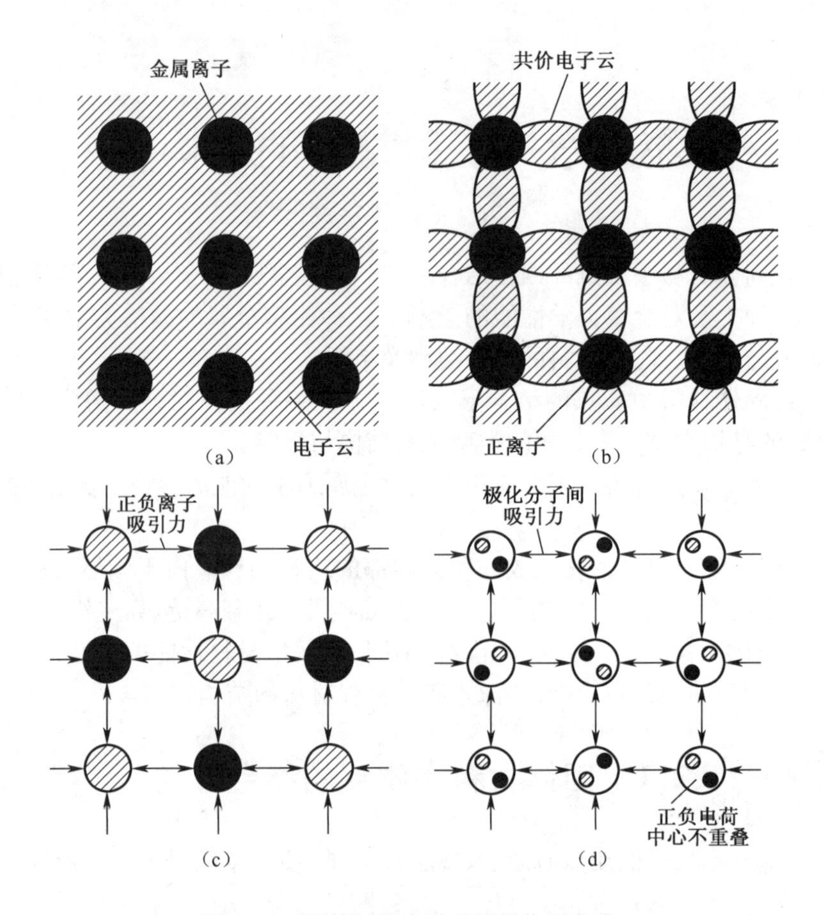

图2-1 固体材料中质点间的作用方式

(a)金属键;(b)共价键键;(c)离子;(d)分子键。

结构示意图。

2.1.3 共价晶体中质点间的结合

共价晶体中的基本质点是原子。当两个相同的原子或性质相差不大的原子相互接近时,它们之间不会有电子转移。此时原子间借共用电子对所产生的力而结合,形成共价晶体,这种结合方式称为共价键。锡、锗、铅等金属及金刚石、SiC、SiO_2、BN等非金属材料都是共价晶体。图2-1(c)为共价晶体结构示意图。

2.1.4 分子晶体中质点间的结合

分子晶体中的基本质点是惰性原子或分子。自由原子状态的惰性气体He、Ne、Ar等和分子状态的H_2、N_2、O_2等在低温时都能结合成液态和固态,结合过程中,并没有电子转移或共用。这种在中性原子或分子之间所存在的结合力称为分子键,也称范德华(Vander Wals)力。由分子键结合形成的晶体称为分子晶体。图2-1(d)为分子晶体结构示意图。

实际晶体材料,大多靠几种键结合,以其中一种结合键为主,表2-1是四大类工程材料的结合键组成以及这些材料所具有的性能特点。

表 2-1　四大类工程材料的质点间结合键构成及其性能特点

种类	结合键	熔点	弹性模量	强度模量	塑性韧性	导电性导热性	耐热性	耐蚀性	其他性能
金属材料	金属键为主	较高	较高	较高	良好(铸铁等材料除外)	良好	较高	一般	密度大,不透明,有金属光泽
有机合成高分子材料	分子内共价键,分子间分子键	较低	低	较低	变化大	绝缘,导热差	较低	高	密度小,热膨胀系数大,抗蠕变性能低,易老化,减摩性好
陶瓷材料	离子键或共价键为主	高	高	抗压强度与硬度高,抗拉强度低	差	绝缘,导热差	高	高	耐磨性好,热硬性高,抗热振性差
复合材料	取决于组成物的结合键	将单一材料的某些优点结合在一起,充分发挥材料的综合性能							

2.2　金属的晶体结构

金属材料包括纯金属和合金,其中合金在工程机械中得到了广泛应用。不同种类的金属所表现出来的性能不同,与其内部具有不同组织结构有很大的关系。即使是同一种成分的金属材料,在不同的加工工艺下,由于内部的组织结构不同,材料的性能也可能会表现出很大的不同。由此可见,除了金属成分外,金属内部组织结构也起到非常重要的决定作用。因此,要科学开发和应用金属材料,了解金属的晶体结构是非常重要的。

2.2.1　空间点阵、晶格、晶胞

为研究晶体内部原子排列的规律性,可以先把晶体看作没有任何缺陷、原子排列绝对规则的理想晶体。

假设理想晶体中的原子都是固定不动的刚性球,则晶体可看作由这些刚球在空间按一定规律堆砌而成,见图 2-2(a)。将刚球抽象成一个点,得到一个由无数几何点在三维空间规则排列而成的阵列,称为空间点阵;为了研究方便,再将刚球抽象成的点用虚拟的直线相连接构成的空间网格称为晶格,见图 2-2(b);晶格中的每个点称为结点,由一系列结点所组成的平面称为晶面,由任意两个结点之间连线所指的方向称为晶向。组成晶格的最小结构单元称为晶胞,晶胞的大小和形状可用晶胞的棱边长度 a、b、c(称为晶格常数)和棱边夹角 α、β、γ 来表示,见图 2-2(c)。

根据这六个晶格常数的不同可以把晶体分成七大晶系十四种空间点阵。

1. 常见金属的晶体结构

金属晶体中的原子通过金属键结合,原子趋于紧密排列,构成少数几种高对称性的简

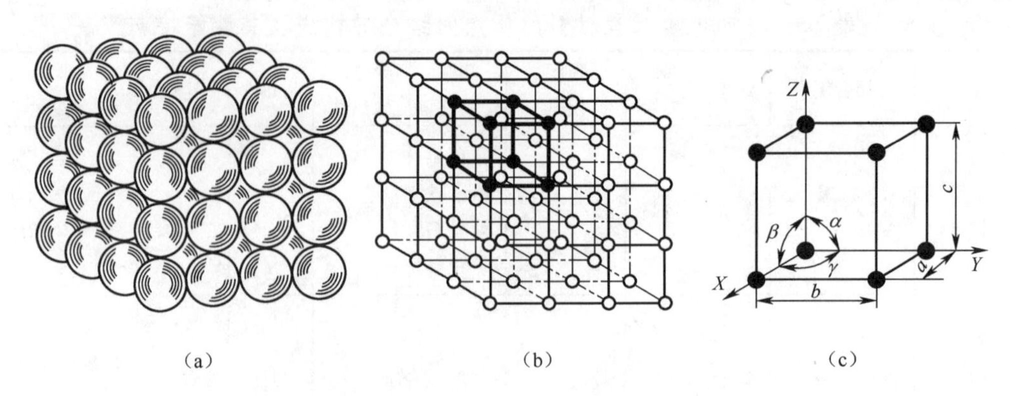

图2-2 晶体中原子排列
(a)原子排列模型;(b)晶格;(c)晶胞。

单晶体结构。在金属元素中,约有90%以上的金属晶体结构都属于下列三种晶格类型。

1)体心立方晶格

晶胞呈立方体,晶格常数用边长 a 表示,见图2-3(a)。由图可见,在晶胞的每个角和中心各排列着一个原子,体对角线上原子紧密接触。根据几何关系,体心立方晶胞的原子半径为 $r=\sqrt{3}a/4$。体心立方晶胞每个角上的原子为相邻的八个晶胞所共有,因此实际上体心立方晶胞包含的原子个数为 $\frac{1}{8}\times8+1=2$(个)。

晶胞中原子排列的紧密程度用致密度来表示。它是晶胞中原子所占的体积与该晶胞体积之比。对于体心立方晶格,其致密度为0.68。这表明,在体心立方晶格金属中,有68%的体积被原子所占据,其余32%的体积为空隙。

属于体心立方晶格的金属有α-Fe、Cr、Mo、W、V、Nb、β-Ti等。

2)面心立方晶格

面心立方晶格见图2-3(b)。在晶胞的每个角及每个面的中心各有一个原子,在各个面的对角线上各原子彼此紧密接触排列,其原子半径 $r=\sqrt{2}a/4$。每个面中心位置的原子同时属于两个晶胞所共有,故面心立方晶胞包含 $\frac{1}{8}\times8+\frac{1}{2}\times6=4$ 个原子,其致密度为0.74。

属于面心立方晶格的金属有γ-Fe、Cu、Al、Ni、Au、Ag、Pt、β-Co等。

3)密排六方晶格

图2-3(c)为密排六方晶格,其晶胞是六方柱体,由六个呈长方形的侧面和两个呈六边形的底面组成。其晶格常数用上下底面间距 c 和六边形的边长 a 表示;在紧密排列情况下 $c/a=1.633$。在密排六方晶胞的每个角上和上下底面的中心都排列着一个原子,另外在晶胞中间还有三个原子。密排六方晶胞每个角上的原子为相邻的六个晶胞所共有,上、下底面中心的原子为两个晶胞所共有,晶胞内部三个原子为该晶胞独有,所以密排六方晶胞中原子数为 $12\times1/6+2\times1/2+3=6$(个),其致密度为0.74。

属于密排六方晶胞的金属有Be、Mg、Zn、Cd、α-Co、α-Ti等。

2. 晶向指数和晶面指数

在晶体中,由一系列原子所组成的平面称为晶面。任意两个原子之间连线所指的方

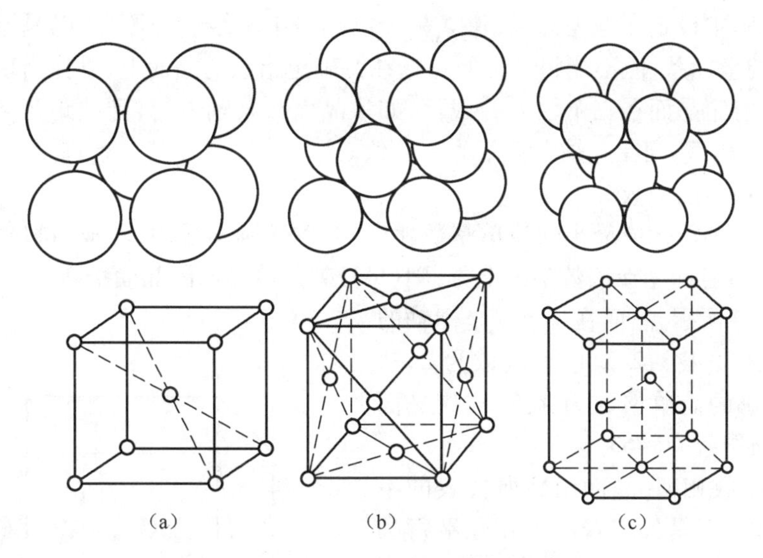

图 2-3　常见金属的几种晶胞
(a)体心立方晶格;(b)面心立方晶格;(c)密排六方晶格。

向称为晶向。在研究晶体的变形、相变和性能等问题时,常常涉及到不同位向的晶面和晶向问题。为了便于研究和表述不同晶面和晶向的原子排列及其空间的位向,通常分别采用统一的符号,称为晶面指数和晶向指数。

1) 立方晶系的晶向指数和晶面指数

(1) 晶向指数的确定步骤如下:

① 选定晶胞的某个结点为原点,以晶胞的三条棱边为 x、y、z 轴的坐标系,以棱边长度作为坐标轴的长度单位,定出欲求晶向上任意两点的坐标。

② 将"末"点的坐标值减去"始"点坐标植,得到沿该坐标系各轴方向移动点阵参数的数值。

③ 将这三个值化为最小简单整数,写入方括号中,即得到所求的晶向指数[uvw]。

图 2-4 给出了立方晶系一些晶向指数。显然,某一晶向指数所表示的是一组互相平行的晶向。如果所指方向相反,则它们的晶向指数的数值相同,但符号相反,标于数字上方。

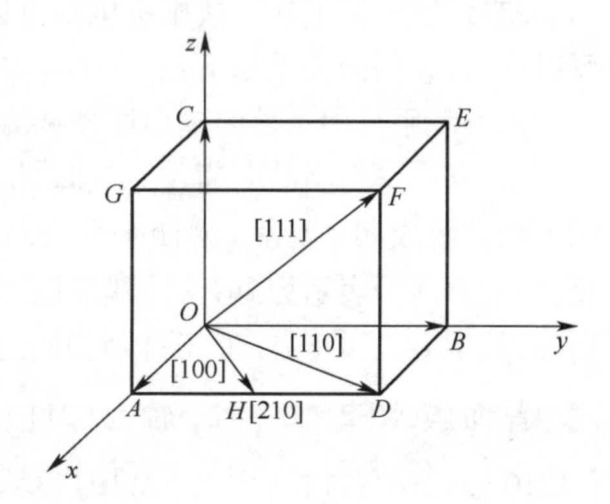

图 2-4　立方晶系一些常见的晶向指数

晶向族是晶体中原子排列情况相同但空间位向不同的一组晶向,用<uvw>表示。数字相同,但排列顺序不同或正负号不同的晶向属于同一晶向族,但对非立方晶系,改变晶向指数的顺序所表示的晶向则不一定属同一晶向族。

(2) 晶面指数

晶面指数通常采用密勒指数法确定,即根据晶面与三个坐标轴的截距来决定指数,即用三个数字来表示晶面指数(h k l)。

晶面指数的确定步骤如下:

① 在点阵中设定参考坐标系,建立一个以晶格中某结点为原点,以晶胞的三条棱边为 x、y、z 轴的坐标系,但不能将坐标原点选在待确定指数的晶面上,以免出现零截距。

② 求出待定晶面在三个轴上的截距,如该晶面与某轴平行,则截距为∞。若该晶面与某轴负方向相截,则在此轴上截距为一负值。

③ 求各截距的倒数。

④ 将三个倒数化成最小的简单整数比,将其置于圆括号内,写成(hkl),如有某一数为负值,则将负号标注在该数字的上方,则(hkl)就是该晶面的晶面指数。

如图2-5所示,晶面在 x、y、z 坐标轴的截距分别为1/2、1/3、2/3,取其倒数为2、3、3/2,化为最小的简单整数为4、6、3,故晶面 $a_1b_1c_1$ 的晶面指数为(463)。

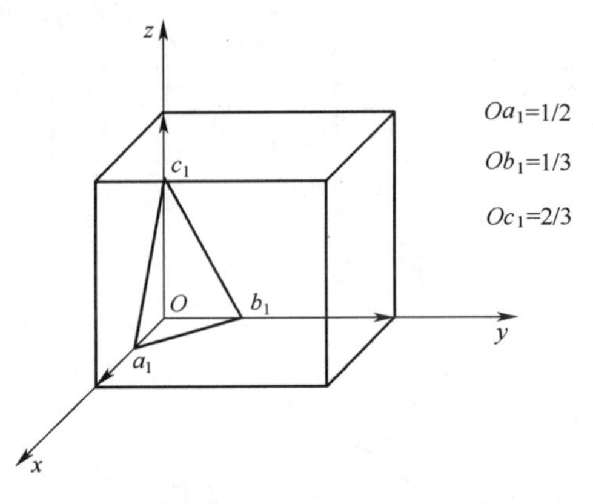

图2-5　立方晶系晶面指数表示方法

与晶向指数相似,晶面指数所代表的不仅是某一晶面,而是代表着一组相互平行的晶面。在同一个晶体结构中,具有原子排列和晶面间距完全相同,空间位向不同的晶面可以归并为同一个晶面族,用{hkl}表示,它代表由对称性相联系的若干组等效晶面的总和。

2) 六方晶系的晶向指数和晶面指数

六方晶系的晶向指数和晶面指数可以采用三轴坐标系标定,也可以用四轴坐标系来进行标定,但三轴坐标系确定晶面指数和晶面指数时,不能确定六方晶系的对称性,同类型的晶面和晶向,往往从指数上难以看出它们之间的等同关系,为了克服这一缺点,一般都采用四轴坐标系来确定六方晶系的晶向指数和晶面指数。

四轴坐标系表示方法是基于四个坐标轴:a_1,a_2,a_3 和 c 轴。其中,a_1、a_2、a_3 之间的夹角均为120°,c 轴与 a_1、a_2、a_3 轴相垂直。从几何学可知,三维空间独立的坐标系最多不会超过三个,而上述方法坐标轴却是四个,不难看出,前三个指数中只有两个是独立的,可以证明,它们的关系如下:$a_3=-(a_1+a_2)$ 或 $a_1+a_2+a_3=0$。

六方晶系晶向指数的确定原理和方法同立方晶系中的一样,当晶向通过原点时,把晶向沿四个轴分解成四个分量,将四个分量最小整数化,加上方括号表示为[uvtw],即是该方向晶向指数,其中 t=-(u+v)。原子排列相同的晶向为同一晶向族,图2-6中 a_1 轴为[$2\bar{1}\bar{1}0$],a_2 轴[$\bar{1}2\bar{1}0$],a_3 轴[$\bar{1}\bar{1}20$]均属〈$2\bar{1}\bar{1}0$〉。六方晶系晶向指数的确定也可先用三轴系确定晶向指数[UVW],再利用公式转换为[uvtw],图2-6给出了六方晶系一些晶向指数。

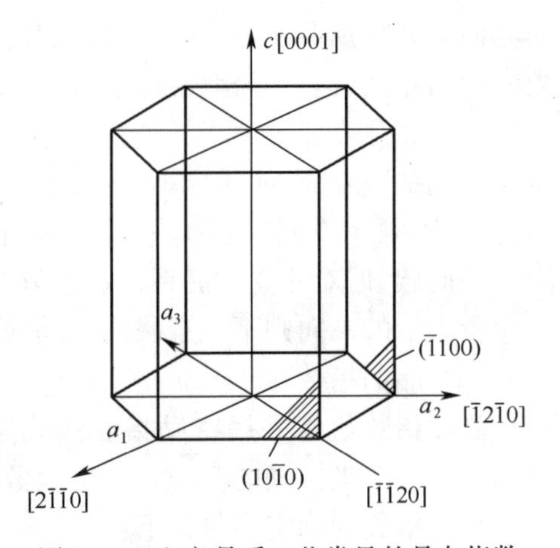

图2-6　六方晶系一些常见的晶向指数

六方晶系晶面指数的确定原理和方法同立

方晶系也是一样的，从待确定晶面在 a_1、a_2、a_3 和 c 轴上的截距可求得相应的指数 h、k、i、l，于是晶面指数可写成（hkil）。

3. 金属晶体的特性

从上述有关晶体的刚球模型和致密度的概念可知，原子并不能填满整个晶体，原子之间总存在一些间隙，这些间隙的大小称为间隙半径。若晶体中的间隙半径大于或接近于其他原子的半径时，这种原子就可能存在于间隙中。

晶体中，不同晶向、晶面上原子排列的疏密程度是不同的，原子间作用力强弱也不同，这就导致了金属的许多性能与晶向、晶面有关，这种晶体在不同方向上具有不同性能的性质称为晶体的各向异性。如单晶体铁，沿其体心立方晶胞的对角方向，原子排列紧密，其弹性模量为 2.9×10^5 MPa，沿体心立方晶胞的棱边方向，原子排列较松散，其弹性模量为 1.35×10^5 MPa。

有些金属的晶体结构在一定条件下会发生变化，即会从一种晶格类型转变为另一种晶格类型，这种现象称为同素异构转变。如在压力不变的条件下：在 912℃ 以下，铁为体心立方晶格；温度超过 912℃、低于 1394℃时，铁由体心立方晶格转变为面心立方晶格；温度超过 1394℃后，铁又由面心立方晶格转变为体心立方晶格。

2.2.2　实际金属的晶体结构

上述金属晶体结构是一种理想状态，整块晶体可看成是由晶胞在三维方向上重复堆砌而成，其中没有任何缺陷（杂质、空位等）。这种理想状态是不存在的。实际金属晶体中总存在一些缺陷，缺陷最少的实际金属晶体就是单晶体。单晶体是指原子排列的位向或方式均相同的晶体。由于多种因素的影响，实际工程材料并非都是单晶体，绝大多数是由若干个小的单晶体组成的多晶体，见图 2－7；这种多晶体由许多晶粒构成，这些晶粒可能就是单晶体，也可能由许多尺寸较小的单晶体构成，但相邻单晶体间的原子排列方向有所不同。即使在单晶体内，其晶体结构与理想的晶体结构也存在很大差异，这种偏差称为晶体缺陷。按照晶体缺陷的几何尺寸，可分为点缺陷、线缺陷和面缺陷。

1. 点缺陷

在三维空间各个方向上尺寸范围约为一个或几个原子间距的缺陷称为点缺陷，包括空位、杂质原子、离位原子等。晶格中没有原子的结点称为空位（图 2－8(a)），在晶格结点以外位置上的原子称为间隙原子（图 2－8(a)）。

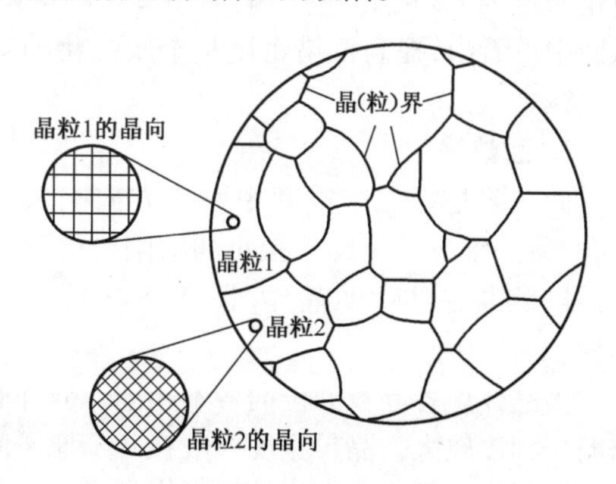

图 2－7　实际金属的多晶体组织

即使在很纯的金属中，也会存在一些杂质原子，当杂质原子尺寸很小时，容易挤入晶格间隙中，成为间隙原子。当杂质原子尺寸较大时，便会取代正常结点原子而形成置换原子。杂质原子的这两种存在方式并不改变晶体的晶格类型，呈固体溶解状态。

由图 2－8(a)可知，在点缺陷附近，由于原子间作用力的平衡被破坏，使其周围的其他原子发生靠拢或远离的不规则排列，这种变化称为晶格畸变。晶格畸变将使材料的强度、硬度和电阻等力学性能及理化性能发生变化。

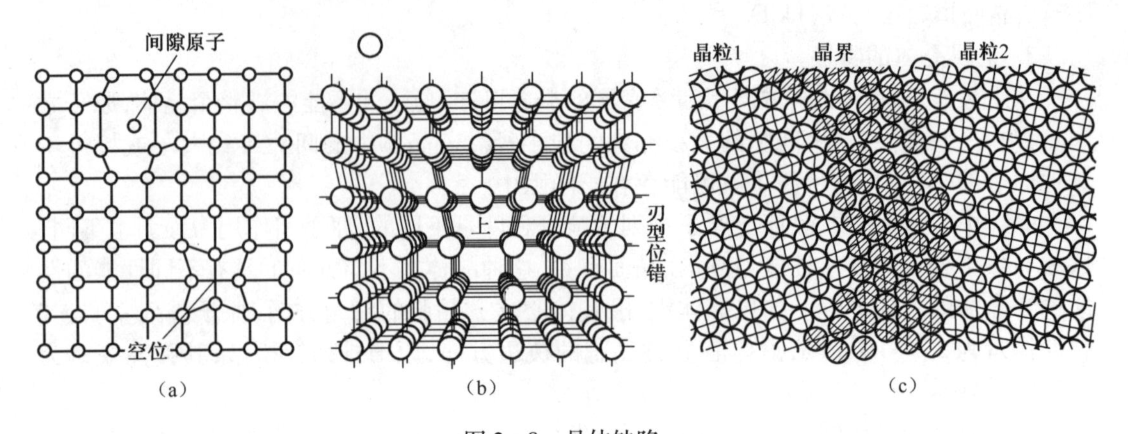

图 2-8　晶体缺陷

(a)点缺陷(空位、间隙原子);(b)线缺陷(刃型位错);(c)面缺陷。

2. 线缺陷

线缺陷是指三维空间中两维方向的尺寸较小、另一维方向的尺寸相对较大的缺陷。属于这类缺陷的就是各种类型的位错。

晶格中某些区域存在一列或若干列原子发生了规律性的错排现象称为位错。其最基本的形式有刃型位错和螺型位错。图 2-8(b)为刃型位错示意图。由图可见,晶体的上半部多出一个原子面(称为半原子面),它像刀刃一样切入晶体,其刃口即半原子面的边缘一列原子即为一条刃形位错线。位错线周围产生晶格畸变。晶格畸变大小约为几个原子间距。

单位体积的晶体中位错线的总长度称为位错密度,单位是 cm/cm^3(或 cm^{-2})。在退火金属中,位错密度一般为 $10^6 cm^{-2}$。在大量冷变形或淬火的金属中,位错密度可达$10^{12}cm^{-2}$。位错密度对材料强度的影响如图 2-9 所示。从图中可看出,提高位错密度是金属强化的重要途径之一。

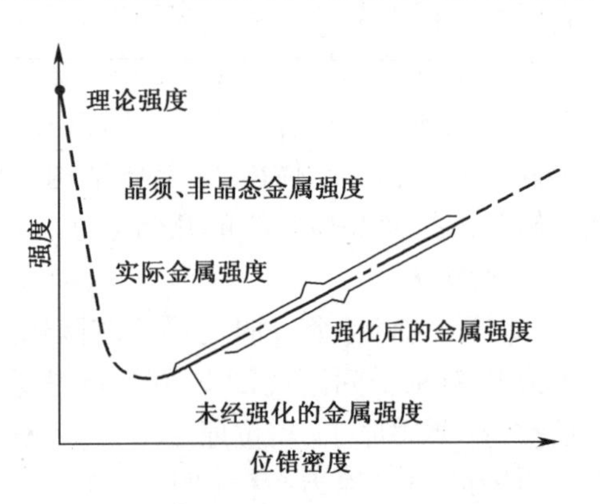

图 2-9　位错密度对材料强度的影响

3. 面缺陷

面缺陷是指三维空间中两维方向上尺寸较大、另一维方向上尺寸很小的缺陷。最常见的面缺陷是晶体中的晶界(图 2-8(c))和亚晶界。

多晶体中各晶粒的位向各不相同,晶粒间的过渡区称晶界。晶界处原子排列混乱,晶格畸变程度较大。晶界宽度一般在几个原子间距到几百个原子间距范围内。每个晶粒内部的原子也不是完全理想地规则排列,而是存在很多尺寸很小(边长约 10^{-4} ~ 10^{-6}cm),位向差也很小(小于 2°)的小晶块,这些小晶块称为亚晶粒(相当于单晶体),亚晶粒的交界为亚晶界。

实际晶体结构中的晶体缺陷随着温度和加工过程等各种条件的改变而不断变化。这些缺陷可以产生、运动和交互作用,而且能合并和消失。晶体缺陷对晶体的许多性能有很大的影响，特别对金属的塑性变形、固态相变以及扩散等过程都起着重要的作用。

2.2.3　合金的晶体结构

合金是指由两种或两种以上的金属元素或金属元素与非金属元素组成的、具有金属特性的材料。组成合金的独立的、最基本的单元称为组元，组元可以是构成合金的元素或稳定的化合物。由两个组元组成的合金称为二元合金，由两个以上组元组成的合金称为多元合金。

通过熔合法制得熔合合金，由粉末烧结法制得烧结合金。熔合法是将各组元放于一起加热熔化混合后得到合金的方法，是制造合金材料的主要方法；粉末烧结法是将各组元或合金制成粉末后再经混合、压坯和烧结制得粉末烧结合金的方法。

相是指合金中具有相同化学成分、聚集状态和性能并以界面相互分开的结构体；合金中各组元相互作用可形成一种或几种相。组织是借助金相显微镜所观察到的金属及合金内部颗粒物，这些颗粒物就是通常所说的晶粒，组织反应了晶粒的大小、形状、分布等情况。合金的性能由组成合金相的结构和各相构成的显微组织所决定。

根据构成合金的各元素之间相互作用的不同，合金相的结构大致可分为固溶体和化合物两大类。

1. 固溶体

构成合金的一种组元晶格类型保持不变、其余组元以原子形式溶入其中所得到的固相称为固溶体。固溶体中，晶格类型保持不变的组元称为溶剂，其余组元称为溶质。

1）固溶体的分类

（1）按溶质原子在晶格中所占位置分类

① 置换固溶体。它是指溶质原子位于溶剂晶格的某些结点位置所形成的固溶体，犹如这些结点上的溶剂原子被溶质原子所置换一样，因此称之为置换固溶体。

② 间隙固溶体。溶质原子不是占据溶剂晶格的正常结点位置，而是填入溶剂原子间的一些间隙中。溶质原子分布于溶剂晶格间隙而形成的固溶体称间隙固溶体，如图 2-10 所示。当溶质原子与溶剂原子的直径、电化学性质等相近时，一般形成置换固溶体，如 Mn、Cr、Si、Ni、Mo 等元素都能与铁形成置换固溶体。当溶质与溶剂的原子直径比值小于 0.59 时可能形成间隙固溶体。一般过渡族元素（溶剂）与尺寸较小的 C、N、H、B、O 等易形成间隙固溶体。由于溶剂晶格的间隙有限，且随着溶入的溶质原子越多，晶格畸变越大，溶质原子的溶入受到的阻碍越大，所以间隙固溶体只能形成溶解度有限的固溶体。

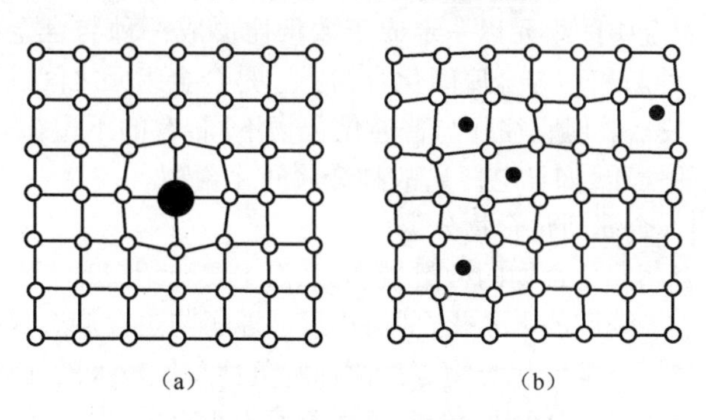

图 2-10　溶质原子引起的晶格畸变
(a)置换固溶体；(b)间隙固溶体。

（2）按固溶度分类

① 有限固溶体。在一定条件下，溶质组元在固溶体中的浓度有一定的限度，超过这

个限度就不再溶解了。这一限度称为溶解度或固溶度,这种固溶体就称为有限固溶体。大部分固溶体都属于有限固溶体。

② 无限固溶体。溶质能以任意比例溶入溶剂,固溶体的溶解度可达100%,这种固溶体就称为无限固溶体。

对于无限固溶体,事实上很难区分溶剂与溶质,二者可以互换。通常以浓度大于50%的组元为溶剂,浓度小50%的组元为溶质。由此可见无限固溶体只可能是置换固溶体,能形成无限固溶体的合金系不很多。

(3) 按溶质原子与溶剂原子的相对分布分类

① 无序固溶体。溶质原子统计地或随机地分布于溶剂的晶格中,它或占据着与溶剂原子等同的一些位置,或占据着溶剂原子间的间隙中,看不出有什么次序性或规律性,这类固溶体叫做无序固溶体。

② 有序固溶体。当溶质原子按适当比例并按一定顺序和一定方向,围绕着溶剂原子分布时,这种固溶体就叫有序固溶体。它既可以是置换式的有序也可以是间隙式的有序,可以将有序固溶体看作是金属化合物。但是应当指出,有的固溶体由于有序化的结果,会引起结构类型的变化,所以也可以将它看作是金属化合物。

除上述分类方法外还有一些其他的分类方法。如以纯金属为基的固溶体称为一次固溶体或端际固溶体,以化合物为基的固溶体称为二次固溶体,等等。

2) 固溶对力学性能的影响

溶质原子溶入后引起固溶体的晶格发生畸变(图2-10),金属的强度、硬度升高,这种现象称为固溶强化,它是强化金属材料的重要途径之一。间隙固溶体的强化效果大于置换固溶体的强化效果。实践证明,适当控制固溶体中溶质含量,在显著提高金属材料强度、硬度的同时,还可保持较好的塑性和韧性。

2. 金属间化合物

合金中的组元以一定原子数量比形成一种与合金的任一组元晶格类型均不同的新相,这种新相称为金属间化合物。它是合金组元之间发生相互作用而生成的,可用化学式A_nB_m表示。但它往往与普通化合物不同,有的不遵循化合价规律,并在一定程度上具有金属的性质(如导电性),故称金属间化合物。

1) 金属间化合物分类

金属间化合物的种类较多,下面主要介绍三种:服从原子价规律的正常价化合物;决定于电子浓度的电子化合物;小尺寸原子与过渡族金属之间形成的间隙相和间隙化合物。

(1) 正常价化合物。由两种电负性差值较大的元素按通常的化学价规律形成的化合物,其稳定性与两组元的电负性差值大小有关,电负性差值越大,稳定性越高,越接近离子键,正常价化合物包括从离子键、共价键过渡到金属键为主的一系列化合物,通常具有较高的强度和脆性,固溶度范围极小,在相图上为一条垂直线。

(2) 电子化合物。电子化合物是Hume-Rothery在研究ⅠB族的贵金属(Ag、Au、Cu)与ⅡB、ⅢA、ⅣA族元素(如Zn、Ga、Ge)所组成的合金时首先发现的。后来在Fe-Al、Ni-Al、Co-Zn等其他合金中也有发现。

这类化合物的特点是电子浓度是决定晶体结构的主要因素。凡具有相同的电子浓度,则相的晶体结构类型相同。

电子浓度用化合物中每个原子平均所占有的价电子数表示。计算过渡元素时，其价电子数为零。

(3) 间隙相和间隙化合物。原子半径较小的非金属元素如 C、H、N、B 等可与金属元素（主要是过度族金属）形成间隙相或间隙化合物。这主要取决于非金属(X)和金属(M)原子半径的比值 r_X/r_M：当 $r_X/r_M < 0.59$ 时，形成具有简单晶体结构的相，称为间隙相；当 $r_X/r_M > 0.59$ 时，形成具有复杂晶体结构的相，通常称为间隙化合物。

① 间隙相。间隙相具有比较简单的晶体结构，如 FCC、HCP，少数为 BCC 或简单六方结构，与组元的结构均不相同。间隙相可以用化学分子式表示。间隙相不仅可以溶解其组成元素，而且间隙相之间还可以相互溶解。间隙相中原子间结合键为共价键和金属键，即使大于非金属组元的原子数分数大于 50%时，仍具有明显的金属特性，而且间隙相具有极高的熔点和硬度，同时其脆性也很大，是高合金钢和硬质合金中的重要强化相。

② 间隙化合物。间隙化合物的晶体结构都很复杂，原子间结合键为共价键和金属键。间隙化合物也具有很高的熔点和硬度，脆性较大，也是钢中重要的强化相之一。但与间隙相相比，间隙化合物的熔点和硬度以及化学稳定性都要低一些。

2）金属间化合物的力学性能特点

金属间化合物一般具有较高熔点、高硬度和高脆性，当合金中出现金属化合物时，通常能提高合金的硬度和耐磨性，但塑性和韧性会降低，大多具有复杂的晶体结构。如铁和碳形成的金属间化合物 Fe_3C 称为渗碳体，其晶体结构见图 2-11。金属间化合物一般不能作为合金的基本相，而是作为强化相弥散分布在固溶体基体上，以提高其强度、硬度及耐磨性。这种强化方式称弥散强化，属第二相强化，它是合金钢及有色合金中的重要强化方法。

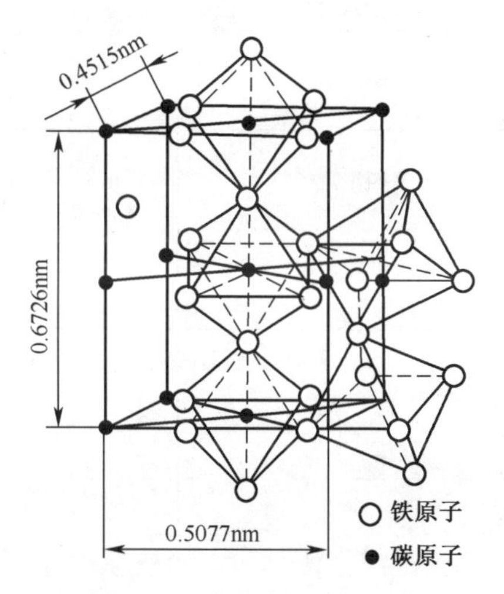

图 2-11　渗碳体的晶体结构

2.3　高分子材料的结构

2.3.1　高分子聚合物的结构、组成与形态

1. 高分子聚合物的结构

高分子聚合物是由低分子化合物连接而成的高分子链，用单体、链节、聚合度来描述。构成聚合物的低分子化合物称为单体，它是聚合物的合成原料。如聚乙烯(PE)是由乙烯($CH_2=CH_2$)单体聚合而成，聚氯乙烯(PVC)的单体为氯乙烯($CH_2=CHCl$)。聚合物是长度达几百纳米以上、截面直径常小于 1nm 的高分子链，它由许多相同的结构单元连接而成，组成高分子链的结构单元称为链节。高分子链中结构单元的重复次数称为聚合度(n)。

例如，聚乙烯大分子链的结构式为

$$\cdots—CH_2—CH_2—\vdots—CH_2—CH_2—\vdots—CH_2—\cdots$$

可以简写为 $+CH_2—CH_2+_n$ 。它是由许多 $—CH_2—CH_2—$ 结构单元连接构成的,这个结构单元就是聚乙烯的链节。

同样,聚氯乙烯的结构式为

$$\cdots—CH_2—\underset{\displaystyle Cl}{\underset{|}{CH}}—\vdots—CH_2—\underset{\displaystyle Cl}{\underset{|}{CH}}—\vdots—CH_2—\underset{\displaystyle Cl}{\underset{|}{CH}}—\cdots$$

简写为 $+CH_2—\underset{\displaystyle Cl}{\underset{|}{CH}}+_n$,即 $—CH_2—\underset{\displaystyle Cl}{\underset{|}{CH}}—$ 为聚氯乙烯的链节。表2-2为几种高聚物的单体和链节的结构式。

表2-2　几种高聚物的单体和链节

材料名称	原料(单体)	重复结构单元(链节)
聚乙烯	乙烯 $CH_2=CH_2$	$—CH_2—CH_2—$
聚四氟乙烯	四氟乙烯 $CF_2=CF_2$	$—CF_2—CF_2—$
顺丁橡胶	丁二烯 $CH_2=CH—CH=CH_2$	$—CH_2—CH=CH—CH_2—$
氯丁橡胶	氯丁二烯 $CH_2=\underset{\displaystyle Cl}{\underset{|}{C}}—CH=CH_2$	$—CH_2—\underset{\displaystyle Cl}{\underset{|}{C}}=CH—CH_2—$
腈纶(聚丙烯腈)	丙烯腈 $CH_2=\underset{\displaystyle CN}{\underset{|}{CH}}$	$—CH_2—\underset{\displaystyle CN}{\underset{|}{CH}}—$
涤纶(聚对苯二甲酸乙二醇酯)	乙二醇+对苯二甲酸	$—OCH_2CH_2O—\overset{\displaystyle O}{\overset{\|}{C}}—C_6H_4—\overset{\displaystyle O}{\overset{\|}{C}}—$ (CN)

2. 高分子链的化学组成

高分子链的结构首先决定于其化学组成。组成高分子的化学元素主要是碳、氢、氧,另外还有氮、氯、氟、硼、硅、硫等元素,其中碳是形成高分子链的最主要元素。

根据组成元素的不同,高分子链可分成三类:碳链高分子、杂链高分子和元素链高分子。碳链高分子的主链全部由碳原子以共价键连接,即 —C—C—C— ,如聚乙烯(PE)、聚丙烯(PP)、聚苯乙烯(PS)等。高分子主链除碳原子外,还有氧、氮、硫、磷等原子,它们也以共价键连接,称为杂链高分子,如 —C—C—O—C—C— 、—C—C—N—N— 、—C—C—S—C—C— 等,如聚甲醛(POM)、聚酰胺(PA)、聚砜(PSF)等。由硅、氧、硼、硫、磷等元素组成的高分子主链称为元素链高分子,如 —Si—O— 、—Si—Si— 等。它们的结构还含有有机侧链取代基,例如聚硅氧烷、氟硅橡胶等。其优点是具有无机物的热稳定性和有机物的弹塑性,缺点是强度较低。

除了结构单元之外，在高分子链的自由末端，通常含有与链的组成不同的端基。高分子链很长，端基含量很少，但却直接影响聚合物的性能，尤其是热稳定性。由于链的断裂可以从端基开始，所以封闭端基可以提高这类聚合物的热稳定性、化学稳定性。如聚甲醛（$-[O-CH_2]_n-$），分子链末端的—OH 端基被酯化后可以提高其热稳定性。聚碳酸酯（PC）分子链的羟端基和酰氯端基，能促使其本身在高温下降解，热稳定性较差。如在聚合过程中加入单官能团的化合物，如苯酚类，就可以实现封端，从而提高其热稳定性，同时可以控制相对分子质量。一些常用高聚物的化学结构见表 2-3。

表 2-3　一些常用高聚物的化学结构

高聚物	化学结构
聚丙烯（PP）	$-[CH_2-CH(CH_3)]_n-$
聚异丁烯（PIB）	$-[CH_2-C(CH_3)_2]_n-$
聚丙烯酸（PAA）	$-[CH_2-CH(COOH)]_n-$
聚甲基丙烯酸甲酯（PMMA）	$-[CH_2-C(CH_3)(COOCH_3)]_n-$
聚醋酸乙烯酯（PVAc）	$-[CH_2-CH(OCOCH_3)]_n-$
聚乙烯基甲基醚（PVME）	$-[CH_2-CH(OCH_3)]_n-$
聚丁二烯（PB）	$-[CH_2-CH=CH-CH_2]_n-$
聚异戊二烯（PI）	$-[CH_2-C(CH_3)=CH-CH_2]_n-$
聚氯乙烯（PVC）	$-[CH_2-CHCl]_n-$
聚偏二氯乙烯	$-[CH_2-CCl_2]_n-$
聚四氟乙烯（PTFE）	$-[CF_2-CF_2]_n-$
聚丙烯腈（PAN）	$-[CH(CN)-CH_2]_n-$
聚甲醛（POM）	$-[O-CH_2]_n-$
聚（ε-己内酰胺）（尼龙 6）	$-[CO-(CH_2)_5-NH]_n-$
聚 α-甲基苯乙烯	$-[CH_2-C(CH_3)(C_6H_5)]_n-$
聚苯醚（PPO）	$-[O-C_6H_2(CH_3)_2]_n-$
聚对苯二甲酸乙二醇酯（PET）	$-[CO-C_6H_4-CO-CH_2-CH_2-O]_n-$
聚碳酸酯（PC）	$-[O-C_6H_4-C(CH_3)_2-C_6H_4-O-CO]_n-$
聚醚醚酮（PEEK）	$-[C_6H_4-CO-C_6H_4-O-C_6H_4-O]_n-$
聚砜（PSF）	$-[O-C_6H_4-C(CH_3)_2-C_6H_4-O-C_6H_4-SO_2-C_6H_4]_n-$
聚对苯二甲酰对苯二胺（Kevlar）	$-[CO-C_6H_4-CO-NH-C_6H_4-NH]_n-$
聚酰亚胺（PI）	$-[N(CO)_2C_6H_2(CO)_2N-C_6H_4-O-C_6H_4]_n-$

（续）

高聚物	化学结构	高聚物	化学结构
聚二甲基硅氧烷（硅橡胶）	$\left[\mathrm{Si}(\mathrm{CH_3})_2-\mathrm{O}\right]_n$	聚己二酰己二胺（尼龙 66）	$\left[\mathrm{N(H)}-(\mathrm{CH_2})_6-\mathrm{N(H)}-\mathrm{C(=O)}-(\mathrm{CH_2})_4-\mathrm{C(=O)}\right]_n$
聚四甲基对亚苯基硅氧烷（TMPS）	$\left[\mathrm{Si}(\mathrm{CH_3})_2-\mathrm{C_6H_4}-\mathrm{Si}(\mathrm{CH_3})_2-\mathrm{O}\right]_n$		

3. 高分子链的形态

高分子链可呈现不同的几何形态，主要有线型、支化型和体型（或网型）等三类。

1）线型高分子链

各链节以共价键连接成线型长链高分子，其直径小于 1nm，而长度达几百甚至几千纳米，像一根呈卷曲状或线团状的长线，见图 2－12(a)。

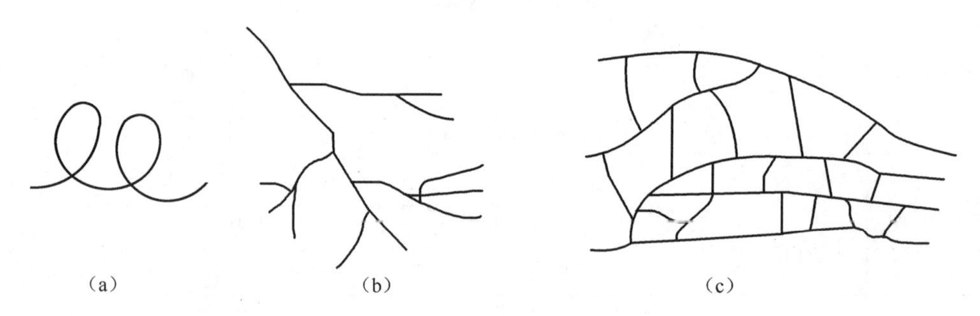

图 2－12　高分子链的结构形态

(a)线型；(b)支化型；(c)体型。

2）支化型高分子链

在聚合物主链的两侧以共价键形式连接相当数量、长短不一的支链。当支链呈无规分布时，整个分子呈枝状，见图 2－12(b)；当支链呈有规分布时，整个分子呈梳形、星形等类型。由于存在支链，高分子链之间不易形成规则排列，难以完全结晶，同时支链可形成三维缠结，使塑性变形难以进行，因而影响高分子材料的性能。如由乙烯形成的支化型聚合物——低密度聚乙烯（LDPE）分子链中，存在短支链和长支链，其熔点为 105℃；同样由乙烯形成的线型聚合物——高密度聚乙烯（HDPE）中，支化点极少，几乎全部是线型，其熔点为 135℃。它们的性能差异见表 2－4。

表 2－4　三种聚乙烯的性能比较

性　能	低密度聚乙烯	高密度聚乙烯	交联聚乙烯
密度/(g · cm^{-3})	0.91~0.94	0.95~0.97	0.95~1.40
结晶度	60%~70%	95%	
熔点/℃	105	135	
拉伸强度/MPa	7~5	20~37	10~21

（续）

性　能	低密度聚乙烯	高密度聚乙烯	交联聚乙烯
最高使用温度/℃	80～100	120	135
用途	软塑料制品，薄膜材料	硬塑料制品，管材，棒材，单丝绳缆及工程塑料部件	海底电缆，电工器材

3）体型（网型或交联型）高分子链

在线型或支化型高分子链之间通过化学键或链段连接成一个三维空间网状大分子结构，这种结构即为交联高分子或体型高分子，见图 2－12(c)。酚醛树脂、环氧树脂、不饱和聚酯树脂、硫化橡胶、交联聚乙烯等均为交联高分子。天然橡胶的硫化示意图如图 2－13 所示，其交联点的分布是无规则的。

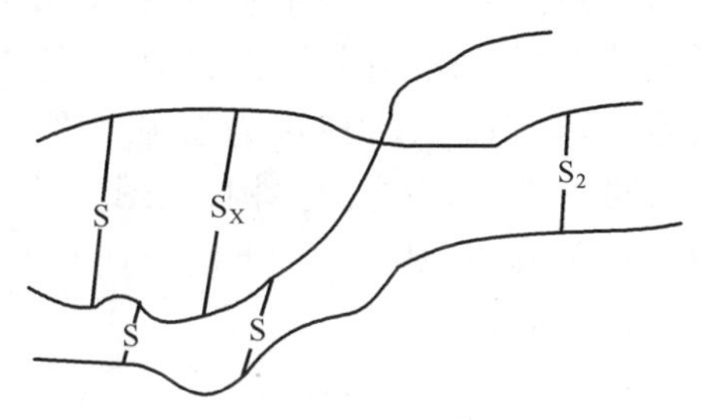

图 2－13　天然橡胶的硫化示意图

支化型聚合物的化学性质与线型聚合物相似，但其物理机械性能、加工流动性能等受支化的影响显著。短支链支化破坏分子结构规整性，降低晶态聚合物的结晶度。长支链支化严重影响聚合物的熔融流动性能。一般的无规交联聚合物是不溶不熔的，只有当交联程度不太大时才能在溶剂中溶胀。

线型和支化型高分子链构成的聚合物统称为线型聚合物，其分子链间仅靠分子键结合，作用力弱，因而这类聚合物可以通过加热或冷却使其重复软化（或熔化）和硬化（或固化），故这类聚合物又称热塑性聚合物。它们加热可以熔融，易于加工成形；具有高弹性和热塑性，如聚丙烯、聚苯乙烯、涤纶、尼龙、生橡胶等。

体型高分子链构成的聚合物称为体型聚合物或交联高分子，其分子链间由共价键结合，作用力强，因而这类聚合物具有较高的强度和热固性，即加热加压成形后，不能再加热熔化或软化，故又称为热固性聚合物，如酚醛塑料、环氧树脂、硫化橡胶等。橡胶经硫化后形成轻度交联高分子，交联点之间链段仍然可以运动，但大分子之间不能滑移，具有可逆的高弹性能。

由此可见，高分子链的分子结构对聚合物性能有显著影响，也正是由于这种特殊的分子结构，使高分子材料在工程中得到广泛应用。

4）高分子聚合物的空间构型

高分子链的空间构型是指高分子链中由化学键所固定的原子或原子团在空间的排列方式。这种空间构型是稳定的，要改变构型，必须经过化学键的断裂和重组。

分子链的侧基为氢原子时，如聚乙烯分子链，因氢原子沿主链的排列方式只有一种，所以其排列顺序不影响分子链的空间构型，即

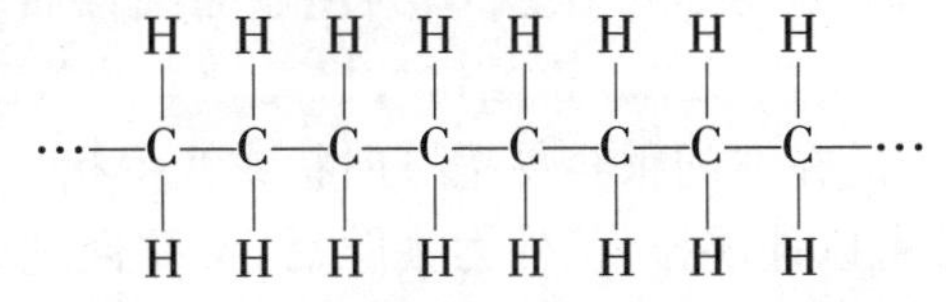

若分子链的侧基中有其他原子或原子团，则排列方式可能不止一种，以乙烯类聚合物

为例,这类聚合物的分子通式可以写成

$$-\!\!\left[\begin{array}{ccc} H & & H \\ | & & | \\ C & - & C^{*} \\ | & & | \\ H & & R \end{array}\right]_{n}\!\!-$$

式中:R 表示其它原子或原子团,即为不对称取代基,若 R 为氯(Cl),则为聚氯乙烯,若 R 为苯环( ),则为聚苯乙烯;C^* 为带有不对称取代基的碳原子。取代基 R 沿主链的排列位置不同,分子链可有不同的空间构型。化学成分相同而不对称取代基沿分子主链占据位置不同,因而具有不同链结构的现象称为立体异构(类似于金属中的同素异构)。图 2-14 所示为乙烯类聚合物中常见的三种空间构型。取代基 R 位于碳链平面同一侧,称为全同立构,见图 2-14(a);取代基 R 交替地排列在碳链平面两侧,称为间同立构,见图 2-14(b);取代基 R 无规律地排列在碳链平面两侧,称为无规立构,见图 2-14(c)。

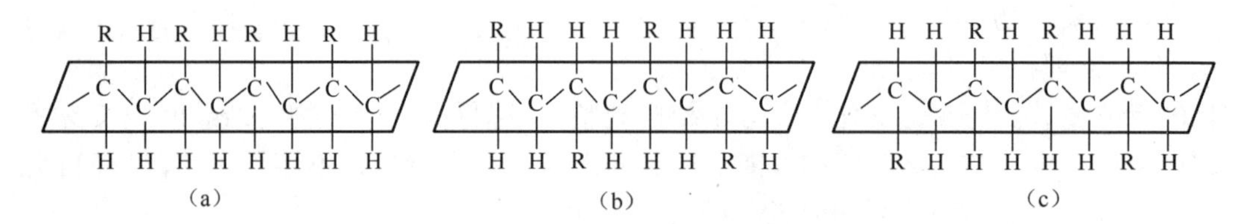

图 2-14　乙烯类聚合物的立体异构
(a)全同立构;(b)间同立构;(c)无规立构。

由此可见,聚合的分子链中如果有不对称的取代基,就可能有不同的空间构型。分子链的构型对聚合物的性能有显著影响。成分相同的聚合物,全同立构和间同立构者容易结晶,具有较好性能,其硬度、相对密度、软化温度及熔点都较高;而无规立构者不容易结晶,性能较差,易软化。例如:全同聚乙烯容易结晶,熔点为 165℃,可纺成丝,称丙纶丝;而无规聚丙烯的软化温度为 80℃,无实用价值。

5) 高分子链的构象及柔性

高分子主链很长,但通常不是直线,而以蜷曲方式在空间形成各种形态。高分子的蜷曲倾向与高分子链中许多单键内旋转有关。

高分子链是由成千上万个原子经共价键连接而成,其中以单键连接的原子由于原子热运动,两个原子在保持键角、键长不变的情况下可做相对旋转而不影响电子云的分布,单键做旋转,称为内旋转。图 2-15 为碳链大分子链的内旋转示意图。图中 C_1—C_2—C_3—C_4为碳链中的一段,用 b_1、b_2、b_3分别表示三个单键。在保持键角(109°28′)和键长(0.154nm)不变的情况下,当 C_1—C_2形成的 b_1键内旋转时,b_2键将沿以 C_2为顶点的圆锥面旋转。同样 b_2键内旋转时,b_3键也可在以 C_3为顶点的圆锥面上旋转。这样,三个键组成的键段就会出现许多空间位置形象。正是这种极高频率的单键内旋转随时改变着大分子链的构象,使线型大分子链在空间很容易呈蜷曲状或线团状。在拉力作用下,呈蜷曲状或线团状的线型大分子链可以伸展拉直,外力去除后,又缩回到原来的蜷曲状或线团状。这种能拉伸、回缩的性能称为分子链的柔性,这是聚合物具有弹性的原因。

分子链的柔性与很多因素有关。原子间共价键的键长和键能影响其所构成的大分子链内旋转能力，如 C—O 键、C—N 键、Si—O 键内旋转比 C—C键容易得多。当主链全部由单键组成时，以碳链柔性最差；当分子链上带有庞大的原子团侧基(如甲基 CH_3、苯环)或支链时，内旋转困难，链的柔性很差，例如聚苯乙烯分子链的柔性不如聚乙烯链，因此聚苯乙烯硬而脆，聚乙烯软而韧。同一种分子链，分子链越长，链节数越多，参与内旋的单键越多，柔性越好。温度升高时，分子热运动增加，内旋容易，柔性增加。

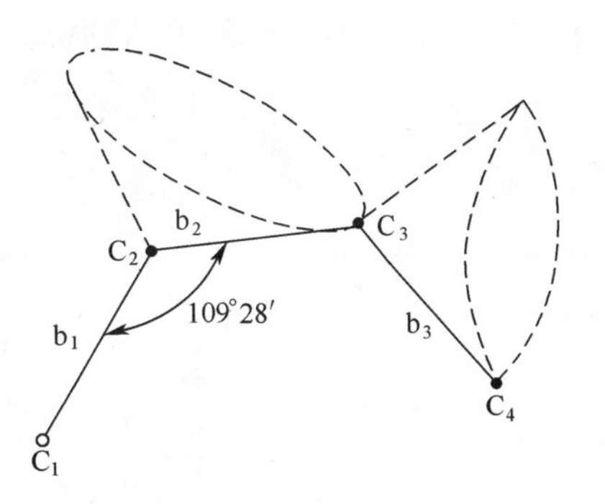

图 2-15　分子链的内旋示意图

综上所述，分子链内旋转越容易，其柔韧性越好。分子链的柔性对聚合物性能影响很大，一般柔性分子链聚合物的强度、硬度和熔点较低，但弹性和韧性较好，刚性分子链聚合物则相反，其强度、硬度和熔点较高，而弹性和韧性较差。

2.3.2　高分子材料的结构

1. 高分子链的聚集态结构

高分子材料内部高分子链之间的几何排列和堆砌结构称为高分子链的聚集态结构，也称为超分子结构，它是在加工成形过程中形成的。高分子链之间以范德华力和(或)氢键结合，键的作用力低，但因分子链很长，故链间总作用力(各链节作用力与聚合度之积)大大超过链内共价键作用力。显然，高分子链的聚集态结构与高分子材料的性能有着直接关系。

高分子链间作用力的强弱用内聚能或内聚能密度(CED)来表示。内聚能定义为克服分子间作用力，1mol 的凝聚体在汽化时所需要的能量 ΔE：

$$\Delta E = \Delta H_v - RT \qquad (2-1)$$

式中　ΔH_v——摩尔蒸发热(或 ΔH_S，摩尔升华热)；

R——气体常数(J/(mol·k))；

T——温度(K)。

内聚能密度(CED)定义为单位体积凝聚体汽化时所需要的能量：

$$\mathrm{CED} = \frac{\Delta E}{V_m} \qquad (2-2)$$

式中　V_m——摩尔体积(cm^3)；

ΔE——内聚能(J)。

部分线型聚合物的内聚能密度数据列于表 2-5 中。

内聚能密度在 300J/cm^3 以下的聚合物，分子链为柔性链，具有高弹性，可用做橡胶。聚乙烯例外，它易于结晶而失去弹性，呈现出塑料特性。内聚能密度在 400J/cm^3 以上的聚合物，由于高分子链上有强的极性基团或分子间能形成氢键，相互作用很强，因而有较高强度和极好的耐热性，加上易于结晶和取向，可成为优良的纤维材料。如聚酰亚胺可以作为航天材料用的耐高温粘结剂。内聚能密度在300~400 J/cm^3之间的聚合物,分子作用居中,适于做塑料。所以,高分子间作用力的大小对聚合物凝聚态结构和性能有着重要的影响。

表2-5　线型聚合物的内聚能密度

聚合物	CED/(J/cm^3)	聚合物	CED/(J/cm^3)
聚乙烯	259	聚甲基丙烯酸甲酯	347
聚异丁烯	272	聚醋酸乙烯酯	368
天然橡胶	280	聚氯乙烯	381
聚丁二烯	276	聚对苯二甲酸乙二酯	477
丁苯橡胶	276	尼龙66	774
聚苯乙烯	305	聚丙烯腈	992

2. 高分子材料的聚集态

高分子材料的聚集态有晶态(分子链在空间规则排列)、部分晶态(分子链在空间部分规则排列)和非晶态(分子链在空间无规则排列,亦称玻璃态)三种。通常线型聚合物在一定条件下可以形成晶态或部分晶态,而体型聚合物为非晶态(或玻璃态)。图2-16为聚合物从液态冷却时温度与比体积(每克聚合物的体积)关系的示意图。由图可见,当温度高于T_m(熔点)时聚合物为黏稠液体;当温度缓慢降低到T_m以下时,对于非晶态聚合物此时不发生结晶,但液体变得更黏,其比体积随温度降低而沿*ABCD*变化,成为过冷液体,直至玻璃化温度T_g时,全部转变为非晶态(玻璃态)。对于有结晶倾向的线型聚合物,如果冷却迅速,也会沿此途经成为非晶态。对于结晶倾向大的聚合物缓慢冷却至T_m以下时发生结晶,比体积有突变,其比体积随温度降低沿*ABG*变化。对于部分结晶的聚合物,在T_m以下发生部分结晶,随温度降低,比体积沿*ABE*变化,直至T_g温度时,部分非晶态过冷液体转变为非晶态。

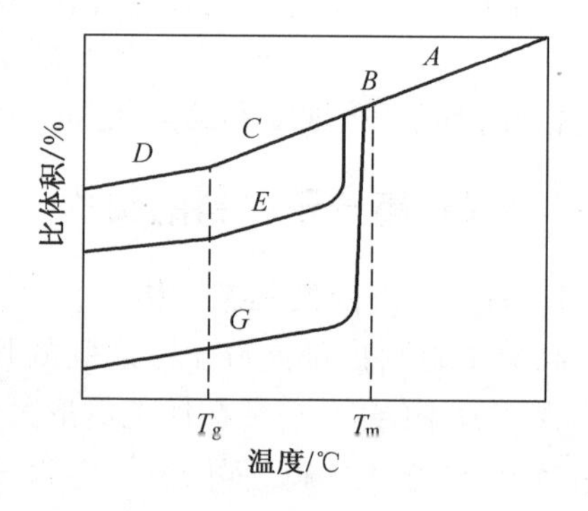

图2-16　聚合物的比体积与温度关系曲线

在实际生产中获得完全晶态的聚合物是很困难的,大部分聚合物是部分晶态或完全非晶态,通常用聚合物中结晶区域所占的百分数及结晶度来表示聚合物的结晶程度。聚合物的结晶度变化范围很宽,为30%~90%,特殊情况下可达98%。高聚物三种聚集状态结构如图2-17所示。由图可见,聚合物结晶就是高分子链的规则排列,当足够能量的分子链紧密聚集在一起,使分子间的次价力能够克服热运动造成的无序排列时,就形成结晶态结构。

聚合物的性能与聚集态有密切的关系。晶态聚合物由于分子链规则排列而紧密,分子间吸引力大,分子链运动困难,故其熔点、相对密度、强度、刚度、耐热性和抗熔性等性能好;非晶态聚合物由于分子链无规则排列,分子链的活动能力大,故其弹性、延伸率和韧性等性能好;部分晶态聚合物性能介于上述二者之间,且随结晶度增加,熔点、相对密度、强

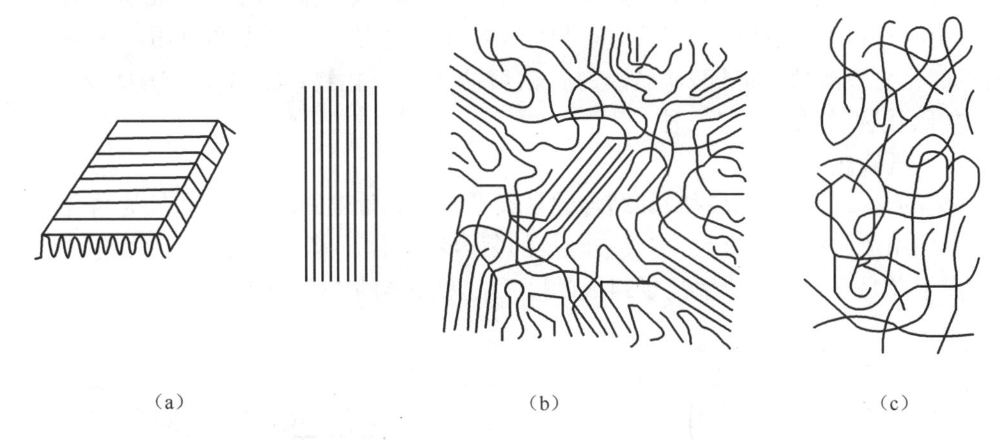

图 2-17　高分子聚合物的三种聚集态示意图
(a)晶态;(b)部分晶态;(c)非晶态。

度、刚度、耐热性和抗熔性均提高,而弹性、延伸率和韧性则降低。在实际生产中控制影响结晶的诸因素,可以得到不同聚集态的聚合物,满足所需的性能要求。

2.4　陶瓷材料的结构

陶瓷材料是指以天然硅酸盐(黏土、石英、长石等)或人工合成化合物(氮化物、氧化物、碳化物等)为原料,经过制粉、配料、成形、高温烧结而成的无机非金属材料。

2.4.1　陶瓷材料的键合类型

陶瓷材料的质点间以离子键与共价键二者混合键结合,所以陶瓷材料一般有熔点和硬度高、耐腐蚀性好、塑性差等特性。如 Mg 的熔点为 650℃,而 MgO 陶瓷中,离子键比例占 84%,共价键占 16%,因此熔点高达 2800℃。又如金刚石是典型的共价键,熔点达 3700℃,是目前自然界中最坚硬的固体。另外一般地,离子键为主的无机材料呈结晶态,而某些共价键为主的无机材料则易形成非晶态结构。

2.4.2　陶瓷材料的组织

与金属等工程材料一样,陶瓷材料的性能决定于化学成分和组织结构。相对于金属材料,陶瓷材料的组成结构更加复杂,在室温下,陶瓷的典型组织是由晶相、玻璃相和气相组成,如图 2-18 所示。各相的结构、数量、形状与分布,都对陶瓷的性能有直接影响。

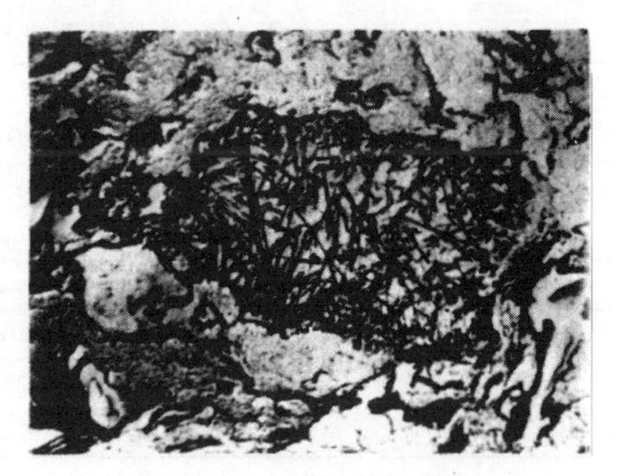

图 2-18　陶瓷的显微组织

1. 晶相

晶相,又称晶体相,是一些化合物或以

化合物为基体的固溶体,是决定陶瓷材料物理、化学和力学性能的主要组成物。陶瓷的晶相通常为一个以上,其结构、数量、形态和分布决定陶瓷的主要特点和应用。陶瓷材料中最常见的是含氧酸盐(如硅酸盐、钛酸盐、锆酸盐等)、氧化物(如 Al_2O_3、MgO 等)和非氧化物(如碳化物、氮化物等)三种。

1)含氧酸盐结构

常见的含氧酸盐是硅酸盐,其结合键是离子键和共价键的混合,硅和氧的结合较为简单,由它们组成硅酸盐的骨架,构成硅酸盐的复合结合体。其结构特点是:无论何种硅酸盐,硅离子总是存在于四个氧离子组成的[SiO_4]四面体的中心,如图2-19所示。

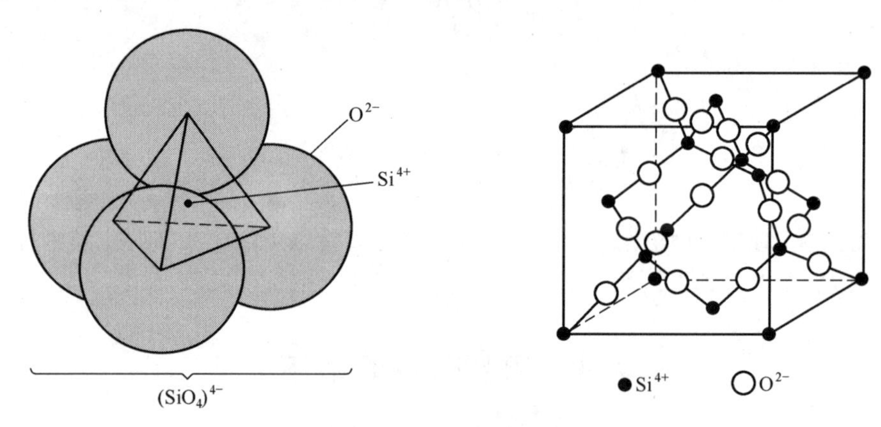

图2-19 Si—O四面体

[SiO_4]四面体可以通过共用顶角(即氧离子)而相互联结,每个顶角最多只能为两个[SiO_4]四面体共用。由于联结方式不同,[SiO_4]四面体可以构成岛状、环状、链状、层状、架状等,从而形成不同结构特征的硅酸盐晶体。

2)氧化物结构

氧化物是大多数典型陶瓷的主要组成物和晶体相,它们以离子键结合为主,也有一部分的共价键。其结构特点是较大的氧离子紧密排列成晶体结构,较小的正离子填充在晶体结构的空隙内。根据正离子所占空隙的位置和数量的不同,氧化物形成了各种结构,见表2-6。

表2-6 常见陶瓷的各种氧化物晶体结构

结构类型	晶体结构	陶瓷中主要化合物
AX型	面心立方	碱土金属氧化物 MgO、BaO 等,碱金属卤化物,碱土金属硫化物
AX_2型	面心立方	CaF_2(萤石)、ThO_2、VO_2等
	简单四方	TiO_2(金红石)、SiO_2(高温方石英)等
A_2X_3型	菱形晶体	$\alpha-Al_2O_3$(刚玉)
ABX_3	简单立方	$CaTiO_3$(钙钛矿)、$BaTiO_3$等
	菱形晶系	$FeTiO_3$(钛铁矿)、$LiNbO_3$ 等
AB_2X_4	面心立方	$MgAl_2O_4$(尖晶石)等100多种

3)非氧化物

非氧化物是指不含氧的碳化物、氮化物、硼化物和硅化物等,是特种陶瓷的主要组成和晶相,主要由共价键结合,也有一部分的金属键和离子键。

2. 玻璃相

玻璃相是陶瓷烧结时,各组成物和杂质因物理化学反应后形成的液相冷却后依然为非晶态结构的部分,主要作用是将分散的晶体相粘结在一起,降低烧成温度,填充空隙,提高致密度,加快烧结过程,抑制晶体长大等。但是,玻璃相的强度比晶相低,抗热震性差,在较低的温度下即开始蠕变、软化,而且玻璃中的金属离子降低陶瓷的绝缘性能,因此工业陶瓷中玻璃相数量要控制在 20%~40%范围内。

3. 气相

气相是陶瓷材料中的气孔。如果是表面开口的,会使陶瓷质量下降。如果存在于陶瓷内部(闭孔),不易被发现,这常常是产生裂纹的原因,使陶瓷性能大幅下降,如组织致密性下降、应力集中、脆性增加、介电损耗增大等。应尽量降低气孔的大小和数量,使气孔均匀分布。普通陶瓷的气孔率为 5%~10%,特种陶瓷在 5%以下,金属陶瓷要求在 0.5%以下。

若要求陶瓷材料密度小,绝热性好时,则希望有一定量气相存在。

思考题与习题

1. 实际金属晶体缺陷有哪些?其对金属材料力学性能有何影响?
2. 三种常见晶格类型是什么?分别简单举例说明哪些金属材料属于此晶格类型。
3. 合金相有几种,各有什么特点?
4. 固溶体的种类有哪几类?试分析它们提高金属材料强度的原因。
5. 高分子材料聚集态有哪几种?

第3章 工程材料的材料化过程

本章目的:金属结晶的基本规律。杠杆定律及其应用。五种基本二元合金相图,二元合金相图与性能的关系。铁碳二元平衡相图分析。聚合物的连锁聚合反应和逐步聚合反应机理。陶瓷材料的固相烧结和液相烧结机理。

本章重点:金属结晶的条件及过程,结晶的基本规律,细化铸态金属晶粒的方法。杠杆定律及其两相区的应用。五种基本二元合金相图分析,二元合金相图与性能的关系。铁碳二元平衡相图分析。

本章难点:金属结晶时的条件,结晶过程中的形核与长大,细化铸态金属晶粒的方法。杠杆定律及两相区相对含量的计算。铁碳二元平衡相图分析,碳含量对铁碳合金的组织、相及性能的影响。

由物质或原料转变为具有一定使用性能并可用于某种场合的材料,这种转变过程称为材料化过程。工程材料是用于机械、车辆、船舶、建筑、化工、能源、仪器仪表、航空航天等工程领域的材料,用来制造工程构件和机械零件,按化学成分主要分为金属材料、非金属材料、高分子材料和复合材料四大类。自然界存在的可供工程直接使用的工程材料很少,所以材料化过程非常重要。如金属材料,其材料化过程是从采掘矿石开始,经选矿和预处理获得精矿石,再经冶金等工艺变为纯度较高的金属原料;这些原料再通过进一步精炼处理,并有目的加入其他金属或非金属后,得到符合成分要求的金属液体;将金属液体以适当的冷却方式进行冷却,获得金属锭坯、铸件毛坯或粉末,经过后续再加工,就得到各种工程材料或构件。由此可看出,工程材料的材料化过程是一项复杂工程,涉及多个学科和多种专业技术。本章先对金属材料、聚合物材料和陶瓷材料的材料化过程作一简单介绍,在此基础上,再重点介绍材料化过程中对工程材料组织性能有显著影响的关键步骤——金属材料的结晶、聚合物的合成和陶瓷材料的烧成。

3.1 工程材料的材料化

3.1.1 金属材料的材料化过程

钢铁材料材料化过程是先将铁矿石、焦炭和石灰石在高炉中冶炼获得高炉铁水,若调整高炉铁水的化学成分(主要是碳含量),即得铸铁所需的铁水;若将高炉铁水在炼钢炉中进一步冶炼获得成分符合要求的钢水,钢水凝固后经后续加工,得到钢材或零件。图3-1所示是钢铁材料的材料化过程。

有色金属材料的材料化工艺因所生产的有色金属种类不同而不同。下面简单介绍最常用的有色金属铜和铝的生产过程。主要采用火法冶炼工艺生产铜,其材料化流程如下:

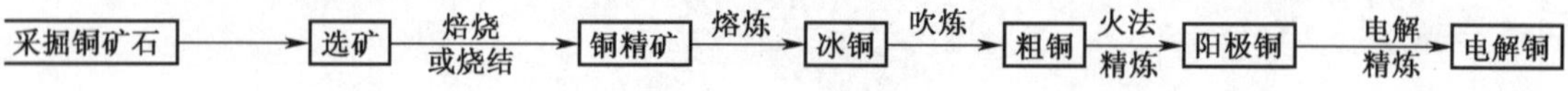

采掘铜矿石 → 选矿 →(焙烧或烧结)→ 铜精矿 →(熔炼)→ 冰铜 →(吹炼)→ 粗铜 →(火法精炼)→ 阳极铜 →(电解精炼)→ 电解铜

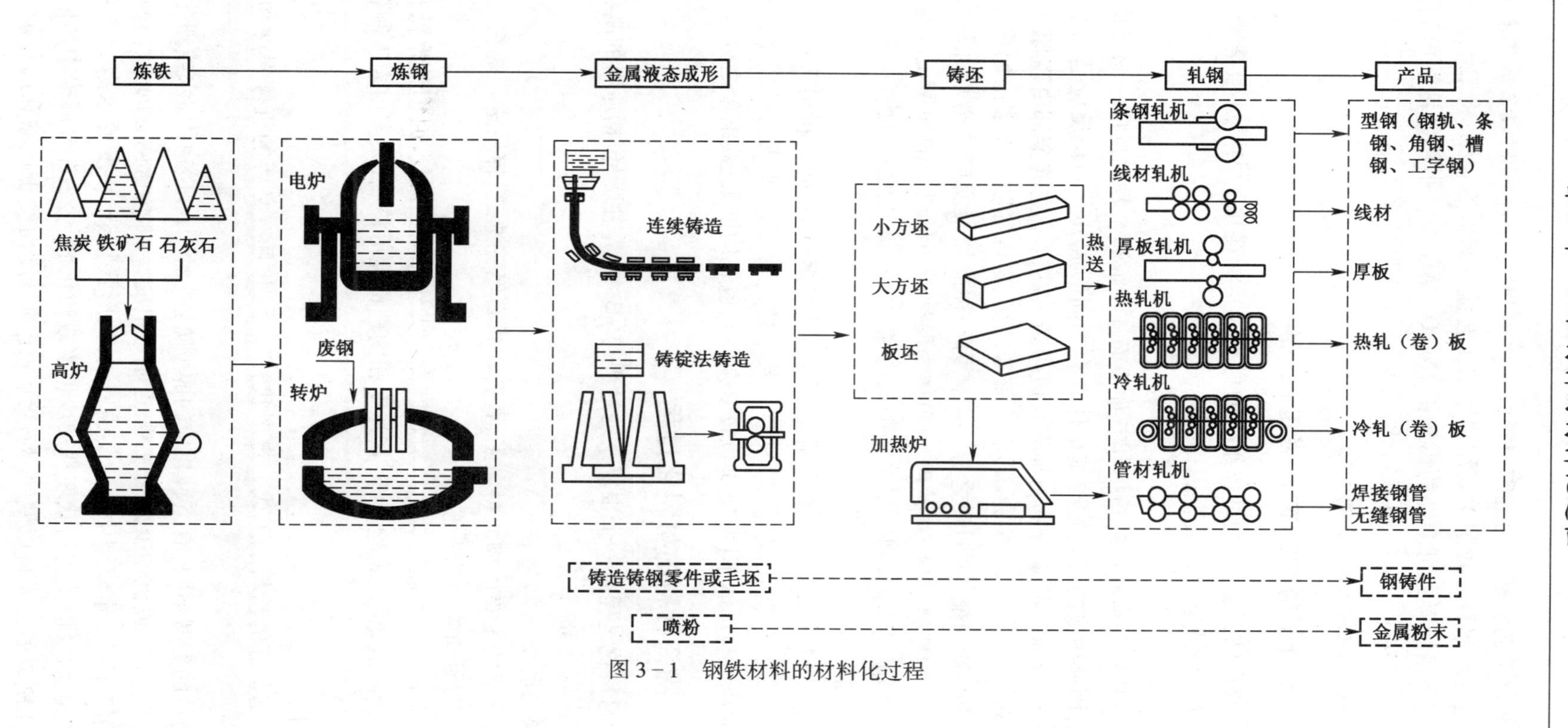

图3-1　钢铁材料的材料化过程

铝的材料化工艺包括从铝土矿中提取氧化铝、氧化铝电解制取金属原材料铝以及用原铝加工制造各种铝材。我国主要用烧结法工艺流程制取氧化铝:将铝土矿与纯碱、石灰石混合后经高温焙烧得到可溶性的铝酸钠($Na_2O \cdot Al_2O_3$),用稀碱液溶解后形成的铝酸钠溶液经脱硅、碳酸化分解得到氢氧化铝,再经焙烧即得氧化铝。在高温氧化铝熔盐槽中,用炭素作电极,电解得到金属原铝。

3.1.2　高分子材料的材料化过程

高分子材料是以聚合物为基体组分的材料。其材料化的主要过程是聚合物的合成,聚合物由加聚反应或缩聚反应合成得到。

1. 加聚反应

加聚反应是指一种或几种单体相互加成而连接成聚合物的反应。该反应过程中没有副产物生成,因此生成的聚合物与其单体具有相同的成分。加聚反应是当前高分子合成工业的基础,约有80%的聚合物由加聚反应生产。高分子主链全部由碳原子以共价键相连接的碳链高分子,如聚乙烯、聚氯乙烯、聚苯乙烯、聚丙烯腈等大多由加聚反应制得。

加聚反应有均加聚、共加聚之分。单体为一种的加聚反应称为均加聚反应,如乙烯($CH_2=CH_2$)均加聚成聚乙烯(PE);单体为两种或两种以上的加聚反应称为共加聚反应,如ABS塑料就是由丙烯腈、丁二烯和苯乙烯三种单体共加聚而成。

2. 缩聚反应

缩聚反应是指一种或几种单体相互作用连接成聚合物,同时析出(缩去)新的低分子化合物(如水、氨、醇、卤化氢等)的反应。其单体是含有两种或两种以上的低分子化合物,缩聚物的成分与单体不同,反应也较复杂。它也有均缩聚、共缩聚之分。

3.1.3　陶瓷材料的材料化过程

陶瓷的材料化过程是一个很复杂的过程,其基本工艺过程包括原料的制备、坯料的成形和制品的烧成或烧结。

1. 原料的制备

它是将陶瓷的主要矿物原料黏土、石英和长石经拣选、粉粹后进行配料,然后经混合、磨细等工艺,得到所要求的粉料。

陶瓷用原料有天然原料和化工原料两类。天然原料杂质较多,但价格低;化工原料多为金属和非金属氧化物、碳酸盐等,其纯度和物理特性可控制,大多由人工制备或合成,其价格较高。

2. 坯料的成形

它是将制备好的粉料加工成一定形状和尺寸、并具有必要的机械强度和一定致密度的半成品。

根据粉料的类型不同,有三种相应的成型方法:对于在坯料中加水或塑化剂而形成的塑性泥料,可用手工或机加工方法成型,这叫可塑成型,如传统陶瓷的生产;对于浆料型的坯料可采用浇注到一定模型中的注浆成型法,如形状复杂、精度要求高的产品;对于特种陶瓷和金属陶瓷,一般是将粉状坯料加少量水或塑化剂,然后在金属模中加以较高压力而成型,这叫压制成型。坯料成型后,为达到一定的强度而便于运输和后续加工,一般要进行人工或自然干燥。

3. 烧成

将干燥后的坯料加热到高温下，使其进行一系列的物理、化学变化而成瓷的过程，通常称作烧成或烧结。

有时，人们将坯件成瓷后，开口气孔率较高，致密度较低时，称之为烧成，如传统陶瓷中的日用陶瓷等都是烧成，其温度通常为1250～1450℃；烧结则是指瓷化后的制品开口气孔率极低、而致密度很高的瓷化过程，如特种陶瓷都是烧结而成。在此，为叙述方便，均称作烧成。

3.2　金属材料的结晶和组织

物质由液态到固态的转变过程称为凝固，液态物质凝固形成质点呈规则排列的晶体，则这种凝固称为结晶。结晶属于凝固的一部分，最终获得晶体。凝固最终获得的可能是晶体，也可能是非晶体。结晶是一种相变，而非晶转变不属于相变，常称为玻璃化转变。结晶相变是各种相变中最常见的相变，通过对结晶相变的研究可揭示相变进行的必要条件、相变规律和相变后的组织与相变条件之间的变化规律。由于金属结晶时形成的组织与其各种性能有着密切的关系，因此，研究金属结晶过程的基本规律，对控制和改善材料组织性能有重要意义。

3.2.1　纯金属的结晶和组织

纯金属和合金的结晶都遵循结晶的基本规律，只是合金的结晶比纯金属的要复杂些，为了便于研究，这里先介绍纯金属的结晶。

1. 液态金属结构

液态金属结构对结晶过程，尤其是对结晶起始阶段有很大影响。实验研究表明：液态金属结构与固态金属相近，而与气态金属完全不同。液态金属原子并非完全呈混乱排列，而是存在呈规则排列的小尺寸原子集团（这种现象被称为近程有序）。这些原子集团是不稳定的，瞬间出现又瞬间消失，此起彼伏，而且这些原子集团的尺寸大小与液态金属的温度高低有关：液态金属温度高，则原子集团尺寸小，原子集团数量少；液态金属温度低，则原子集团尺寸大，原子集团数量多。这些原子集团尺寸的大小和数量将影响结晶过程及金属的组织。图3－2为液态金属结构示意图。

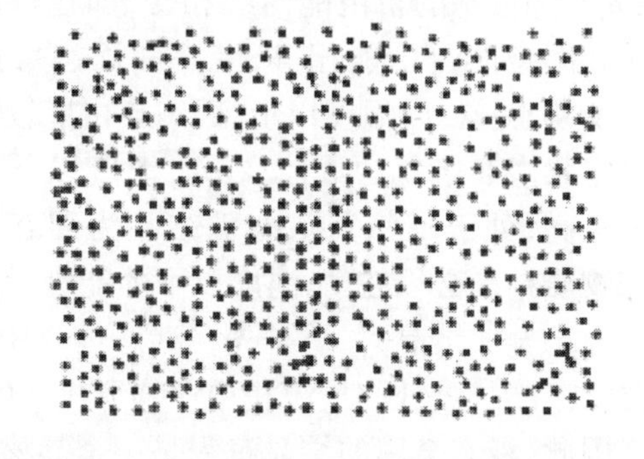

图3－2　液态金属结构的示意图

2. 结晶过程

金属结晶过程是凝固过程，上面介绍液态金属内部存在短距离小范围的规则排列的小尺寸原子集团，所以金属结晶实质是原子由近程有序状态过渡到远程有序状态的过程。

首先用热分析法来研究液态金属的结晶过程。热分析法的过程为:先将固态金属熔化并测定熔点 T_m;然后以极缓慢的速度冷却,并测定金属的冷却温度随时间变化的曲线——冷却曲线,如图3-3所示。

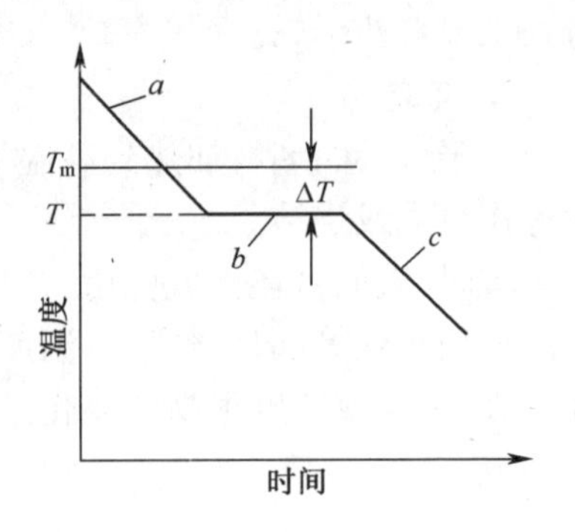

图3-3 液态纯金属的冷却曲线

纯金属结晶过程冷却曲线由三条线段构成:两条斜线和一条水平线;斜直线 a 对应的是液态金属冷却降温过程,该直线段表明液态金属冷却降温时没有结构变化;由斜直线 a 进入水平线 b,预示液态金属开始结晶时,因固相析出时释放的结晶潜热可抵消散热造成的降温,这样在冷却曲线上就出现一段水平线,该水平线所对应的温度就是实际结晶温度 T;由水平线 b 进入斜直线 c,预示液态金属结晶过程结束,因全部液体都转变成固相,无结晶潜热放出来抵消散热造成的降温。从图中还可看出,纯金属液体是在理论结晶温度(即金属熔点 T_m)以下的某一温度 T 开始结晶。实际结晶温度 T 低于理论结晶温度 T_m 的现象称为过冷,T_m 与 T 之差称为过冷度,用 ΔT 表示,即

$$\Delta T = T_m - T \tag{3-1}$$

过冷度与冷却速度有关,冷却速度越大,过冷度也越大。

为什么液态金属在理论结晶温度 T_m 不能结晶,而必须在一定的过冷条件下才能进行呢?这是由热力学条件决定的。由热力学知道,物质的稳定状态一定是其自由能最低的状态,促使由甲状态变为乙状态自动转变的驱动力,就是这两种状态的自由能差。由此可见,结晶过程与液态金属自由能、结晶出的固相自由能大小有关。图3-4是纯金属液自由能 G_L 和固态自由能 G_S 随温度变化的示意图。从图中可看出:当温度等于理论结晶温度或熔点 T_m 时,固态和液态的自由能曲线相交,即在该温度下,液态和固态的自由能相等,液态和固态可共存,处于平衡状态;在 T_m 温度以上,固态自由能较高,处于不稳定状态而熔化为液体;在 T_m 温度以下,液态自由能较高,处于不稳定状态而结晶为固态。因此,液态物质结晶必须在 T_m 温度以下才能进行。

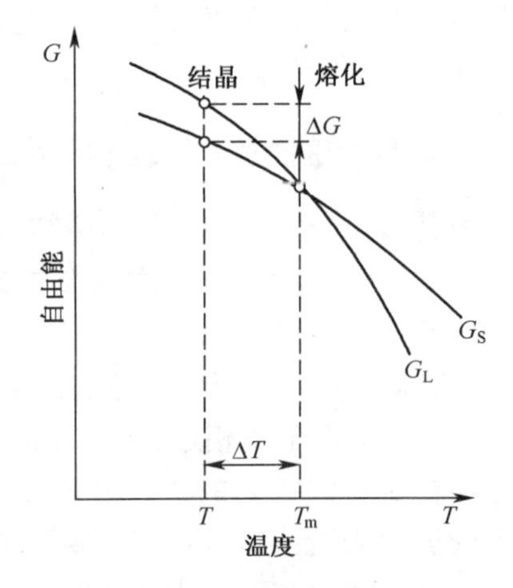

图3-4 金属固、液态自由能 G 与温度 T 的关系

液态金属结晶时,总是先在液态金属中形成一些非常微小的晶体(即晶核),然后这些晶核不断长大,同时,液相中继续形成新的晶核并不断长大,直到液态金属都结晶为固态。因此,液态金属的结晶过程是一个晶核形成和长大的过程。液态金属的形核、长大过程示意图见图3-5。如图所示,当液态金属缓慢冷却到结晶温度后,经过一定时间,开始出现第一批晶核。随着时间的推移,已形成的晶核不断长大,同时液相中还不断形成新的晶核并逐渐长大,直到液相完全消失为止。

1) 形核

过冷液态金属中晶核的形成有自发形核(又称为均质形核)和非自发形核(又称为异

质形核）两种方式。自发形核是指靠液态金属自身形成晶核核心的形核方式；非自发形核是指靠液相中某些外来难熔质点或固体表面（如外来夹杂物或容器壁等）作为晶核核心的形核方式。

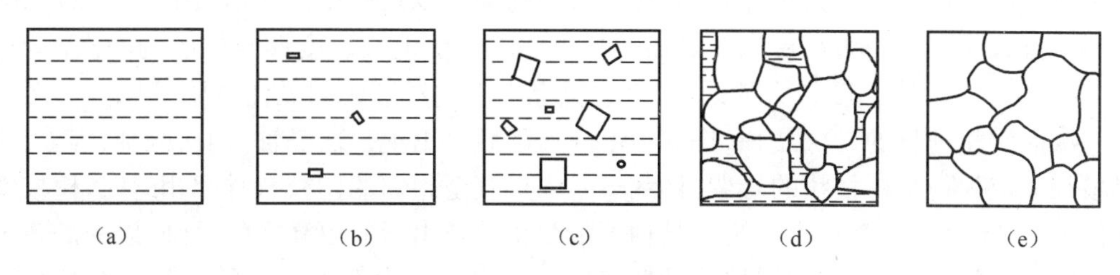

图3-5　纯金属的结晶过程示意图

(a)液态金属；(b)形成晶核；(c)晶核长大；(d)部分结晶；(e)完全结晶。

(1) 自发形核

根据前述液态金属结构知，液态金属中有大量大小不一、近程有序排列的小尺寸原子集团，当温度高于结晶温度 T_m 时，它们是不稳定的；当液态金属冷却到结晶温度 T_m 以下并具有一定过冷度时，其中某些较大尺寸的原子集团可达到某一临界尺寸而成为结晶核心，即晶核。要达到临界尺寸成为稳定的晶核，需要一定的过冷度，表3-1为实验得到的某些金属自发形核所需要的过冷度。实际液态金属难以获得如此大的过冷度，因此，实际液态金属形核过程一般为非自发形核过程。

表3-1　某些金属自发形核所需的过冷度

金属	熔点 T_m/K	过冷度 ΔT/K	$\Delta T/T_m$
汞	234.3	58	0.287
锡	505.7	105	0.208
铅	600.7	80	0.133
铝	931.7	130	0.140
银	1233.7	227	0.184
金	1336	230	0.172
铜	1356	236	0.174
锰	1493	308	0.206
镍	1725	319	0.185
钴	1763	330	0.187
铁	1803	295	0.164
铂	2043	370	0.181

(2) 非自发形核

液态金属过冷后，形核的主要阻力是晶核要形成液-固相界面，界面能的存在使系统自由能升高。如果晶核依附于已存在的界面上形成，就有可能使界面能降低，从而使形核功降低。实际上，即使在纯金属的液态金属中，也不可避免地存在着夹杂等固相粒子，这些固相粒子表面可能作为晶核附着的基底而发生非自发形核，而金属结晶时所在的容器器壁或铸型型壁也会作为形核基底而引发非自发形核。

2）晶体生长

晶核形成后，便开始长大。由于结晶条件或传热条件的不同，晶体主要以树枝状形式生长。当过冷度非常小时，晶核以规则的外形生长；当晶核生长至相互接触时，规则外形被破坏。而当过冷度增大时，晶核只在生长的初期可以具有规则外形(图3-6(a))，随即以树枝方式长大。长大时首先在晶核的棱角处以较快生长速度形成枝晶的一次晶轴(图3-6(b))。在一次晶轴长大的同时，其边棱上由于偶然形成的晶体缺陷等原因又会形成与一次晶轴相垂直的二次晶轴(图3-6(c))，随后又出现三次晶轴、四次晶轴，等等，这样晶核长大成为一个树枝状的骨架(图3-6(d))，直至相邻的树枝状骨架相遇时，树枝骨架才停止生长。另一方面，每个树枝晶轴不断变粗并长出新的更高次的晶轴，以充满各树枝状晶轴之间的体积，直至把树枝状骨架变成一个完整的内部无空隙的晶粒。在结晶过程中，由于金属结晶所造成的体积收缩如果没有充分的液体金属来补充，那么树枝状晶轴之间的体积将不能被填满，而留下空隙，从而保留树枝状晶的形态。图3-7所示为金属结晶时形成的枝晶形态。

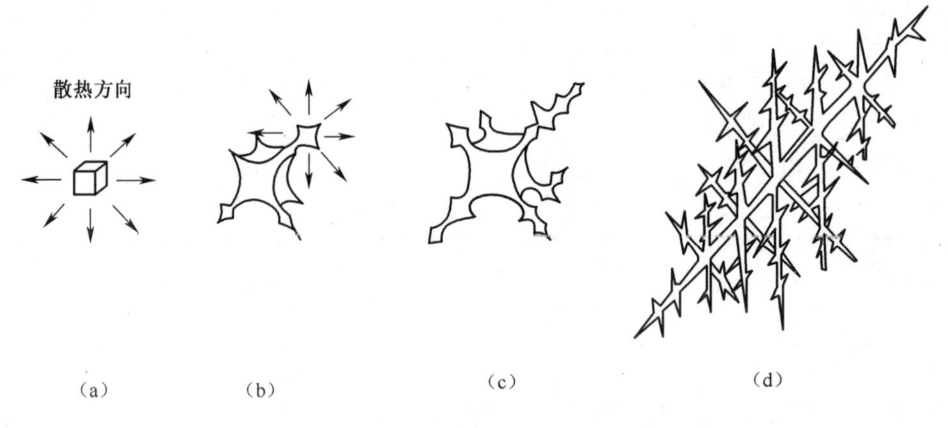

图3-6　晶体生长形态示意图

(a)晶核；(b)一次晶轴；(c)二次晶轴；(d)树枝状晶体。

图3-7　金属结晶时的枝晶生长形态(203×)

3. 铸锭组织

图 3－8 所示为液态金属浇入铸型中凝固所获得的铸锭组织。凝固时,由于表面和中心位置处的冷却条件不同,铸锭组织是不均匀的,其内部的宏观组织由三个典型的晶区组成,即细等轴晶区、柱状晶区和等轴晶区。

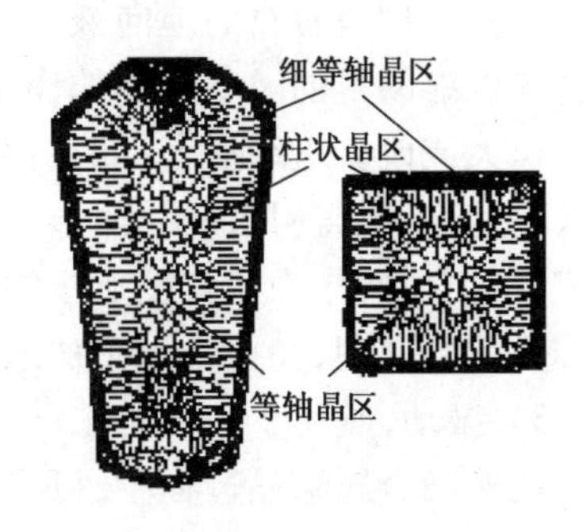

图 3－8　铸锭组织示意图

细等轴晶区:铸锭的最外层是一层很薄的细小等轴晶粒区,各晶粒随机取向。这是因为金属液注入铸型时,铸型表层金属液的冷却速度大(即过冷度大),形成了大量晶核,同时模壁和杂质也起到了非自发形核的作用。

柱状晶区:细等轴晶区内层是柱状晶区,其组织为粗大的柱状晶粒,与型壁表面垂直。其形成原因为:当细等轴晶区形成时,型壁温度升高,金属液冷却速度变慢;此外,结晶释放潜热使细等轴晶区前沿液体过冷度减小,形核率大大下降;此时,液体中只有与细等轴晶区相接触的某些小晶粒可沿垂直于型壁表面方向继续生长,并且晶粒的生长方向与散热方向一致,结果形成柱状晶。

等轴晶区:铸锭的中心为一个粗大的、随机取向的等轴晶区。通常,当结晶进行到接近铸锭中心时,剩余液相温度比较均匀,几乎同时进入过冷状态。但是,由于中心区过冷度较小,形核率较低。由柱状晶体的多次晶轴受液流冲击而破碎形成小的晶块和一些难熔夹杂,被带到中心区作为晶核长大,最终形成中心等轴晶区。

4. 晶粒大小与控制

金属结晶后形成的晶粒大小对其力学性能有很大影响,在一般情况下,晶粒越小,金属的强度、塑性和韧性越好。表 3－2 为纯铁的晶粒大小与力学性能的关系。由表中数据可知,细化晶粒能提高金属材料的强度和塑性。通常把通过细化晶粒来改善材料性能的方法称为细晶强化。工业生产中经常采用以下方法控制金属凝固后的晶粒。

表 3－2　纯铁的晶粒度与力学性能的关系

晶粒直径/μm	强度 R_m/MPa	延伸率 A/%
70	184	0.306
25	216	0.395
1.6	270	0.507

1）控制过冷度

提高液态金属的冷却速度是增大过冷度、细化晶粒的有效方法之一。如在铸造生产中,用金属型代替砂型,增大金属型的厚度,降低金属型的预热温度等,均可提高铸件的冷却速度。此外,提高液态金属的冷却能力也是增大过冷度的有效方法。如在浇注时采用高温熔化,低温浇注的方法也能获得细的晶粒。随着超高速急冷(冷速达 10^6K/s)技术的发展,已成功地研制出超细晶金属、非晶态金属等具有优良力学性能和特殊物理、化学性能的新材料。

2）变质处理

变质处理是有目的地向液态金属中加入某些变质剂,以细化晶粒和改善组织,达到提高材料性能的目的。变质剂的作用有两种情况:一是改变晶核的生长条件,强烈地阻碍晶核的长大或改善组织形态,如在铝硅合金中加入钠盐,钠能在硅表面上富集,从而降低硅的长大速度,阻碍粗大硅晶体形成,细化了组织;另一是变质剂本身和液态金属发生反应形成的化合物,作为非自发形核的晶核,增加晶核数,这一类变质剂称为孕育剂,相应处理也称为孕育处理,如在铁水中加入硅铁、硅钙合金,能细化石墨。

3）振动、搅动

在液态金属结晶过程中,可采取附加振动或搅拌的方法。一方面依靠外部输入能量,破坏正常结晶形核过程,使金属在更低温度形成稳定晶核,提高形核率。另一方面金属破碎正在长大的树枝状晶体,破碎的枝晶尖端又成为新的晶核,提高形核率,从而可以细化晶粒,改善性能。采取的方法有超声波振动、机械搅拌、电磁振动或搅拌等。

3.2.2　二元合金的结晶和组织

虽然纯金属在工业上有一定的应用,但因其通常强度较低,难以满足许多机械零部件和工程结构件对力学性能的各种要求,因此工业上广泛使用的金属材料是合金。为了研究合金组织和性能之间的关系,就必须了解合金的结晶过程,了解合金中组织的形成及其变化规律。合金相图正是研究这些规律的有效工具。相图是表达温度、成分和相之间平衡关系的图形。

平衡结晶指合金在极其缓慢的冷却条件下进行的结晶过程。在平衡结晶条件下得到的组织称为平衡组织。研究平衡结晶的相图称为平衡相图。

非平衡结晶指合金在较快冷却条件下而非平衡状态进行的结晶过程。由于冷却速度快,不能使相内的扩散充分进行,使前后结晶的固相成分不同,结果在晶粒内化学成分很不均匀,这种在一个晶粒内化学成分不均匀的现象,称为晶内偏析。

通过实验建立合金相图,也有用计算机模拟建立合金相图,但仍要由实验加以验证;建立合金相图最常用的方法是热分析法。现以 Cu－Ni 合金为例说明用热分析法建立相图的过程。

(1) 配制合金。按表3－3分别配制不同成分的 Cu－Ni 合金。

表3－3　Cu－Ni 二元合金的质量百分数(%)

Cu	100	80	60	40	20	0
Ni	0	20	40	60	80	100

(2) 将表中合金分别加热熔化,缓慢冷却,测出各合金的冷却曲线(图3－9(a))。

(3) 确定各冷却曲线上的结晶开始温度和结晶终了温度;

(4) 在温度-成分坐标系,将各冷却曲线投影到相应成分垂线(图3－9(b))。

(5) 分别将所有结晶开始温度点连成曲线、结晶终了温度点连成曲线,即得 Cu－Ni 合金相图(图3－9(b))。

Cu－Ni 合金相图是一种最简单的基本相图,图中每一点表示一定成分的合金在一定温度时的稳定相状态。实际上的二元相图虽然复杂,但任何复杂的相图都可以看成是一些简单的基本图像组合而成。

根据结晶过程中出现的不同类型的结晶反应,可以把二元合金的结晶相图分为下列几种基本类型。

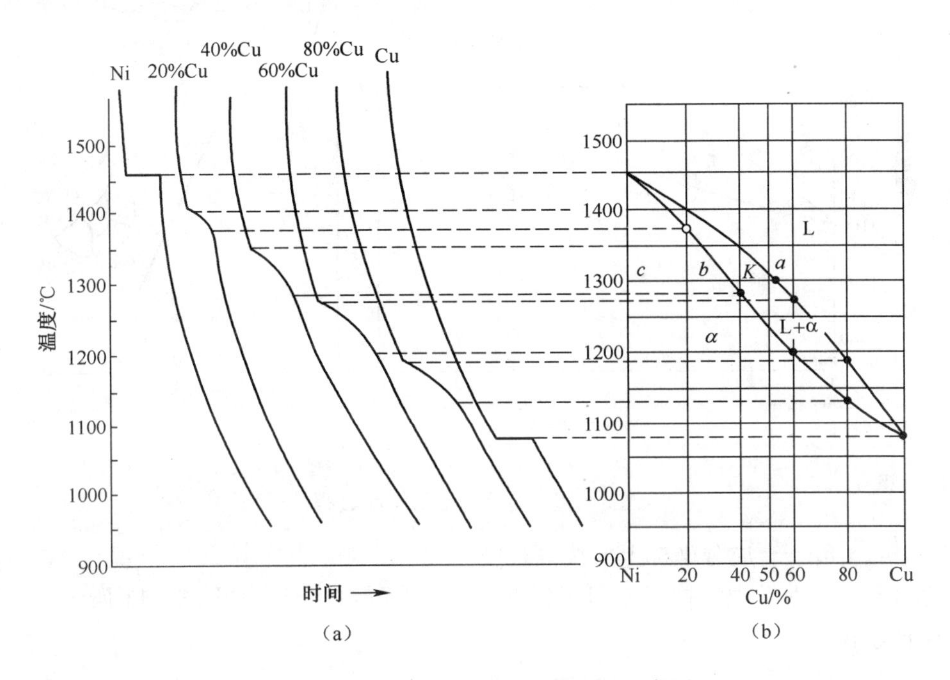

图3-9　建立Cu-Ni相图过程的示意图

1. 匀晶相图

两组元在液态和固态均能无限互溶时所构成的相图称为匀晶相图。具有这类相图的合金系有:Cu-Au、Au-Ag、Fe-Cr、Fe-Ni、Cu-Ni、W-Co等。

下面以Cu-Ni合金相图为例说明发生匀晶反应的结晶过程:如图3-10(a)所示,aa_1a_2c线为液相线,该线以上合金处于液相;ac_1c_2c为固相线,该线以下合金处于固相。L为液相,是Cu和Ni形成的熔体;α为固相,是Cu和Ni组成的无限固溶体。图中有两个单相区:液相线以上的L相区和固相线以下的α相区。图中还有一个双相区:液相线和固相线之间的L+α相区。

这里以b点成分的Cu-Ni合金(Ni质量分数为$b\%$)为例分析结晶过程,该合金的冷却曲线和结晶过程如图3-10(b)所示。在1点温度以上,合金为液相L。缓慢冷却至1—2温度之间时,合金发生匀晶反应:L→α,从液相中逐渐结晶出α固溶体,随着温度的下降,液相成分沿液相线变化,固相成分沿固相线变化。2点温度以下,合金全部结晶为α固溶体。

当在T_1温度时,两相的质量比可用下式表示:

$$\frac{Q_L}{Q_\alpha}=\frac{b_1c_1}{a_1b_1} \tag{3-2}$$

式中　Q_L——L相的质量;

　　　Q_α——α相的质量;

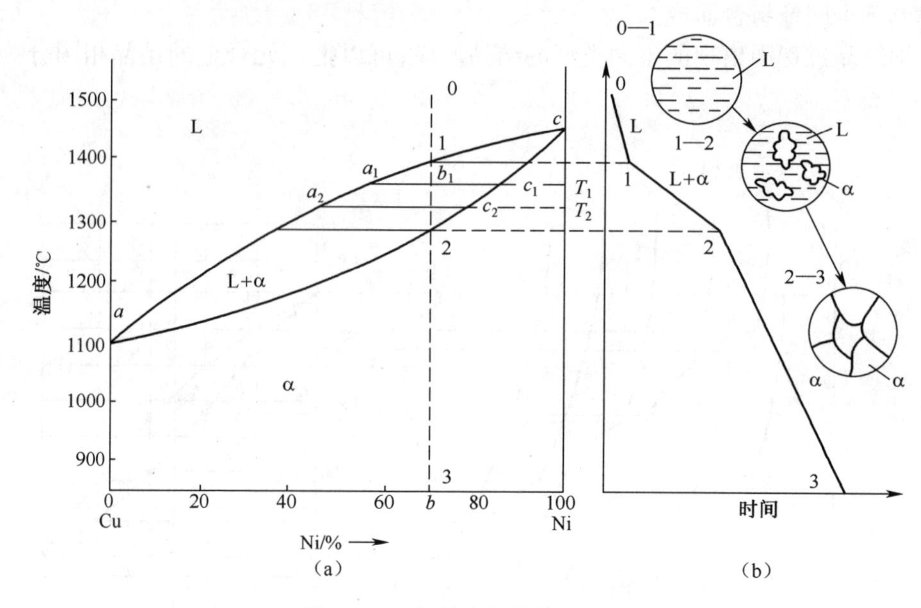

图3-10　匀晶合金的结晶过程

b_1c_1、a_1b_1——成分坐标上的线段长度。

式(3-2)与力学中的杠杆原理十分类似,被称为杠杆定律,如图3-11所示。由杠杆定律不难得出:

$$\frac{Q_L}{Q_\alpha}=\frac{bc}{ab} \tag{3-3}$$

或

$$Q_L\cdot ab=Q_\alpha\cdot bc \tag{3-4}$$

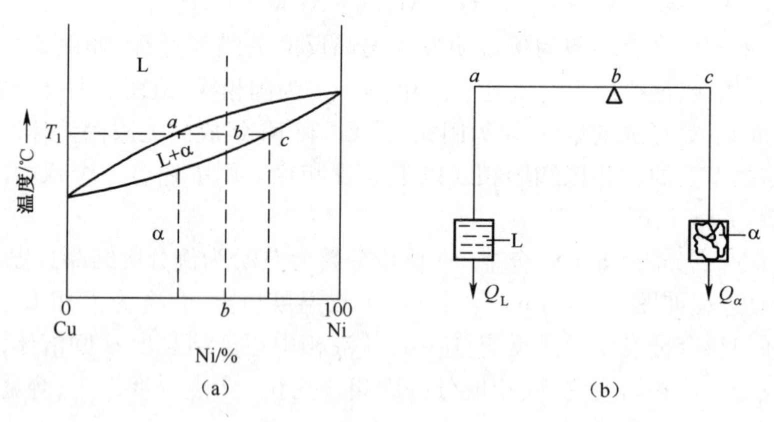

图3-11　杠杆定律及共力学比喻

而且可以得到液相和固相在合金中所占的相对质量分数分别为

$$\bar{w}(L)=\frac{bc}{ac},\bar{w}(\alpha)=\frac{ab}{ac} \tag{3-5}$$

这里值得注意的是,杠杆定律只适用于相图中的两相区,并且只能在平衡状态下使用。

从合金结晶过程中可看出,随着温度的变化,固相的成分也在不断改变。只有在冷却速度无限缓慢的条件下,即达到相平衡时,最终才能得到与合金成分相同的均匀 α 固溶体;若冷却较快,原子扩散不能充分进行,不同温度下结晶出来的 α 固溶体的成分就会存在差异,即较高温度下结晶出来的 α 固溶体含高熔点组元 B 量(相对于低熔点组元 A)较高,较低温度下结晶出来的 α 固溶体含 B 量较低。对于一个晶粒来说,先结晶的枝干 B 含量高,后结晶的枝干 B 含量低,这种晶粒的成分不均匀的现象称为晶内偏析,又称为枝晶偏析。

枝晶偏析的存在,会使合金的塑性、韧性显著下降,对压力加工性能也有损害,故应设法消除与改善。生产中常采用均匀化退火(或扩散退火)处理,即将铸态合金加热到低于固相线 100~200℃的高温长时间保温,使原子充分扩散,以获得成分均匀的固溶体。

2. 共晶反应

两组元在液态无限互溶,在固态有限溶解,并发生共晶反应时所构成的相图称为二元共晶相图。具有这类相图的合金系有 Sn－Pb、Pb－Sb、Cu－Ag、Al－Si、pb－Bi、Sn－Cd 和 Zn－Sn 等。

这里以 Pb－Sn 合金相图为例说明发生共晶反应的结晶过程。图 3－12 中,*adb* 为液相线,*acdeb* 为固相线。合金系有三种相:液相 L、Sn 溶于 Pb 中的有限固溶体 α 相、Pb 溶于 Sn 中的有限固溶体 β 相。相图中有三个单相区(L、α、β)、三个双相区(L+α、L+β、α+β)和一条三相共存线(L+α+β)。

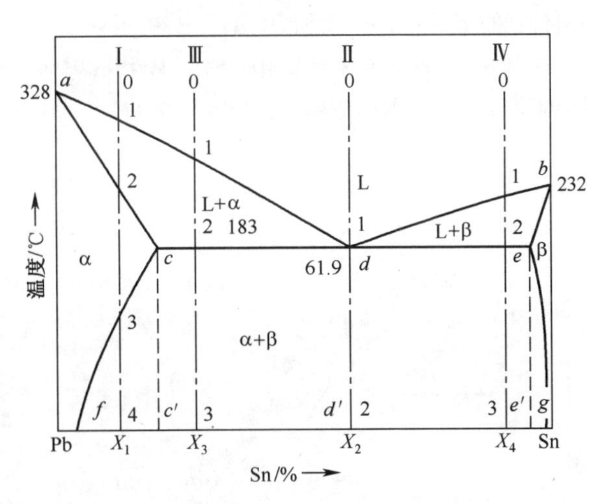

图 3－12　Pb－Sn 合金相图

d 点为共晶点,表示共晶成分的合金冷却到共晶温度时,共同结晶出 *c* 点成分的 α 相和 *e* 点成分的 β 相,发生共晶反应:

$$L_a \Leftrightarrow \alpha_c + \beta_c$$

反应在恒温下进行,所生成的两相混合物叫共晶体。发生共晶反应时有三相共存,它们各自的成分是确定的。水平线 *cde* 为共晶反应线,成分在 *ce* 之间的合金平衡结晶时都会发生共晶反应。

cf 线为 Sn 在 Pb 中的溶解度线,也称为 α 相的固溶线。随温度升高,固溶体的溶解度增大。Sn 含量大于 *f* 点的合金从高温冷却到室温时,从 α 相中析出 β 相以降低 α 相中 Sn 的质量分数 $\alpha \rightarrow \beta_{\text{II}}$。从固态 α 相中析出的 β 相称为二次 β,常写作 β_{II}。*eg* 线为 Pb 在 Sn 中的溶解度线,也称为 β 相的固溶线,冷却过程中同样发生二次结晶,析出二次 α 相(α_{II}):$\beta \rightarrow \alpha_{\text{II}}$。

下面选取图 3－12 中有代表性的三种合金成分Ⅰ、Ⅱ、Ⅲ说明其结晶过程。

合金Ⅰ:合金Ⅰ的结晶过程如图 3－13 所示。该合金在点 1—2 属匀晶结晶过程,结晶终了为均一的 α 固溶体,继续冷却时,在点 2~3 温度范围内 α 相不发生变化。但冷至点

3以下时，α相对β的溶解度减小，过剩的Sn组元以β固溶体的形式从α相中析出。此时，α相的成分将随温度的降低沿 *cf* 线变化。室温下其显微组织由 $\alpha+\beta_{\mathrm{II}}$ 组成，它们的相对量可由杠杆定律给出：

$$\overline{w}(\alpha)=\frac{X_{1g}}{fg} \text{ 和 } \overline{w}(\beta)=\frac{fX_1}{fg} \quad (3-6)$$

通过计算可知，二次相的量很少，但对合金的性能有时却起到一定的强化效果。

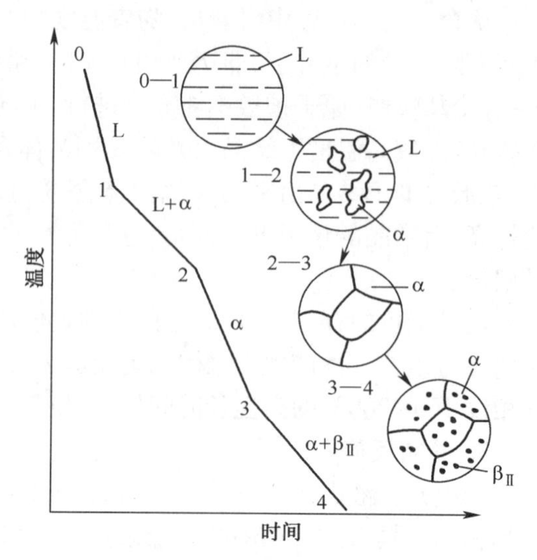

图3－13　合金Ⅰ的结晶过程

合金Ⅱ：其结晶过程示意图如图3－14所示。合金在共晶温度以上为液态，冷至共晶温度时，发生共晶反应。共晶组织中 α_c 和 β_e 的相对质量之比为 *de/cd*，所以共晶组织的成分是一定的。继续冷却时，共晶体中的α相沿 *cf* 线析出 β_{II}，β相沿 *eg* 线析出 α_{II}。α_{II} 和 β_{II} 都相应地同β和α连在一起，加之二次相数量较少，故不改变共晶体的基本形貌，室温组织仍可视为(α+β)。图3－15为Pb－Sn合金的共晶组织。

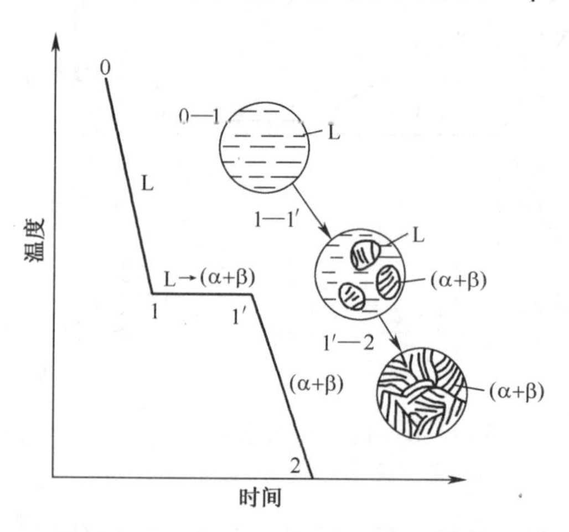

图3－14　合金Ⅱ的结晶过程

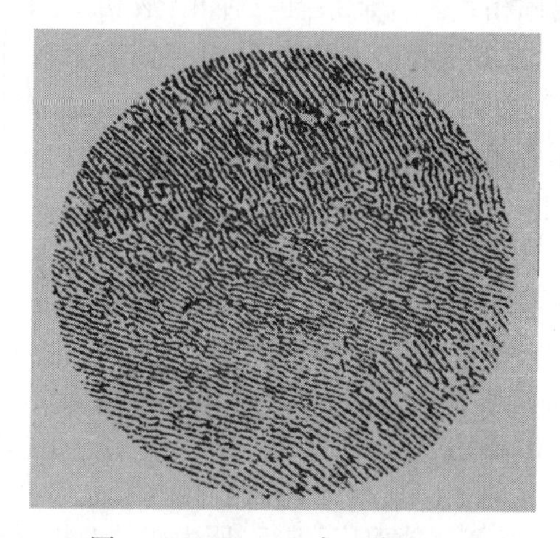
图3－15　Pb－Sn合金共晶组织

合金Ⅲ：其结晶过程示意图如图3－16所示。合金Ⅲ是亚共晶合金，合金冷却到1点温度后，由匀晶反应生成α固溶体，叫初生α固溶体。从1点到2点温度的冷却过程中，按照杠杆定律，初生α的成分沿图3－10中 *ac* 线变化，液相成分沿 *ad* 线变化；初生α逐渐增多，液相逐渐减少。当刚冷却到2点温度时，合金由c点成分的初生α相和 *d* 点成分的液相组成。然后液相进行共晶反应，但初生α相不变化。经一定时间到2′点共晶反应结束时，合金转变为 $\alpha_c+(\alpha_c+\beta_e)$。从共晶温度继续往下冷却，初生α中不断析出 β_{II}，成分由 *c* 点降至 *f* 点；此时共晶体形态、成分和总量保持不变。合金的室温组织为初生 $\alpha+\beta_{\mathrm{II}}+(\alpha+\beta)$，如图3－17所示。合金的组成相为α和β，它们的相对质量为

$$\overline{w}(\alpha)=\frac{X_3g}{fg} \text{ 和 } \overline{\omega}(\beta)=\frac{fX_3}{fg} \tag{3-7}$$

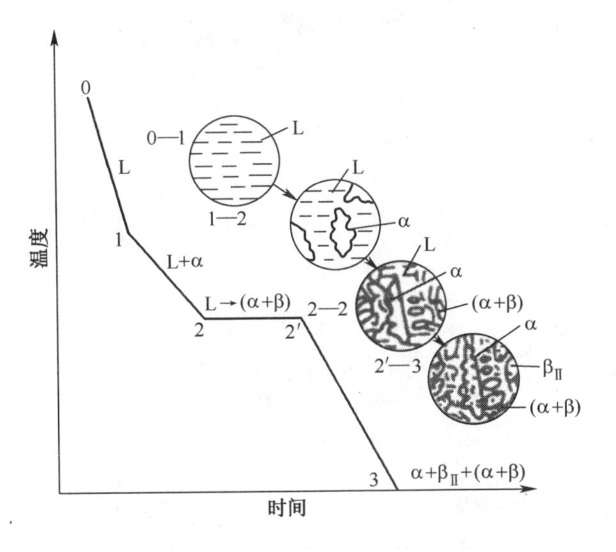

图 3－16　亚共晶合金的结晶过程

图 3－17　亚共晶合金组织

同样的方法，初生 α、β_{II} 和共晶体 α+β 的相对质量可两次应用杠杆定律求得：

$$\overline{w}(\alpha)=\frac{c'g}{fg}\cdot\frac{X_3X_2}{cd},\overline{\omega}(\beta_{II})=\frac{fc'}{fg}\cdot\frac{2d}{cd},\overline{\omega}(\alpha+\beta)=\frac{2c}{cd} \tag{3-8}$$

合金Ⅳ为成分处于 *de* 之间的过共晶合金，其初生相为 β 固溶体，其他分析与亚共晶类似，可参照合金Ⅲ进行分析其结晶过程。

3. 包晶反应

两组元在液态下无限互溶，在固态有限溶解，并发生包晶反应时的相图，称为包晶相图。包晶相图也是二元合金相图的一种基本类型，但工业上应用较少。具有这类相图的合金系有 Pt－Ag、Ag－Sn、Sn－Sb 等。

这里以 Pt－Ag 合金相图为例说明发生包晶反应的结晶过程：图 3－18 中存在三种相：液相 L；Ag 溶于 Pt 中的有限固溶体 α 相；Pt 溶于 Ag 中的有限固溶体 β 相。*e* 点为包晶点，*e* 点成分的合金冷却到包晶温度时发生 $\alpha_c+L_d\Leftrightarrow\beta_e$ 包晶反应。发生包晶反应时三相共存，反应在恒温下进行。

成分为 I 的合金结晶过程如图 3－19 所示：

合金冷却到 1 点温度以下时结晶出 α 固溶体，L 相成分沿 *ad* 线变化，α 相成分沿 *ac* 线变化。合金刚冷到 2 点温度而尚未发生包晶反应前，由 *d* 点成分的 *L* 相与 *c* 点成分的 α 相组成。此两相在 *e* 点温度时发生包晶反应，β 相包围 α 相而形成。反应结束后，L 相与 α 相全部耗尽，形成 *e* 点成分的 β 固溶体。温度继续下降，从 β 中析出 α_{II}。最后室温组织为 $\beta+\alpha_{II}$。同样地，其组成相和组织组成物的成分和相对质量可根据杠杆定律来计算。

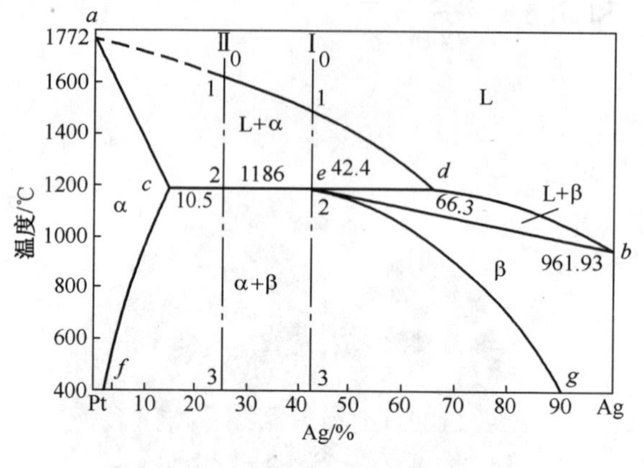

图3-18 Pt-Ag合金相图

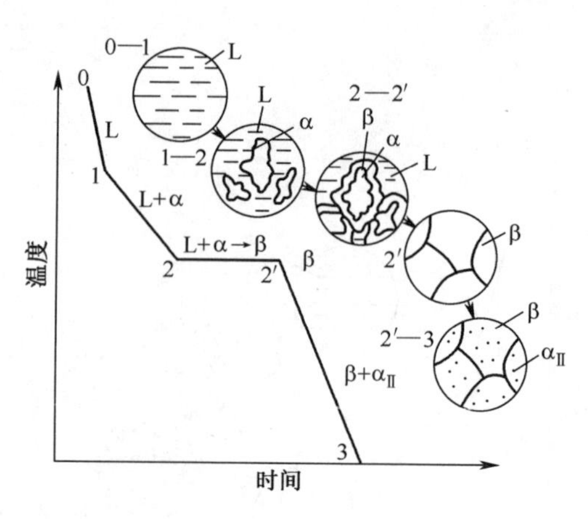

图3-19 合金Ⅰ的结晶过程

4. 共析反应

图3-20的下半部所示为共析反应,这种相图可以看成是一双层相图,上层为一匀晶相图,下层类似共晶相图,称共析相图。d点共析成分的合金从液相经过匀晶反应生成γ相后,继续冷却到d点共析温度时,在此恒温下发生$\gamma_d \Leftrightarrow \alpha_c + \beta_e$共析反应,同时析出$c$点成分的$\alpha$相和$e$点成分的$\beta$相。即由一种固相转变成完全不同的两种相互关联的固相,此两相混合物称为共析体。共析反应与共晶反应不同之处在于,它是由一个固溶体而不是液体在恒温下同时析出两种成分一定的固相,其共析体的组织形态也是两相交替分布,只是更细一些而已,这种组织在钢中普遍存在。

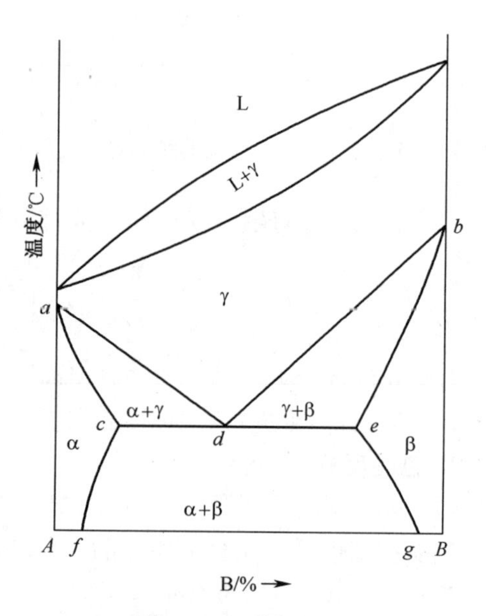

图3-20 共析相图

5. 具有稳定化合物的合金相图

稳定化合物是指具有固定的熔点,且熔化前保持固有的结构而不发生分解的化合物。

在某些二元合金中,常形成一种或几种稳定化合物。例如Mg-Si合金,就能形成稳定化合物Mg_2Si。其相图如图3-21所示,显然由于稳定化合物Mg_2Si的存在,可把相图分解为Mg-Mg_2Si及Mg_2Si-Si两个二元相图去分析。

不稳定化合物是指加热到一定温度便发生分解,形成一个成分与之不同的液相和另一个固相,而在冷却时,不稳定化合物可通过包晶反应形成。

3.2.3 铁碳合金的结晶

钢和铸铁都是铁碳合金,是现代工业中使用最广泛的金属材料,在国民经济和国防工业生产中占有重要地位。钢和铸铁成分中除了铁和碳外,还含有其他元素,为了研究上的

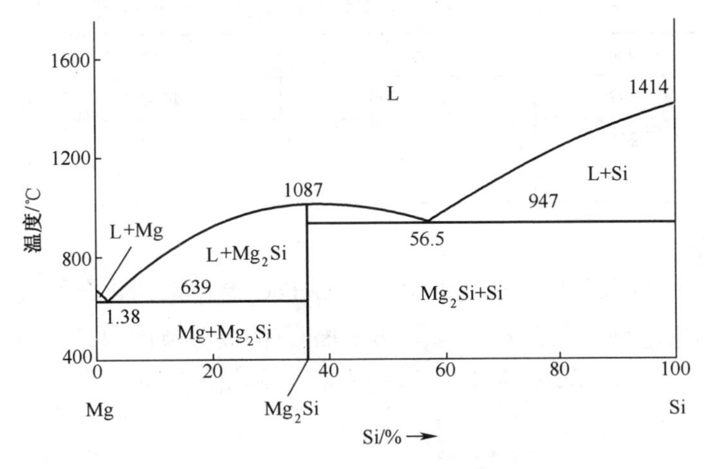

图 3-21　Mg-Si 合金相图

方便,有条件地把钢和铸铁看成铁碳二元合金,在此基础上再去研究所含其他元素的影响。为了认识铁碳合金的本质以及铁碳合金的成分、组织和性能之间的关系,必须首先了解铁碳二元合金相图。

1. 铁碳合金中的基本相

铁和碳发生相互作用,形成固溶体和金属间化合物。属于固溶体的相有铁素体、奥氏体,属于化合物的相有渗碳体。它们的力学性能如表 3-4 所示。

1) 铁素体(F 或者 α)

碳在 α-Fe 中形成的间隙固溶体称为铁素体,金相显微镜下为多边形晶粒,常用 F 表示。它仍保持 α-Fe 的体心立方晶格,体心立方晶格的间隙很小,因而溶碳能力较差。图中的 *PQ* 线为碳在铁素体中的溶解度曲线,在 727℃时最大溶碳量为 0.0218%;在室温时溶碳量约为 0.0008%。铁素体的力学性能与纯铁几乎相同,强度、硬度不高,但具有良好的塑性和韧性,见表 3-4。

碳在 δ-Fe 中形成的间隙固溶体称为 δ 固溶体,也称为高温铁素体,一般以 δ 表示。它只存在于 1395~1538℃之间,在 1495℃时,碳在 δ-Fe 中的最大溶解度达到 0.09%。

2) 奥氏体(A 或者 γ)

碳在 γ-Fe 中形成的间隙固溶体称为奥氏体,常用 A 表示,金相显微镜下呈规则的多边形晶粒。它保持 γ-Fe 的面心立方晶格,面心立方晶格的有效间隙较大,因而奥氏体的溶碳能力较强。碳在奥氏体中的溶解度在 1148℃时最大为 2.11%,在 727℃时溶解度为 0.77%。如表 3-4 中所示,奥氏体具有良好的塑性和较低变形抗力,适合压力加工。

3) 渗碳体

碳浓度超过固溶体溶解度后,多余的碳便会与铁形成金属间化合物 Fe_3C,其含碳量为 6.69%。它具有不同于铁和碳的复杂晶格结构。如表 3-4 所示,渗碳体硬度非常高,脆性很大,它只能作为强化相存在,它的形状、大小、数量及分布对钢性能的影响非常大。渗碳体为亚稳定相,在一定条件下会发生分解,形成石墨,即 $Fe_3C \rightarrow 3Fe+C$(石墨)。

表3-4 奥氏体、铁素体、渗碳体的力学性能

基本组织	R_m/MPa	硬度/HB	A/%	a_K/J·cm^{-2}
奥氏体A	392	160~200	40~50	—
铁素体F	245	80	50	294
渗碳体Fe_3C	30	800	~0	~0

2. 铁碳相图

在铁碳合金中,铁和碳可以形成Fe_3C、Fe_2C、FeC等一系列化合物,由于钢和铸铁中的含碳量一般不超过5%,是在Fe-Fe_3C(6.69%C)的成分范围内,因此在研究铁碳合金时,只需考虑Fe-Fe_3C部分。通常所讲的铁碳合金相图就是指的Fe-Fe_3C相图,如图3-22所示。

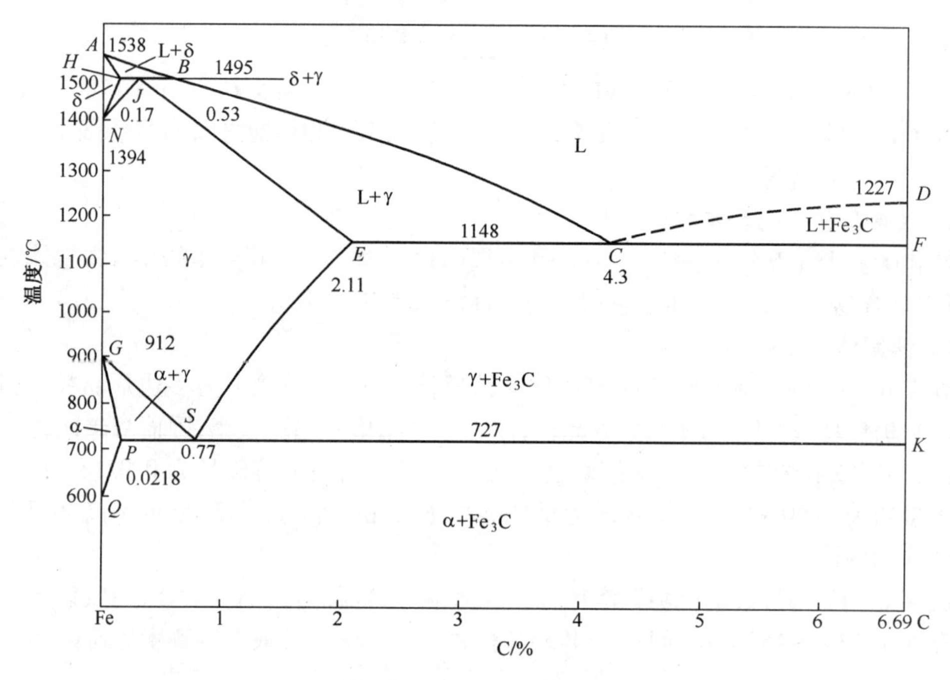

图3-22 Fe-Fe_3C相图

图3-22中的各特征点的英文符号、温度、含碳量及其含义见表3-5。

相图中的*ABCD*线为液相线,*AHJECF*线为固相线。相图中有五个基本相,相应有五个单相区,它们是:

*ABCD*以上——液相区(L)

AHNA——δ固溶体区(δ)

NJESGN——奥氏体区(A)

*GPQ*以左——铁素体区(F)

DFK——渗碳体区(Fe_3C)

相图中还有两相区,它们分别位于两相邻单相区之间。这些两相区是L+δ、L+A、L+Fe_3C;δ+A、F+A、A+Fe_3C、F+ Fe_3C。铁碳合金相图看上去比较复杂,但实际上是由包

晶、共晶、共析三个基本相图所组成,现分别说明如下。

表3-5 Fe-Fe_3C相图中的特性点

符号	温度/℃	含碳量/%	说 明
A	1538	0	纯铁的熔点
B	1495	0.53	包晶转变时液态合金的成分
C	1148	4.30	共晶点
D	1227	6.69	渗碳体的熔点
E	1148	2.11	碳在γ-Fe中的最大溶解度
F	1148	6.69	渗碳体的成分
G	912	0	α-Fe γ-Fe同素异构转变点(A_3)
H	1495	0.09	碳在δ-Fe中的最大溶解度
J	1495	0.17	包晶点
K	727	6.69	渗碳体的成分
N	1394	0	γ-Fe δ-Fe同素异构转变点(A_4)
P	727	0.0218	碳在α-Fe中的最大溶解度
S	727	0.77	共析点(A_1)
Q	室温	0.0008	600℃时碳在α-Fe中的溶解度

包晶反应:*HJB*线为包晶线,当含碳量在0.09%~0.53%的铁碳合金冷却到此线时,在1495℃恒温下发生包晶反应,其反应式为

$$L_{0.53\%}+\delta_{0.09\%}\xrightleftharpoons{1495℃}A_{0.17\%}$$

反应产物为奥氏体。

共晶反应:*ECF*线为共晶线,当含碳量在2.11%~6.69%的铁碳合金冷却到此线时,在1148℃恒温下发生共晶反应,其反应式为

$$L_{4.3\%}\xrightleftharpoons{1148℃}A_{2.11\%}+Fe_3C$$

反应产物是奥氏体和渗碳体所组成的共晶混合物,称为莱氏体,惯用符号L_e表示。莱氏体冷至共析温度以下,将转变为珠光体与渗碳体的混合物,称为低温莱氏体,记为L'_e。

共析反应:*PSK*线为共析线。当含碳量在0.0218%~6.69%的铁碳合金冷却到此线时,在727℃恒温下发生共析反应,其反应式为:

$$A_{0.77\%}\xrightleftharpoons{727℃}F_{0.0218\%}+Fe_3C$$

反应产物是铁素体和渗碳体所组成的共析混合物,称为珠光体,一般用字母P表示。

此外,在铁碳合金相图中还有三条重要的特性线,它们是*ES*线、*PQ*线、*GS*线。

*ES*线也叫做A_{cm}线,是碳在奥氏体中的固溶线。从1148℃冷至727℃的过程中,将从奥氏体中析出渗碳体,通常把从奥氏体中析出的渗碳体称为二次渗碳体($Fe_3C_{Ⅱ}$)。

*PQ*线是碳在铁素体中的固溶线,铁碳合金由727℃冷却至室温时,将从铁素体中析出渗碳体,这种渗碳体称为三次渗碳体($Fe_3C_{Ⅲ}$)。对于工业纯铁及低碳钢,由于三次渗

碳体沿晶界析出,使其塑性、韧性下降,因而必须重视三次渗碳体的存在与分布。在含碳量较高的铁碳合金中,三次渗碳体可忽略不计。

GS 线是冷却过程中,由奥氏体 A 中开始析出铁素体 F 的临界温度线,或者说是在加热时,铁素体完全溶入奥氏体的终了线,通常也称为 A_3 线。

3. 铁碳合金的平衡结晶过程

根据相图,各种铁碳合金按其含碳量及组织不同,分为以下三类。

(1) 工业纯铁(C≤0.0218%)。是含碳量不超过0.0218%的铁碳合金,所以它实际上不是真正的纯铁,工业纯铁质地特别软,韧性和塑性较高,硬度和强度较低。

当 C≤0.0008%,其显微组织为铁素体。

当 0.0008%< C ≤0.0218% ,其显微组织为铁素体和三次渗碳体。

(2) 钢(0.0218%< C≤2.11%)。其特点是高温固态组织为具有良好塑性的奥氏体,宜于锻造。根据室温组织的不同,可分为亚共析钢、共析钢和过共析钢。

亚共析钢(0.0218%< C<0.77%):其平衡组织为铁素体、珠光体和三次渗碳体。

共析钢(C=0.77%):其平衡组织为珠光体。

过共析钢(0.77%< C≤2.11%):其平衡组织为珠光体和二次渗碳体。

(3) 白口铸铁(2.11%<C<6.69%)。其特点是铁水结晶时发生共晶反应,因而有较好的铸造性能。其断口呈白亮光泽,故称为白口铸铁。根据室温组织的不同,白口铸铁分为亚共晶白口铸铁、共晶白口铸铁和过共晶白口铸铁。

亚共晶白口铸铁(2.11%<C<4.3%):其平衡组织为珠光体,二次渗碳体和莱氏体。

共晶白口铸铁(C=4.3%):平衡组织为莱氏体。

过共晶白口铸铁(4.3%<C<6.69%):平衡组织为莱氏体和渗碳体。

下面以钢为例,分析其平衡结晶过程和室温下的组织。

当钢的含碳量在0.09%~0.53%时,在液态结晶过程中均会出现包晶反应,其结晶过程上节已作讨论。其余部分的液态结晶过程相当于匀晶转变。当钢冷至 *NJE* 线以下时,均转变为单一奥氏体。继续冷却时,在 *NJE* 线与 *GSE* 线之间,奥氏体组织不发生变化。但冷却至 *GSE* 线以下时,根据钢的成分不同,有三种转变方式。

1) 共析钢

共析钢的冷却曲线和平衡结晶如图 3-23 所示。合金冷却至点 1 开始从 L 中结晶出奥氏体 A,结晶到点 2 完毕,继续冷却到点 3 时发生共析转变生成珠光体。珠光体中的渗碳体为共析渗碳体。当温度继续下降时,珠光体中 F 的溶解度逐渐减小并沿 *PQ* 线逐渐析出 Fe_3C,它常与共析渗碳体连在一起,不易分辨,且数量极少,可忽略不计。因此共析钢室温组织为层片状珠光体 P,如图 3-24 所示。

珠光体中 F 和 Fe_3C 的质量分数可用杠杆定律求出:

$$w(F)=\frac{SK}{PK}=\frac{6.69-0.77}{6.69-0.0218}\times 100\%=88.7\%$$

$$w(Fe_3C)=\frac{PS}{PK}=\frac{0.77-0.0218}{6.69-0.0218}\times 100\%=11.3\%$$

2) 亚共析钢

亚共析钢的冷却曲线和平衡结晶如图 3-25 所示。合金冷却至点 1 开始从中结晶出

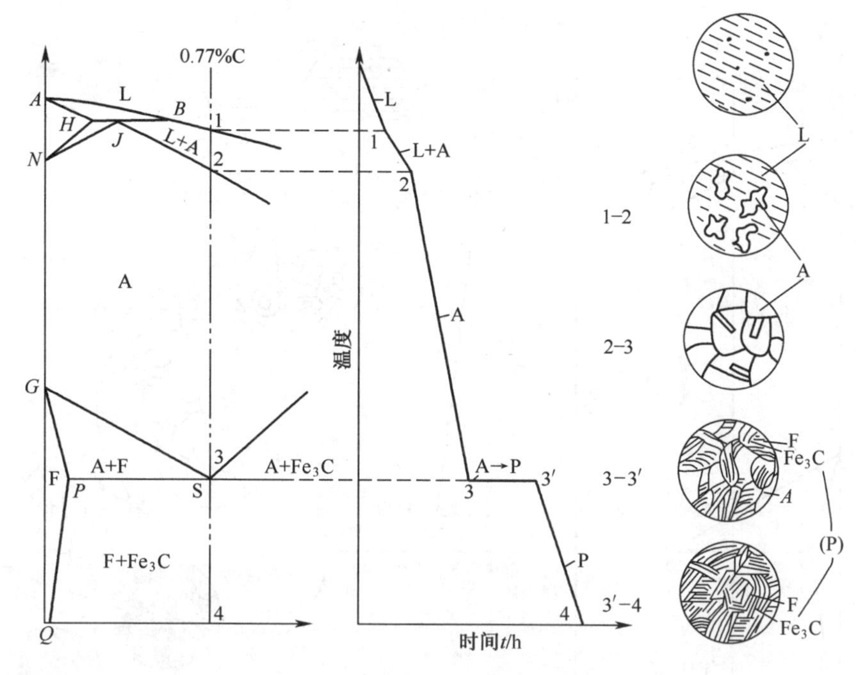

图 3 - 23　共析钢结晶过程示意图

铁素体 δ，结晶到点 2 发生包晶转变生成奥氏体，继续冷却到点 3 时全部转变为奥氏体。点 3 和点 4 之间奥氏体不变化，从点 4 开始从奥氏体中析出 F。当继续冷却时，独立存在的 F 和 P 中的 F 的含碳量沿 *PQ* 线下降，析出 Fe_3C_{II}，Fe_3C_{II} 量极少，一般可忽略不计，因此其室温组织为 F+P，显微组织如图 3 - 26 所示。所有亚共析钢的室温组织都是 F+P，不同点在于随着合金成分的变化，F+P 的相对量不同，用杠杆定律计算可知，含碳量越高，P 越多，F 越少。

图 3 - 24　共析钢的室温组织 P　500×

3）过共析钢

过共析钢的冷却曲线和平衡结晶如图 3 - 27 所示。合金冷至 1 点时，L 中结晶出奥氏体，结晶到 2 点完毕。点 2 到点 3 之间奥氏体不变化，从点 3 开始沿奥氏体晶界析出 Fe_3C_{II}，当温度逐渐下降时，Fe_3C_{II} 量不断增加，并逐渐呈网状，在点 4 时，网状较完整；同时随着 Fe_3C_{II} 的不断析出，奥氏体的成分沿 *ES* 线变化。在点 5，奥氏体发生共析反应形成 P，直至室温。因此常温下过共析钢的显微组织为 $P+Fe_3C_{II}$，如图 3 - 28 所示。

所有过共析钢在冷却时的相变过程与室温组织均相似，所不同的是，二次渗碳体的量随着钢中的含碳量的增加而增加，当钢中的含碳量达到 2.11% 时，Fe_3C_{II} 的量达到最大值：

$$\overline{w}(Fe_3C_{II}) = \frac{2.11 - 0.77}{6.69 - 0.77} \times 100\% = 22.6\%$$

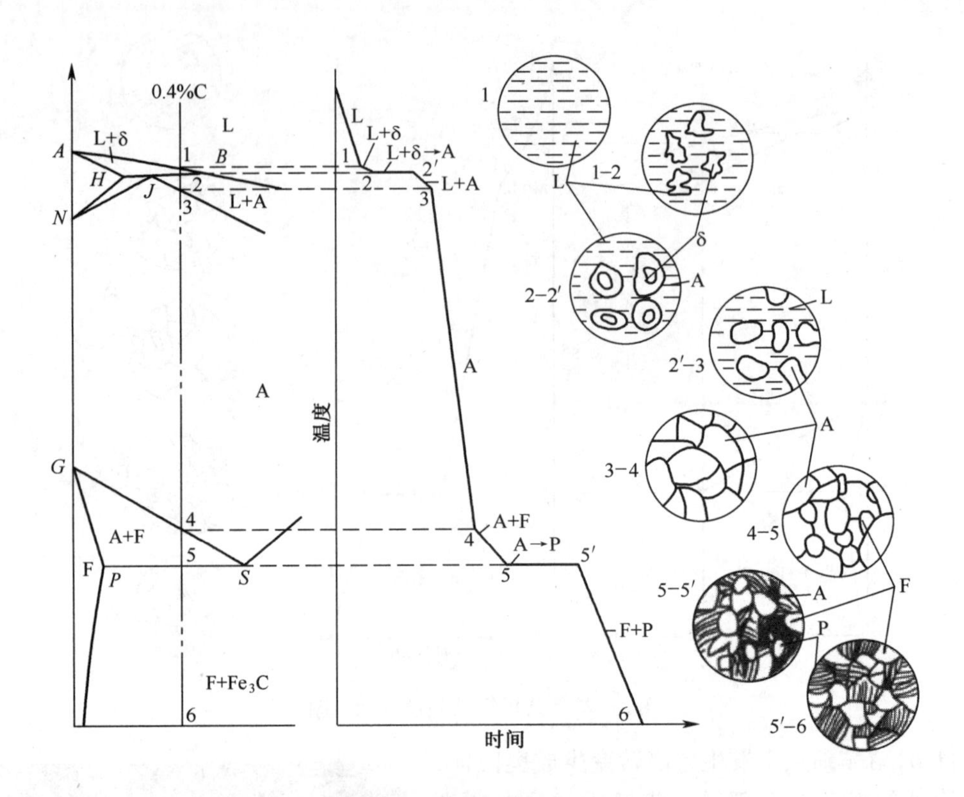

图 3-25 亚共析钢结晶过程示意图

图 3-26 亚共析钢的室温组织(400×)

对于平衡结晶过程,可用同样的方法分析共晶白口铸铁、亚共晶白口铸铁及过共晶白口铸铁的结晶及组织。它们在常温下的组织分别为:低温莱氏体;珠光体、二次渗碳体和低温莱氏体;渗碳体和低温莱氏体。

4. 铁碳合金的性能与成分、组织的关系

如上所述,不同含碳量的合金具有不同的组织,必然具有不同的性能,所以含碳量是决定碳钢力学性能的主要因素。随着含碳量的增加,不仅组织中渗碳体的相对量增多,而

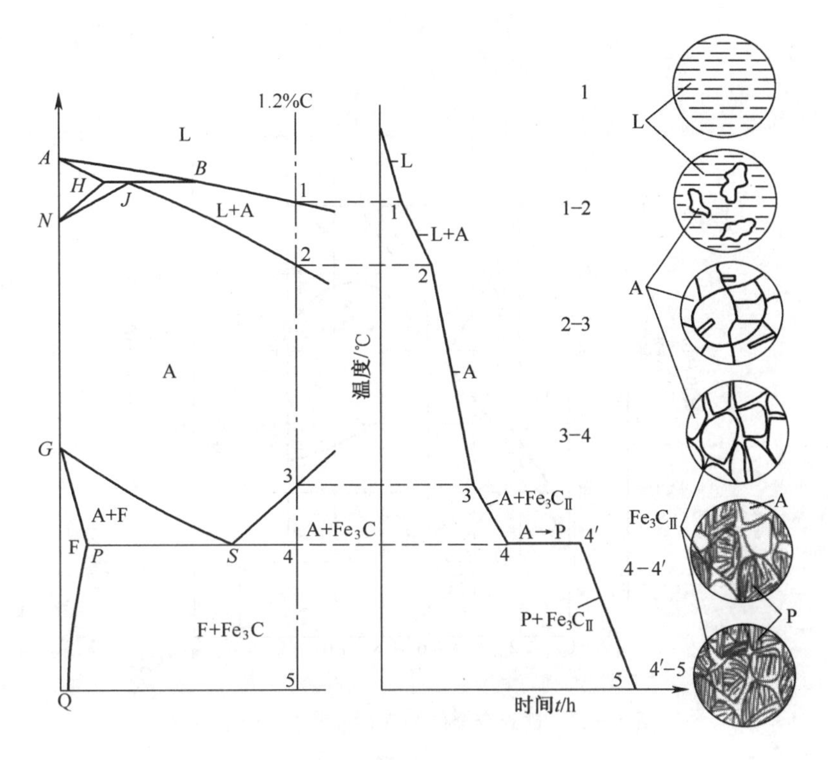

图3-27　过共析钢结晶过程示意图

图3-28　过共析钢的室温组织(500×)

且渗碳体的形态和分布也发生了变化,并使基体由F变为P乃至Fe_3C。

钢以铁素体为基体,以渗碳体为强化相,当渗碳体和铁素体构成层片状珠光体时,钢的强度、硬度得到提高,合金中珠光体量越多,其强度、硬度越高。当渗碳体明显地呈网状分布时,将使钢的塑性、韧性大大下降,脆性明显提高,强度也随之降低。图3-29为含碳量对钢的力学性能的影响。从图中可看出,当钢的含碳量小于0.9%时,随着钢中含碳量的增加,钢的强度、硬度几乎呈直线上升,而塑性、韧性不断降低。当钢中含碳量大于0.9%时,因出现明显的网状渗碳体,而导致钢的脆性大幅增加,强度开始下降,而硬度仍继续增加。

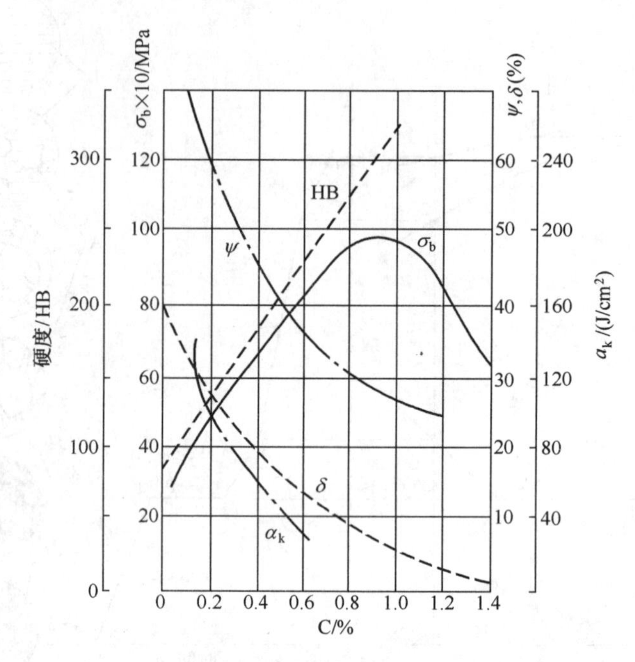

图 3-29 铁碳合金的力学性能与含碳量的关系

应当注意,$Fe-Fe_3C$ 合金相图具有一定的局限性。因为该相图只能反应铁碳二元合金中相的平衡状态,实际工业生产的钢铁材料除铁碳以外还含有或者添加了其他元素,因此相图会发生一些变化;另外相图只是平衡状态的情况,就是在极其缓慢的冷却或者加热过程中才能达到的状态,在实际钢铁生产和热冷加工过程中,温度变化较快,完全用相图来分析会造成偏差。尽管如此,铁碳相图在实际生产中仍有很大的指导意义,它可作为钢铁选材的成分依据、制订钢铁热加工工艺(铸、锻、轧热处理)的依据。

3.3 聚合物的合成及结构

按照聚合物合成反应机理不同,可将聚合反应分成连锁聚合反应和逐步聚合反应两大类。

烯类聚合物或碳链聚合物大多通过单体的加聚反应进行合成,其反应多属于连锁聚合反应,亦称为链式聚合反应。其特征是整个反应过程可划分成相似的几步基元反应:链引发、链增长、链终止、链转移等。此类反应中,聚合物大分子的形成几乎是瞬时的,体系中始终由单体和聚合物大分子两部分组成,聚合物相对分子质量几乎与反应时间无关,而转化率则随反应时间的延长而增加。

多数缩聚反应和聚氨酯合成反应都属于逐步聚合反应。其特征是在低分子单体转变成聚合物的过程中,反应是逐步进行的。反应早期,大部分单体很快生成二聚体、三聚体等低聚物,这些低聚物再继续反应,相对分子质量不断增大。所以随反应时间的延长,相对分子质量增大,而转化率在反应前期就达到很高的值。

下面就根据反应机理对聚合反应进行介绍。

3.3.1　连锁聚合反应

1. 链锁聚合的基元反应

链锁聚合反应主要包括链引发、链增长、链终止和链转移等基元反应。根据活性中心的不同,连锁聚合反应又分为自由基聚合反应、离子型聚合反应和配位聚合反应等。自由基聚合与离子型聚合的基元反应相近,下面以自由基聚合反应为例,说明其反应机理。

1）链引发

形成单体自由基活性中心的过程,称为引发反应。用引发剂、加热、光照、高能辐射等方式均能使单体生成单体自由基。用引发剂引发时,链引发包含两个反应:一是引发剂分子 R∶R 分解成初级自由基 R·,

$$R:R \rightarrow 2R\cdot$$

引发剂的分解为吸热反应,其所需的活化能约为125kJ/mol,反应速率小;二是初级自由基 R·与单体 M 加成,生成单体自由基 RM·,

$$R\cdot + M \rightarrow RM\cdot$$

加成反应为放热反应,所需的活化能约为21~33kJ/mol,反应速率高。从中可看出,引发剂的分解速率决定着链引发的反应速率。

2）链增长

链引发产生的单体自由基不断地和单体分子结合生成链自由基,如此反复的过程称为链增长反应,链增长使聚合物的聚合度增加。其反应可表示为

$$RM\cdot + M \rightarrow RMM\cdot$$

$$RMM\cdot + M \rightarrow RMMM\cdot$$

$$\cdots$$

$$RM_{N-1}M\cdot + M \rightarrow RM_{N}M\cdot$$

链增长是放热反应,约84kJ/mol。链增长所需的活化能约为21~33kJ/mol,增长速率很高,单体自由基在瞬间可结合上千甚至上万个单体,生成聚合物链自由基。在反应体系中几乎只有单体和聚合物,而链自由基浓度极小。

3）链终止

链自由基失去活性形成稳定聚合物分子的反应为链终止反应。

具有未成对电子的链自由基非常活泼,当两个链自由基相遇时,极易反应而失去活性,形成稳定分子,这一过程称为双基终止。双基终止形式有两种:双基结合终止和双基歧化终止。

链自由基以共价键相结合,形成饱和高分子的终止反应称双基结合终止,即

$$RM_X M\cdot + \cdot MM_Y R \rightarrow RM_{X+Y+2}R$$

此时所生成的高分子两端都有引发剂碎片。

链自由基夺取另一链自由基相邻碳原子上的氢原子而互相终止的反应称为双基歧化终止,即

$$RM_N M\cdot + \cdot H \rightarrow R(M)_N MH$$

此时生成的高分子中只有一个引发剂碎片。

链自由基的两种双基终止方式都有可能发生。如苯乙烯在60℃以下聚合时,主要是

双基结合;甲基丙烯酸甲酯在60℃以上聚合时,双基歧化终止占优势。终止所需的活化能很低,只有8.4~21.1kJ/mol,或接近于零,因此链终止速率常数极高。

4) 链转移

链自由基除了进行链增长反应外,还可能发生向体系中其他分子转移的反应,即从其他分子上夺取一个原子(氢、氯)而终止,失去原子的分子又成为自由基,再引发单体继续新的链增长。此时,体系中自由基数目没有减少,只要转移后的自由基活性与单体自由基差别不大,则对聚合反应速率无明显影响,从动力学角度讲,没有发生链终止。

(1) 向单体转移

链自由基将独电子转移到单体分子上,产生的单体自由基开始新的链增长。发生链转移可能性的大小与单体结构有关。如向苯乙烯单体的转移较为困难,而向氯乙烯单体转移比较容易。生成的氯乙烯单体自由基可继续进行链增长。但由于链转移的活化能比链增长大,所以才有可能得到高相对分子质量(平均聚合度为600~1500)的聚氯乙烯。

(2) 向溶剂或链转移剂转移

为了避免产物相对分子质量过高,特地加入十二烷基硫醇等链转移剂以调节产物的相对分子质量。链转移剂就是指有较强链转移能力的化合物,如四氯化碳、硫醇等,链转移剂能限制链自由基的增长,达到调节聚合物相对分子质量的目的。

(3) 向引发剂转移

向引发剂链转移,也称为引发剂的诱导分解。其结果是自由基浓度不变,聚合物相对分子质量降低,引发剂效率下降。

(4) 向高分子转移

链自由基也有可能从高分子上夺取原子而终止,产生的新链自由基又进行链增长,形成支链高分子。

5) 阻聚作用

阻聚剂是能与链自由基反应使聚合反应停止的物质。少量阻聚剂使链自由基会失去活性,不再与单体反应,从而能阻止聚合反应的进行。

2. 几种链锁聚合反应的特点

1) 自由基聚合反应的特点

自由基聚合反应可明显区分出引发、增长、终止、转移等基元反应,其中链引发所需的激活能最大,反应速率最小,是控制总聚合速率的关键。

在几个基元反应中,只有链增长反应才使聚合度增加。一个大分子的形成所需时间极短,反应体系中基本上由单体和大分子组成。在聚合全过程中,聚合物的聚合度无大的变化。

聚合过程中,单体浓度逐步降低,聚合物转化率逐步增大。

仅用少量(0.01%~0.1%)阻聚剂即可足以使自由基聚合反应终止。

2) 离子型聚合反应的特点

离子型聚合反应实际包括阳离子聚合反应、阴离子聚合反应和配位离子聚合反应三类。

阳离子聚合反应、阴离子聚合反应的反应机制与自由基聚合反应相似,其基元反应也有链引发、链增长、链终止、链转移等。

(1) 阴离子聚合

阴离子聚合常以碱做催化剂。碱性越强越易引发阴离子聚合反应;取代基吸电子性越强的单体,越易进行阴离子聚合反应。阴离子聚合的链增长反应可能以离子对方式、以自由离子方式或以离子对和自由离子两种同时存在的方式等进行,这比自由基聚合要复杂。

阴离子聚合中一个重要的特征是在适当的条件下可以不发生链转移或链终止反应。因此,链增长反应中的活性链直到单体完全耗尽仍可保持活性,当重新加入单体时,又可开始聚合,聚合物相对分子质量继续增加。

阴离子聚合中,由于活性链离子间相同电荷的静电排斥作用,不能发生类似自由基聚合那样的偶合或歧化终止反应;活性链离子对中反离子常为金属阳离子,碳-金属键的解离度大,也不可能发生阴阳离子的化合反应;如果发生向单体链转移反应,则要脱 H—,这要求很高的能量,通常也不易发生;因此,只要没有外界引入的杂质,链终止反应是很难发生的。有时阴离子发生链转移或异构化反应,使活性链活性消失而达终止。

反离子、溶剂和反应温度对阴离子聚合反应速率、聚合物相对分子质量和结构规整性有关键性的影响。阴离子聚合中显然应选用非质子性溶剂如苯、二氧六环、四氢呋喃、二甲基甲酰胺等,而不能选用质子性溶剂如水、醇等,否则溶剂将与阴离子反应使聚合反应无法进行。

(2) 阳离子聚合

与阴离子聚合相反,能进行阳离子聚合的单体多数是带有强供电取代基的烯类单体,如异丁烯、乙烯基醚等,还有显著共轭效应的单体如苯乙烯、α-甲基苯乙烯、丁二烯、异戊二烯等。此外还有含氧、氮原子的不饱和化合物和环状化合物,如甲醛、四氢呋喃、环戊二烯、3-3-双氯甲基丁氧环等。

常用的催化剂有三类:含氢酸,如 $HClO_4$、H_2SO_4;路易氏(Lewis)酸,如 BF3、$FeCl_3$、$BiCl_3$等;有机金属化合物,如 $Al(CH_3)_3$等。

阳离子聚合特点之一是容易发生重排反应。因为碳阳离子的稳定性次序是伯碳阳离子<仲碳阳离子<叔碳阳离子;而聚合过程中活性链离子总是倾向生成热力学稳定的阳离子结构,所以容易发生复杂的分子内重排反应。而这种异构化重排作用常是通过电子或键的移位或个别原子的转移进行的。发生异构化的程度与温度有关。

与阴离子聚合反应一样,阳离子聚合也不发生双分子终止反应,而是单分子终止。形成聚合物的主要方式是靠链转移反应。所以聚合物相对分子质量决定于向单体的链转移常数。当然此种转移反应并非真正的链终止。但是,活性链离子对中的碳阳离子与反离子化合物可发生真正的链终止反应。

(3) 配位离子聚合

配位离子聚合反应首先由烯烃类单体的碳-碳双键与催化剂活性中心的过渡元素原子(如 Ti、V、Cr、Mo、Ni 等)的空 d 轨道进行配位,然后进一步发生移位,使单体插入到金属-碳键之间,重复此过程就增长成高分子链。其反应机理这里不作介绍。

3. 链锁共聚合反应

聚合反应有均聚合反应和共聚合反应之分。均聚合反应得到的是均聚物,共聚合反应得到的是共聚物。

两种单体参加的共聚反应称为二元共聚;两种以上单体共聚则称为多元共聚。由于单体单元排列方式的不同,可构成不同类型的共聚物。大致有以下几种类型:无规共聚物(两种单体 M_1、M_2在聚合物中呈无规排列:$\cdots M_1M_2M_2M_1M_2M_1M_2M_1M_2M_2\cdots$)、交替共聚物(两种单体 M_1、M_2在聚合物中呈交替排列:$\cdots M_1M_2M_1M_2M_1M_2M_1M_2\cdots$)、嵌段共聚物(两种单体 M_1、M_2在聚合物中成段出现:$\cdots M_1M_1M_1M_1M_2M_2M_2M_2M_1M_1M_1M_1\cdots$)、接枝共聚物(以一种单体单元构成主链,另一种单体单元 M_2构成支链)。这四种共聚物,前两种由两种单体共聚反应制得,后两种需用特殊的方法制取。

共聚合的反应机理与前面介绍的均聚合的反应机理基本相同,也有链引发、链增长、链终止和链转移等,但反应要复杂得多。这里不作进一步介绍。

3.3.2 逐步聚合反应

逐步聚合反应包括缩聚反应和逐步加聚反应。缩聚反应是由多次重复的缩合反应形成聚合物的过程;逐步加成反应是单体分子通过反复加成,使分子间形成共价键而生成聚合物的反应。

与链锁聚合反应相比,无所谓引发、增长、终止等基元反应,所需的反应活化能较高,形成大分子的速率慢,以小时计;反应热效应小,聚合临界温度低,在一般温度下为可逆反应,平衡不仅依赖温度,也与副产物有关。逐步聚合反应没有特定的反应活性中心,每个单体分子的官能团都有相同的反应能力。在反应初期相互形成中间体(如二聚体、三聚体和其他低聚物);随着反应时间的延长,中间体形成更大相对分子质量的中间产物;增长过程中,每一步产物都能独立存在,在任何时候都可以终止反应,在任何时候又能使其继续以同样活性进行反应。显然,这是连锁反应的链增长过程所没有的特征。

下面仅对缩聚反应加以说明。

缩聚反应在高分子合成反应中占有重要地位。酚醛树脂、不饱和聚酯树脂、氨基树脂以及尼龙(聚酰胺)、涤纶(聚酯)等聚合物都是通过缩聚反应合成的;一些性能要求特殊而严格的聚合物,如聚碳酸酯、聚砜、聚苯撑醚、聚酰亚胺、聚苯并醚唑、吡龙等工程塑料或耐热聚合物,也是通过缩聚反应制得。

缩聚反应的反应通式可表示为

$$n\mathrm{a{-}R_1{-}a} + n\mathrm{b{-}R_2{-}b} \Leftrightarrow \mathrm{a{-}[{-}R_1{-}R_2{-}]{-}b} + (2n-1)\mathrm{ab}$$

式中 a、b —— 缩聚反应的官能团;

ab——缩聚反应的小分子产物;

$-R_1-R_2-$ ——聚合物链中的重复单元结构。

当两种不同的官能团 a、b 为同一单体中的官能团时,聚合反应过程为

$$n\mathrm{a{-}R{-}b} \Leftrightarrow \mathrm{a{-}[{-}R{-}]{-}b} + (n-1)\mathrm{ab}$$

双官能团单体的缩聚反应,除生成线型缩聚物外,常有成环反应的可能。因此在选取单体时必须克服成环的可能性。实际上所有多官能团单体的缩合反应都有类似问题。

在缩聚反应中,成环、成线反应是竞争反应,它与环的大小、官能团的距离、分子链的挠曲性、温度以及反应物的浓度等都有关系。环的大小与环状物稳定性的顺序为:3、4、8~11<7、12<5<6。3 节环、4 节环由于键角的弯曲,环张力最大,稳定性最差;5 节环、6 节

环键角变形很小,甚至没有,所以最稳定。在缩聚反应中应尽量消除成环反应。环化反应多是单分子反应,而线型缩聚则是双分子反应。所以随着单体浓度的增加,对成环反应不利。浓度因素比热力学因素对线型缩聚的影响要大。

按生成聚合物分子结构的不同,缩聚反应可分为线型缩聚反应和体型缩聚反应两类。如参加缩聚反应的单体都只含两个官能团得到线型分子聚合物,则此反应称为线型缩聚反应,如二元醇与二元酸生成聚酯的反应。如参加缩聚反应单体至少有一种含两个以上的官能团,则称为体型缩聚反应,产物为体型结构的聚合物,如丙三醇与邻苯二甲酸酐的反应。

按参加缩聚反应的单体种类分,可分为均缩聚、混缩聚和共缩聚三类。只有一种单体进行的缩聚反应称为均缩聚。两种单体参加的缩聚反应称为混缩聚或杂缩聚,例如二元胺和二元羧酸所进行的生成聚酰胺的反应。若在均缩聚中再加入第二种单体或在混缩聚中加入第三种单体,这时的缩聚反应即称为共缩聚。

在缩聚反应中官能团存在等活性,即官能团的反应活性与此官能团所在链的链长无关。等活性概念也是高分子化学反应的一个基本观点。

1. 线型缩聚物

缩聚物作为材料,其性能与相对分子质量有关。在缩聚反应中必须对产物相对分子质量即聚合度做有效的控制。而控制反应程度即可控制聚合度。然而再进一步加工时,端基官能团可再进行反应,使反应程度提高,相对分子质量增大,影响产品性能。所以用反应程度控制相对分子质量并非是有效的办法。有效的办法是使端基官能团丧失反应能力或条件。这种方法主要是通过非等当量比配料,使某一原料过量,或加入少量单官能团化合物,进行端基封端。

2. 体型缩聚物

由两个以上官能单体形成支化或交联等非线型结构产物的缩聚反应称为体型缩聚反应。体型缩聚的特点是当反应进行到一定时间后出现凝胶。所谓凝胶就是不溶不熔的交联聚合物。出现凝胶时的反应程度称为凝胶点。

为了便于热固性聚合物的加工,对于体型缩聚反应,要在凝胶点之前终止反应。凝胶点是工艺控制中的重要参数。

热固性聚合物的生成过程,根据反应程度与凝胶点的关系,可分为甲、乙、丙三个阶段。反应程度在凝胶点以前就终止的反应产物称为甲阶聚合物;当反应程度接近凝胶点而终止反应的产物称为乙阶聚合物;反应程度大于凝胶点的产物称为丙阶聚合物。所谓体型缩聚的预聚体通常是指甲阶或乙阶聚合物。丙阶聚合物是不溶不熔的交联聚合物。

凝胶点是体型缩聚的重要参数,可由实验测定或理论计算得到。

3.4　陶瓷材料的材料化过程

陶瓷的材料化过程是一个很复杂的过程,其基本工艺过程包括原料的制备、坯料的成型和制品的烧成或烧结。

3.4.1　原料的制备

原料的制备是将陶瓷的主要矿物原料黏土、石英和长石经拣选、粉碎后进行配料,然后经混合、磨细等工艺,得到所要求的粉料。

陶瓷用原料有天然原料和化工原料两类。天然原料杂质较多,但价格低;化工原料多为金属和非金属氧化物、碳酸盐等,其纯度和物理特性可控制,大多由人工制备或合成,其价格较高。

3.4.2 坯料的成型

坯料的成型是将制备好的粉料加工成一定形状和尺寸、并具有必要的机械强度和一定的致密度的半成品。

根据粉料的类型不同,有三种相应的成型方法:对于在坯料中加水或塑化剂而形成的塑性泥料,可用手工或机加工方法成型,这叫可塑成型,如传统陶瓷的生产;对于浆料型的坯料可采用浇注到一定模型中的注浆成型法,如形状复杂、精度要求高的产品;对于特种陶瓷和金属陶瓷,一般是将粉状坯料加少量水或塑化剂,然后在金属模中加以较高压力而成型,这叫压制成型。坯料成型后,为达到一定的强度而便于运输和后续加工,一般要进行人工或自然干燥。

3.4.3 制品的烧成

陶瓷材料的烧成是使陶瓷坯料在高温作用下致密化、完成预期的物理化学反应和形成所要求性能的全过程。有时,人们将坯件成瓷后,开口气孔率较高,致密度较低时,称之为烧成,如传统陶瓷中的日用陶瓷等都是烧成,其温度通常为1250~1450℃;烧结则是指瓷化后的制品开口气孔率极低、而致密度很高的瓷化过程,如特种陶瓷都是烧结而成。在此,为叙述方便,均称作烧成。

陶瓷材料的烧成过程包括由室温至最高烧成温度的升温阶段、高温下的保温阶段和从最高烧成温度至室温的冷却阶段。

1. 升温阶段

升温阶段发生水分和有机黏合剂的挥发、结晶水和结构水的排除、碳酸盐的分解以及可能的晶相转变等过程。除晶相转变外,其他过程都伴有大量的气体排出。这时升温不能太快,否则会造成结构疏松、变形和开裂。通常机械吸附水在200℃以前逐步挥发掉,有机黏合剂在200~350℃挥发完,结晶水和结构水的排除以及碳酸盐的分解与具体材料有关。如高岭土($Al_2O_3 \cdot 2SiO_2 \cdot 2H_2O$)在400~600℃、膨润土[$Al_2Si_4O_{10}(OH)_2 \cdot nH_2O$]在500~700℃、滑石($3MgO \cdot 4SiO_2H_2O$)在700~900℃脱水,而$CaCO_3$在650~930℃、$MgCO_3$在350~850℃、$BaCO_3$在1450℃、$SrCO_3$在1200~1250℃时分解。脱水和释气过程中,质量都明显减轻,可用失重实验测定其反应温区。同时,脱水和释气又是一个吸热过程,可用差热分析进行验证。

在晶相转变时往往有结晶潜热和体积变化,如在发生相变的温度下适当保温,可使相变均匀、和缓,减免应变、应力造成的开裂,此阶段升温速度不宜过快。

2. 保温阶段

保温阶段是陶瓷烧成的主要阶段,在这一阶段各组分进行充分的物理变化和化学反应,以获得要求的致密、结构和性能的陶瓷体。因此,必须严格控制烧成温度,尤其是严格控制最高烧成温度和保温时间。

任何瓷料都有一最佳的烧成温度范围,实际终烧温度应保证在此范围内。各种瓷料的烧成温度范围不同,一般黏土类陶瓷的烧成温度范围比较宽,约为 40~100℃,大多数功能陶瓷只有 10~20℃左右,个别的只有 5~10℃。在这个范围内烧成,坯体致密度高、不吸水、晶粒细密,力学和电性能好。超出该温度范围,瓷体气孔率增大,力学性能和电性能都降低。

3. 冷却阶段

从烧成温度冷却至常温的过程称为冷却阶段。瓷体的冷却过程与金属的凝固过程十分相似,也伴随有液相凝固、析出晶相、相变等物理和化学变化发生。因此,冷却方式、冷却速度对瓷体最终的相组成、结构和性能均有很大的影响。冷却阶段有淬火急冷、随炉快冷、随炉慢冷或缓冷和分段保温冷却等多种方式。慢冷等相当于延长不同温度下的保温时间,因此,晶体生长能力强、玻璃相有强烈析晶倾向的瓷料,晶粒可能生长成粗大的晶体,玻璃相会析晶,往往使瓷体结构和致密性差,对于这种瓷料,应快速冷却。快冷应注意必须避免瓷体开裂和炸裂。析晶倾向非常强的瓷料,或希望保持高温相的瓷料,可采用快冷或淬火快冷的方法。

3.4.4　陶瓷烧成机理简介

通过烧成工艺这一过程,形成具有一定结构和性能的致密陶瓷体。烧成是一个很复杂的物理和化学变化过程。陶瓷烧成机理可归纳为黏性流动、蒸发与凝聚、体积扩散、表面扩散、晶界扩散、塑性流动等,但用任一种机理全面地解释一种具体的烧成过程都是很困难的,往往存在多种不同的机理。在此,对常见的固相烧结和液相烧结机理作一介绍。

1. 固相烧结

陶瓷的固相烧结是把粉末坯体加热到低于粉末熔点的适当温度保温后转变成坚固、致密聚集体的过程。固相烧结可以分成两个主要阶段,如图 3－30 所示。初期阶段,粉体中的晶粒生长和重排过程,使原来松散颗粒的粘结作用增加,颗粒的堆积趋向紧密,气孔体积减少。第二个阶段,物质从颗粒间的接触部分向气孔迁移,颗粒中心靠近和颗粒间接触面积增加,将气孔排除。这两种宏观现象中无论哪一个都不足以获得无孔隙多晶固体,只有共同作用才能实现。

固相烧结驱动力是烧结中表面积减少而导致的表面自由能降低,但烧结一般不能自动进行,因为它本身具有的能量难以克服能垒,必须加热到一定的温度。烧结的难易程度常用晶界能和表面能的比值来衡量,比值越小越容易烧结。例如,Al_2O_3 粉末的晶界能约为 0.4J/mol,表面能约为 1J/mol,比值较小,因此相对 Si_3N_4、SiC、AlN 等比值较大的陶瓷容易烧结。

固相烧结的等径球体烧结模型认为(图 3－31),随烧结的进行,球体的接触点形成颈部并逐渐扩大,最后烧结成一个整体。由于烧结时传质机理不同,颈部增长方式不同,造成了不同的结果。可能的传质机理包括蒸发-凝聚、黏滞流动、表面扩散、晶界或晶格扩散,以及塑性变形等,具体传质机理的地位与陶瓷体系、烧结阶段等具体情况有关。

对于高温蒸气压大的体系,如 PbO、BeO 和氧化铁,颗粒表面各处曲率的不同导致不同的蒸气压,会出现蒸发-凝聚的传质方式。

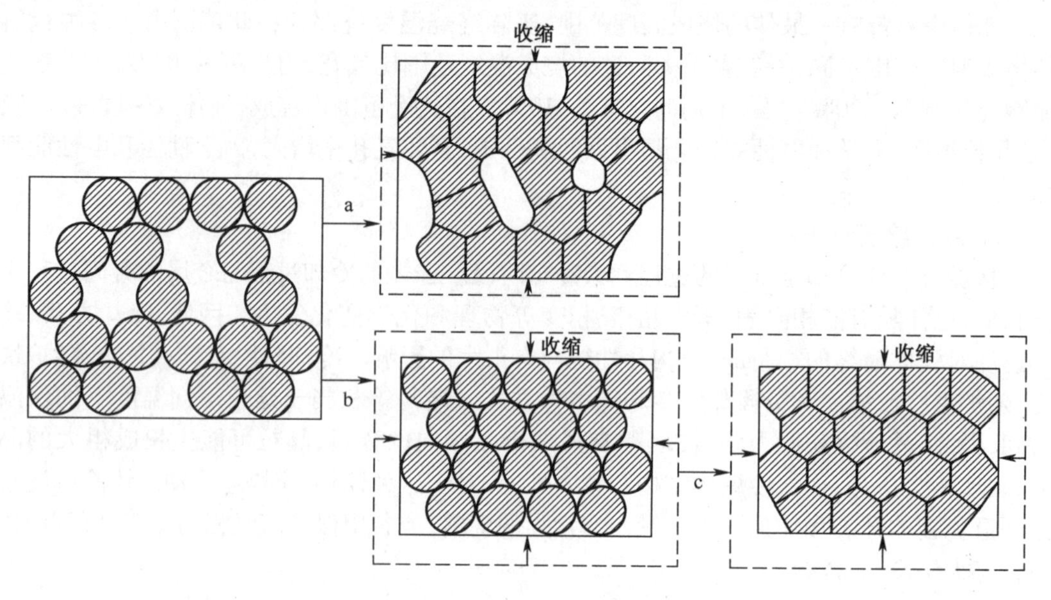

图3-30 固态烧结过程示意图

a—疏松堆积的颗粒系统中颗粒中心靠近;b—晶粒重排;c—紧密堆积的颗粒系统中颗粒中心的靠近。

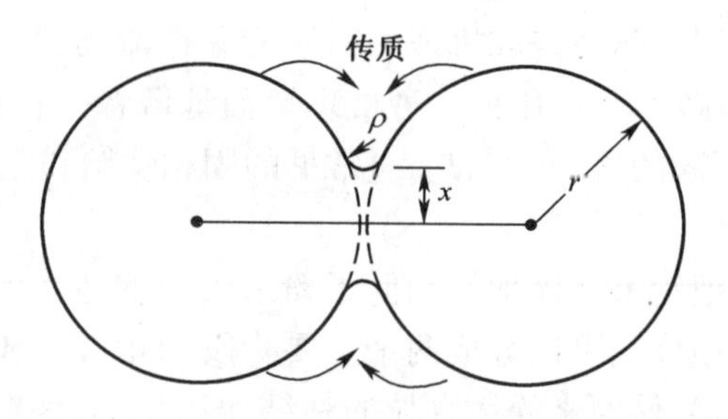

图3-31 蒸发-凝聚烧结的起始阶段

对大多数蒸气压低的陶瓷,物质的传递可能更容易通过固态产生(表3-6)。颗粒尺寸几乎和烧结速率成反比关系,同时烧结速率也受到扩散系数的明显影响,实践中可以通过调整杂质和温度来控制烧结速率。

表3-6 陶瓷固态烧结时的物质传输

编号	传输途径	来源	物质传输所到位置
1	表面扩展	表面	颈部
2	晶格扩散	表面	颈部
3	气相传质	表面	颈部
4	晶界扩散	晶界	颈部
5	晶格扩散	晶界	颈部
6	晶格扩散	位错	颈部

2. 液相烧结

由于粉料中经常含有少量杂质,因此许多陶瓷烧结时多少会出现一些液相。即使十分纯净，高温下粉料也可能出现“接触”熔融现象。所以，纯粹固相烧结的实例是不容易实现的。有液相参加的烧结称为液相烧结。生产上，为了促进烧结，也常采用液相烧结工艺。液相烧结所发生的过程见表3-7。液相传质比扩散传质要快得多，因此烧结速率高，可以在较低的温度获得致密的烧结体。

在液相含量较大的烧结中，玻璃态黏性流动是烧结致密化的主要传质过程，颗粒尺寸、黏度的降低可以有效地提高烧结速率，而提高表面张力的程度是相对有限的。

在液相含量较小，或黏度很高的烧结中，这时整个流动相当于具有屈服点的玻璃态塑性流动，同样被颗粒尺寸、黏度和表面张力所控制。如果固相在液相内具有一定的溶解度，主要烧结过程将是固体的溶解和再沉淀，以此使晶粒长大并致密化。一般要具备足够多的液相、液相对固体粉末能润湿、固相在液相中足够的溶解度等条件。当液相润湿固相时，固体粉末间的空隙成为毛细管，其中液体产生的巨大压力可以促使固体粉末结合在一起。

3.4.5 陶瓷烧成后的组织影响因素

陶瓷烧成后的组织由晶相、玻璃相和气孔构成。组织形态、大小、相对量和分布除与陶瓷坯体的化学组成、初始粒径、料坯初始密度、气孔尺寸分布有关外，还与烧成时的加热条件（加热温度、保温时间）和冷却条件（冷却速度）有关。陶瓷与合金一样，也可建立相图；烧成的组织种类和相对量及其与烧成工艺参数的关系，也可用陶瓷材料的相图来判断，但陶瓷材料的相图比合金相图复杂得多，其相关内容在此不作介绍。

表3-7　液相烧结时发生的各种动力学过程

过　程	描　述
熔化	初始液相形成
浸润： 展开 渗透	 自由固相表面被液相浸润 固相表面之间被液相浸润
固相溶解	固相在液相中溶解
液相扩散进入固相	液相组分扩散进固相
化学反应	固、液、气之间的反应
重排	毛细管力引起的颗粒向更高堆积密度的滑移
溶解-沉淀	固相的溶解和溶质的再沉淀导致物质的迁移
气孔闭合	连续气孔通道孤立
气孔排除	气孔和空穴从内部气孔扩散到坯体表面
晶粒生长和粗化	气孔生长，晶粒数目减少
Oswald 熟化	
气孔生长和粗化	气孔生长，气孔数目减少
晶粒/液相流动	晶粒和液相向宏观气孔的流动
鼓胀	坯体中气体压力引起的局部鼓胀
固化	冷却时液相的固化
结晶化	冷却时液相的结晶

思考题与习题

1. 试述晶粒大小对力学性能的影响。

2. 金属结晶有哪几种形核方式,其各自特点是什么?

3. 什么是变质处理?什么是孕育处理?

4. 何谓细晶强化?金属结晶过程中细晶强化的方法有哪些?

5. 杠杆定律有何作用,应用杠杆定律时应注意什么?

6. 默画出 $Fe-Fe_3C$ 平衡相图,说明图中各点、线的意义及各相区的相组成和组织组成。

7. 在 $Fe-Fe_3C$ 合金中有哪些基本的相?说明它们的结构和性能特点。

8. 已知 $Fe-Fe_3C$ 合金中铁素体为75%,渗碳体为25%,求该合金的含碳量。

第 4 章　工程材料的改性

本章目的:学习金属材料、高分子材料和陶瓷材料的改性机理及其典型的改性工艺。

本章重点:掌握钢的普通热处理工艺(退、正、淬、回)。

本章难点:钢在加热和冷却时的转变,普通热处理工艺选择。

工业大批量生产的工程材料,其性能有一定的局限性,通常不能满足某些具有较高使用性能要求的场合。如:大批量生产的钢材,其强度通常小于 800MPa、硬度小于 300HB,耐酸碱腐蚀性能差,无法满足高强度、高硬度、高耐磨和优良的耐腐蚀性能等要求;高分子材料存在强度低、易老化等缺陷;陶瓷材料具有脆性大、抗拉强度低等不足。为此,研究出了各种各样的材料改性方法。有些改性方法主要是为了提高材料的强度、硬度、耐蚀性能等,即提高材料的使用性能;有些改性方法是为了提高材料加工成零件时的切削性能、变形或成形性能等,即提高材料的工艺性能。因此,改善工程材料的性能(改性)包括提高材料的使用性能和提高材料的工艺性能。

本章主要介绍金属材料、高分子材料和陶瓷材料的改性机理及其典型的改性工艺。

4.1　金属材料的改性

有许多方法可改善金属材料的性能,如热处理、合金化、细晶强化和冷变形等均可提高金属材料强度,产生强化。强化的根本原因在于它们都使材料中的缺陷密度增加。

热处理是将金属材料在固态下加热到预定的温度,并在该温度下保持一段时间,然后以一定的冷却速度冷却下来,以改变材料整体或表面组织,从而获得所需使用性能或工艺性能的一种热加工工艺,其工艺曲线如图 4-1 所示。通过合适的热处理可以显著提高钢的机械性能,延长机械零件的使用寿命。如航空工业中应用广泛的 LY12 硬铝,经淬火和时效处理后抗拉强度从 196MPa 提高到 392~490MPa。热处理工艺不但可以强化金属材料、充分挖掘材料性能潜力、降低结构重量、节省材料和能源,而且能够提高机械产品质量、大幅度延长机械零件的使用寿命,做到一个顶几个、顶十几个。如 3Cr2W8V 热模具钢制备的锻模经过合适的热处理之后平均寿命从 1500 次提高到 4500 次。此外,还可以消除材料经铸造、锻造、焊接等热加工工艺造成的各种缺陷、细化晶粒、消除偏析、降低内应力,使组织和性能更加均匀。在生产过程中,工件经切削加工等成形工艺而得到最终形状和尺寸后,再进行的赋予工件所需使用性能的热处理称为最终

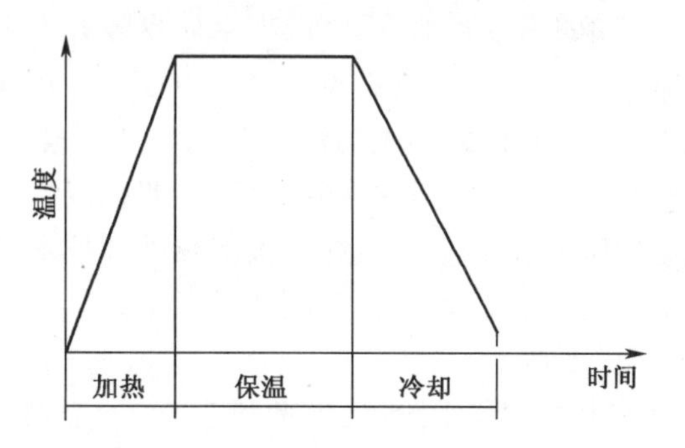

图 4-1　热处理工艺过程示意图

热处理。热加工后,为随后的冷拔、冷冲压和切削加工或最终热处理做好组织准备的热处理,称为预备热处理。热处理是改善金属材料性能常用的主要手段,但不是所有金属材料均能实现热处理改性的目的。原则上只有在加热或冷却时发生溶解度显著变化或者存在固态相变的合金才能进行热处理。

热处理是金属材料或零件制造过程中的一个中间工序,包括加热、保温和冷却三个主要过程。"加热、保温"是为热处理改性提供组织准备;"冷却"是通过改变冷却速度,控制组织中的成分变化和相变化,获得相应组织,以得到所需性能。其工艺过程见图4-1。

纯金属的力学性能较低,在纯金属中加入其他金属或非金属元素(即合金化),可得到强度、硬度和韧性均较高的,还可具有耐蚀、耐热等特殊性能的金属材料。作为工程材料应用的金属材料几乎全部为合金化后的合金。超高强度钢、高强度铝合金则是合金化和热处理综合改性的结果。

对液态金属,可通过增大凝固时的过冷度或增加异质形核核心,形成细小的凝固组织,获得强度、硬度和塑韧性均较高的金属材料,这就是细晶强化。其强化原因在于增加了金属材料中的面缺陷。

另外,对金属材料进行冷塑性变形,增加其位错密度,使强度、硬度提高,这就是冷变形强化,冷变形强化金属材料的塑性、韧性下降。

本节重点介绍金属材料的热处理改性和合金化改性。

4.1.1 钢的热处理改性

1. 热处理发展概况

人们在开始使用金属材料起,就开始使用热处理,其发展过程大体上经历了三个阶段。

1) 民间技艺阶段

根据现有文物考证,我国西汉时代就出现了经淬火处理的钢制宝剑。史书记载,在战国时期即出现了淬火处理,据秦始皇陵开发证明,当时已有烤铁技术,兵马俑中的武士佩剑制作精良,距今已有两千多年的历史,出土后表面光亮完好,令世人赞叹。古书中有"炼钢赤刀,用之切玉如泥也",可见当时热处理技术发展的水平。但是中国几千年的封建社会造成了贫穷落后的局面,在明朝以后热处理技术就逐渐落后于西方。虽然我们的祖先很有聪明才智,掌握了很多热处理技术,但是把热处理发展成一门科学还是近百年的事。在这方面,西方和俄国的学者走在了前面,新中国成立以后,我国的科学家也做出了很大的贡献。

2) 技术科学阶段(实验科学)——金相学

此阶段大约从1665年—1895年,主要表现为实验技术的发展阶段。

1665年:显示了Ag-Pt组织、钢刀片的组织;

1772年:首次用显微镜检查了钢的断口;

1808年:首次显示了陨铁的组织,后称魏氏组织;

1831年:应用显微镜研究了钢的组织和大马士革剑;

1864年:发展了索氏体;

1868年:发现了钢的临界点,建立了Fe-C相图;

1871年:英国学者T. A. Blytb著《金相学用为独立的科学》在伦敦出版;

1895 年:发现了马氏体。

3）建立了一定的理论体系——热处理科学

“S”曲线的研究,马氏体结构的确定及研究,K-S 关系的发现,对马氏体的结构有了新的认识等,建立了完整的热处理理论体系。

钢的热处理种类分为整体热处理和表面热处理两大类。常用的整体热处理有退火、正火、淬火和回火;表面热处理可分为表面淬火与化学热处理两类。

2. 钢在加热和冷却时的转变

下面讨论共析钢在热处理过程中组织和相的变化。

热处理通常由加热、保温和冷却三个阶段组成。加热、保温是为热处理改性提供组织准备。冷却时通过改变冷却速度,控制组织中的成分变化和相变化,获得相应组织,从而获得所需性能。

1）钢加热临界温度

钢热处理的第一步就是加热,其目标就是获得化学成分均匀、晶粒细小的奥氏体,为冷却做组织准备。为达到这一目标,如何确定钢的加热温度呢? 对碳钢而言,加热温度由 $Fe-Fe_3C$ 相图确定。

$Fe-Fe_3C$ 相图中的 *PSK*、*GS* 和 *ES* 是钢的平衡临界温度线,当加热温度(或冷却温度)高于(或低于)这些临界温度线时,钢将发生相结构和组织变化。*PSK*、*GS* 和 *ES* 分别用 A_1、A_3 和 A_{cm} 表示。实际加热(或冷却)过程通常在非平衡条件下进行,相变临界温度会有所提高(或降低)。为区别于平衡临界温度,加热时的临界温度分别用 A_{c1}、A_{c3} 和 A_{ccm} 表示;冷却时的相变临界温度分别用 A_{r1}、A_{r3} 和 A_{rcm} 表示。图 4-2 为这些临界温度在 $Fe-Fe_3C$ 相图上的位置示意图。

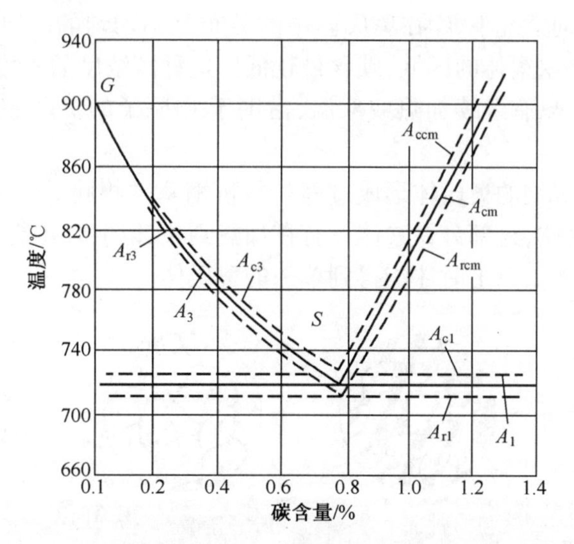

图 4-2　$Fe-Fe_3C$ 相图上碳钢的实际临界温度示意图

对于亚共析钢,其加热温度要高于 A_{c3}(注意:A_{c3} 随亚共析钢中含碳量的增加而降低);因此,亚共析钢获得单相奥氏体的加热温度为 A_{c3}+20~40℃。对共析钢,其加热温度要高于 A_{c1},而 A_{c1} 为一定值。因此,共析钢获得单相奥氏体的加热温度为 A_{c1}+20~40℃。对过共析钢,获得单相奥氏体的加热温度应高于临界温度 A_{cm}(A_{cm} 随过共析钢中含碳量的增加而升高);因此,过共析钢获得单相奥氏体的加热温度为 A_{cm}+20~40℃。

2) 钢在加热时的转变

大多数热处理过程,首先必须把钢加热到奥氏体(A)状态,然后以合适的方式冷却以获得所需组织和性能。通常把钢加热获得奥氏体的转变过程称为“奥氏体化”。加热时形成的奥氏体的化学成分、均匀化程度及晶粒大小直接影响冷却后钢的组织和性能。因此,弄清钢的加热转变过程,即奥氏体的形成过程是非常重要的。

(1) 奥氏体的形成过程

以共析钢为例说明奥氏体的形成过程。从珠光体向奥氏体转变的转变方程为

	α	+ Fe_3C	$\rightarrow$ γ
C%	0.0218	6.69	0.77
晶格类型	体心立方	复杂斜方	面心立方

可见,珠光体向奥氏体转变包括铁原子的点阵改组、碳原子的扩散和渗碳体的溶解。

实验证明珠光体向奥氏体转变包括奥氏体晶核的形成、晶核的长大、残余渗碳体溶解和奥氏体成分均匀化等四个阶段,图4-3是整个过程转变示意图。奥氏体晶核通常优先在铁素体和渗碳体的相界面上形成,此外,在珠光体团的边界,过冷度较大时在铁素体内的亚晶界上也都可以成为奥氏体的形核部位。形核后晶核向铁素体和渗碳体两侧逐渐长大。与渗碳体相比,奥氏体晶格形状、含碳量更接近铁素体,因此奥氏体晶核向铁素体长大速度大于向渗碳体侧长大速度。在珠光体向奥氏体转变过程中,铁素体和渗碳体并不是同时消失,而总是铁素体首先消失,将有一部分渗碳体残留下来。这部分渗碳体在铁素体消失后,随着保温时间的延长或温度的升高,通过碳原子的扩散不断溶入奥氏体中。一旦渗碳体全部溶入奥氏体中,这一阶段便告结束。珠光体转变为奥氏体时,在残留渗碳体刚刚完全溶入奥氏体的情况下,C在奥氏体中的分布是不均匀的。原来为渗碳体的区域碳含量较高,而原来是铁素体的区域,碳含量较低。这种碳浓度的不均匀性随加热速度增大而越加严重。因此,只有继续加热或保温,借助于C原子的扩散才能使整个奥氏体中碳的分布趋于均匀。

亚共析钢和过共析钢的奥氏体形成过程和共析钢基本相同。但亚共析钢加热到 A_{c1} 以上时,存在自由铁素体,这部分铁素体只有在加热到 A_{c3} 以上时才能全部转变为奥氏体。同样过共析钢加热到 A_{ccm} 以上时才能得到单一的奥氏体。

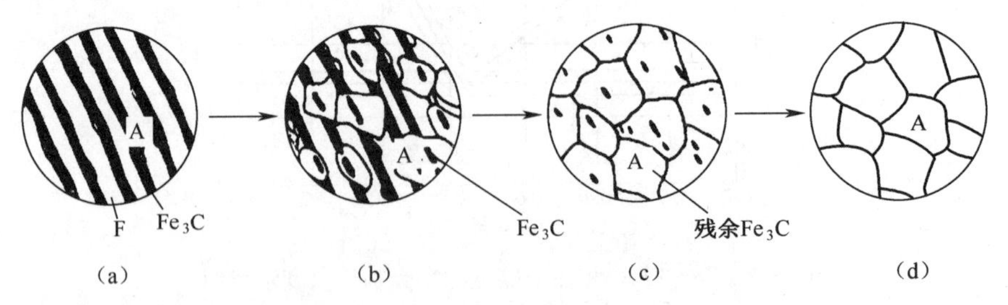

图4-3 珠光体向奥氏体转变的示意图

(a)A形核;(b)A长大;(c)残余 Fe_3C 溶解;(d)A均匀化。

(2) 影响奥氏体形成速度和晶粒大小的因素

加热温度、碳含量、原始组织、合金元素等都会影响到奥氏体形成速度。温度升高,奥

氏体形成速度加快。在各种影响因素中,温度的作用最为强烈,因此控制奥氏体的形成温度十分重要。钢中碳含量越高,奥氏体的形成速度越快。碳含量增加,原始组织中碳化物数量增多,增加了铁素体与渗碳体的相界面,增加了奥氏体的形核部位,同时碳的扩散距离相对减小。如果钢的化学成分相同,原始组织中碳化物的分散度越大相界面越多,形核率便越大;珠光体片间距离越小,奥氏体中碳浓度梯度越大,扩散速度便越快;碳化物分散度越大,使得碳原子扩散距离缩短,奥氏体晶体长大速度增加。合金元素通过对碳扩散速度、改变碳化物稳定性、临界点、原始组织的影响而影响到奥氏体的形成速度。

加热后奥氏体晶粒的大小影响冷却后钢的组织和性能,奥氏体的晶粒越细,冷却转变后的组织也越细,其强度、韧性和塑性越好。奥氏体晶体大小用晶粒度表示,按 GB/T 6394—2002 国家标准,结构钢的奥氏体晶粒度分为 8 级(图 4-4),1 级最粗,8 级最细,一般认为 1~4 级为粗晶粒,5~8 级为细晶粒。原始组织、加热的工艺条件和钢的化学成分均影响奥氏体晶粒的大小。原始珠光体组织越细,形成的奥氏体晶粒越小;提高加热温度或延长保温时间,奥氏体晶粒将不断长大;钢中除 Mn、P 等促进奥氏体晶粒长大之外的合金元素及未溶第二相均不同程度地阻碍奥氏体晶粒长大。

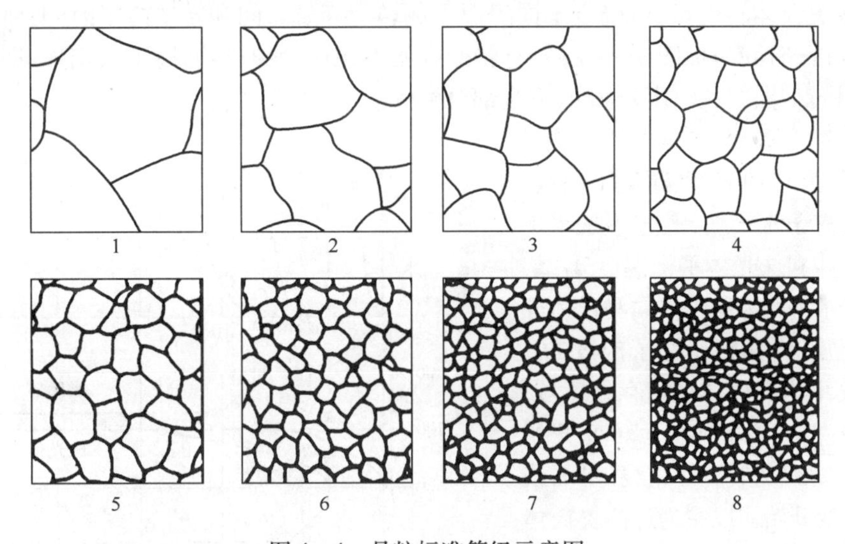

图 4-4　晶粒标准等级示意图

3) 钢在等温冷却时的转变

钢的热处理加热是为了获得均匀细小的奥氏体晶粒,但获得高温奥氏体组织不是最终的目的。钢从奥氏体状态的冷却过程是热处理的关键工艺,因为钢的性能最终取决于奥氏体冷却转变后的组织。因此研究不同冷却条件下钢中奥氏体组织转变规律,对于正确制定钢的热处理冷却工艺、获得预期的性能具有重要的实际意义。另外钢在铸造、锻造、焊接之后也要经历高温到室温的冷却过程,虽然不是一个热处理工序,但实质上也是一个冷却转变过程,正确控制这些过程,有助于减小或防止热加工缺陷。

加热后形成的奥氏体,冷却至 A_{r1} 以下时,并不立即转变成其他组织,这种存在于临界温度以下的奥氏体称为过冷奥氏体。过冷奥氏体是不稳定的,随时间的延长或温度的降低,将向其他组织转变。

过冷奥氏体的转变有等温转变和连续降温转变两种方式,如图 4-5 所示。等温转变是指过冷奥氏体在临界温度以下某一温度等温时发生的转变;连续降温转变是指过冷奥氏体在临界温度以下连续降温冷却过程中发生的转变。为了了解过冷奥氏体在冷却过程中的转变(又称为相变)规律,通常用过冷奥氏体等温转变曲线或连续冷却转变曲线来说明冷却条件和组织转变之间的关系。

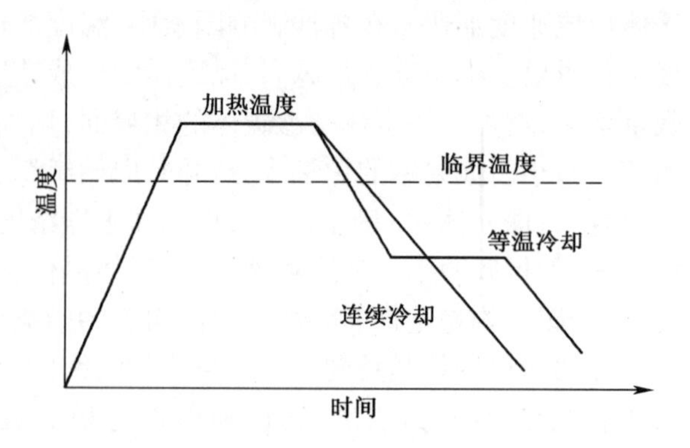

图4-5 过冷奥氏体的两种冷却方式

(1) 过冷奥氏体等温转变曲线(C曲线)

该曲线是描述过冷奥氏体转变组织与等温温度、等温时间之间的关系。可用金相法建立过冷奥氏体等温转变曲线(见图4-6的上半部分):将一系列共析碳钢薄片试样加热奥氏体化后,分别投入A_1以下不同温度的等温槽中等温不同时间;通过金相组织观察,测定过冷奥氏体转变量,以确定不同等温下的转变开始时间和转变终了时间;将所得结果标注在温度-时间坐标图中,并将所有转变开始点相连、所有转变终了点相连,即得过冷奥氏体等温转变曲线(见图4-6的下半部分)。

过冷奥氏体等温转变曲线呈"C"形,故又称为C曲线,也称TTT曲线。C曲线有三条水平线,上方一条水平线为奥氏体和珠光体平衡温度A_1线,下面两条水平线为奥氏体向马氏体开始转变温度M_s和转变终了温度M_f。在A_1线之上为奥氏体稳定存在区域。C曲线中左边一条曲线为转变开始线,右边一条线为转变终止线,在A_1线以下和转变开始线以左为过冷奥氏体区。由纵坐标到转变开始线之间的水平距离表示过冷奥氏体等温转变前所需的时间,称为孕育期。转变终止线右边的区域为转变产物区,两条曲线之间的区域为转变过渡区,即转变产物和过冷奥氏体共存区。转变产物以C曲线拐弯处(鼻尖)温度(约为550℃)为界,以上为珠光体类组织,以下是贝氏体类组织。M_s(230℃)与M_f(-50℃)之间的区域为马氏体转变区,转变产物为马氏体。

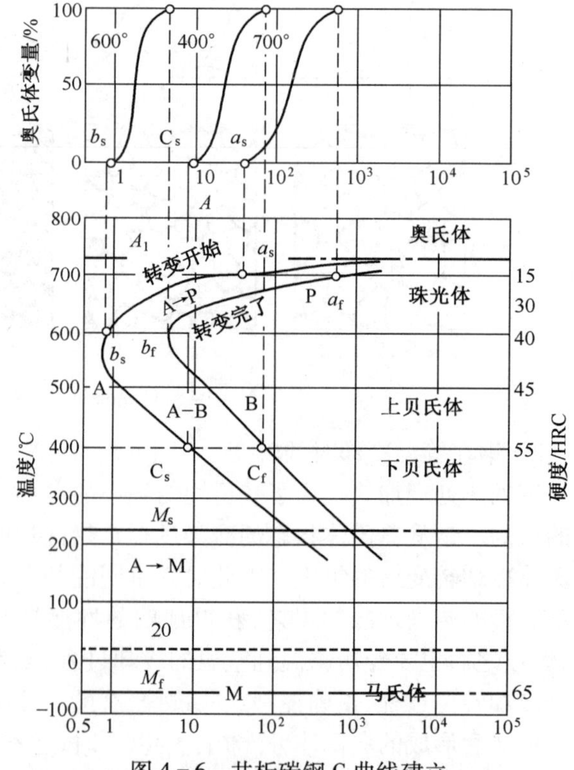

图4-6 共析碳钢C曲线建立方法示意图和转变产物

曲线形状表明,过冷奥氏体等温转变的孕育期随等温温度变化而变化,C曲线鼻尖处的孕育期最短，过冷奥氏体最不稳定，提高或降低等温温度都会使孕育期延长，过冷奥氏体稳定性增加。

(2) 过冷奥氏体等温转变形成的组织

根据转变温度和产物不同，共析钢 C 曲线自上而下可以分为三个区：A～550℃之间为珠光体转变区，550℃～M_s之间为贝氏体转变区，M_s～M_f之间为马氏体转变区。珠光体转变是在不大过冷度的高温阶段发生的，属于扩散型相变，马氏体转变是在很大过冷度的低温阶段发生的，属于非扩散型相变，贝氏体转变是中温区间的转变，属于半扩散型相变。

① 珠光体组织

过冷奥氏体在 A_1～550℃之间等温转变形成的产物。这一区域称为珠光体转变区，该区的三种典型组织如图 4－7 所示。

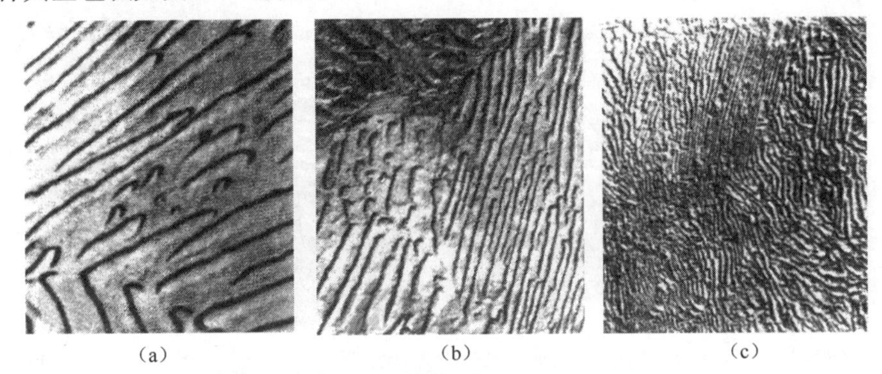

图 4－7 等温转变形成的珠光体组织(500×)

(a)珠光体；(b)索氏体；(c)托氏体。

等温转变时，渗碳体晶核先在过冷奥氏体晶界或缺陷密集区形成，然后由晶核周围的奥氏体供给碳原子而长大；同时渗碳体周围含碳量低的奥氏体转变为铁素体；但碳在铁素体中溶解度很低，这样铁素体长大时过剩的碳被挤到相邻的奥氏体中，使其含碳量升高，又为生成新的渗碳体晶核创造条件。如此反复进行，奥氏体就逐渐转变成渗碳体和铁素体片层相间的珠光体组织。随着转变温度的下降，渗碳体形核和长大加快，因此形成的珠光体变得越来越细。为区别起见，根据片层间距的大小，将珠光体类组织分为珠光体、索氏体、托氏体，其形成温度范围、组织和性能见表 4－1。表中数据表明，珠光体组织的层片间距越小，相界面越多，其塑性变形的抗力越大，强度、硬度越高；这是由于渗碳体片变薄，使其塑性和韧性有所改善。由上述分析可知，奥氏体向珠光体的转变是通过铁、碳原子的扩散和晶格的改组来实现的，是一种扩散型相变。

表 4－1 共析碳钢的三种珠光体型组织

	珠光体	索氏体 (细珠光体)	托氏体 (极细珠光体)
表示符号	P	S	T
形成温度范围	A_1～650℃	650～600℃	600～550℃
层片间距	约 0.3μm，层片可在普通金相显微镜(500×)下分辨	约 0.1～0.3μm，层片在高倍显微镜(1000×以上)下分辨	约 0.1μm，层片在电子显微镜(2000×)下才能分辨
硬度/HBS	170～230	230～320	330～400
R_m/MPa	约 1000	约 1200	约 1400

② 贝氏体(B)组织

过冷奥氏体在550℃～M_s之间等温转变形成的产物称为贝氏体。这一区域称为贝氏体转变区，如图4-6所示。

贝氏体是由铁素体与铁素体上分布的碳化物所构成的组织。奥氏体向贝氏体转变时，铁原子基本不扩散而碳原子只进行一定程度的扩散，因而又称为半扩散型转变。

在550～350℃范围内，铁素体晶核先在奥氏体晶界上碳含量较低的区域形成，然后向晶粒内沿一定方向成排长大成一束大致平行的含碳微过饱和的铁素体板条；此时碳仍具有一定的扩散能力，铁素体长大时碳能扩散到铁素体外围，并在板条的边界上分布着沿板条长轴方向排列的碳化物短棒或小片，形成羽毛状的组织，称为上贝氏体($B_上$)，见图4-8。

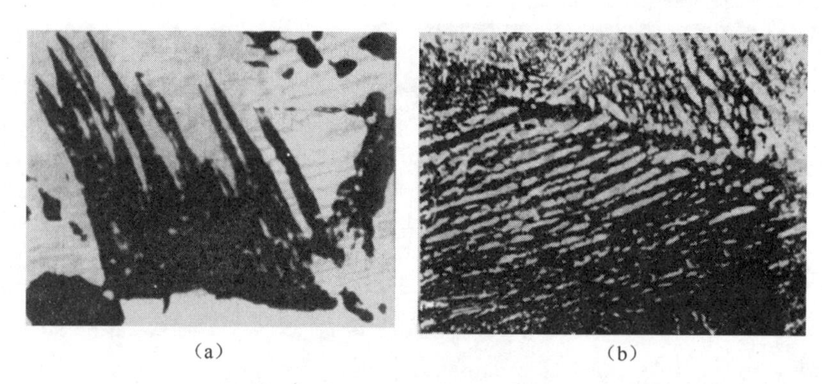

(a) (b)

图4-8 上贝氏体显微组织
(a)540×；(b)1300×。

在350℃～M_s范围内，铁素体晶核首先在奥氏体晶界或晶内某些缺陷较多的地方形成，然后沿奥氏体的一定晶向呈片状长大，因温度较低，碳原子的扩散能力更小，只能在铁素体内沿一定的晶面以细碳化物粒子的形式析出，并与铁素体叶片的长轴成55°～60°角，这种组织称为下贝氏体($B_下$)，在光学显微镜下呈暗黑色针片，见图4-9。

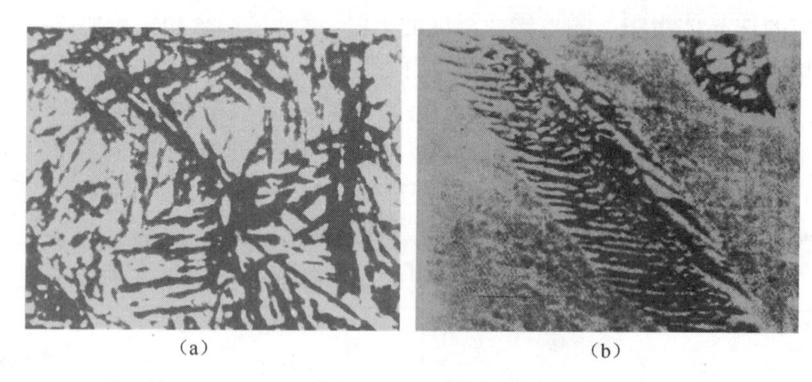

(a) (b)

图4-9 下贝氏体显微组织
(a)540×；(b)1300×。

贝氏体的力学性能完全取决于其显微结构和形态。上贝氏体的铁素体片较宽，塑性变形抗力较低，同时渗碳体分布在铁素体之间，容易引起脆断，基本上无工业应用价值。下贝氏体的铁素体片细小，碳的过饱和度大，位错密度高，且碳化物沉淀并弥散分布在铁素体内,因此硬度高、韧性好,具有较好的综合力学性能。共析钢下贝氏体硬度为45~55HRC,生产中常采用等温淬火的方法获得下贝氏体组织。

③ 马氏体组织

钢加热形成的奥氏体或过冷奥氏体快速冷却到 M_s 温度以下所转变的组织称为马氏体(M)。所对应的马氏体形成温度范围称为马氏体转变区。由于马氏体形成温度低,碳来不及扩散而全部保留在 α-Fe 中,因此,马氏体实质上是碳在 α-Fe 中形成的过饱和固溶体,晶体结构仍属体心结构,只是因碳的溶入使原 α-Fe 体心立方结构变成体心正方结构,即C轴伸长。马氏体转变属非扩散型转变。

M_s、M_f分别表示马氏体转变的开始温度和终了温度。共析钢成分的过冷奥氏体快速冷却至 M_s(230℃)则开始发生马氏体转变,直至 M_f(-50℃) 转变结束,如仅冷却到室温,将有一部分奥氏体未转变而被保留下来,将这部分残存下来的奥氏体称为残余奥氏体。马氏体转变量主要取决于 M_f。奥氏体含碳量越高,M_f点越低,转变后残余奥氏体量也就越多。

马氏体有板条状和片状两种显微组织形态,见图4-10、图4-11。这与钢的含碳量有关:含碳量小于0.2%时,马氏体呈板条状,见图4-10(a);含碳量大于1%时,马氏体呈片状或针状,见图4-11;含碳量介于0.2%~1.0%的马氏体,则是由板条状马氏体和片状马氏体混合组成,且随着奥氏体含碳量的增加,板条状马氏体数量不断减少,而片状马氏体逐渐增多。

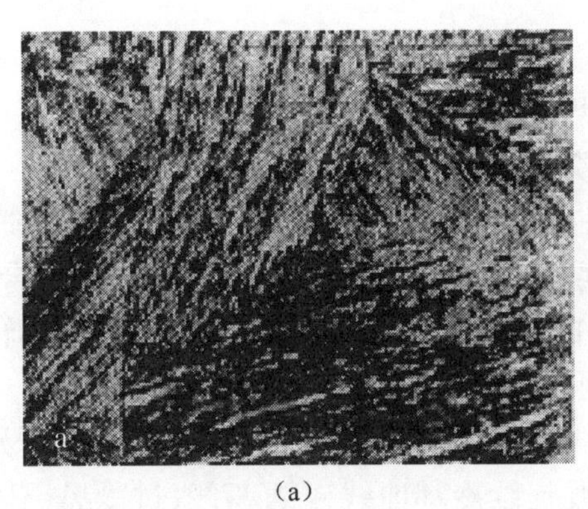
(a)

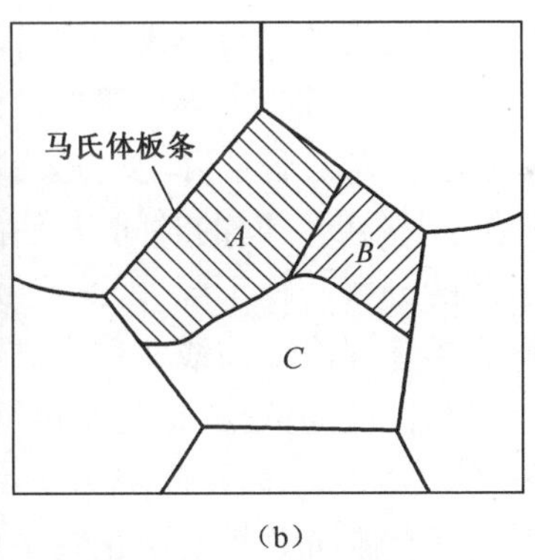

(b)

图4-10　板条状马氏体的组织形态

(a)板条状马氏体(0.2%C)组织(1000×);(b)板条状马氏体组织示意图。

板条状马氏体和片状马氏体的性能如表4-2所示。马氏体具有高硬度和高强度。马氏体的硬度主要取决于马氏体的含碳量,随着含碳量增加,马氏体的硬度也增加;当淬火钢中含碳量增加到一定量(≈0.6%)时硬度增加趋于平缓,这是由于奥氏体中含碳量增加,使淬火后残余奥氏体量增加所致。

马氏体的塑性和韧性均与含碳量有关。高碳马氏体晶格畸变较大,淬火应力也较大,且存在许多显微裂纹,所以塑性和韧性都很差。低碳板条状马氏体中碳的过饱和度较小,淬火内应力较低,一般不存在显微裂纹;同时板条状马氏体中的高密度位错分布不均匀,其中存在低密度区,为位错运动提供了活动余地;所以板条状马氏体具有较好的塑性和韧性。在生产上,常采用低碳钢淬火工艺获得性能优良的低碳马氏体,这样不仅降低了成

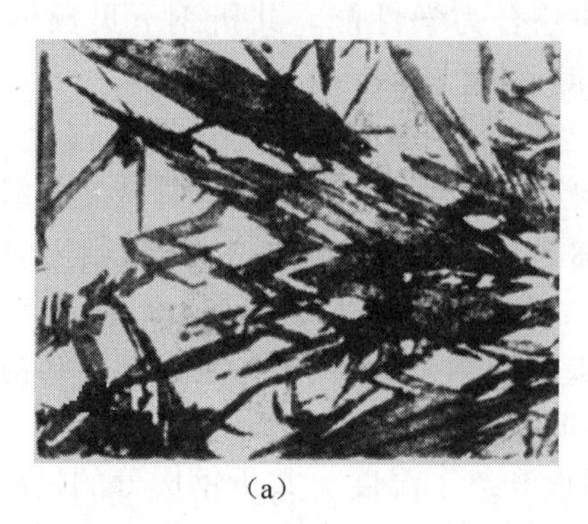
(a)

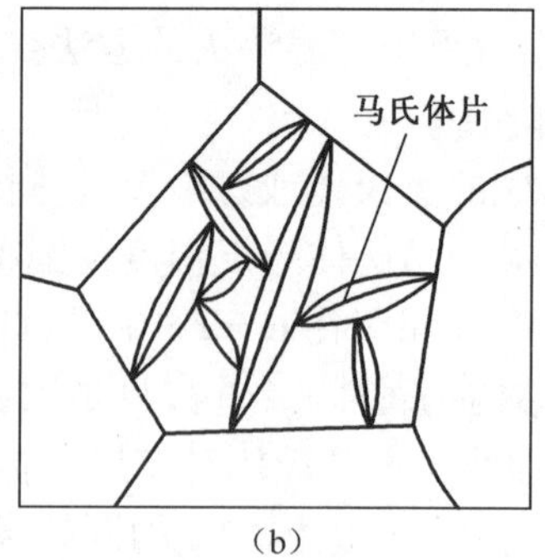

(b)

图4-11 片状马氏体的组织形态

(a)片状马氏体(1.0%C)组织(1500×);(b)片状马氏体组织示意图。

本,而且得到了良好的综合力学性能。

表4-2 两种马氏体的性能

马氏体类型	R_m/MPa	$R_{p0.2}$/MPa	硬度/HRC	A/%	a_k/(J·cm^{-2})
板条状马氏体(含碳量0.2%)	1500	1300	50	9	60
片状马氏体(含碳量0.1%)	2300	2000	66	1	10

4) 钢在连续冷却时的转变

等温转变曲线反映过冷奥氏体在等温条件下的转变规律,可以用于指导等温热处理工艺。但是钢的正火、退火、淬火等热处理以及钢在铸、锻、焊后的冷却都是从高温连续冷却到低温。连续冷却过程实际上是过冷奥氏体通过了由高温到低温的整个区间,冷却速度不同,到达各个温度区间的时间以及在各区间停留的时间也不同。由于过冷奥氏体在不同温度区间的分解产物不同,因此连续冷却转变得到的往往是不均匀的混合组织。

过冷奥氏体连续冷却曲线又称CCT曲线,是分析连续冷却过程中奥氏体转变过程及转变产物组织和性能的依据,也是制定钢的热处理工艺重要参考资料。图4-12中虚线是共析碳钢的CCT图。图中P_s线和P_f线分别表示过冷奥氏体向P转变的开始线和终了线。K线表示奥氏体向P转变中止线。凡连续冷却曲线碰到K线,过冷奥氏体就不再继续发生P转变,而一直保持到M_s温度以下,转变为马氏体。

连续冷却转变时,过冷奥氏体的转变过程和转变产物取决于冷却速度,与CCT曲线相切的冷却曲线V_k叫做淬火临界冷却速度,它表示钢在淬火时过冷奥氏体全部发生马氏体转变所需的最小冷却速度。

从图4-12可看出,共析钢的连续冷却转变曲线位于等温转变曲线右下方。这两种转变的不同处在于:在连续冷却转变曲线中,珠光体转变所需的孕育期要比相应过冷度下的等温转变略长,而且是在一定温度范围中发生的;共析碳钢和过共析碳钢连续冷却时一般不会得到贝氏体组织。

过冷奥氏体转变曲线是制定热处理工艺规范的重要依据之一。通过C曲线可以确定退火、正火及其他热处理工艺参数。如图4-12所示,图中冷却速度V_1、V_2、V_3分别相当于退火、正火、淬火的冷却速度。钢以V_1速度冷却到室温时转变为珠光体;以V_2冷却下

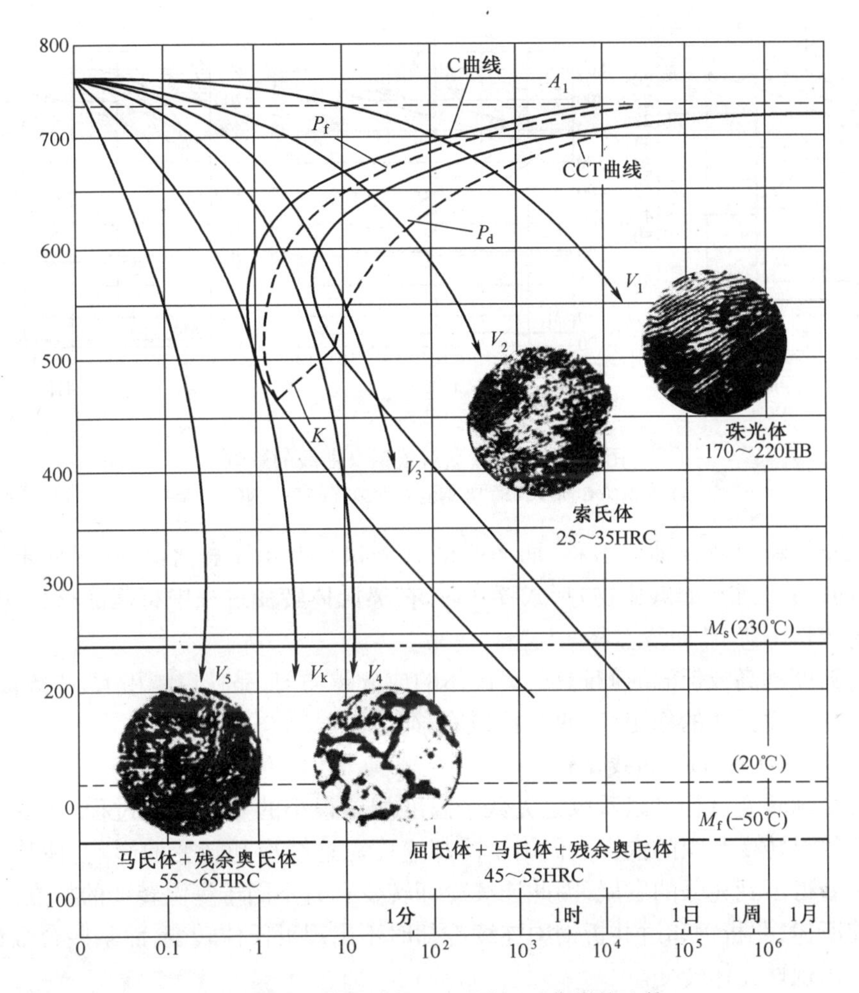

图 4－12　共析碳钢 CCT 图与 C 曲线的比较

来的组织是索氏体；以 V_3冷却下来的组织为托氏体，以 V_5速度冷却获得马氏体+残余奥氏体。

钢中碳含量、合金元素种类与含量以及加热工艺参数对过冷奥氏体转变有很大影响。

随奥氏体的含碳量增加，其过冷奥氏体稳定性增加，C 曲线的位置右移。应当指出，过共析钢正常淬火热处理的加热温度为 $A_{c1}+30\sim50$℃，所以，虽然过共析钢的含碳量较高，但奥氏体中的含碳量并不高，而未溶渗碳体量增多，可以作为珠光体转变的核心，促进奥氏体分解，因而 C 曲线左移。因此在正常热处理的加热条件下，对亚共析钢，含碳量增加将使 C 曲线右移；对过共析钢，含碳量增加将使 C 曲线左移；而共析钢的过冷奥氏体最稳定，C 曲线最靠右边，如图 4－13 所示。亚共析钢、过共析钢的 C 曲线和共析钢的 C 曲线比较，亚共析钢在奥氏体向珠光体转变之前，有先共析铁素体析出，C 曲线图上有一条先共析铁素体线（图 4－13(a)），而过共析钢存在一条二次渗碳体的析出线（图 4－13(c)）。

钢中合金元素对 C 曲线的影响极为显著。除 Co 和大于 2.5%的 Al 外，所有溶入奥氏体的合金元素均使 C 曲线右移，增加过冷奥氏体的稳定性。当铬、锰、钨、钒、钛等易与碳形成碳化物的元素含量较多时，还将改变 C 曲线的形状。而硅、镍、铜等不与碳形成碳

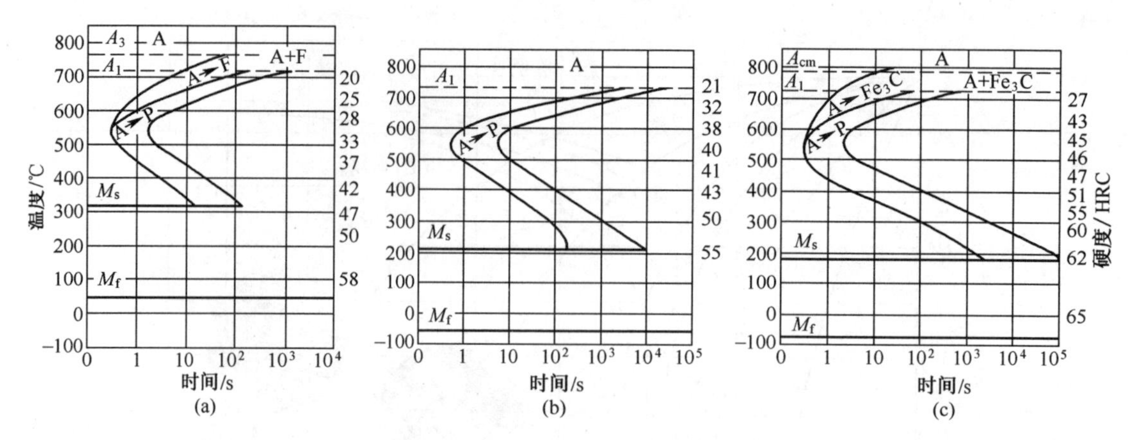

图 4-13 含碳量对碳钢 C 曲线的影响

(a)45 钢的 C 曲线;(b)T8 钢的 C 曲线;(c)T12 钢的 C 曲线。

化物的元素和锰只使 C 曲线右移,而不改变其形状。但要注意,合金元素如未完全溶入奥氏体,而以化合物(如碳化物)形式存在时,在奥氏体转变过程中将起晶核作用,使过冷奥氏体稳定性下降,C 曲线左移。

加热温度越高或保温时间越长,奥氏体的成分越均匀,晶粒也越粗大,晶界面积越小。这有利于提高奥氏体的稳定性,使 C 曲线右移。

5) CCT 曲线和 TTT 曲线比较

连续冷却转变过程可以看成是无数个温度相差很小的等温转变过程,转变产物是不同温度下等温转变组织的混合。但由于冷却速度对连续冷却转变的影响,使某一温度范围内的转变得不到充分的发展,因此连续冷却转变有着不同于等温转变的特点。

如前所述,共析钢和过共析钢中连续冷却时不出现贝氏体转变,而某些合金钢中连续冷却时不出现珠光体转变。

CCT 曲线中珠光体开始转变线和终了线均在 TTT 曲线的右下方,如图 4-12 所示,在合金钢中也是如此。说明和等温转变相比,连续冷却转变转变温度低,孕育期长。

3. 钢的普通热处理工艺

根据热处理在零件整个生产工艺过程中位置和作用不同,热处理可分为预备热处理和最终热处理。预备热处理主要改善工艺性能,而最终热处理获得所需的使用性能。

在机械零件加工工艺过程中,退火和正火是一种先行工艺,具有承上启下的作用。大部分零件及工、模具的毛坯经退火或正火后,可以消除铸件、锻件及焊接件的内应力及成分、组织的不均匀性,而且能够调整和改善钢的机械性能和工艺性能,为下道工序作组织性能准备。对一些受力不大、性能要求不高的机械零件,退火和正火可以作为最终热处理。对于铸件,退火和正火通常就是最终热处理。

钢的淬火和回火是热处理工艺中最重要、也是用途最广泛的工艺。淬火可以显著提高钢的强度和硬度。为了消除淬火钢的残余内应力,得到不同强度、硬度和韧性配合的性能,需要配以不同温度的回火。所以淬火和回火是不可分割、紧密衔接在一起的两种热处理工艺。淬火、回火是零件及工、模具的最终热处理,是赋予钢件最终性能的关键性工序,也是钢件热处理强化的重要手段之一。

退火与正火的冷却速度较慢，对钢的强化作用较小，除少数性能要求不高的零件外，一般不作为获得最终使用性能的热处理，而是用于改善其工艺性能，故称为预备热处理。退火与正火可消除残余内应力、防止工件变形、开裂，改善组织、细化晶粒，调整硬度、改善切削性能。它们主要用于各种铸、锻件、热轧型材及焊接构件。

1）退火

退火是将钢加热至适当温度，保温一定时间，然后缓慢冷却的热处理工艺。主要目的是均匀钢的化学成分与组织，细化晶粒，调整硬度，消除内应力和加工硬化，改善钢的成形及切削加工性能，并为淬火做好组织准备。根据目的和要求不同，工业上退火可以分为完全退火、等温退火、球化退火、去应力退火和均匀化退火。

完全退火：是将亚共析钢加热至 A_{c3} 以上 30~50℃，经保温后随炉冷却，以获得接近平衡组织的热处理工艺。

等温退火：是将钢加热至 A_{c3} 以上 30~50℃，保温后较快地冷却到 A_{r1} 以下某一温度等温，使奥氏体在恒温下转变成铁素体和珠光体，然后出炉空冷的热处理工艺。由于转变在恒温下进行，所以组织均匀，而且可大大缩短退火时间。

球化退火：是将过共析钢加热至 A_{c1} 以上 20~40℃，保温适当时间后缓慢冷却，以获得球状珠光体组织（铁素体基体上均匀分布着球粒状渗碳体）的热处理工艺。经热轧、锻造空冷后的过共析钢组织为片层状珠光体+网状二次渗碳体，其硬度高，塑性、韧性差，脆性大，不仅切削性能差，而且淬火时易产生变形和开裂。因此，必须进行球化退火，使网状二次渗碳体和珠光体中的片状渗碳体球化，降低硬度，改善切削性能。共析钢以及接近共析成分的亚共析钢也常采用球化退火。

去应力退火：是将工件加热至 A_{c1} 以下 100~200℃，保温后缓冷的热处理工艺。其目的主要是消除构件中的残余内应力。图 4－14（a）、（b）表明了不同含碳量的碳钢的退火工艺。

均匀化退火：是将钢加热到略低于固相线温度（A_{c3} 或 A_{ccm} 以上 150~300℃），长时间保温（10~15h），然后随炉冷却，以使钢的化学成分和组织均匀化。均匀化退火能耗高，易使晶粒粗大。为细化晶粒，均匀化退火后应进行完全退火或正火。这种工艺主要用于质量要求高的合金钢铸锭、铸件或锻坯。在钢铁厂对铸锭一般不单独进行均匀化退火，而是将它与开坯轧制前的加热相结合。措施是提高铸锭的均热温度，加长保温时间，在达到均匀化效果后立即进行热加工。

2）正火

正火又称常化，是将工件加热至 A_{c3} 或 A_{ccm} 以上 30~50℃，保温一段时间后，从炉中取出在空气中或喷水、喷雾或吹风冷却的金属热处理工艺。其目的是在于使晶粒细化和碳化物分布均匀化。

正火与退火的主要区别是正火的冷却速度稍快，因而正火组织要比退火组织更细一些，其机械性能也有所提高。另外，正火是在炉外冷却，不占用设备，生产率较高，因此生产中尽可能采用正火来代替退火。

正火的主要应用范围有：①用于低碳钢，正火后硬度略高于退火，韧性也较好，可作为切削加工的预处理。②用于中碳钢，可代替调质处理作为最后热处理，也可作为用感应加热方法进行表面淬火前的预备处理。③用于工具钢、轴承钢、渗碳钢等，可以消降或抑制网状碳化物的形成,从而得到球化退火所需的良好组织。④用于铸钢件,可以细化铸态组织,改善切削加工性能。⑤用于大型锻件,可作为最后热处理,从而避免淬火时较大的开裂倾向。⑥用于球墨铸铁,使硬度、强度、耐磨性得到提高,如用于制造汽车、拖拉机、柴油机的曲轴、连杆等重要零件。⑦过共析钢球化退火前进行一次正火,可消除网状二次渗碳体,以保证球化退火时渗碳体全部球粒化。

正火后的组织:亚共析钢为 F+S,共析钢为 S,过共析钢为 S+二次渗碳体,且为不连续。

图 4-14(a)、(b)表明了各种碳钢的正火工艺规范。

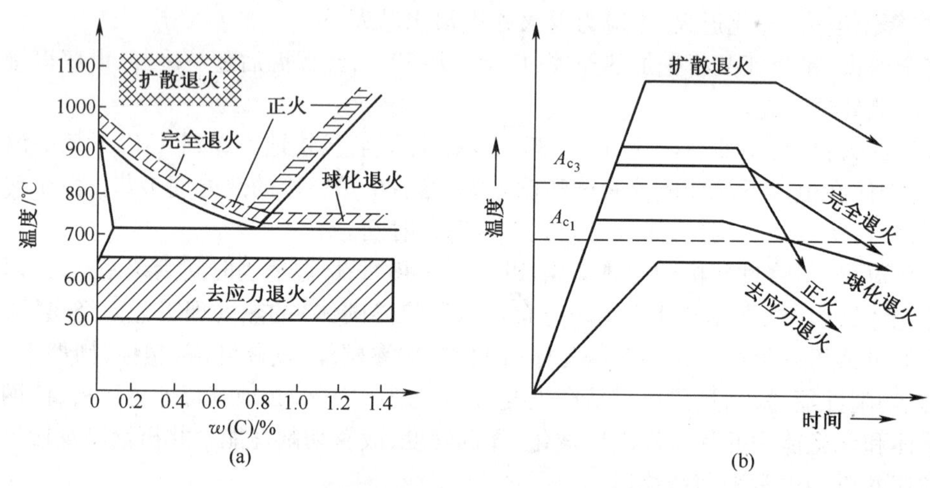

图 4-14 各种碳钢的退火与正火工艺规范示意图
(a)加热温度范围;(b)工艺曲线。

3) 淬火

钢的淬火是将钢加热到临界温度 A_{c3}(亚共析钢)或 A_{c1}(过共析钢)以上某一温度,保温一段时间,使之全部或部分奥氏体化,然后以大于临界冷却速度的冷速快冷到 M_s 以下(或 M_s 附近等温)进行马氏体(或贝氏体)转变的热处理工艺。通常也将铝合金、铜合金、钛合金、钢化玻璃等材料的固溶处理或带有快速冷却过程的热处理工艺称为淬火。

(1) 淬火加热条件

淬火加热温度:碳钢的淬火加热温度可根据铁碳相图确定,见图 4-2。亚共析钢的淬火加热温度为 A_{c3}+(30~50)℃,淬火后组织为细小、均匀的马氏体;温度过高,则马氏体组织粗大,使钢的力学性能尤其是塑、韧性下降;加热温度低于 A_{c3},则淬火组织中将出现一部分铁素体,使淬火钢的硬度下降。过共析钢的淬火加热温度为 A_{c1}+(30~50)℃,淬火后组织为细小、均匀的马氏体+未溶粒状渗碳体;未溶粒状渗碳体的存在,有利于提高淬火钢的耐磨性;如加热温度高于 A_{ccm},不仅使淬火后的马氏体粗大,而且淬火组织中残余奥氏体量大大增加,反而导致钢的硬度、强度以及塑性、韧性下降。

加热保温时间:淬火保温时间由设备加热方式、零件尺寸、钢的成分、装炉量和设备功率等多种因素确定。对整体淬火而言,保温的目的是使工件内部温度均匀趋于一致。对各类淬火,其保温时间最终取决于在要求淬火的区域获得良好的淬火加热组织。一般由经验公式或者试验来确定。

(2) 淬火冷却介质

为了得到马氏体组织,冷却速度必须大于淬火临界冷却速度 V_k,但快冷又会产生很大的内应力,引起工件变形与开裂。因此,理想的淬火冷却介质应在 C 曲线鼻部附近快速冷却,而在淬火温度到 650℃之间以及 M_s 点以下以较慢的速度冷却。实际生产中,通过调整介质成分,某些淬火介质与理想淬火冷却介质的要求相近。

常用的淬火介质有水、水溶液、矿物油、熔盐、熔碱等。

水是冷却能力较强的淬火介质。来源广、价格低、成分稳定不易变质。缺点是在 C 曲线的"鼻子"区(500~600℃),水处于蒸汽膜阶段,冷却不够快,会形成"软点";而在马氏体转变温度区(300~100℃),水处于沸腾阶段,冷却太快,易使马氏体转变速度过快而产生很大的内应力,致使工件变形甚至开裂。当水温升高,水中含有较多气体或水中混入不溶杂质(如油、肥皂、泥浆等),均会显著降低其冷却能力。因此水适用于截面尺寸不大、形状简单的碳素钢工件的淬火冷却。

盐水和碱水是在水中加入适量的食盐和碱,使高温工件浸入该冷却介质后,在蒸汽膜阶段析出盐和碱的晶体并立即爆裂,将蒸汽膜破坏,工件表面的氧化皮也被炸碎,这样可以提高介质在高温区的冷却能力。其缺点是介质的腐蚀性大。一般情况下,盐水的浓度为 10%,苛性钠水溶液的浓度为 10%~15%。可用作碳钢及低合金结构钢工件的淬火介质,使用温度不应超过 60℃,淬火后应及时清洗并进行防锈处理。盐浴和碱浴淬火介质一般用在分级淬火和等温淬火中。

油冷却介质一般采用矿物质油(矿物油),如机油、变压器油和柴油等。优点是在 300~200℃范围内冷却能力低,有利于减小开裂和变形,缺点是 650~550℃范围内冷却能力远低于水,因此不适用于碳钢,通常只用作合金钢的淬火介质。

(3) 淬火方法

为保证淬火时既能得到马氏体组织又能减小变形,避免开裂,一方面可选用合适的淬火介质,另一方面可通过采用不同的淬火方法加以解决。工业上常用的淬火方法有以下几种。

单液淬火:是将奥氏体化的钢件仅在水或油等一种介质中连续冷却,见图 4-15 中曲线 1。这种淬火方法操作简单,易于实现机械化、自动化,但受水和油冷却特性的限制。

双液淬火:是奥氏体化的钢件先放入一种冷却能力强的介质中,冷却至稍高于马氏体转变温度时取出立即放入另一种冷却能力较弱的介质中冷却,见图 4-15 中曲线 2。工业上常用的双液淬火是水淬油冷。其关键是掌握好工件在水中的停留时间。

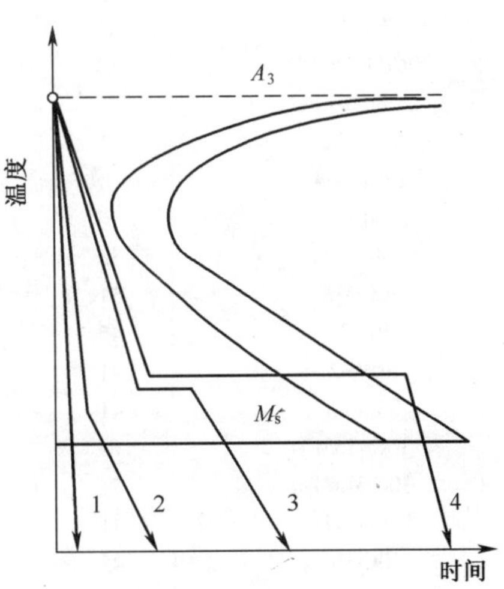

图 4-15　不同淬火方法示意图
1—单液淬火;2—双液淬火;
3—马氏体分级淬火;4—贝氏体等温淬火。

分级淬火:是奥氏体化的钢件迅速放入温度稍高于 M_s 点的恒温盐浴或碱浴中,保温一定时间,待钢件表面与心部温度均匀一致后取出空冷,以获得马氏体组织的淬火工艺,见图 4-15

中曲线3。这种淬火方法能有效地减小变形和开裂倾向,但由于盐浴或碱浴的冷却能力较弱,故只适用于尺寸较小、淬透性较好的工件。例如手用丝锥,材料为T12钢,水淬时常在端部产生纵向裂纹,在刀槽处有弧形裂纹。分级淬火时,不再发生开裂,攻丝切削性能较水淬更好,寿命提高,避免了小丝锥在使用中折断。

等温淬火:钢件加热保温后,迅速放入温度稍高于 M_s 点的盐浴或碱浴中,保温足够时间,使奥氏体转变成下贝氏体后取出空冷,见图4-15中曲线4。等温淬火可大大降低钢件的内应力,下贝氏体又具有较高的强度、硬度和塑、韧性,综合性能优于马氏体。适用于尺寸较小、形状复杂,要求变形小,且强、韧性要求都较高的工件,如弹簧、工模具等。等温淬火后一般不必回火。

(4) 淬透性与淬硬性

淬透性表示钢在一定条件下淬火时获得淬透层深度的能力,是钢接受淬火的能力。其大小用淬透层深度(钢的表面至内部马氏体组织占50%处的距离)表示。淬硬层越深,淬透性就越好。如果淬硬层深度达到心部,则表明该工件全部淬透。

所有钢的淬透性都是用规定的方法测定。淬透性是钢材料本身固有的属性,主要取决于钢的临界冷却速度 V_k,临界冷却速度越小,过冷奥氏体越稳定,钢的淬透性也就越大。淬透性与工艺因素如淬火钢件的尺寸大小、冷却介质种类等无关,但工艺因素对淬硬层深度大小有影响。常用钢的临界淬透直径大小见表4-3。

表4-3 部分常用钢的临界淬透直径数据(mm)

钢号	$D_{0水}$ (20℃)	$D_{0油}$ (矿物油)	钢号	$D_{0水}$ (20℃)	$D_{0油}$ (矿物油)
20Mn2	26	12	40CrMnB	84	60
20Mn2B	51	36	40CrMnMoVB	—	94
20MnTiB	38	21	40CrNi	80	58
20MnVB	61	43	40CrNiMo	87	66
20Cr	26	12	65	43	26
20CrMnB	66	45	65Mn	45	27
20CrMoB	51	36	55Si2Mn	32	16
20CrNi	41	25	50CrV	61	43
20CrMnMOVB	68	48	50CrMn	66	45
20SiMnVB	75	54	50CrMnV	—	84
12CrNi3		78	T9	26	12
12Cr2Ni4		84	GCr9	32	20
45	16	8	GCr9SiMn	58	39
40Cr	36	20	GCr15	41	25
40CrMn	51	36	GCr15SiMn	71	51
40CrV	45	27	9Mn2V	57	38
40Mn2	41	25	5SiMnMoV	31	15
35SiMn	41	25	5Si2MnMoV	81	59
30CrMnSi	61	43	9SiCr	51	36
30CrMnTi	51	36	Cr2	51	36
18CrMnTi	41	25	CrMn	31	15
30CrMo	45	27	CrW	28	17
40Cr2MoV	61	43	9CrV	35	18
40MnB	61	43	9CrWMn	—	80
40MoVB	71	51	CrWMn	57	38

含碳量、合金元素种类与含量是影响淬透性的主要因素。除 Co 和大于 2.5%的 Al 以外,大多数合金元素如 Mn、Mo、Cr、Si、Ni 等溶入奥氏体都使 C 曲线右移,降低临界冷却速度,因而使钢的淬透性显著提高。此外,提高奥氏体化温度,将使奥氏体晶粒长大,成分均匀,奥氏体稳定,使钢的临界冷却速度减小,改善钢的淬透性。在实际生产中,工件淬火后的淬硬层深度除取决于淬透性外,还与零件尺寸及冷却介质有关。

淬硬性是指钢在淬火时的硬化能力,用淬成马氏体可能得到的最高硬度表示。主要取决于马氏体中的含碳量,碳含量越高,则钢的淬硬性越高。其他合金元素的影响比较小。

(5) 钢的淬火缺陷

淬火畸变与淬火裂纹是由内应力引起的。淬火畸变是不可避免的现象,只有超过规定公差或产生无法矫正时才构成废品。通过适当选择材料,改进结构设计,合理选择淬火、回火方法及规范等可有效减小与控制淬火畸变,可采用冷热效直、热点校直和加热回火等加以修正。裂纹是不可补救的淬火缺陷,只有采取积极的预防措施,如减小和控制淬火应力方向分布,同时控制原材料质量和正确的结构设计等。

零件加热过程中,若不进行表面防护,将发生氧化脱碳等缺陷,其后果是表面淬硬性降低,达不到技术要求,或在零件表面形成网状裂纹,并严重降低零件外观质量,加大零件粗糙度,甚至超差,所以精加工零件淬火加热需要在保护气氛下或盐浴炉内进行,小批量可采用防氧化表面涂层加以防护。过热导致淬火后形成粗大的马氏体组织将导致淬火裂纹形成或严重降低淬火件的冲击韧度,极易发生沿晶断裂,应当正确选择淬火加热温度,适当缩短保温时间,并严格控制炉温加以防止,出现的过热组织如有足够的加工余地余量可以重新退火,细化晶粒再次淬火返修。过烧常发生在淬火高速钢中,其特点是产生了鱼骨状共晶莱氏体,过烧后使淬火钢严重脆性形成废品。

淬火回火后硬度不足一般是由于淬火加热不足,表面脱碳,在高碳合金钢中淬火残余奥氏体过多,或回火不足造成的,在含 CR 轴承钢油淬时还经常发现表面淬火后硬度低于内层现象,这是逆淬现象,主要由于零件在淬火冷却时如果淬入了蒸汽膜期较长、特征温度低的油中,由于表面受蒸汽膜的保护,孕化期比中心长,从而比心部更容易出现逆淬现象。

淬火零件出现的硬度不均匀叫软点,与硬度不足的主要区别是在零件表面上硬度有明显的忽高忽低现象,这种缺陷是由于原始组织过于粗大不均匀(如有严重的组织偏析,存在大块状碳化物或大块自由铁素体),淬火介质被污染,零件表面有氧化皮或零件在淬火液中未能适当地运动,致使局部地区形成蒸汽膜阻碍了冷却等因素,通过晶相分析并研究工艺执行情况,可以进一步判明究竟是什么原因造成废品。

对淬火工艺要求严格的零件,不仅要求淬火后满足硬度要求,还往往要求淬火组织符合规定等级,如对淬火马氏体组织、残余奥氏体数量、未溶铁素数量、碳化物的分布及形态等所做的规定,当超过了这些规定时,尽管硬度检查通过,组织检查仍不合格,常见的组织缺陷如粗大淬火马氏体(过热)渗碳钢及工具钢淬火后的网状碳化物,及大块碳化物,调质钢中的大块自由铁素体(有组织遗传性的粗大马氏体)及工具钢淬火后残余奥氏体过多等。

4) 回火

将淬火后的钢件加热至 A_1 以下某一温度,保温一定时间,然后冷至室温的热处理工艺称为回火。钢件淬火后必须进行回火,其主要目的是:降低或消除淬火应力,减小变形,防止开裂;通过采用不同温度的回火来调整硬度,减小脆性,获得所需的塑性和韧性;使淬火组织稳定化,避免工件在使用过程中发生尺寸和形状的改变。

(1) 回火时的组织转变

随回火温度的升高,淬火钢的组织发生以下几个阶段的变化:在100~200℃回火时,马氏体开始分解;马氏体中的碳以ε碳化物($Fe_{2.4}C$)的形式析出,使过饱和程度略有减小,这种组织称为回火马氏体;因碳化物极细小,且与母体保持共格,故硬度下降不明显。残余奥氏体的转变在200~300℃回火时,马氏体继续分解,同时残余奥氏体转变成下贝氏体;此阶段的组织大部分仍然是回火马氏体,硬度有所下降。回火托氏体的形成在300~400℃回火时,马氏体分解结束,过饱和固溶体转变为铁素体;同时非稳定的ε碳化物也逐渐转变为稳定的渗碳体,从而形成以铁素体为基体、其上分布着细颗粒状渗碳体的混合物,这种组织称为回火托氏体,此阶段硬度继续下降。回火温度在400℃以上时,渗碳体逐渐聚集长大,形成较大的粒状渗碳体,这种组织称为回火索氏体,与回火托氏体相比,其渗碳体颗粒较粗大。随回火温度进一步升高,渗碳体迅速粗化,而且铁素体开始发生再结晶,变成等轴多边形。图4-16为淬火钢的微结构及其内应力随回火温度的变化曲线。

(2) 回火工艺种类及应用

按回火温度范围将回火分为低温回火、中温回火及高温回火。

低温回火(100~250℃):回火后的组织为回火马氏体,基本上保持了淬火后的高硬度(一般为58~64HRC)和高耐磨性,主要目的是为了降低淬火应力。一般用于有耐磨性要求的零件,如刃具、工模具、滚动轴承、渗碳零件等。

中温回火(250~500℃):回火后的组织为回火托氏体,其硬度一般为35~45HRC,具有较高的弹性极限和屈服点。因而主要用于有较高弹性、韧性要求的零件,如各种弹性元件。

高温回火(500~650℃):回火后的组织为回火索氏体,这种组织既有较高的强度,又具有一定的塑性、韧性,其综合力学性能优良。工业上通常将淬火与高温回火相结合的热处理称为调质处理,它广泛应用于各种重要的构件,如连杆、齿轮、螺栓及轴类等。硬度一般为25~35HRC。

图4-17为淬火后的碳钢硬度与回火温度之间的关系曲线。

(3) 回火脆性

正常情况下,淬火钢件随回火温度的升高,硬度、强度逐渐下降,而塑性、韧性不断提高,其实并非如此,而是在300℃左右和400~550℃两个温度范围内回火时,冲击韧性会显著下降,这种现象称为回火脆性,如图4-18所示。前者称为低温回火脆性或第一类回火脆性,后者称为高温回火脆性或第二类回火脆性。

低温回火脆性是由于从马氏体中析出薄片状碳化物引起的。无论碳钢还是合金钢在这一温度区间回火,都会产生这类脆性,且无法消除。为避免低温回火脆性的产生,一般不在此温度范围回火。

高温回火脆性通常是由回火冷却时的冷速较慢而引起,它主要出现在含Cr、Ni、Mn等元素的合金钢中。当出现高温回火脆性时,可重新加热至600℃以上,保温后以较快速度冷却,就能予以消除,故又称可逆回火脆性。在合金钢中加入适量的W、Mo能有效地防止高温回火脆性。

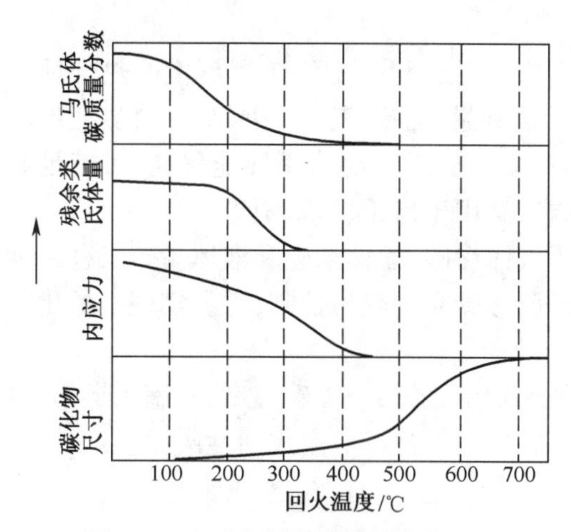

图 4－16　回火温度对钢的淬火组织和内应力的影响

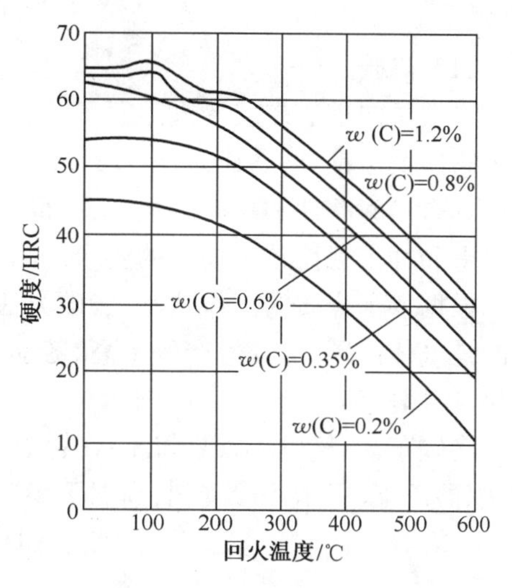

图 4－17　淬火碳钢的硬度与回火温度的关系

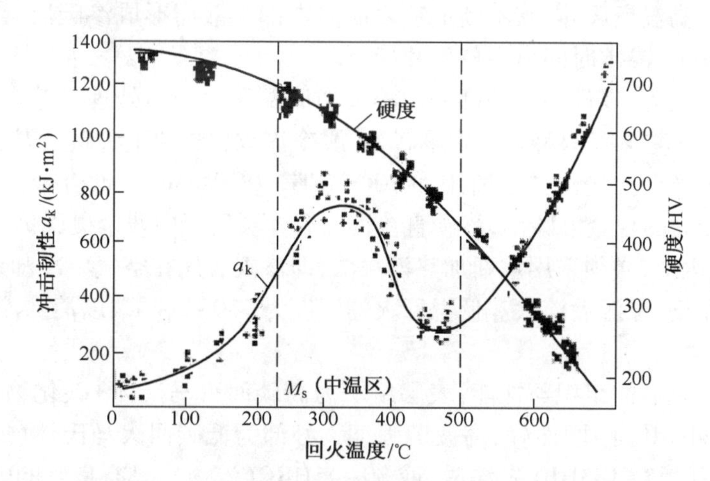

图 4－18　钢的韧性与硬度随回火温度的变化示意图

4. 钢的表面热处理

齿轮、轴类等零件在交变应力以及冲击载荷作用下工作,其表面承受的应力比心部高得多;这些零件表面相互接触并做相对运动,因而还不断地承受摩擦,因此要求这些零件表面具有高的强度、硬度、耐磨性和疲劳极限,而心部又要具有足够的塑性和韧性。表面热处理可赋予零件这样的性能,是强化零件表面的重要方法。生产中常用的是表面化学热处理和表面淬火热处理。

1）钢的化学热处理

化学热处理是将工件置于一定活性介质中加热、保温,使一种或几种元素渗入工件表层,以改变表面化学成分、组织和性能的热处理。它包括三个基本过程:分解(化学介质分解出需要的活性原子)、吸收(活性原子进入工件表面)和扩散(表层活性原子向内表层扩散形成一定厚度的扩散层)。根据渗入元素的不同,化学热处理有渗碳、渗氮、碳氮共渗、渗硼、渗铝、渗铬等,它能有效改善钢件表面的耐磨性、耐蚀性、抗氧化性,提高疲劳强度。

(1) 渗碳

渗碳是向钢的表层渗入碳原子,增加表层含碳量并获得一定渗碳层深度的热处理工艺。它使低碳钢件(含碳量小于0.3%)表面获得高碳量(含碳量为1.0%左右),热处理后表层具有高耐磨性和高疲劳强度,心部具有良好的塑韧性,综合力学性能优良,可满足磨损严重和冲击载荷较大场合的要求。因此,渗碳广泛用于齿轮、活塞销等。

根据渗碳介质的工作状态,渗碳方法可分为气体渗碳、固体渗碳和液体渗碳三种。常用的是气体渗碳法,其生产效率高,劳动条件较好,渗碳质量容易控制,并易实现机械化自动化,应用极为广泛。

渗碳工艺:气体渗碳是将工件装入密封的加热炉中,加热至渗碳温度,并滴入煤油、丙酮、醋酸乙酯、甲苯等渗碳剂,高温下渗碳剂裂解并通过下列反应生成活性碳原子:

$$CO \rightarrow CO_2 + [C]$$

$$CH_4 \rightarrow 2H_2 + [C]$$

$$CO + H_2 \rightarrow H_2O + [C]$$

活性碳原子溶入高温奥氏体中,不断地从表面向内部扩散而形成渗碳层。钢的渗碳温度一般在900~950℃,渗碳时间由零件尺寸确定。

渗碳后的热处理:零件渗碳后都采用淬火加低温回火的热处理工艺。根据所用钢材的不同,淬火方法主要有两种。一种称直接预冷淬火,即零件渗碳后从渗碳温度降至820~850℃直接淬火。这种方法适用如20CrMnTi、20CrMnMo等低合金渗碳钢。对于一些Ni、Cr含量较高的合金渗碳钢,渗碳直接淬火后渗层组织中残余奥氏体及马氏体较粗,影响使用性能,因此,必须采用重新加热淬火法,即渗碳后先在空气中冷却,然后重新加热至略高于临界温度,保温后淬火。低温回火的温度为150~200℃,以消除淬火应力和提高韧性。

渗碳并热处理后的组织与性能:表层组织为高碳回火马氏体+碳化物+残余奥氏体;其硬度达58~64HRC,耐磨性好,高疲劳强度。心部为低碳回火马氏体(或含铁素体、屈氏体),其硬度为137~183HB(未淬透)或30~45HRC(淬透),具有良好的塑韧性。

(2) 渗氮

渗氮是将工件加热至A_{c1}以下某一温度(一般为500~570℃),使活性氮原子渗入工件表层,获得氮化层的工艺。氮化层坚硬且稳定,硬度非常高,可达800~1200HV(相当于62~75HRC),耐磨性极好;而且氮化温度低,零件变形很小。因而,渗氮工艺广泛用于要求耐磨且变形小的零件,如精密齿轮,精密机床主轴等。

气体渗氮:将工件置于井式炉中加热至550~570℃,并通入氨气,氨气受热分解生成活性氮原子,渗入工件表面。渗氮保温时间一般为20~50h,氮化层厚度0.2~0.6mm。

离子氮化:将工件置于离子氮化炉内,抽真空到1.33Pa后通入氨气,炉压升至70Pa时接通电源,在阴极(工件)和阳极间施加400~700V的直流电压时,炉内气体放电,使电离后的氮离子高速轰击工件表面,并渗入工件表层形成氮化层。其优点是氮化时间短,仅为气体氮化的1/3左右,且渗层质量好。

渗氮前的热处理:工件渗氮后,表面即具有很高的硬度及耐磨性,不必再进行热处理。

但由于渗氮层很薄，且较脆，因此要求心部具有良好的综合力学性能，为此渗氮前应进行调质处理，以获得回火索氏体组织。

渗氮用钢：为了有利于渗氮过程中在工件表面形成颗粒细小、分布均匀、硬度极高且非常稳定的氮化物，氮化用钢通常是含有 Al、Cr、Mo 等元素的合金钢，最典型的氮化钢是 38CrMoAl，氮化硬度可达 1000HV 以上。

2）表面淬火热处理

表面淬火就是通过快速加热使钢件表层迅速达到淬火温度，不等热量传至内部就立即淬火冷却，从而使表面层获得马氏体组织，心部仍为原始组织的热处理工艺。表面淬火后零件表面具有较高的硬度和耐磨性，而心部仍具有一定的塑性、韧性。根据加热方法不同，表面淬火方法有火焰加热表面淬火、感应加热表面淬火和激光加热表面淬火等。常用的是感应加热表面淬火。

感应加热表面淬火原理如图 4－19 所示。将工件置于空心铜管绕成的感应线圈内，线圈通入交流电后，在工件内部产生感应电流，但感应电流在工件截面上的分布是不均匀的，表面的电流密度最大，而中心几乎为零，这种现象称为集肤效应；而钢件本身具有电阻，电流产生的热效应便迅速将工件表面加热至 800～1000℃，而心部温度几乎没有变化；此时淬火冷却，就能使工件表面形成淬硬层。

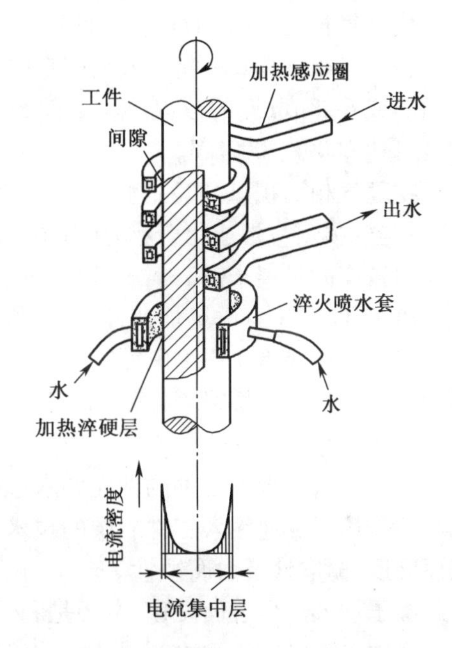

图 4－19　感应加热表面淬火示意图

感应加热时，工件截面上感应电流的分布状态与电流频率有关。电流频率越高，集肤效应越强，感应电流集中的表层就越薄，这样加热层深度与淬硬层深度也就越薄。因此，可通过调节电流频率来获得不同的淬硬层深度。常用感应加热设备种类及应用见表4－4。

表 4-4　感应加热种类及应用范围

感应加热类型	常用频率	淬硬层深度/mm	应用范围
高频感应加热	200～1000kHz	0.5～2.5	中小模数齿轮及中小尺寸轴类零件
中频感应加热	2500～8000Hz	2～10	较大尺寸的轴和大中模数齿轮
工频感应加热	50Hz	10～20	较大直径零件穿透加热，大直径零件如轧辊、火车车轮的表面淬火
超音频感应加热	30～36kHz	淬硬层沿工件轮廓分布	中小模数齿轮

感应加热速度极快，只需几秒或十几秒，淬火表层马氏体细小，性能好，工件表面不易氧化脱碳，变形也小，而且淬硬层深度易控制，质量稳定，操作简单，特别适合大批量生产。但零件形状不宜过于复杂。

为了保证心部具有良好的力学性能，表面淬火前应进行调质或正火处理。表面淬火后应进行低温回火,减少淬火应力,降低脆性。

激光加热表面淬火:激光加热表面淬火是一种新型的表面强化方法。它利用激光来扫描工件表面,使工件表面迅速加热至钢的临界点以上,当激光束离开工件表面时,由工件自身大量吸热使表面迅速冷却而淬火,因此不需要冷却介质。

激光加热表面淬火后零件变形极小,表面质量很高,特别适用于拐角、沟槽、盲孔底部及深孔内壁的热处理。

表面淬火用钢的含碳量以0.40%~0.50%为宜,过高会降低心部塑性和韧性,过低则会降低表面硬度及耐磨性。

3) 气相沉积

化学气相沉积(CVD):将工件置于真空反应室中加热至900~1100℃,如要涂覆TiC层,则将$TiCl_4$与CH_4一起通入反应室内,这时就会发生化学反应生成TiC,并沉积在工件表面形成6~8μm厚的覆盖层。工件经化学气相沉积镀覆后,再经淬火、回火处理,表面硬度可达2000~4000HV。

物理气相沉积(PVD):物理气相沉积是通过蒸发、电离或溅射等过程产生金属粒子(或并与气体反应形成化合物)沉积在工件表面。方法有真空镀、真空溅射和离子镀。目前应用较广的是离子镀。离子镀是借助于惰性气体的辉光放电,使镀材(如金属Ti)汽化蒸发离子化,离子经电场加速,以较高能量轰击工件表面,此时如通入CO_2、N_2等气体,便可在工件表面获得TiC、TiN覆盖层,硬度达2000HV。离子镀的重要特点是沉积温度只有500℃左右,且覆盖层附着力强,适用于高速钢工具、热锻模等。

4)离子注入

离子注入是根据工件的性能要求选择适当种类的原子,使其在真空电场中离子化,并在高压作用下加速注入工件表层的技术。离子注入使金属材料表层合金化,显著提高其表面硬度、耐磨性及耐腐蚀性等。

离子注入产生表面硬化,主要是利用N、C、B等非金属元素注入钢铁、有色金属及各种合金中,当注入离子的剂量大于$10^{17}/cm^2$时,将产生明显的硬化作用,一般可提高10%~100%,甚至更高。由于离子注入提高了硬度,因此,耐磨性增加。另一方面,离子注入还能改变金属表面的摩擦因数。例如钢中注入$2.8\times10^{16}/cm^2$的Sn^+时,摩擦因数从0.3降至0.1左右。GCrl5轴承钢注入N^+后,磨损率减少50%,38CrMoAl氮化钢注入N、C、B后磨损率减少达90%。钢注入某些合金元素后,将大大提高耐蚀性。例如在含硫的氧化性环境中工作的燃煤设备,由于氧和硫的综合腐蚀作用导致锅炉管件等零件过早腐蚀而发生事故。但当离子注入Ce、Y、Hf、Th、Z,、Nb、Ti或其他能稳定氧化物的活性元素后,能大大提高耐腐蚀能力。

5. 形变热处理

形变热处理是是将塑性变形(锻、轧等)同热处理有机结合在一起,获得形变强化和相变强化综合效果的工艺方法。它是形变强化和相变强化相结合的一种综合强化工艺。包括金属材料的范性形变和固态相变两种过程,并将两者有机地结合起来,利用金属材料在形变过程中组织结构的改变,影响相变过程和相变产物,以得到所期望的组织与性能。

形变热处理在塑性变形过程中细化了奥氏体晶粒,从而使热处理后的组织为细小马氏体。奥氏体在塑性变形时形成大量的位错,并成为马氏体转变核心,促使马氏体转变量增多并细化,同时又产生了大量新的位错,使位错的强化效果更显著。形变热处理中高密度位错为碳化物析出的高弥散度提供有利条件,产生碳化物弥散强化作用。因此,形变热处理可以获得比普通热处理更优异的强韧化效果,且能大大简化生产流程,节省能源,具有较高的经济效益。

形变热处理有相变前形变、相变中形变和相变后形变三种基本类型。其中,根据形变温度的高低,相变前形变热处理可分为高温形变热处理和低温形变热处理。

4.1.2　有色金属的热处理改性

有色金属及其合金最常用的热处理是退火、固溶处理(淬火)和时效。形变热处理也得到了较多的应用,化学热处理应用较少。

有色金属的退火包括均匀化退火、去应力退火、再结晶退火、光亮退火。均匀化退火和去应力退火在 4.1.1 节已经讲述。

再结晶退火是将经冷形变后的金属加热到再结晶温度以上,保持适当时间,使形变晶粒重新结晶为均匀的等轴晶粒,以消除形变强化和残余应力的退火工艺。光亮退火是将金属材料或工件在保护气氛或真空中进行退火,以防止氧化,保持表面光亮的退火工艺,多用于铜及其合金。

固溶处理指将合金加热到高温单相区恒温保持,使过剩相充分溶解到固溶体中后快速冷却,以得到过饱和固溶体的热处理工艺。固溶处理之后常伴随着时效。

合金元素经固溶处理后获得过饱和固溶体,在随后的室温放置或低温加热保温时,第二相从过饱和固溶体中析出,引起强度、硬度以及物理和化学性能的显著变化,这一过程被称为时效。时效处理可分为自然时效和人工时效两种。自然时效是将铸件置于露天场地半年以上,使其缓缓地发生形变,从而使残余应力消除或减少。人工时效是将铸件加热到一定温度下进行去应力退火,它比自然时效节省时间,残余应力去除较为彻底。

1. 铝合金的热处理

根据铝合金的成分和生产工艺特点,可将其分为变形铝合金与铸造铝合金,如图 4-20 所示。通常变形铝合金化学成分范围在共晶温度时的饱和溶解度 D 点的左边。这组合金的化学成分不高,合金有较好的塑性,适于压力加工。铸造铝合金的化学成分范围在共晶温度的饱和溶解度 D 点的右边,保证铸造铝合金中有较多的共晶体,在液态具有较好的流动性。铸造铝合金塑性低,不适合压力加工。

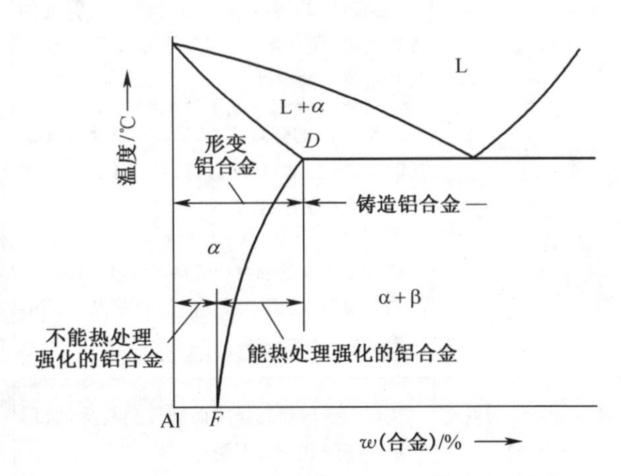

图 4-20　铝合金的基本相图及其分类示意

1) 变形铝合金热处理

变形铝合金又分为热处理不强化铝合金和热处理强化铝合金,如图 4-20 所示。变形铝合金的热处理包括退火、固溶处理、时效处理、稳定化处理、回归处理。

退火包括高温退火、低温退火、完全退火和再结晶退火。高温退火和低温退火适用于热处理不强化的铝合金,而完全退火和再结晶退火用于热处理强化的铝合金。高温退火目的是降低硬度,提高塑性,达到充分软化,以便进行变形程度较大的深冲压加低温,一般在制作半成品板材时进行,如铝板坯的热处理或高温压延。退火是为保持一定程度的加工硬化效果,提高塑性,消除应力,稳定尺寸,在最终冷变形后进行。完全退火用于消除原材料淬火、时效状态的硬度,或退火不良未达到完全软化而用它制造形状复杂的零件时,也可消除内应力和冷作硬化,适用于变形量很大的冷压加工。一般加热到强化相溶解温度,保温,慢冷到一定温度后,空冷。中间退火可消除加工硬化,提高塑性,以便进行冷变形的下一工序,也用于无淬火、时效强化后的半成品及零件的软化,部分消除内拉力。

固溶处理后强度有提高,但塑性也相当高,可进行铆接、弯边等冷塑性变形。不过对自然时效的零件只能在短时间保持良好的塑性,超过一定时间,硬度、强度急剧增加。

稳定化处理,即回火,目的是消除切削加工应力与稳定尺寸,用于精密零件的切削工序间,有时需要多次。

回归处理目的是对自然时效的铝合金恢复塑性,以便继续加工或适应修理时变形的需要。

2）铸造铝合金的热处理

铸造铝合金的热处理包括退火、时效、回火等,热处理类型及代号、目的、适用合金等如表4－5所示。

表4－5　铸造铝合金的热处理(GB/T 25745—2010)

热处理类型及代号	目　　的	适用合金	备　　注
不预先淬火的人工时效(T1)	改善铸件切削加工性;提高某些合金(如ZL105)零件的硬度和强度(约30%);用来处理承受载荷不大的硬模铸造零件	ZL104 ZL105 ZL401	用湿砂型或金属型铸造时,可获得部分淬火效果,即固溶体有着不同程度的过饱和度。时效温度大约是150~180℃,保温1~24h
退火(T2)	消除铸件的铸造应力和机械加工引起的冷作硬化,提高塑性;用于要求使用过程中尺寸很稳定的零件	ZL101 ZL102	一般铸件在铸造后或粗加工后常进行此处理。退火温度大约是280~300℃,保温2~4h
淬火,自然时效(T4)	提高零件的强度并保持高的塑性;提高100℃以下工作零件的抗蚀性;用于受动载荷冲击作用的零件	ZL101 ZL201 ZL203 ZL201	这种处理亦称为固溶化处理,对其有自然时效特性的合金T4亦表示淬火并自然时效
淬火后短时间不完全人工时效(T5)	获得足够高的强度(较T4为高)并保持较高的屈服强度;用于承受高静载荷及在不很高温度下工作的零件	ZL101 ZL105 ZL201 ZL203	在低温或瞬时保温条件下进行人工时效,时效温度约为150~170℃
淬火后完全时效至最高硬度(T6)	使合金获得最高强度而塑性稍有降低;用于承受高静载荷而不受冲击作用的零件	ZL101 ZL104 ZL204A	在较高温度和长时间保温条件下进行人工时效。时效温度约为175~185℃
淬火后稳定回火(T7)	获得足够强度和较高的稳定性,防止零件高温工作时力学性能下降和尺寸变化;适用于高温工作的零件	ZL101 ZL105 ZL207	最好在接近零件工作温度(超过T5和T669回火温度)的温度下进行回火。回火温度约为190~230℃,保温4~9h

（续）

热处理类型及代号	目　　的	适用合金	备　　注
淬火后软化回火（T8）	获得较高的塑性，但强度特性有所降低，适用于要求高塑性的零件	ZL101	回火温度比 T7 更高，一般约为 230~270℃，保温时间 4~9h
已冷处理或循环处理（冷后又热）（T9）	使零件几何尺寸进一步稳定，适用于仪表的壳体等精密零件	ZL101 ZL102	机械加工后冷处理是在 -50℃、-70℃或-195℃保持 3~6h；循环处理是冷至 -70~-196℃，然后加热到 350℃，根据具体要求多次循环

2. 铜合金的热处理

铜合金的热处理包括退火、固溶（淬火）、时效、回火。

再结晶退火适用于除铍青铜外的所有铜合金。目的是：消除应力及冷作硬化，恢复组织，降低硬度，提高塑性；也可以消除铸造应力，均匀组织、成分，改善加工性。可作为黄铜压力加工件的中间热处理，青铜件的毛坯或中间热处理。去应力退火（低温退火）消除内应力，提高黄铜件（特别是薄冲压件）抗腐蚀破裂（季裂）的能力，适用于黄铜如 H62、H68、HPb5g-1 等，一般作为机加工或冲压后的热处理工序，加热温度为 260~300℃。致密化退火消除铸件的显微疏松，提高其致密性，适用于锡青铜、硅青铜。

淬火获得过饱和固溶体并保持良好的塑性，适用于铍青铜。

淬火时效更好地提高硬度、强度、弹性极限和屈服极限，适用于铍青铜。

淬火回火提高青铜铸件和零件的硬度、强度和屈服强度。

回火，消除应力，恢复和提高弹性极限，一般作为弹性元件成品的热处理工序，或者稳定尺寸，可作为成品热处理工序。

3. 镁合金的热处理

镁合金的热处理方式与铝合金基本相同，但镁合金中原子扩散速度慢，淬火加热后通常在静止或流动空气中冷却即可达到固溶处理目的。另外，绝大多数镁合金对自然时效不敏感，淬火后在室温下放置仍能保持淬火状态下的原有性能。但镁合金氧化倾向比铝合金强烈。当氧化反应产生的热量不能及时散发时，容易引起燃烧，因此，热处理加热炉内应保持一定的中性气氛。镁合金常用的热处理类型如下。

（1）T1。铸造或加工变形后不再单独进行固溶处理而直接人工时效。这种处理工艺简单，也能获得相当的时效强化效果，特别是对 Mg-Zn 系合金，因晶粒容易长大，重新加热淬火往往由于晶粒粗大，时效后的综合性能反而不如 Tl 状态。

（2）T2。为了消除铸件残余应力及变形合金的冷作硬化而进行的退火处理。例如，Mg-Al-Zn 系铸件合金 ZM5 的退火规程为 350℃加热 2~3h 空冷，冷却速度对性能无影响。对某些处理强化效果不显著的合金（如 ZM3），T2 则为最终热处理退火。

（3）T4。淬火处理。可用以提高合金的抗拉强度和延伸率。ZM5 合金常用此规程。

为了获得最大的过饱和固溶度，淬火加热温度通常只比固相线低 5~10℃。镁合金原子扩散能力弱，为保证强化相充分固溶，需要较长的加热时间，特别是砂型厚壁铸件。对薄壁铸件或金属型铸件加热时间可适当缩短，变形合金则更短。这是因为强化相溶解速度除与本身尺寸有关外，晶粒度也有明显影响。例如，ZM5 金属型铸件，淬火加热规程为 415℃、8~16h。薄壁（10mm）砂型铸件加热时间延长到 12~24h；而厚壁（>20mm）铸件

为防止过烧应 采用分段加热,即360℃、3h+420℃、21~29h。淬火加热后一般为空冷。

(4) T6。淬火+人工时效。目的是提高合金的屈服强度,但塑 性相对有所降低。T6主要应用于MgLAl-Zn系及Mg-RE-Zr系合 金。高锌的Mg-Zn-Zr系合金,为充分发挥时效强化效果,也可选用T6处理。

(5) T61。热水中淬火+人工时效。一般T6为空冷,T61采用热水淬火,可提高时效强化效果,特别是对冷却速度敏感性较差的Mg-RE-Zr合金。

(6) 氢化处理。除上述热处理方法外,国内外还发展了一种氢化处理,以提高Mg-Zn-RE-Zr系合金的力学性能,效果显著。

4. 钛合金的热处理

钛合金热处理特点:

(1) 马氏体相变不会引起合金的显著强化。这与钢的马氏体相变不同。钛合金的热处理强化只能依赖淬火形成亚稳定相(包括马氏体相)的时效分解。

(2) 应避免形成ω相。形成ω相会使合金变脆,正确选择时效工艺(如采用高一些的时效温度),即可使ω相分解为平衡的α+β。

(3) 同素异构转变难于细化晶粒。

(4) 导热性差。导热性差可导致钛合金,尤其是α+β钛合金的淬透性差,淬火热应力大,淬火时零件易翘曲。由于导热性差,钛合金变形时易引起局部温度过高,使局部温度有可能超过β相变点而形成魏氏组织。

(5) 化学性活泼。热处理时,钛合金易与氧和水蒸气反应,在工件表面形成具有一定深度的富氧层或氧化皮,使合金性能变坏。钛合金热处理时容易吸氧,引起氢脆。

(6) β相变点差异大。即便是同一成分,但冶炼炉次不同的合金,其相转变温度有时差别很大。这是制定工件加热温度时要特别注意的。

(7) 在β相区加热时β晶粒长大倾向大。β晶粒粗化可使塑性急剧下降,故应严格控制加热温度与时间,并慎用在β相区温度加热的热处理。

以上特点,在钛合金热处理工艺的制定与实施过程中,必须予以充分注意。

钛合金主要的热处理类型包括退火、淬火时效。在实际生产中通常采用的退火方式有去应力退火、简单退火、等温退火、双重退火、再结晶退火和真空退火。

淬火时效是钛合金热处理强化的主要途径,故称为强化热处理,主要用于α+β钛合金及亚稳定β钛合金。有的近α钛合金有时也可采用强化热处理。但因其组织中β相数量较少,则马氏体分解弥散强化效果低于α+β钛合金及亚稳定β钛合金。

4.1.3 金属材料的合金化改性

合金元素加入纯金属中可提高其强度,并能获得各种特殊的性能。其强化机制主要有固溶强化、第二相强化和细晶强化。

1. 固溶强化

前面介绍的固溶强化是金属材料的主要强化方法之一。固溶强化的强化效果首先与溶质原子引起的晶格畸变程度有关:当形成置换固溶体时,溶质原子与溶剂原子的尺寸差别越大,晶格畸变就越大,位错运动的阻力也就越大,强化效果便越好;一般间隙固溶体的晶格畸变比置换固溶体要大,因而强化效果更显著,如工业纯铁中加入1%Mn形成置换固溶体,抗拉强度由 250MPa 提高到 280MPa,0.45%C 溶入到铁中形成间隙固溶体,抗拉强度由 250MPa 提高到 2080MPa。其次,还与溶质原子的含量有关:当溶质原子的含量增加时,固溶强化效果不断提高,例如,Cu+2%Al 合金的 $R_{eL}=240\text{MPa}$,Cu+6%Al 合金的 $R_{eL}=350\text{MPa}$,Cu+8%Al 合金的 $R_{eL}=450\text{MPa}$。

固溶强化后的合金在提高强度、硬度的同时,仍保持相当好的塑性和韧性。例如,在铜中加入 19%的镍,可使强度 R_{eL} 由 220MPa 提高至 300~400MPa,硬度由 44HBS 提高至 70HBS,而伸长率仍然达 50%左右。若将铜通过冷变形强化获得同样的强化效果,其塑性、韧性将变得很差。

2. 第二相强化

由于第二相的存在而使金属的强度、硬度升高的现象,称为第二相强化。

第二相强化的原因:一是由于第二相与基体金属的晶体结构完全不同,从而在第二相与基体金属之间形成畸变程度较大的相界面,增加了位错运动的阻力;二是第二相本身的存在也增加了位错运动的阻力。显然,相界面的晶格畸变程度越大或第二相的弥散度越大,强度、硬度越高,对位错运动的阻碍作用便越大,强化效果也越显著。

但是,第二相在使金属强化的同时,会在第二相前产生较大的应力集中,而且第二相一般硬而脆,塑性几乎为零,塑性变形全部集中于基体金属,因而使金属的塑性、韧性下降。

第二相的强化效果除与其本身的性能有关外,还与其形状、分布及大小密切相关。当第二相以颗粒状弥散分布时,能大大增加位错运动的阻力,而且,因为它们几乎不影响基体金属的连续性,塑性变形时,第二相颗粒可随基体金属的变形而“流动”,不会造成明显的应力集中,故塑性、韧性下降不明显。当第二相呈片状分布时,虽然对位错运动仍有较大的阻碍作用,但片状的第二相使基体金属的连续性受到较大破坏,应力集中倾向也增大。因此,与粒状第二相相比,其强化效果下降,塑性、韧性较低。当第二相呈连续网状分布时,彻底破坏了基体金属的连续性,在塑性变形过程中,脆性的网状第二相几乎不能塑性变形,位错只能在基体金属的晶粒内部运动,无法越过网状第二相而在该处堆积,产生严重的应力集中,最后导致断裂。此时不仅塑性、韧性大幅度下降,而且强度也显著降低,但硬度仍然提高。

3. 细晶强化

由于晶粒细化而使金属强度、硬度和塑性、韧性都提高的现象,称为细晶强化。

增加过冷度或变质处理可以使晶粒细化,除此以外,在钢中加入 Ti、V、Nb 等合金元素也能起到细化晶粒的作用。因为这些合金元素在钢中能形成微细的碳化物(TiC、VC、NbC),这类碳化物硬度及熔点高,且稳定性极高,在加热温度下,很难溶入奥氏体,它们均匀地分布在奥氏体基体上,能有效地阻止奥氏体晶粒的长大。

在钢中加入某些元素(如硫、铅、钙等),不仅会影响其强度、硬度及塑性等力学指标,还能有效地改善钢的切削加工性能。

硫在钢中与锰和铁可形成(Mn、Fe)S 夹杂物,它能中断基体的连续性,促使形成卷曲半径小而短的切屑,减少切屑与刀具的接触面积;它还能起减摩作用,降低切屑与刀具之间的摩擦因数,并使切屑不粘附在刀刃上。因此,硫能降低切削力与切削热,减少刀具磨损,提高刀具寿命,改善排屑性能。中碳钢的切削加工性能通常随含硫量提高而不断改善,硫化物的形状呈圆形且均匀分布时,钢的切削加工性更好。但钢中含硫量增加引起热脆,并造成带状组织,呈现各向异性。因此,一般易切削钢中含硫量不大于0.30%,同时应适当提高含锰量,以减小硫的不利影响。

铅在钢中孤立地呈细小颗粒(约3μm)均匀分布时,能改善切削性能。铅含量一般控制在0.15%~0.25%的范围内,过多会引起严重的铅偏析,而且在300℃以上由于铅的熔化而使易切削钢的力学性能恶化。

此外,加入微量的钙(0.001%~0.005%)能改善钢的高速切削性能。因为钙在钢中形成的高熔点钙铝硅酸盐附在刀具上,构成薄而具有减摩作用的保护膜,从而显著地延长高速切削刀具的寿命。

某些合金元素的加入,还可起到提高钢的耐蚀性、耐高温性和耐磨性等作用,有关内容将在下一章讨论。

4.1.4 金属材料表面改性处理

机械零件在使用过程中,除了对力学性能和工艺性能有一定要求外,还要求其表面具有一定的耐磨性、耐蚀性,且表面美观。表面改性处理是指改变零件的表面质量或表面状态,使其达到耐磨、耐蚀、美观及精度要求的工艺,包括转化膜处理、电镀、喷涂和涂装等。

1. 转化膜处理

转化膜处理是将工件浸入某些溶液中,在一定条件下使其表面产生一层致密保护膜,达到既防蚀又美观的效果。常用的转化膜处理有氧化处理和磷化处理。

钢的氧化处理又称为发蓝或发黑处理,是将钢件在空气-水蒸气或化学药物中加热到适当温度,使其表面形成一层蓝色或黑色氧化膜,以改善钢件的耐蚀性和外观。氧化膜是一层极薄的Fe_3O_4薄膜,致密而牢固,对钢件的尺寸精度无影响。氧化处理工艺常用于精密仪器、光学仪器、工具和武器等表面。

钢的磷化处理是将工件浸入磷酸盐为主的溶液中,使其表面沉积,形成不溶于水的结晶型磷酸盐转化膜。常用的磷化处理溶液为磷酸锰铁盐和磷酸锌溶液。磷化膜厚度远大于氧化膜厚度,其抗腐蚀能力也强于发蓝处理,是其2~10倍,在加工或使用过程中还可起到润滑作用。磷化处理所需设备要求不高,成本低,可作为钢铁材料零件的润滑层和防护层,也可用于各种武器产品。

2. 电镀

电镀是利用电解的原理使金属零件表面镀上一层金属薄层,起到保护和装饰的作用。电镀不受工件大小和批量的限制,适应性很强。除了导电体以外,电镀亦可用于经过特殊处理的塑胶上。

电镀前先对工件进行预处理,去除表面杂质和锈蚀并冲洗干净。电镀时,镀层金属或其他不溶性材料做阳极,待镀的工件做阴极,镀层金属的阳离子在待镀工件表面被还原形成镀层。为排除其他阳离子的干扰,且使镀层均匀、牢固,需用含镀层金属阳离子的溶液做电镀液,以保持镀层金属阳离子的浓度不变。电镀后,被电镀物件的美观性与电流密度大小有关系,在可操作电流密度范围内,电流密度越小,被电镀的物件便会越美观;反之则会出现一些不平整的形状。

电镀层比热浸层均匀,一般都较薄,从几个微米到几十微米不等。通过电镀,可以增强金属的抗腐蚀性，增加硬度，防止磨耗，提高导电性、润滑性、耐热性和表面美观，还可以修复磨损和加工失误的工件。

4.2　聚合物的改性

聚合物尽管有许多优良的性能，但仍有某些不足或缺点，难以满足对高分子材料性能的较高需求。例如聚苯乙烯性脆，聚酰胺吸湿性大，聚碳酸酯易于应力开裂，有机硅树脂强度低，有些聚合物的化学稳定性差而易老化。因此必须对高分子材料进行改性，以赋予高分子材料某些新的功能或提高原来的性能、改善其加工工艺性能和降低生产成本等。

与传统的聚合物增韧改性方法相比，纳米粉体材料改性不但能全面改善聚合物的综合性能，还能赋予其一些奇特的性能，为聚合物的增强增韧改性开拓了新的途径。它是一种很有潜力的聚合物改性方法。这里主要介绍聚合物的化学、物理改性和纳米复合改性。

4.2.1　化学改性

化学改性又称结构改性，它主要包括共聚改性和交联改性。

1. 共聚改性

共聚改性是指由两种或两种以上的单体通过共聚反应而获得共聚物。它和由同种单体通过均聚反应获得的均聚物相比，由于大分子链的结构发生变化，引入了新的结构单元，从而改变了高聚物的性能。

例如聚偏氯乙烯不能耐光和热，容易放出氯化氢而使颜色变深，如果用偏氯乙烯和丙烯酸甲酯共聚，则可大大增加其稳定性。又如聚苯乙烯脆性大、耐热性差，如将苯乙烯与丙烯腈共聚，则可明显提高其冲击韧性和耐热性能。这种方法能将原来均聚物所固有的优良性能有效地综合到同一共聚物中来。

2. 交联改性

交联改性是指使高聚物线型或支链型大分子间彼此交联起来形成空间网状结构。交联可以是一般的化学交联，也可以通过放射性同位素或高能电子射线辐照进行交联。由于它使高聚物的结构发生了根本改变，因而导致其性能发生相应的变化。例如在聚乙烯树脂中加入有机过氧化物（常用氧化二异丙苯）作交联剂，然后在压力和 175~200℃下成型，过氧化物会发生分解，产生高度活泼的游离基，在聚乙烯碳链上形成活性点，而链间发生碳-碳交联转变成体型结构，使聚乙烯具有较高的耐热性、抗蠕变性和耐应力开裂能力。如果用 10MC 高能量电子束射线均匀地照射聚乙烯，也可使其变成交联聚乙烯，其耐温、耐应力开裂能力及耐老化性能都大为提高。

热固性塑料不能反复加热熔融，为克服这一缺点，将热固性塑料和热塑性塑料的特性综合起来，从而得到离子聚合物。例如乙烯与丙烯酸的共聚物，大分子链上带有羧基，具有酸性，如果用氯化镁处理这种共聚物，则两价的镁离子会与不同大分子上的羧基相结合而形成交联。这种通过金属离子键进行交联的高聚物称为离子聚合物。当加热至较高温度时，由于大分子键之间的羧基与镁离子断开而失去交联作用，此时离子聚合物便重新成为线型结构的热塑性塑料。冷却后，离子键又会使大分子形成交联结构而固化，这一过程可以多次反复地进行。

4.2.2 物理改性

1. 掺混改性

掺混改性又称共混改性,它是指在高聚物中掺入低分子化合物或不同种类的高聚物,可改善其性能。例如:在聚氯乙烯中加入适量的邻苯二甲酸二辛酯就能起到增塑作用;在聚苯乙烯中掺入天然橡胶,可以制成耐冲击的改性聚苯乙烯。

高聚物的共混与金属合金不完全相同,合金中各种金属能完全熔成一相,而高分子共混物中,只有少数的高分子化合物之间能够互溶,大多数却不能互溶。故高分子共混物多为非均相体系,即一种高分子混杂在另一种高分子化合物之中。当天然橡胶与聚苯乙烯共混,彼此并不完全相溶,而是由橡胶颗粒分散在聚苯乙烯中形成两相。由于聚苯乙烯中有橡胶微粒存在,共混物的冲击韧性显著提高。

塑料与塑料也可以进行共混改性。例如聚砜中掺混入5%~20%的聚四氟乙烯,可得到耐磨性很好的改性聚砜。又如在聚碳酸酯中加入3%~5%的聚乙烯共混,可得到改性聚碳酸酯,其耐水性、耐应力开裂能力和冲击韧性均有明显提高。此外,用聚四氟乙烯共混改性的聚碳酸酯,不仅保留了聚碳酸酯的尺寸稳定、强度高、可注射成型的特点,而且具有优异的耐磨性。

2. 填充、增强改性

为了满足各种应用领域对性能的要求,常常需要加入各种填充材料,以弥补树脂本身性能的不足,从而改善高聚物的性能,这称为填充改性。用作填充材料的种类很多,例如聚四氟乙烯中填充玻璃纤维、石墨、青铜粉、二硫化铜等,可以降低塑料的冷流变性和膨胀系数,提高耐磨性和导热性。

增强改性是指在高聚物中填充各种增强材料,以提高机械强度,改善力学性能。例如聚对苯二甲酸丁二醇酯可用玻璃纤维增强,从而大大提高其机械强度、使用温度和使用寿命,140℃下作为结构材料可长期使用。

3. 复合改性

高聚物可以和各种材料,如金属、木材、水泥、橡胶以及各种纤维等复合。这种以热塑性或热固性塑料为基体材料,与其他材料复合从而改善性能的方法称为塑料的复合改性。

由于塑料基复合材料具有强度与比模量高,减摩、耐磨、抗疲劳与断裂韧性好,化学稳定性优良,耐热、耐烧蚀,电、光、磁性能良好等特点,因此得到广泛应用。缺点是层间剪切强度低、韧性差、易老化、耐热性和表面硬度不够高,有时质量不太容易控制,有待进一步提高。

4.2.3 纳米材料粒子改性

纳米材料晶界原子的复杂性使纳米材料表现出一系列奇特的小尺寸效应、表面效应,因而具有较高的物理化学反应活性。将纳米粒子添加到聚合物中,两者能达到分子水平的混合,并易发生物理化学作用,使聚合物复合材料的综合性能得到全面改善。

在制备聚合物纳米复合材料时,纳米粒子由于比表面积大,表面能高,粒子间极易团聚,一旦团聚,通常的机械搅拌手段很难再将其分开、分散,这样纳米粒子本身的性能不但得不到发挥,还会影响复合材料的综合性能。要解决这一问题,一般在使用前要对纳米粒子进行表面改性,以改善粒子的分散性、耐久性。

纳米粒子的表面改性根据表面改性剂与粒子表面之间有无化学反应,可分为物理吸附、包覆改性和表面化学改性。改性后可增加纳米粒子与聚合物之间的反应活性,增强两者之间的界面粘结,有利于复合材料性能的大幅度提高。

纳米材料由于其特殊的结构和性能,不但可以使聚合物的强度、刚性、韧性得到明显的改善,起到补强增韧作用,还可以使聚合物具有许多奇异的功能,如高阻隔性、高导电性及优良的光学性能等。纳米 SiO_2 添加的新型橡胶材料随 SiO_2 尺寸的不同对光具有不同程度的敏感性;将纳米 SiO_2 添加到纤维中,可以制成红外屏蔽纤维、抗紫外线辐射纤维、高介电绝缘纤维等功能纤维。

用纳米材料填充增强复合材料时,纳米材料的粒径、用量及表面处理方法都会对复合材料的性能产生影响。一般说来,用普通的微米级填料填充复合材料时,随填料用量的增加,复合材料的拉伸强度、冲击强度及断裂伸长率增长缓慢,甚至呈下降趋势;而使用纳米级填料,却可使复合材料的这些力学性能得到明显改善。其原因主要是:随填料尺寸的减小(只要填料在基体中分散均匀),填料就完全能够在树脂中起到填充补强、增加界面粘结、减少自由体积的作用,且能以很少的含量在相当大的范围内起作用,全面改善材料的力学性能,还不影响其加工性能。

如用纳米 SiO_2 填充环氧树脂复合材料,即可实现环氧树脂的增强增韧。当填料的质量分数为 3%时,复合材料的拉伸强度与未加填料时相比提高了 44%,冲击强度提高了 878%,拉伸弹性模量提高了 370%,而且其他性能也得到了一定程度的提高。

4.3　陶瓷材料的改性

4.3.1　陶瓷增韧

1. 晶须或纤维增韧

在陶瓷基体上若分散着许多晶须或纤维状第二相,这些第二相呈无序分布,当裂纹扩展到第二相时,第二相将使裂纹转向,如图 4－21 所示,从而提高了陶瓷材料的断裂韧性,这就是所谓裂纹转向增韧机理。

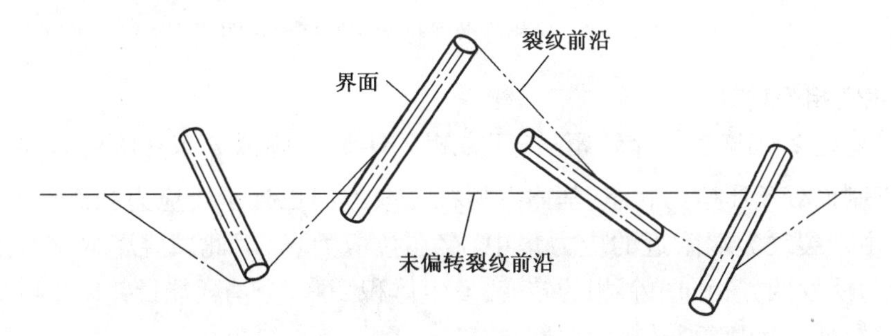

图 4－21　纤维状第二相对陶瓷中裂纹扩展的影响

晶须或纤维具有高的强度,基体相和纤维(或晶须)间界面有相当的结合强度。若在应力场作用下,裂纹尖端附近的界面结合力减弱,产生纤维或晶须的拔脱现象(图 4－

22)。这时在裂纹尖端纤维或晶须状如座座桥梁,故也称桥接现象。因此降低了裂纹尖端的应力集中,增加了裂纹扩展阻力,提高了材料的断裂韧性。

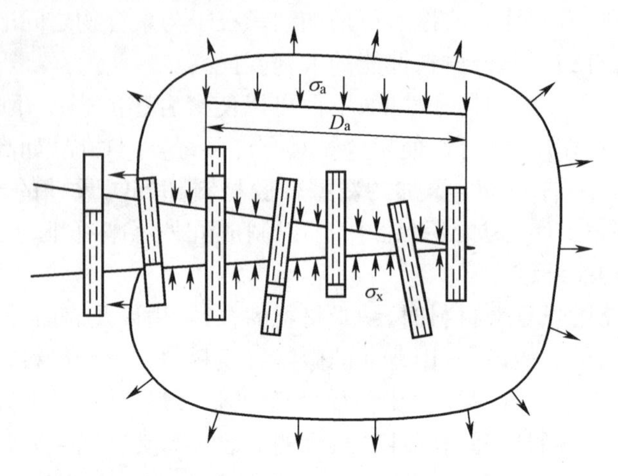

图4-22 陶瓷中纤维或晶须的拔脱现象

2. 颗粒弥散强化增韧

基体中引入第二相颗粒,利用基体和第二相颗粒之间热膨胀系数和弹性模量的差异,在试样制备的冷却过程中,在颗粒和基体周围可产生残余压应力,使裂纹偏转,如图4-23所示。由图中看出,基体中压缩环形应力轴垂直于裂纹面,裂纹扩展至颗粒附近发生偏转。当裂纹进一步靠近颗粒,则将被吸收到颗粒界面处。

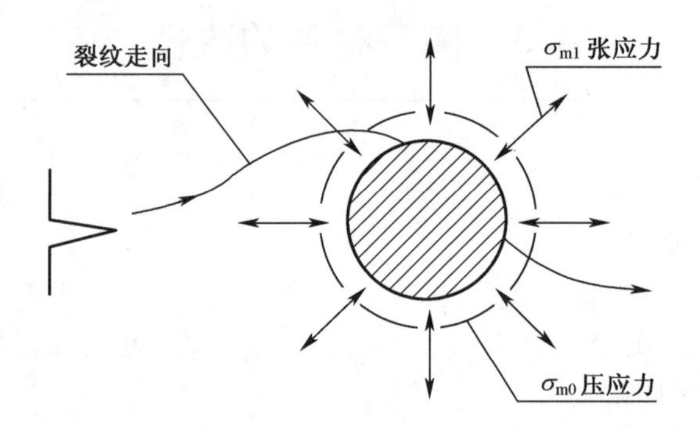

图4-23 异相弥散强化增韧原理示意图

3. 氧化锆相变增韧

当部分稳定 ZrO_2 陶瓷烧结致密后,四方相 ZrO_2 颗粒弥散分布在陶瓷基体中,ZrO_2 受到基体的抑制而处于压应力状态,基体沿颗粒连线方向也处于压应力状态。材料受力产生裂纹后,由于裂纹尖端附近的应力集中,存在拉应力场,因此减轻了对 ZrO_2 颗粒的束缚,出现应力诱发四方相向单斜相的转变,发生体积膨胀,会消耗能量并产生压应力,阻碍了裂纹的扩展,明显提高了材料的韧性。

4. 显微结构增韧

1) 晶粒的超细化与纳米化

这是陶瓷强韧化的根本途径之一。陶瓷材料的实际强度大大低于理论强度的根本原因在于陶瓷材料在制备过程中无法避免材料中的气孔与各种缺陷(如裂纹等)。超细化和纳米化则是减小陶瓷烧结体中气孔、裂纹的尺寸、数量和不均匀性的最有效途径。

2) 晶粒形状自补强增韧

控制工艺因素,可使陶瓷晶粒在原位形成较大长径比的形貌,起到类似于晶须补强的作用。

5. 表面强化和增韧

陶瓷材料的脆性是由于结构敏感性产生应力集中,断裂常始于表面或接近表面的缺陷处,因此消除表面缺陷是十分重要的。下面介绍几种表面强化和增韧方法。

1) 表面微氧化技术

对 Si_3N_4、SiC 等非氧化物陶瓷,通过表面微氧化技术可使表面缺陷愈合和裂纹尖端钝化,缓解应力集中,达到强化目的(但不能氧化过度)。

2) 表面退火处理

陶瓷材料在低于烧结温度下长时间退火,然后缓慢冷却,一方面可消除因烧结快冷产生的内应力,另一方面可以消除加工引起的表面应力,同时可以弥合表面和次表面的裂纹。

3) 离子注入表面改性

以 Al_2O_3、Si_3N_4、SiC、ZrO_2等为对象,在高真空下,将欲加的物质离子化,然后在数十千伏至数百千伏的电场下将其引入陶瓷材料表面,以改变表面的化学组成。

实验表明,离子注入虽是表面层的数百纳米的范围,但对陶瓷的力学、化学性质及表面结构均有明显影响,因此是陶瓷表面强化与增韧极有发展前途的方法之一。

4) 其他方法

激光表面处理、机械化学抛光等也是消除表面缺陷、改善表面状态、提高韧性的重要手段。

6. 复合增韧

当温度超过 800℃时,ZrO_2中已不再发生相变,因此 ZrO_2相变增韧只能应用于较低的温度范围。微裂纹增韧虽可增加材料断裂韧性,但对材料强度未必有利,强与韧两者难以兼得。因此可以把两者或两者以上的增韧机理复合在一起,即所谓复合增韧。

4.3.2 表面残余应力与强化

陶瓷和玻璃中表面强化方法主要有淬火、化学强化和上釉等。

1. 玻璃淬火

经淬火处理的玻璃一般称为钢化玻璃。该工艺是将玻璃加热至高于玻璃转变温度但低于软化点,然后喷射空气或油浴使表面急冷。在冷却初期,表面比内部具有较大的热收缩,使表面产生张应力,而内部产生压应力;在随后的冷却阶段,开始熔融态内部出现强烈凝固收缩,这时刚硬的外部收缩较小,导致最终在表层形成残余压应力。残余压应力可抵消部分拉应力外载,从而提高玻璃的承载能力。

2. 化学强化

化学强化通过改变表面的化学组成使表层的体积增大,从而导致表层的压应力状态。工业上大多是通过扩散法和电驱动离子迁移法,用大的离子置换小的离子。从迁移率的角度考虑,Li、Na、K及Ag离子具有实用性。

3. 上釉

釉或者搪瓷釉的膨胀系数与坯体的膨胀系数之间有差别时,会在制品表面产生残余压应力。传统上釉的主要作用是美观和防止液体渗漏,近年利用釉来强化陶瓷受到了广泛的重视。

思考题与习题

1. 画出共析钢过冷奥氏体等温转变曲线简图并标明各产物区。

2. 简述钢铁件去应力退火的作用。其温度是否应高于A_1线?

3. 确定下列钢件的退火方法,并指出退火的目的及退火的组织。

(1) 经冷轧后的20钢钢板,要求降低硬度;

(2) ZG270-500的铸造齿轮;

(3) 改善T10钢的切削加工性能。

4. 过共析钢的淬火温度是否为A_{ccm}以上30℃?为什么?

5. 常用的淬火介质主要有哪些?它们是不是理想的淬火介质?为什么?一个理想的淬火介质应具有怎样的冷却特性?

6. 普通热处理主要有四种,它们分别是________火、________火、________火和________火。

7. 钢的正常淬火温度,对于亚共析钢是____________________,对于过共析钢是____________________。

8. 淬火钢回火的目的是消除________________、稳定________________。

9. 调质可以使钢具有良好的综合力学性能,钢的调质处理是指________________。

10. 把工件表层迅速加热到淬火温度然后快速冷却进行淬火的热处理工艺称为________________。

11. 钢热处理确定其加热温度的依据是(   ),确定过冷奥氏体冷却转变产物的依据是(   )。

A. 冷却曲线　　B. 应力应变图　　C. C曲线　　D. 铁碳相图

12. 钢淬火获得的马氏体,其本质是一种(   )。

A. 晶格与珠光体相同的相

B. 碳在α-Fe中形成的过饱和间隙固溶体

C. 碳在β-Fe中形成的过饱和间隙固溶体

D. 碳在γ-Fe中形成的过饱和间隙固溶体

13. 正火是将钢加热到一定温度,保温一定时间,然后以(   )的方式冷却的一种热处理工艺。

A. 随炉冷却　　B. 在空气中冷却　　C. 在油中冷却　　D. 在水中冷却

14. 对于共析钢来说,理想的淬火介质应具有的冷却特性是(   )。

A. 冷却速度尽可能慢

B. 550℃左右冷却速度尽可能快,而250℃左右冷却缓慢

C. 冷却速度尽可能快

D. 550℃左右冷却速度尽可能慢，而250℃左右冷却加快

15. 形状简单、体积不大的45钢工件，比较合理的淬火方法是(　　)

A. 油淬　B. 水淬　C. 先水后油　D. 先油后空气

16. 钢件表面淬火常用的方法是(　　)。

A. 感应加热　B. 冷冻　C. 形变　D. 渗碳

17. 下列属于钢的表面化学热处理的是(　　)。

A. 电镀和表面淬火　B. 渗氮和调质　C. 渗碳和渗铝　D. 氧化和渗碳

第2篇　工 程 材 料

第5章　金 属 材 料

本章目的:了解和重点掌握基本钢的分类和牌号及其主要性能,掌握工业用钢,铸铁的石墨化过程和铸铁的分类、牌号及其性能等。

本章重点:碳钢与合金钢的特点、合金元素在钢中的用途、工业用钢、特殊性能钢的基本知识、铸铁、有色金属及其合金的主要强化途径、铝合金的代号和应用、铜合金的牌号和应用、轴承合金。

本章难点:碳钢与合金钢的特点、工业用钢、铸铁、铝合金的代号和应用、铜合金的牌号和应用。

金属材料是应用最为广泛的工程材料,工业上通常将金属材料分为黑色金属和有色金属两大类。其中,黑色金属是指铁和铁为基的合金,工业上主要包括碳钢、合金钢和铸铁、合金铸铁在内的铁碳合金;有色金属又称非铁金属材料,是指除铁碳合金之外的所有金属材料,工业上主要包括铝、铜、镁、钛、锌及其合金。金属材料具有良好的综合使用性能,不仅能方便地实现大规模生产,还能回收多次使用,它具有一定程度的不可取代性。

本章介绍了钢的分类和牌号,工业用钢,铸铁的石墨化过程,铸铁的分类、牌号及其主要性能等。

5.1　碳　　钢

含碳量大于0.0218%小于2.11%,且不含有特意加入合金元素的铁碳合金,称为碳素钢,简称碳钢。碳素钢冶炼方便,价格便宜,性能可满足一般工程构件、机械零件和工具的使用要求,因此得到广泛应用。

5.1.1　碳钢的分类及编号

1. 碳钢的分类

碳钢的分类方法很多,以碳含量可分为高碳钢(C>0.6%)、中碳钢(C=0.25%~0.6%)和低碳钢(C<0.25%);以冶炼方法可分为;以冶炼质量可分为。一般应用最多的是以用途进行分类,即

- 碳钢
  - 碳素结构风钢
    - 普通碳素结构钢
    - 优质碳素结构钢
  - 碳素工具钢
  - 铸钢

2. 碳钢的编号

1）普通碳素结构钢的编号

普通碳素结构钢钢号由代表屈服强度的字母（Q）、屈服强度数值（3位数字，单位MPa）、质量等级符号（A、B、C、D）、脱氧方法符号（F为沸腾；Z为镇静；TZ为特殊镇静。注意“Z”和“TZ”符号可以省略）组成。如Q235AF表示屈服强度为235MPa、质量等级为A的沸腾钢。

2）优质碳素结构钢的编号

优质碳素结构钢钢号开头的两位数字表示钢的碳含量，以平均碳含量的万分之几表示，且公差为5的等差级数，例如平均碳含量为0.45%的钢，钢号为“45”。如果钢中锰含量较高，应将锰元素标出，如50Mn。沸腾钢及专门用途的优质碳素结构钢应在钢号最后标出，如平均碳含量为0.1%的沸腾钢钢号为10F。

3）碳素工具钢

碳素工具钢钢号由代表碳素工具钢的字母T、碳含量（2位数字，以平均碳含量的千分之几表示）、质量等级符号（不标则为普通等级；A为高级优质）组成。如T8A表示含碳量为千分子八，即0.8%的高级优质碳素工具钢。T10表示含碳量为1%的碳素工具钢。

4）铸钢

铸钢钢号有两种表示方法。

方法一是由代表铸钢的字母ZG、屈服强度数值（3位数字，单位MPa）、抗拉强度数值（3位数字，单位MPa）组成。如ZG200－400表示屈服强度为200MPa、抗拉强度为400MPa的铸钢。

方法二，以化学成分为主要验收依据的铸造碳钢，这类铸钢在ZG后面接一组数字，是以万分数表示的碳的名义质量分数。例如ZG25。

铸造合金钢包括以化学成分为主要验收依据的铸造中、低合金钢和高合金钢，命名方法是在ZG后面接1组数字，以万分数表示其碳的名义质量分数。在碳的名义含量数字后面排列各主要合金元素符号，每个元素符号后面排列各主要元素符号，每个元素符号后面用整数标出其名义质量分数。锰元素的平均质量分数小于0.9%时，在牌号中不标元素符号；平均质量分数为0.9%~1.4%时，只标符号不标含量。其他合金元素平均分数为0.9%~1.4%时，在该元素符号后面标注数字1。钼元素平均质量分数小于0.15%，其他元素平均质量分数小于0.5%时，在牌号中不标元素符号；钼的平均质量分数大于0.15%，小于0.9%时，在牌号中只标元素符号，不标含量。当钛、钒元素平均质量分数小于0.9%，铌、稀土等微量合金元素的平均质量的分数小于0.5%时，只标注其元素符号，不标含量。当主要合金元素多于三种时，可只标注前两种或前三种元素的名义含量。例如：ZG15Cr1Mo1。

5.1.2　碳钢中的常存元素

碳素钢中除铁和碳两种元素外，还含有少量硅、锰、硫、磷等元素，它们的存在对钢的质量有很大的影响。

1. 锰

钢中锰的含量（质量分数）一般为0.25%~0.80%，锰主要来自炼钢脱氧剂。脱氧后残留在钢中的锰可溶于铁素体和渗碳体中,提高钢的强度和硬度。锰还能与硫形成 MnS,减轻硫对钢的危害,所以锰是钢中的有益元素。

2. 硅

硅是炼钢后期以硅铁作脱氧剂进行脱氧反应后残留在钢中的元素。在碳素镇静钢中一般控制在 0.17%~0.37%之间。钢中的硅能溶于铁素体,可提高钢的强度和硬度,但由于其含量小,故其强化作用不大。硅是钢中的有益元素。

3. 硫

硫主要是由生铁带入钢中的有害元素。在钢中硫与铁生成化合物 FeS。FeS 与 Fe 形成共晶体(Fe+FeS),其熔点仅为 985℃。当钢材加热到 1000~1200℃进行轧制或锻造时,沿晶界分布的 Fe+FeS 共晶体熔化,导致坯料开裂,这种现象称为热脆。钢中的硫含量一般不得超过 0.05%。钢中的锰能从 FeS 中夺走硫而形成 MnS。MnS 的熔点高(1620℃),在钢材轧制时不熔化,能有效地避免钢的热脆性。

S 虽是有害元素,但当钢中含 S 量较多时,可形成较多的 MnS,在切削加工时,MnS 对断屑有利,可改善钢的切削加工性。

4. 磷

磷也是由生铁带入的有害元素。磷部分溶解在铁素体中形成固溶体,部分在结晶时形成脆性很大的化合物(Fe_3P),使钢在室温下(一般为 100℃以下)的塑性和韧性急剧下降,这种现象称为冷脆。磷在结晶时还容易偏析,在局部地方发生冷脆。一般钢中含磷量限制在 0.04%以下。

钢中含有适量的磷,能提高钢在大气中的抗蚀性能。

虽然 S 和 P 是有害元素,但适量的 S 和 P 可以提高钢的切削加工性能。所以在制造表面粗糙度要求较小而强度不十分高的零件时,可以将 P 和 S 元素的含量提高到 w_S = 0.08%~0.38%,w_P = 0.05%~0.15%,这种钢称为易切削钢。

5.1.3 普通碳素结构钢

根据国家标准(GB/T 700—2006),常见普通碳素结构钢的牌号、化学成分和力学性能如表 5-1 和表 5-2 所示。

表 5-1 碳素结构钢的牌号及化学成分(GB/T 700—2006)

牌号	等级	化学成分含量 w_{Me}/%,不大于					脱氧方法
		C	Si	Mn	P	S	
Q195	—	0.12	0.30	0.50	0.045	0.040	F,Z
Q215	A	0.15	0.35	1.20	0.045	0.050	F,Z
	B					0.045	
Q235	A	0.22	0.35	1.40	0.045	0.050	F,Z
	B	0.20				0.045	
	C	0.17			0.040	0.040	Z
	D				0.035	0.035	TZ

（续）

牌号	等级	化学成分含量 w_{Me}/%，不大于					脱氧方法
		C	Si	Mn	P	S	
Q275	A	0.24	0.35	1.50	0.045	0.050	F，Z
	B				0.045	0.045	Z
	C	0.28～0.38			0.040	0.040	Z
	D				0.035	0.035	TZ

表5－2 普通碳素结构钢的力学性能（GB/T 700—2006）

牌号	等级	拉伸试验												冲击试验	
		屈服点 R_{eH}/ MPa，不小于 钢材厚度（直径）/ mm						拉伸强度	伸长率 A /%，不小于 钢材厚度（直径）/ mm					温度/℃	V型冲击吸功（纵向）A_k/J，不小于
		≤16	>16～40	>40～60	>60～100	>100～150	>150	R_m/ MPa，不小于	≤40	>40～60	>60～100	>100～150	>150		
Q195	—	195	185	—	—	—	—	315～390	33	—	—	—	—	—	—
Q215	A B	215	205	195	185	175	165	335～450	31	30	29	27	26	— +20 0 −20	— 27
Q235	A B C D	235	225	215	215	195	185	370～500	26	25	24	22	21	— +20 0 −20	27
Q275	—	275	265	255	245	225	215	410～540	22	21	20	18	17	— +20 0 20	27

这类钢牌号中体现了其力学性能，常见的普通碳素结构钢中：Q195、Q215、Q235A、Q235B等塑性较好，有一定的强度，通常轧制成钢筋、钢板和钢管等，可用于桥梁、建筑物等构件，也可用做普通螺钉、螺帽、铆钉等。Q235C、Q235D可用于重要的焊接件。Q235、Q275强度较高，可轧制成型钢、钢板做构件用。

需指出的是该类钢一般是在热轧状态下使用，不再进行热处理。但对某些零件也可以进行退火、调质、渗碳等处理，以提高其使用性能。

5.1.4 优质碳素结构钢

优质碳素结构钢中所含硫、磷及非金属杂物量较少，常用来制造重要的机械零件，使用前一般都要经过热处理来改变力学性能。

优质碳素结构钢的牌号用两位数字表示，这两位数字表示钢的平均含碳量的万分数。例如40表示平均含碳量为0.40%的优质碳素结构钢。若钢中锰质量分数较高，则在这类钢号后附加符号“Mn”，如15Mn、45Mn等。优质碳素结构钢的牌号、化学成分及力学性能见表5－3。

表5-3 优质碳素结构钢的牌号、化学成分及力学性能(GB/T 699—1999)

牌号	化学成分/%						试样毛坯尺寸/mm	力学性能,不小于				
	C	Si	Mn	Cr	Ni	Cu		R_m/MPa	R_{eL}/MPa	A/%	Z/%	A_{ku2},J
				不大于								
08F	0.05~0.11	≤0.03	0.25~0.50	0.10	0.30	0.25	25	295	175	35	60	—
10F	0.07~0.13	≤0.07	0.25~0.50	0.15	0.30	0.25	25	315	185	33	55	—
15F	0.12~0.18	≤0.07	0.25~0.50	0.25	0.30	0.25	25	355	205	29	55	—
08	0.05~0.11	0.17~0.37	0.35~0.65	0.10	0.30	0.25	25	325	195	33	60	—
10	0.07~0.13	0.17~0.37	0.35~0.65	0.15	0.30	0.25	25	335	205	31	55	—
15	0.12~0.18	0.17~0.37	0.35~0.65	0.25	0.30	0.25	25	375	225	27	55	—
20	0.17~0.23	0.17~0.37	0.35~0.65	0.25	0.30	0.25	25	410	245	25	55	—
25	0.22~0.29	0.17~0.37	0.50~0.80	0.25	0.30	0.25	25	450	275	23	50	71
30	0.27~0.34	0.17~0.37	0.50~0.80	0.25	0.30	0.25	25	490	295	21	50	63
35	0.32~0.39	0.17~0.37	0.50~0.80	0.25	0.30	0.25	25	530	315	20	45	55
40	0.37~0.44	0.17~0.37	0.50~0.80	0.25	0.30	0.25	25	570	335	19	45	47
45	0.42~0.50	0.17~0.37	0.50~0.80	0.25	0.30	0.25	25	600	355	16	40	39
50	0.47~0.55	0.17~0.37	0.50~0.80	0.25	0.30	0.25	25	630	375	14	40	31
55	0.52~0.60	0.17~0.37	0.50~0.80	0.25	0.30	0.25	25	645	380	13	35	—
60	0.57~0.65	0.17~0.37	0.50~0.80	0.25	0.30	0.25	25	675	400	12	35	—
65	0.62~0.70	0.17~0.37	0.50~0.80	0.25	0.30	0.25	25	695	410	10	30	—
70	0.67~0.75	0.17~0.37	0.50~0.80	0.25	0.30	0.25	25	715	420	9	30	—
75	0.72~0.80	0.17~0.37	0.50~0.80	0.25	0.30	0.25	试样	1080	880	7	30	—
80	0.77~0.85	0.17~0.37	0.50~0.80	0.25	0.30	0.25	试样	1080	930	6	30	—
85	0.82~0.90	0.17~0.37	0.50~0.80	0.25	0.30	0.25	试样	1130	980	6	30	—
15Mn	0.12~0.18	0.17~0.37	0.50~0.80	0.25	0.30	0.25	25	410	245	26	55	—
20Mn	0.17~0.23	0.17~0.37	0.50~0.80	0.25	0.30	0.25	25	450	275	24	50	—
25Mn	0.22~0.29	0.17~0.37	0.50~0.80	0.25	0.30	0.25	25	490	295	22	50	71
30Mn	0.27~0.34	0.17~0.37	0.50~0.80	0.25	0.30	0.25	25	540	315	20	45	63
35Mn	0.32~0.39	0.17~0.37	0.50~0.80	0.25	0.30	0.25	25	560	335	18	45	55
40Mn	0.37~0.44	0.17~0.37	0.50~0.80	0.25	0.30	0.25	25	590	355	17	45	47
45Mn	0.42~0.50	0.17~0.37	0.50~0.80	0.25	0.30	0.25	25	620	375	15	40	39
50Mn	0.48~0.56	0.17~0.37	0.50~0.80	0.25	0.30	0.25	25	645	390	13	40	31
60Mn	0.57~0.65	0.17~0.37	0.50~0.80	0.25	0.30	0.25	25	695	410	11	35	—
65Mn	0.62~0.70	0.17~0.37	0.50~0.80	0.25	0.30	0.25	25	735	430	9	30	—
70Mn	0.67~0.75	0.17~0.37	0.50~0.80	0.25	0.30	0.25	25	785	450	8	30	—

优质碳素结构钢主要用来制造各种机器零件。08F塑性好,可制造冷冲压零件;10钢、20钢冷冲压性与焊接性良好,可用作冲压件及焊接件,经过热处理(如渗碳)也可以制造轴、销等零件;30钢、40钢、45钢、50钢经热处理后,可获得良好的力学性能,用来制造齿轮、轴类、套筒等零件;60钢、65钢主要用来制造弹簧。优质碳素结构钢使用前一般都要进行热处理。

5.1.5 碳素工具钢

碳素工具钢都是高碳钢,都是优质钢或高级优质钢,主要用来制造各种刃具、量具、模具等 。由于大多数工具都要求高硬度和高耐磨性,故碳素工具钢含碳量均在0.70%以上。常见碳素工具钢的牌号、化学成分及力学性能见表5-4。

表5-4 碳素工具钢的牌号、化学成分及力学性能(GB/T 1298—2008)

牌号	化学成分含量 w_{Me}/%			硬度		
				退火状态	淬火	
	C	Mn	Si	硬度/HBW,不大于	温度(℃)和介质	硬度/HRC,不大于
T7	0.65~0.74	≤0.40	≤0.35	187	800~820水	62
T8	0.75~0.84	≤0.40	≤0.35	187	780~800水	62
T8Mn	0.80~0.90	0.40~0.60	≤0.35	187	780~800水	62
T9	0.85~0.94	≤0.40	≤0.35	192	760~780水	62
T10	0.95~1.04	≤0.40	≤0.35	197	760~780水	62
T11	1.05~1.14	≤0.40	≤0.35	207	760~780水	62
T12	1.15~1.24	≤0.40	≤0.35	207	760~780水	62
T13	1.25~1.35	≤0.40	≤0.35	217	760~780水	62

碳素工具钢的牌号以“碳”的汉语拼音字母字头“T”及阿拉伯数字表示,其数字表示钢中平均含碳量的千分数。碳素工具钢常被用来制造各种刃具、量具、模具等。T7、T8硬度高、韧性较好,可制造冲头、凿子、锤子等工具;T9、T10、T11硬度高、韧性适中,可制造钻头、刨刀、丝锥、手锯条等刃具及冷作模具;T12、T13硬度高,韧性较低,可制作锉刀、刮刀等刃具及量规、样套等量具。

碳素工具钢使用前都要进行热处理。

5.1.6 铸钢

铸钢的含碳量一般在0.20%~0.60%之间。若含碳量过高,则塑性变差,铸造时易产生裂纹。铸钢的牌号是用“铸钢”两汉字的拼音字母开头“ZG”及后面两组数字组成:第一组数字代表屈服点,第二组数字代表抗拉强度值。牌号中标明了力学性能,常见铸钢的牌号、成分、力学性能见表5-5。

表5-5 铸钢的牌号、成分、力学性能(GB/T 11325—1995)

牌号	主要化学成分/%				室温力学性能(不小于)				
	C≤	Si≤	Mn≤	S,P≤	$R_{eL}(R_{P0.2})$ / MPa	R_m/ MPa	A/%	Z/%	A_k/J
ZG200-400	0.20	0.50	0.80	0.04	200	400	25	40	30
ZG230-450	0.30	0.50	0.90	0.04	230	450	22	32	25
ZG270-500	0.40	0.50	0.90	0.04	270	500	18	25	22
ZG310-570	0.50	0.60	0.90	0.04	310	570	15	21	15
ZG340-640	0.60	0.60	0.90	0.04	340	640	10	18	10

铸钢主要用来制造重型机械、矿山机械、冶金机械、机车车辆上的某些形状复杂、用锻造方法难以生产而力学性能要求又比较高的零件及构件,它的铸造性能比铸铁差,主要表现在流动性差、凝固时的收缩率大、易产生偏析等方面。

5.2 合金钢

现代科学技术和工业的发展对材料提出了更高的要求,如更高的强度、高温、高压、低温、腐蚀、磨损以及其他特殊物理、化学性能的要求,碳钢无法满足这些要求。

碳钢存在以下不足:

(1) 淬透性低。一般情况下,碳钢水淬的最大淬透直径只有15~20mm,因此在制造大尺寸和形状复杂的零件时,不能保证性能的均匀性和几何形状不变。

(2) 碳钢的强度和屈强比较低。Q235钢的R_{eL}为235MPa,而低合金结构钢16Mn的R_{eL}则为360MPa以上;屈强比低说明强度的有效利用率低,使工程结构和设备笨重;40钢的R_{eL}/R_m为0.43,而合金钢35CrNi3Mo的R_{eL}/R_m可达0.74。

(3) 碳钢的回火稳定性差。

(4) 综合性能差。为了保证较高的强度需采用较低的回火温度,这样碳钢的韧性就偏低;为了保证较好的韧性,采用高的回火温度时,强度又偏低。

(5) 特殊性能差。碳钢在抗氧化、耐蚀、耐热、耐低温、耐磨损以及特殊电磁性等方面往往较差,不能满足特殊使用性能的需求。

为了弥补碳钢存在的不足,特意在碳钢中加入一些合金元素,即形成合金钢。合金钢就是在碳钢的基础上,为了改善钢的性能,在冶炼时有目的地加入一种或数种合金元素的钢。这类钢中除含有硅、锰、硫、磷外,还根据钢种的要求向钢中加入一定数量的合金元素,如铬、镍、钼、钴、钨、钒、硼、铝、钛及稀土等合金元素。

5.2.1 合金钢的分类及编号

1. 合金钢的分类

合金钢的分类也有多种。按合金元素的含量,合金钢可分为低合金钢(合金元素Me的重量百分数$w_{Me}<5\%$)、中合金钢$w_{Me}=5\%\sim10\%$)、高合金钢($w_{Me}>10\%$)。按钢中所含主要合金元素的种类,合金钢可分为铬钢、铬镍钢、锰钢、硅锰钢等。按小试样正火或铸造状态的显微组织,合金钢可分为珠光体钢、马氏体钢、铁素体钢、奥氏体钢和莱氏体钢等。若按用途将合金钢分为合金结构钢、合金工具钢和特殊性能钢三大类,即

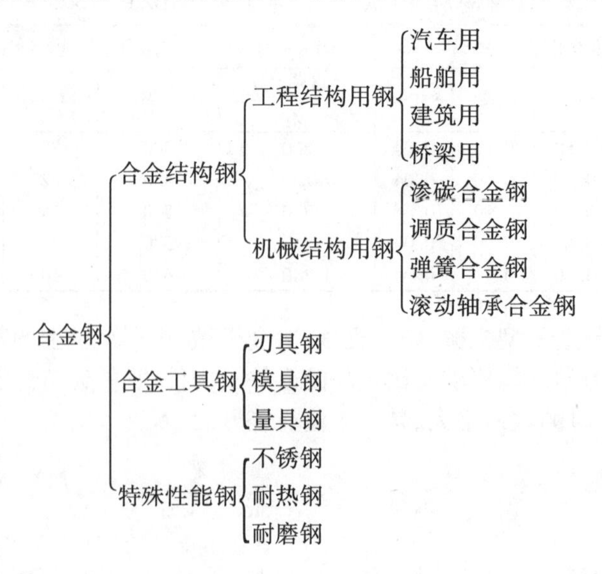

2. 合金钢的编号

1）合金结构钢

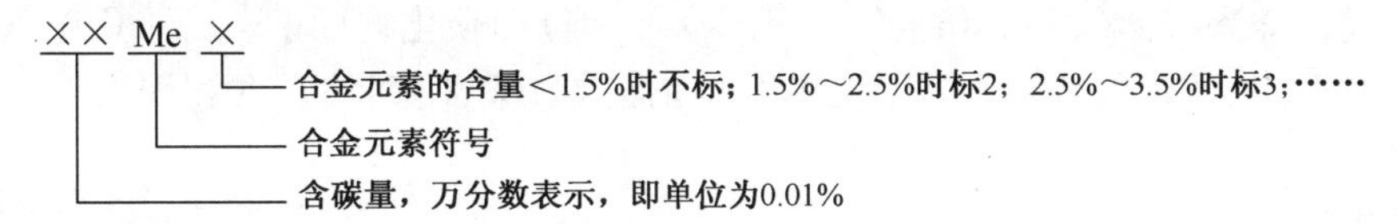

如40Cr为结构钢，平均碳质量分数为0.4%，主要合金元素Cr的质量分数在1.5%以下。

需指出的的是：专用钢用其用途的汉语拼音字首字母表示。

（1）滚珠轴承钢。在钢号前标以“滚”字汉语拼音首字母“G”。如GCr15表示碳平均含量为1.0%、铬平均含量为1.5%（这是一个特例，铬质量分数以千分之一为单位的数字表示）的滚珠轴承钢。

（2）易切钢。在钢号前标以“易”字汉语拼音首字母“Y”。如Y40Mn表示碳质量分数为0.4%、锰质量分数小于1.5%的易切削钢。

对于高级优质钢，则在钢号末尾加“A”，例如20Cr2Ni4A等。

2）合金工具钢

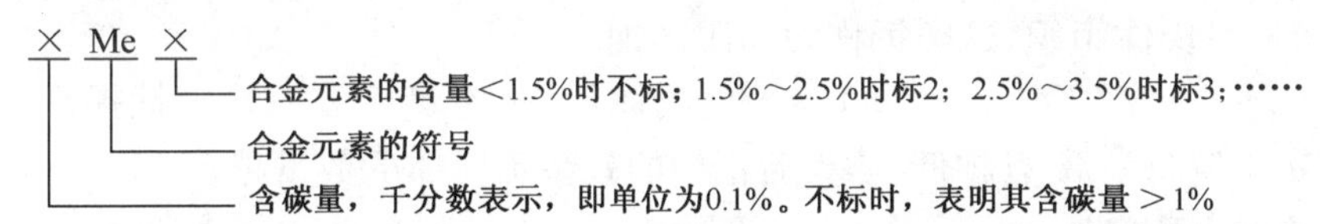

如5CrMnMo为工具钢，平均碳质量分数为0.5%，主要合金元素Cr、Mn、Mo的质量分数均在1.5%以下；CrWMn钢亦为工具钢，碳含量大于1.0%，含有Cr、Mo、W，其质量分数均小于1.5%。

必须指出高合金工具钢中的高速钢，含碳量小于1%时不标，如W18Cr4V，表示其碳含量为0.6%~0.7%，W、Cr、V元素的平均含量分别为18%、4%和小于1.5%的高速钢。

3）特殊性能钢

特殊性能钢的编号类似于合金工具钢，但少数特殊用途钢的编号方法有例外，例如珠光体型耐热钢如12CrMoV、15CrMo，其编号方法就与结构钢相同，但这种情况较少。此外，不锈钢中碳含量较低时有特殊的表示方法：当碳含量分别小于0.08%和0.03%时，钢号前分别冠以“0”和“00”。如不锈钢0Cr18Ni14Ti，00Cr17Ni14Mo2，其含碳量分别小于0.08%和0.03%。

5.2.2 合金元素在钢中的作用

1. 提高钢的力学性能

合金元素能提高钢的力学性能，这是因为合金元素在钢中能产生以下作用。

1）固溶强化铁素体

大多数合金元素都能或多或少地溶于铁素体，使铁素体产生晶格畸变、产生固溶强化，使铁素体的强度、硬度升高，塑性和韧性下降。有些合金元素，如Mn、Cr、Ni等，只要配比得当，可使钢的强度和韧性同步提高，获得良好的综合性能。

2）形成第二相强化

比 Fe 与 C 更大亲和力的合金元素，如 Ti、Zr、V、Nb、W、Mo、Cr、Mn 等，除固溶于铁素体外，还可形成合金渗碳体（$(Fe,Mn)_3C$、$(Fe,Cr)_7C_3$等）和碳化物（如 WC、MoC、VC、TiC 等），随着钢中碳化物数量的增加，可阻碍固溶体晶体的滑移，使钢的强度和硬度提高，塑性和韧性下降。

3）细晶强化

与 C 亲和力较强的强碳化物形成元素，如 Ti、Zr、V、Nb 等以及强氮化物形成元素 Al，在钢中可形成稳定的碳化物和氮化物，阻碍奥氏体晶粒粗化，细化铁素体晶粒，从而同步提高钢的强度和韧性。

2. 提高钢的淬透性

大多数合金元素（除 Co 外）溶入奥氏体后都能使钢的过冷奥氏体稳定性增加，使 C 曲线右移，降低了钢的马氏体临界冷却速度，提高了钢的淬透性。这样，一方面可增加大截面零件的淬透深度，从而获得较高的、沿截面均匀的力学性能；另一方面可采用冷却能力较弱的淬火介质（如油等）进行淬火，有利于减小工件变形与开裂倾向。

需注意以下两点：

（1）在某些合金钢中由于含有大量提高淬透性的合金元素，过冷奥氏体非常稳定，甚至空冷后也能形成马氏体组织，这类钢称为马氏体钢。

（2）大多数合金元素（除 Co、Al 外）溶入奥氏体后，过冷奥氏体的稳定性提高，使马氏体转变温度 M_s点降低。M_s点越低，淬火后钢中的残余奥氏体的数量越多。

3. 提高钢的回火稳定性

回火稳定性是指淬火钢在回火时保持强度和硬度不降低的能力。合金元素能提高回火稳定性是因为合金元素淬火时溶入马氏体，使原子扩散速度减慢，阻碍了马氏体的分解所致。所以相同的温度回火后，合金钢的强度和硬度下降较少，即合金钢比碳钢具有更高的回火稳定性。

此外，合金元素在钢回火时，会产生“二次硬化”现象，即钢回火时出现硬度二次回升的现象（图 5-1）。这是因为当回火温度升高到 500～600℃时，会从马氏体中析出细小弥散的特殊碳化物（如 Mo_2C、W_2C 和 VC 等），分布在马氏体基体上，使钢的硬度有所提高；同时淬火后残余奥氏体在回火过程中会部分转变成马氏体，也使钢回火后硬度提高，这两种现象称为“二次硬化”。高的回火稳定性和二次硬化使钢在高温下（500～600℃）仍保持高硬度，这种性能称为热硬性。热硬性对工具钢意义重大。

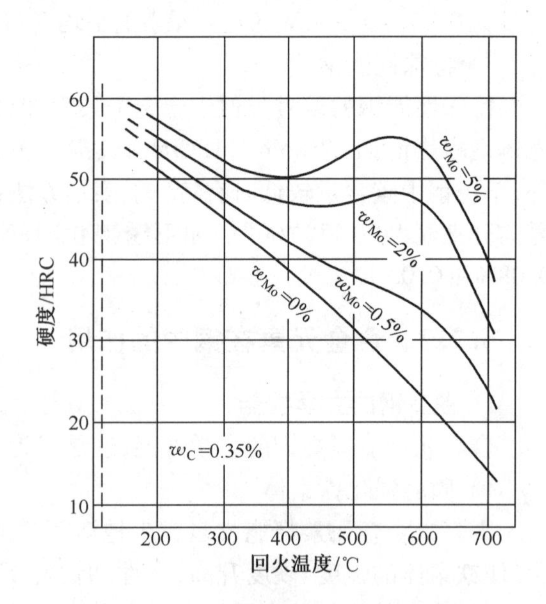

图 5-1　合金元素对钢回火后硬度的影响

但需注意的是，有的合金元素（如 Co、Ni、Mn、Si）易使钢产生第二类回火脆性,即淬火钢在455~650℃回火时出现的回火脆性。这种脆性会对钢的力学性能产生不利影响。需加入适量的Mo和W以降低这种回火脆性。

4. 使钢具有特殊性能

当钢中加入一定量的某种合金元素时,可使钢的组织发生突变,甚至变成了全奥氏体或全铁素体的单相组织,即形成所谓的奥氏体型钢或铁素体型钢,使之具有某种特殊性能,形成特殊性能钢,如不锈钢、耐磨钢、耐热钢等。

当Mn、Ni、Co等合金元素增至一定量时,可形成全奥氏体单相组织,称之为奥氏体型钢,如ZGMn13-1、ZGMn13-2、3Cr18Mn12Si2N、1Cr18Ni9等。而当Cr、V、Mo等合金元素增至一定量时,则会形成全单相铁素体组织,称之为铁素体型钢,如0Cr13Al、1Cr17等。

此外,合金元素可使铁-碳平衡相图中的特殊成分点如S、E发生左移,从而使合金钢中组织发生变化。如W18Cr4V,虽然其含碳量为0.6%~0.7%,应属于亚共析钢组织,但由于S、E点的左移,使其已成为莱氏体组织,即莱氏体钢。再如3Cr2W8V,含碳量为0.3%,已是过共析钢了。

5.2.3　合金结构钢

合金结构钢是合金钢中用途最广、用量最大、主要用于制造重要工程结构和机器零件的一类钢种。用于制造各种机械零件以及各种工程结构(如屋梁、桥梁、高压电线塔、钻井架、车辆构架、起重机械构架等)的钢都可以称为结构钢。

1. 工程用合金结构钢

工程用合金结构钢是一种可以焊接的低碳、低合金结构钢。

1) 成分特点

(1) 低碳。由于韧性、焊接性和冷成型性能的要求高,其碳质量分数不超过0.20%。

(2) 加入以锰为主的合金元素。我国的低合金结构钢基本上不用贵重的Ni、Cr等元素,而以资源丰富的Mn为主要合金元素。锰除了产生较强的固溶强化效果外,因它大大降低奥氏体分解温度,细化了铁素体晶粒,并使珠光体片变细,消除了晶界上的粗大片状碳化物,提高了钢的强度和韧性。

(3) 加入铌、钛或钒等附加元素。少量的铌、钛或钒在钢中形成细碳化物或碳氮化物,阻碍钢热轧时奥氏体晶粒的长大,有利于获得细小的铁素体晶粒;另外,热轧时部分固溶在奥氏体内,而冷却时弥散析出,可起到一定的析出强化作用,从而提高钢的强度和韧性。

此外,加入少量铜(≤0.4%)和磷(0.1%左右)等,可提高抗腐蚀性能。加入少量稀土元素,可以脱硫、去气,使钢材净化,改善韧性和工艺性能。

2) 性能要求

(1) 高强度。一般低合金结构钢的屈服强度在300MPa以上,强度高才能减轻结构自重,节约钢材,降低费用。因此,在保证塑性和韧性的条件下,应尽量提高其强度。

(2) 高韧性。为了避免发生脆断,同时使冷弯、焊接等工艺容易进行,要求延伸率为15%~20%,室温冲击韧性大于600~800kJ/m^2。对于大型焊接构件,因不可避免地存在各种缺陷(如焊接冷、热裂纹),还要求有较高的断裂韧性。

(3) 良好的焊接性能和冷成型性能。大型结构大都采用焊接制造,焊前往往要冷成型,而焊后又很难进行热处理,因此要求这类钢具有很好的焊接性能和冷成型性能。

(4) 低的冷脆转变温度。许多构件在低温下工作。为了避免低温脆断,低合金结构钢应具有较低的韧-脆转变温度(即良好的低温韧性),以保证构件在较低的使用温度下仍处在韧性状态。

(5) 良好的耐蚀性。许多构件在潮湿大气或海洋性气候条件下工作,而且用低合金结构钢制造的构件的壁厚比碳钢构件小,所以要求有良好的抗大气、海水或土壤腐蚀的能力。

3) 常用钢种

具有代表性的工程用低合金结构钢见表5-6。

表5-6 常见工程用低合金结构钢的钢号、成分、性能及用途

钢号	化学成分含量 w_{Me}/%							厚度或直径/mm	力学性能			用途
	C	Si	Mn	V	Nb	Re	其他		R_{eL}/MPa	R_m/MPa	A/%	
09MnNb	≤0.2	0.2~0.6	0.8~1.2	—	0.015~0.05	—	Cu≤0.35	≤16 17~25	300 280	420 400	23 21	桥梁、车辆
12Mn	≤0.16	0.20~0.60	1.10~1.50	—	—	—	Cu≤0.35	≤16 17~25	300 280	450 440	21 19	锅炉、船舶、车辆、压力容器、建筑结构等
16Mn	0.12~0.20	0.20~0.60	1.20~1.60	—	—	—	Cu≤0.35	≤16 17~25	350 290	520 480	21 19	锅炉、船舶、车辆、压力容器、建筑结构等
16MnRe	0.12~0.20	0.20~0.60	1.20~1.60	—	—	≤0.20	Cu≤0.35	≤16	350	520	21	桥梁、起重设备等
16MnNb	0.12~0.20	0.20~0.60	1.20~1.60	—	0.015~0.05	—	Cu≤0.35	≤16 17~20	400 380	540 520	19 18	桥梁、起重设备等
15MnTi	0.12~0.18	0.20~0.60	1.20~1.60	—	—	—	Ti0.12~0.20 Cu≤0.35	≤25 16~40	400 380	540 520	19 19	船舶、压力容器、电站设备等
14MnVTiRe	≤0.18	0.20~0.60	1.30~1.60	0.04~0.10	—	≤0.20	Ti0.19~0.16 Cu≤0.35	≤12 13~20	450 420	560 540	18 18	桥梁、高压容器、大型船舶、电站设备等
15MnVN	0.12~0.20	0.20~0.60	1.30~1.70	0.10~0.20	—	—	N0.01~0.02 Cu≤0.35	≤10 11~25	450 430	600 580	17 18	大型焊接结构、大桥、管道等
14MnMoV	0.10~0.18	0.20~0.50	1.20~1.60	0.05~0.15	—	—	Mo0.04~0.65 Cu≤0.35	30~115	500	650	16	中温高压容器(<500℃)
18MNMoBb	0.17~0.23	0.17~0.37	1.35~1.65	—	0.025~0.05	—	Mo0.04~0.65 Cu≤0.35	16~18 40~95	520 500	650 650	17 16	锅炉、化工、石油高压厚壁容器(<500℃)
14CrMnMoVB	0.10~0.15	0.17~0.40	1.10~1.60	0.03~0.06	—	—	Mo0.32~0.42 B0.002~0.006	6~20	650	750	15	中温高压容器(400℃,<500℃)

4）热处理工艺与方法

这类钢一般在热轧空冷状态下使用，不需要进行专门的热处理。在有特殊需要时，如为了改善焊接区性能，可进行一次正火处理。使用状态下的显微组织一般为铁素体加索氏体。

较低强度级别的钢中，以16Mn最具代表性。该钢使用状态的组织为细晶粒的铁素体+珠光体，强度比普通碳素结构钢Q235高约20%~30%，耐大气腐蚀性能高20%~38%。用它来制造工程结构时，重量可减轻20%~30%，且低温性能较好；15MnVN是中等级别强度钢中使用最多的钢种。钢中加入V、N后，生成钒的氮化物，可细化晶粒，又有析出强化的作用，强度有较大提高，而且韧性、焊接性及低温韧性也较好，被广泛用于制造桥梁、锅炉、船舶等大型结构。强度级别超过500MPa后，铁素体-珠光体组织难以满足要求，于是发展了低碳贝氏体钢。加入Cr、Mo、Mn、B等元素，阻碍奥氏体转变，使C曲线的珠光体转变区右移，而贝氏体转变区变化不大，有利于空冷条件下得到贝氏体组织，从而获得更高的强度、塑性，焊接性能也较好，多用于高压锅炉、高压容器等。

5）用途

这类钢主要用于制造桥梁、船舶、车辆、锅炉、高压容器、输油输气管道、大型钢结构等，用它来代替碳素结构钢，可大大减轻结构重量，节省钢材，保证使用可靠、耐久。

2. 合金渗碳钢

1）成分特点

合金渗碳钢的碳含量一般为0.10%~0.25%，以保证心部具有足够的塑性和韧性；加入Cr、Ni、Mn、B等元素，主要是为了提高钢的淬透性，保证淬火后零件心部的强度和韧性；另外，加入少到的Ti、V、W、Mo等元素后能形成稳定的碳化物，不仅可以阻止奥氏体晶粒的长大，还能增加渗碳层的硬度，提高耐磨性。

在钢中加入微量的硼，其含量在0.0005%和0.0035%之间，就能显著提高钢的淬透性。随着钢中含碳量的增加，硼对淬透性的影响也随之减弱。因此微量硼在低碳钢中比在中碳钢中效果大。当碳含量大于0.90%时，硼基本上已不起作用。附加合金元素为少量的钼、钨、钒、钛等碳化物形成元素，以阻止高温渗碳时晶粒长大，起到细化晶粒的作用。

2）性能要求

工作表面应具有很高的硬度（可达60~65HRC）和高的耐磨性，而心部应具有良好的塑性和足够高的强度。

3）常用的钢种及牌号

渗碳钢按淬透性的高低可分为低淬透性渗碳钢、中淬透性渗碳钢和高淬透性渗碳钢。它们在水中的临界淬透直径分别为20~35 mm、25~60 mm及100 mm以上。应用最广泛的20CrMnTi钢被大量地用于制造承受高速中载、要求抗冲击和耐磨损的汽车、拖拉机重要零件。为了节约铬，我国通常采用20Mn2B或20MnVB来代替20CrMnTi。

常用渗碳钢的牌号、热处理工艺、力学性能及用途见表5-7。

4）热处理方法及其组织

合金渗碳钢的热处理是渗碳后淬火+低温回火。其淬火方法见图5-2。

直接淬火工艺简单，但因淬火温度高、淬火组织粗大和残余奥氏体较多，工件耐磨性较低、变形较大，一般用于耐磨性和承载能力要求不高的场合。

表5-7 常用渗碳钢的牌号、热处理工艺、力学性能及用途

类别	牌号	热处理/℃		力学性能(不小于)				用途
		第一次淬火	第二次淬火	R_{eL}/MPa	R_m/MPa	A/%	A_k/J	
低淬透性	15	890,空	770~880,水	≥500	≥300	15		小轴、活塞销等
	20Cr	880,水、油	780~820,水、油	835	540	10	47	齿轮,小轴、活塞销等
	20MnV		880,水、油	785	590	10	55	同上,也可做锅炉、高压容器、管理等
中淬透性	20CrMnMo		850,油	1175	885	10	55	汽车、拖拉机变速箱齿轮等
	20CrMnTi	880,油	870,油	1080	835	10	55	汽车、拖拉机变速箱齿轮等
	20CrMnTi		860,油	1100	930	10	55	代20CrMnTi
高淬透性	18Cr2Ni4WA	950,空	850,空	1175	835	10	78	重型汽车、坦克、飞机的齿轮和轴等
	12Cr2Ni4	860,油	780,油	1080	835	10	71	重型汽车、坦克、飞机的齿轮和轴等
	20Cr2Ni2	880,油	780,油	1175	1080	10	63	重型汽车、坦克、飞机的齿轮和轴等

注:①淬火后的回火温度均为200℃(列出9种钢数据以便进行比较);②力学性能实验用试样尺寸:碳钢直径25mm,合金钢直径15mm

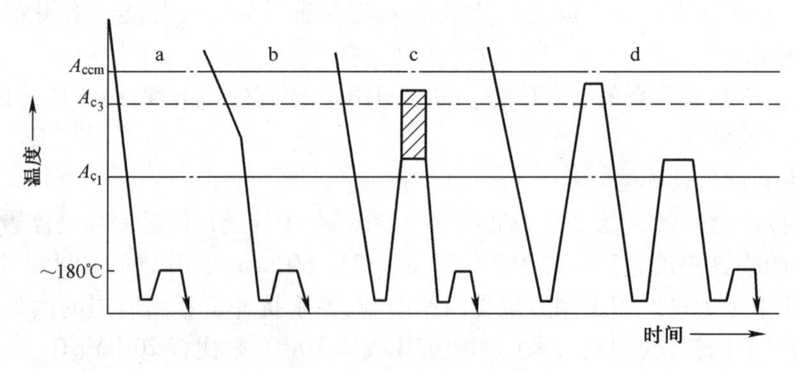

图5-2 渗碳后的热处理方法

a—直接淬火;b—预冷后直接淬火;

c—一次淬火;d—二次淬火。

预冷后直接淬火是将渗碳后的工件由渗碳温度冷却到A_{c3}~A_{c1}之间后淬火,它可克服直接淬火组织粗大和残余奥氏体较多的缺点,工件耐磨性较高、变形较小,一般用于合

金渗碳钢零件,其耐磨性和承载能力较高。

一次淬火是将渗碳后的工件缓冷至室温后再重新加热到临界温度以上的淬火工艺。要求心部强韧性较高的工件,重新加热温度为 A_{c3}+30℃~50℃;要求表层耐磨性能较高的工件,重新加热温度为 A_{c1}+30℃~50℃。

二次淬火是将渗碳后的工件缓冷至室温后进行两次重新加热淬火的工艺。第一次加热温度为 A_{c3}+30℃~50℃,目的是细化心部组织和消除表层的网状碳化物;第二次加热温度为 A_{c1}+30℃~50℃,目的是细化表层组织,获得细小马氏体及均匀分布的颗粒状碳化物。它主要用于要求心部具有高强韧性、表层具有高耐磨性能的重要工件。

热处理后渗碳层组织为高碳回火马氏体和特殊碳化物,硬度为60~62HRC,心部组织和硬度由淬火钢的淬透性和尺寸而定。近年来,生产中采用渗碳钢直接进行淬火和低温回火,以获得低碳马氏体组织,来制造某些要求综合力学性能较高的零件(如传递动力的轴、重要的螺栓等)。在某些场合下它还可以代替中碳钢的调质处理。

5) 用途

合金渗碳钢主要用于制造汽车、拖拉机中的变速齿轮,内燃机上的凸轮轴、活塞销等机器零件。这类零件在工作中遭受强烈的摩擦磨损,同时又承受较大的交变载荷,特别是冲击载荷。

3. 合金调质钢

1) 成分特点

合金调质钢是指经调质(淬火+高温回火)处理后使用的钢。一般要求合金调质钢的碳含量为0.25%~0.50%。含碳量过低,不易淬硬,回火后强度不够;含碳量过高则韧性不够。主加合金元素 Cr、Mn、Ni、Si、B 等,其主要作用是提高钢的淬透性,并在钢中形成合金铁素体,提高钢的强度。附加合金元素 Ti、V、Mo、W 等,主要作用是在钢中形成稳定的合金碳化物,阻止奥氏体晶粒长大及细化晶粒,并防止回火脆性。

2) 钢种及牌号

按淬透性高低,合金调质钢分为低淬透性调质钢、中淬透性调质钢和高淬透性调质钢三类。它们在油中的临界淬透直径分别为20~40 mm、40~60 mm 和60~100 mm。典型的钢种40Cr 广泛用于制造一般尺寸的重要零件;35CrMo 用于制造截面较大的零件,例如曲轴、连杆等;40CrNiMn 用于制造大截面、重载荷的重要零件,如汽轮机主轴、叶轮、航空发动机轴等。常用调质钢的牌号、热处理、力学性能及用途见表5-8。

3) 热处理特点

合金调质钢的最终热处理为淬火后高温回火,回火温度一般在500~600℃。热处理后的组织为回火索氏体,具有高的综合力学性能。如果零件除了要求较高的强度、韧性和塑性配合外,还在其某些部位(如轴类零件的轴颈和花键部分)要求良好的耐磨性时,则可在调质处理后再进行表面淬火处理。对耐磨性有更高要求的还可以进行化学热处理。为提高疲劳强度,带有缺口的零件调质后,在缺口附近采用喷丸或滚压强化。

4) 用途及性能要求

合金调质钢主要用于制造在重载荷作用下同时又受冲击载荷作用的零件,如拖拉机、汽车、机床等机器上的用于传递动力的轴、连杠、齿轮、螺栓等。调质件大多承受多种工作载荷,受力情况比较复杂。所以调质件应具有良好的综合机械性能,即具有高的强度,同时又具有良好的塑性和韧性。

表5-8 常用调质钢的牌号、热处理工艺、力学性能及用途

类别	牌号	热处理 / ℃		力学性能(不小于)				用途
		淬火	回火	R_{eL}/ MPa	R_m/ MPa	A / %	A_K/J	
低淬透性	45	840,水	600,空	600	355	16	39	主轴、曲轴、齿轮等
	20Cr	850,油	520,水、油	980	785	9	47	重要调质件,如轴、连杆、螺栓、重要齿轮等
	40MnB	850,油	500,水、油	980	785	10	47	性能接近或优于40Cr,用做调质零件
中淬透性	40CrNi	820,油	500,水、油	980	785	10	55	做大截面齿轮与轴等
	35CrMo	850,油	550,水、油	980	835	12	63	代40CrNi做大截面齿轮与轴等
	30CrMoSi	860,油	520,水、油	1080	885	10	39	高速砂轮轴、齿轮、轴套等
高淬透性	40Cr2NiMoA	850,油	850,空	980	835	12	78	高强度零件,如航空发动机轴及零件
	40CrMnMo	850,油	780,油	980	835	12	78	相当于40Cr2NiMoA的调质钢
	38CrMoAl	940,油	780,油	980	835	14	71	氮化零件如高压阀门、缸套等

4. 合金弹簧钢

1) 成分特点

合金弹簧钢含碳量较高,一般在0.45%~0.70%之间,以保证高的弹性极限和疲劳极限;加入Si、Mn、Cr等合金元素后,在使钢的淬透性提高的同时,钢的弹性极限及屈强比也得到提高;加入W、Mo、V等元素则可提高钢的回火稳定性。

2) 用途与性能要求

弹簧是利用弹性变形吸收能量来缓和振动和冲击,或依靠弹性储能来起驱动作用。合金弹簧钢是一种专用结构钢,主要用于制造各种弹簧和弹性元件。因此,弹簧应具有高的弹性极限,尤其是高的屈强比,以保证弹簧有足够高的弹性变形能力和较大的承载能力;具有高的抗疲劳强度,以防止在振动和交变应力作用下产生疲劳断裂;足够的塑性和韧性,以避免受冲击时脆断。

此外,合金弹簧钢还要求有较好的淬透性,不易脱碳和过热,容易绕卷成型等。一些特殊合金弹簧钢还要求具有耐热性、耐蚀性等性能。

3) 常用弹簧钢的牌号

合金弹簧钢大致分两类。一类是以Si、Mn为主要合金元素的弹簧钢,典型钢种有

65Mn 和 60Si2Mn 等。这类钢的价格便宜,淬透性明显优于碳素弹簧钢,主要用于汽车、拖拉机上的板簧和螺旋弹簧等。另一类是以含 Cr、V、W 等元素的合金弹簧钢,典型钢种是 50CrVA,用于制造在 350~400℃温度下承受重载的较大弹簧,如阀门弹簧、高速柴油机的汽门弹簧等。

常用弹簧钢的牌号、热处理、力学性能和用途见表 5-9。

表 5-9 常用合金弹簧钢的牌号、热处理工艺、力学性能及用途(GB1222—2007)

牌号	热处理 /℃		力学性能(不小于)				用途
	淬火	回火	R_m/ MPa	R_{eL}/ MPa	A / %	Z/ %	
55Si2Mn	860,油	460	1375	1225	5	30	截面≤25mm 的机动车板簧、缓冲卷簧
60Si2Mn	870,油	480	1275	1180	5	25	
60Si2CrVA	870,油	440	1570	1180	5	20	截面≤30mm 的重要弹簧,如汽车板簧
50CrVA	850,油	500	1275	1130	10	—	
30W4Cr2VA	1050~1100,油	600	1470	1325	7	—	用于高温下(500℃)的弹簧,如锅炉安全阀用板簧等

4) 热处理特点

根据弹簧尺寸的不同,成形与热处理方法也有所不同。

线径或板厚大于 10mm 的螺旋弹簧或板弹簧,往往在热态下成形。板弹簧多数是将热成形和热处理结合进行的,即利用热成形后的余热进行淬火,然后再进行中温回火。而螺旋弹簧则大多是在热成形结束后,再重新进行淬火和中温回火处理。

对于线径或板厚小于 10mm 的弹簧,常用冷拉弹簧钢丝或冷轧弹簧钢带在冷台下制成。冷拉弹簧钢丝一般以热处理状态交货。按制造工艺不同,可分为索氏体化处理冷拉钢丝、油粹回火钢丝及退火状态供应合金弹簧钢丝三种类型。

5. 滚动轴承钢

1) 成分特点

轴承钢应用最广的是高碳铬钢,其碳含量 0.95%~1.15%,铬含量 0.40%~1.65%。加入合金元素铬是为了提高淬透性,提高钢的硬度、接触疲劳强度和耐磨性。制造大型轴承时,为了进一步提高淬透性,还可以加入硅、锰等元素。

2) 用途与性能要求

滚动轴承钢主要用来制造滚动轴承的滚动体(滚珠、滚柱、滚针)、内外套圈等,属于专用结构钢。从成分上看,它属于工具钢,所以也用于制造精密量具、冷冲模、机床丝杠等耐磨件。

滚动轴承在工作时承受很大的交变载荷和极大的接触应力,经受严重的摩擦磨损,并受到冲击载荷的作用。因此,轴承钢必须具有高而均匀的硬度和耐磨性、高的接触疲劳强度、足够的韧性和淬透性。此外,还要求在大气和润滑介质中有一定的耐蚀能力和良好的尺寸稳定性。

3) 钢种和牌号

滚动轴承钢的牌号由“G(表示“滚”字)+铬(Cr)+数字”组成,数字表示铬含量的千分之几,碳的含量不标出。

我国以铬轴承钢应用最广,最典型的是 GCr15,除制造轴承外也常用来制造冷冲模、量具、丝锥等。表 5-10 中列出了常用轴承钢的牌号、化学成分及热处理规范。

表 5-10 轴承钢的钢号、成分及热处理规范(GB/T 18254—2002)

钢号	主要化学成分含量 w/%										热处理规范和性能		
	C	Si	Mn	Cr	Mo	P	S	Ni	Cu	Ni+Cu	淬火/℃	回火/℃	回火后硬度/HRC
						不大于							
GCr4	0.95~1.05	0.15~0.30	0.15~0.30	0.35~0.50	≤0.08	0.025	0.020	0.25	0.20				
GCr15	0.95~1.05	0.15~0.35	0.25~0.45	1.40~1.65	≤0.10	0.025	0.025	0.30	0.25	0.5			
GCr15SiMn	0.95~1.05	0.45~0.75	0.95~1.25	1.40~1.65	≤0.10	0.025	0.025	0.30	0.25	0.5	820~840	170~200	>62
GCr15SiMo	0.95~1.05	0.65~0.85	0.20~0.40	1.40~1.70	0.30~0.40	0.027	0.020	0.30	0.25				
GCr18Mo	0.95~1.05	0.20~0.40	0.25~0.40	1.65~1.85	0.15~0.25	0.025	0.020	0.25	0.25				

4)热处理及组织性能

滚动轴承钢的预先热处理是球化退火,目的是获得细的球状珠光体组织,以利于切削加工,并为零件的最终热处理做准备;最终热处理为淬火和低温回火,组织为极细的回火马氏体、均匀分布的粒状碳化物以及少量残余奥氏体,硬度为 61~65HRC。

6. 易切削结构钢

易切削结构钢是在钢中加入一种或几种元素,利用其本身或与其他元素形成一种对切削加工有利的夹杂物,从而改善钢材的切削加工性。目前常用元素是硫、磷、铅及微量的钙等。易切削钢可进行最终热处理,但一般不进行预先热处理,以免损害其切削加工性。它的冶金工艺要求比普通钢严格,成本较高,故只有对大批量生产的零件,在必须改善钢材的切削加工性时采用,才能获得良好的经济效益。

易切钢号冠以“Y”,以区别于优质碳素结构钢,字母“Y”后的数字表示碳含量,以平均碳含量的万分之几表示,例如平均碳含量为 0.3%的易切削钢,其钢号为“Y30”。锰含量较高者,亦在钢号后标出“Mn”,例如“Y40Mn”。常用易切钢的牌号、化学成分及力学性能见表 5-11。一般来说,螺钉、螺帽等标准件,一般采用低碳易切钢制作。若切削加工性要求较高时,可选用含硫量较高的 Y15;若要求焊接性能较好,则宜选用含硫量较低的 Y12;若要求强度较高,则选用 Y20 或 Y30;若要求强度更高,则可选 Y40Mn。

表 5-11 易切钢的牌号、化学成分及力学性能(GB/T 8713—2008)

		化学成分含量 w/%								力学性能			
		C	Si	Mn	P	S	Pb	Sn	Ca	R_m/MPa	A/%,不小于	Z/%,不小于	硬度/HBW,不大于
硫系	Y08	≤0.09	≤0.15	0.75~1.05	0.04~0.09	0.26~0.35	—	—	—	360~570	25	40	163

（续）

		化学成分含量 w/%								力学性能			
		C	Si	Mn	P	S	Pb	Sn	Ca	R_m/MPa	A/%，不小于	Z/%，不小于	硬度/HBW，不大于
硫系	Y12	0.08~0.16	0.15~0.35	0.70~1.00	0.08~0.15	0.10~0.20	—	—	—	390~540	22	36	170
	Y15	0.10~0.25	0.15~0.35	0.80~1.20	0.05~0.10	0.23~0.33	—	—	—	390~540	22	36	170
	Y20	0.17~0.25	0.15~0.35	0.70~1.00	≤0.06	0.08~0.15	—	—	—	450~600	20	30	175
	Y30	0.27~0.35	0.15~0.35	0.70~1.00	≤0.06	0.08~0.15	—	—	—	510~655	15	25	187
	Y35	0.32~0.40	0.15~0.35	0.70~1.00	≤0.06	0.08~0.15	—	—	—	510~655	14	22	187
	Y45	0.42~0.50	≤0.40	0.70~1.10	≤0.06	0.15~0.25	—	—	—	560~800	12	20	229
	Y08MnS	≤0.09	≤0.07	1.00~1.50	0.04~0.09	0.32~0.48	—	—	—	350~500	25	40	165
	Y15Mn	0.14~0.20	≤0.15	1.00~1.50	0.04~0.09	0.08~0.13	—	—	—	390~540	22	36	170
	Y35Mn	0.32~0.40	≤0.10	0.90~1.35	≤0.04	0.18~0.30	—	—	—	530~790	16	22	229
	Y40Mn	0.37~0.45	0.15~0.35	1.20~1.55	≤0.05	0.20~0.30	—	—	—	590~850	14	20	229
	Y45Mn	0.40~0.48	≤0.40	1.35~1.65	≤0.04	0.16~0.24	—	—	—	610~900	12	20	241
	Y45MnS	0.40~0.48	≤0.40	1.35~1.65	≤0.04	0.24~0.33	—	—	—	610~900	12	20	241
铅系	Y08Pb	≤0.09	≤0.15	0.75~1.05	0.04~0.09	0.26~0.09	0.15~0.35	—	—	360~570	25	40	165
	Y12Pb	≤0.15	≤0.15	0.85~1.15	0.04~0.09	0.26~0.33	0.15~0.35	—	—	360~570	22	36	170
	Y15Pb	0.10~0.18	≤0.15	0.80~1.20	0.05~0.10	0.23~0.33	0.15~0.35	—	—	390~540	22	36	170
	Y45-MnSPb	0.40~0.48	≤0.40	1.35~1.65	≤0.04	0.24~0.33	0.15~0.35	—	—	610~900	12	20	241
锡系	Y08Sn	≤0.09	≤0.15	0.75~1.20	0.04~0.09	0.25~0.40	—	0.09~0.25	—	350~500	25	40	165
	Y15Sn	0.13~0.18	≤0.15	0.40~0.70	0.03~0.07	≤0.05	—	0.09~0.25	—	390~540	22	36	165
	Y45Sn	0.40~0.48	≤0.40	0.60~1.00	0.03~0.07	≤0.05	—	0.09~0.25	—	600~745	12	26	241
	Y45-MnSn	0.40~0.48	≤0.40	1.20~1.70	≤0.06	0.20~0.35	—	0.09~0.25	—	610~850	12	26	241
钙系	Y45Ca	0.42~0.40	0.20~0.40	0.60~0.90	≤0.04	0.04~0.08	—	—	0.002~0.006	600~745	12	26	241

5.2.4 合金工具钢

合金工具钢按用途分为刃具钢、模具钢和量具钢,但实际应用界限并非绝对,例如某些低合金刃具钢也可做冷作模具或量具。

1. 合金刃具钢

1) 用途与性能要求

主要用于制造各种金属切削刀具,如车刀、铣刀、钻头等。

高硬度:金属切削刀具的硬度一般都在60HRC以上。刀具的硬度主要取决于钢的含碳量,因此刃具钢的含碳量较高,约为0.6%~1.5%

高耐磨性:刀具的硬度取决于钢的含碳量,因此刃具钢耐磨性的好坏直接影响刀具的寿命,耐磨性好可以保证刀具的刃部锋利,经久耐用。影响耐磨性的主要因素是碳化物的硬度、数量、大小及分布情况。实践证明,一定量的硬而细小的碳化物,均匀分布在强而韧的金属基体中,可获得较高的耐磨性。

高热硬性:刀具在切削时,由于产生"切削热"而使刃部受热。当刃部受热时,刀具仍能保持高硬度的能力称为热硬性。热硬性的高低与钢的回火稳定性有关,一般在刃具钢中加入提高回火稳定性的合金元素可增加钢的热硬性。

足够的塑性和韧性:以防刃具受冲击震动时折断和崩刃。

2) 钢种及牌号

(1) 低合金刃具钢。我国常用低合金刃具钢见表5-12。典型钢种9SiCr,含有提高回火稳定性的Si,经230~250℃回火后,硬度不低于60HRC,使用温度可达250~300℃,广泛用于制造各种低速切削的刃具,如板牙、丝锥等,也常用做冷冲模。

(2) 高合金刃具钢。表5-12中列出了我国常用的高合金刃具钢。其中最重要的有两种:一种是钨系W18Cr4V钢,另一种是钨-钼系W6Mo5Cr4V2钢。两种钢的组织性能相似,但W6Mo5Cr4V2钢的耐磨性、热塑性和韧性较好,而W18Cr4V钢的热硬性较好,热处理时的脱碳和过热倾向性较小。

表5-12 常用合金刃具钢的牌号、成分、热处理及用途

类别	钢号	化学成分含量 w/%							热处理					应用举例
									淬火			回火		
		C	Mn	Si	Cr	W	V	Mo	淬火加热温度/℃	冷却介质	硬度/HRC	回火温度/℃	硬度/HRC	
低合金刃具钢	9Mn2V	0.85~0.95	1.70~2.00	≤0.35			0.10~0.25		780~810	油	≥62	150~200	60~62	小型模具、量具、刃具等
	9CrSi	0.85~0.95	0.30~0.60	1.20~1.60	0.95~1.25				860~880	油	≥62	180~200	60~62	丝锥、板牙、冷冲模等
	Cr	0.95~1.10	≤0.40	≤0.35	0.75~1.05				830~860	油	≥62	150~170	61~63	车刀、量具、冷轧辊等
	CrW5	1.25~1.50	≤0.30	≤0.30	0.40~0.70	4.50~5.50			800~820	油	≥65	150~160	64~65	慢速切削刀具等

（续）

类别	钢号	化学成分含量 w/%							热处理					应用举例
									淬火			回火		
		C	Mn	Si	Cr	W	V	Mo	淬火加热温度/℃	冷却介质	硬度/HRC	回火温度/℃	硬度/HRC	
低合金刃具钢	CrMn	1.30~1.50	0.45~0.75	≤0.35	1.30~1.60				840~860	油	≥62	130~140	62~65	各种量规与块规
	CrWMn	0.90~1.05	0.80~1.00	0.15~0.35	0.90~1.20	1.20~1.60			820~840	油	≥62	140~160	62~65	高精度、复杂形状的冲模
高速钢	W18Cr4V	0.70~0.80	≤0.40	≤0.40	3.80~4.40	17.50~19.00	1.00~1.40		1260~1280	油	≥63	550~570	63~66	一般高速切削刀具
	9W18Cr4V	0.90~1.00	≤0.40	≤0.40	3.80~4.40	17.50~19.00	1.00~1.40		1260~1280	油	≥63	570~580	67~68	切削硬、韧材料的刀具
	W6Mo5-Cr4V2	0.80~0.90	≤0.35	≤0.30	3.80~4.40	5.75~6.75	1.80~2.20	4.75~5.75	1220~1240	油	≥63	550~570	63~66	要求硬度与韧性均好的刀具
	W6Mo5-Cr4V3	1.10~1.25	≤0.35	≤0.30	3.80~4.40	5.75~6.75	2.80~3.30	4.75~5.75	1220~1240	油	≥63	550~570	>65	要求耐模、耐热的复杂刀具

3）成分特点

由表5-12可以看出，合金刃具钢分两类：一类主要用于低速切削，为低合金刃具钢；另一类用于高速切削，为高速钢。

（1）低合金刃具钢。这类钢的最高工作温度不超过300℃，其成分的主要特点：一是碳的质量分数为0.9%~1.1%，目的是保证合金具有高硬度和高耐磨性；另外就是加入Cr、Mn、Si、W、V等合金元素，其中Cr、Mn、Si主要是提高钢的淬透性，Si还能提高钢的回火稳定性，W、V能提高硬度和耐磨性，并防止加热时过热，保持细小的晶粒。

（2）高合金刃具钢。高合金刃具钢又称高速钢，具有很高的热硬性，高速切削中刃部温度达600℃时，其硬度无明显下降。其成分特点：一是高碳，其碳质量分数在0.70%以上，最高可达1.50%左右，它一方面要保证能与W、Cr、V等形成足够数量的碳化物，另一方面还要有一定数量的碳溶于奥氏体中，以保证马氏体的高硬度；另外就是加入Cr、W、Mo、V等合金元素，其中，加入Cr提高淬透性，加入W、Mo保证高的热硬性。

在退火状态下W、Mo以M_6C型碳化物形式存在，这类碳化物在淬火加热时较难溶解。加热时，一部分$(Fe,W)_6C$等碳化物溶于奥氏体中，淬火后合金元素W或Mo存在于马氏体中，在随后的560℃回火时，形成W_2C或Mo_2C弥散分布，造成二次硬化。这种碳化物在500~600℃温度范围内非常稳定，不易聚集长大，从而使钢具有良好的热硬性；一部分未溶的碳化物能起阻止奥氏体晶粒长大及提高耐磨性的作用。V能形成VC（或V_4C_3），非常稳定，极难溶解，硬度极高（大大超过W_2C的硬度）且颗粒细小，分布均匀，大大提高钢的硬度和耐磨性。同时能阻止奥氏体晶粒长大，细化晶粒。

4) 加工及热处理特点

低合金刃具钢的加工过程是:球化退火→机加工→淬火+低温回火。淬火温度应根据工件形状、尺寸及性能要求严格控制,一般都要预热;回火温度为160~200℃(表5-12)。热处理后的组织为回火马氏体、碳化物和少量残余奥氏体。

高速钢的加工、热处理要点如下。

锻造:高速钢属莱氏体钢,铸态组织中含有大量呈鱼骨状(图5-3(a))分布的粗大共晶碳化物(M_6C),大大降低材料的力学性能,特别是韧性。这些碳化物不能用热处理来消除,只能依靠锻打来击碎,并使其均匀分布。因此高速钢的锻造具有成型和改善碳化物的两重作用,是非常重要的加工工序。为了得到小块均匀的碳化物,需要多次镦拔。高速钢的塑性、导热性较差,锻后必须缓冷,以免开裂。

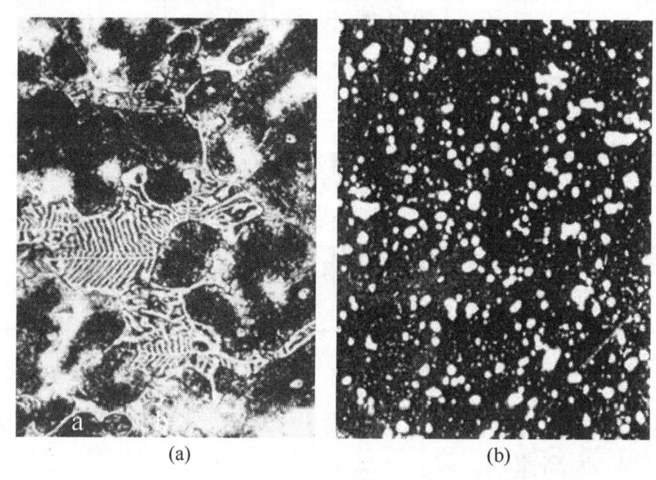

(a) (b)

图5-3 高速钢的组织

(a)铸态组织;(b)淬火、回火后的组织。

热处理:高速钢锻后进行球化退火,以便于机加工,并为淬火做好组织准备。球化退火后的组织为索氏体基体和在其中均匀分布的细小粒状碳化物。高速钢的导热性很差,淬火温度又高,所以淬火加热时,必须进行一次预热(800~850℃)或两次预热(500~600℃、800~850℃))。高速钢中含有大量W、Mo、Cr、V的难熔碳化物,它们只有在1200℃以上才能大量的溶于奥氏体中,以保证钢淬火、回火后获得很高的热硬性,因此其淬火加热温度非常高,一般为1220~1280℃。淬火后的组织为淬火马氏体、碳化物和大量残余奥氏体,如图5-3(b)所示。

为了提高高速钢的寿命,有时经上述处理后还进行表面处理,如软氮化、蒸汽处理等。经氮化处理的钢,不仅提高了硬度,还可降低刀具与工件间的摩擦因数和咬合性,刀具寿命可提高0.5~2倍。"蒸汽处理"是将钢加热至340℃、370℃,通入蒸汽,并加热至550℃保温1h左右,使表面形成一层硬而多孔的四氧化三铁薄膜,它可防止切削粘着,从而提高刀具耐磨性,使用寿命可提高20%左右。

高速钢通常在二次硬化峰值温度或稍高一些的温度(550~570℃)回火三次。在此温度范围内回火时,W、Mo及V的碳化物从马氏体中析出,弥散分布,使钢的硬度明显上升;同时残余奥氏体转变为马氏体,也使硬度提高,由此造成二次硬化现象,保证了钢的硬度和热硬性(图5-4)。进行多次回火是为了逐步减少残余奥氏体量。W18Cr4V钢淬火后残余奥氏体的相对体积分数约有30%,经一次回火后约剩15%~18%,二次回火降到3%~5%,第三次回火后仅剩1%~2%。

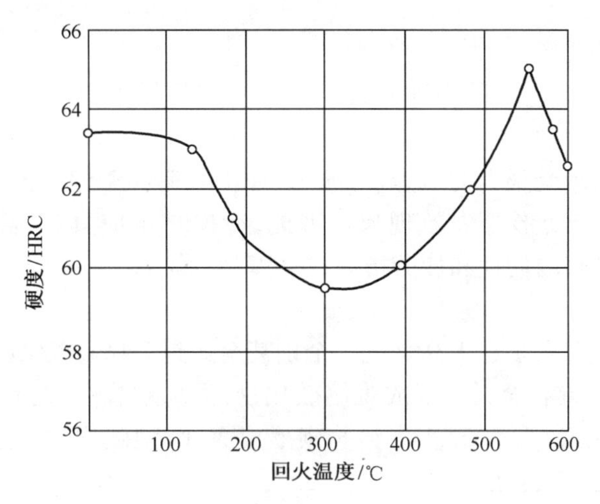

图5-4 W18Cr4V钢硬度与回火温度的关系

高速钢淬火、回火后的组织为回火马氏体、细粒状碳化物及少量残余奥氏体(图5-3(b))。

近年来,高速钢的等温淬火获得了广泛的应用。等温淬火后的组织为下贝氏体、残余奥氏体和剩余碳化物。等温淬火可减少变形和提高韧性,适用于形状复杂的大型刃具和冲击韧性要求高的刃具。

图5-5表示热处理后碳素工具钢、低合金刃具钢、高速钢的硬度与温度的关系。由图可见,碳素工具钢热硬性差,随着使用温度提高迅速软化。W18Cr4V在600℃还保持60HRC的高硬度。9SiCr要保持同样的硬度,工作温度不能超过350℃。

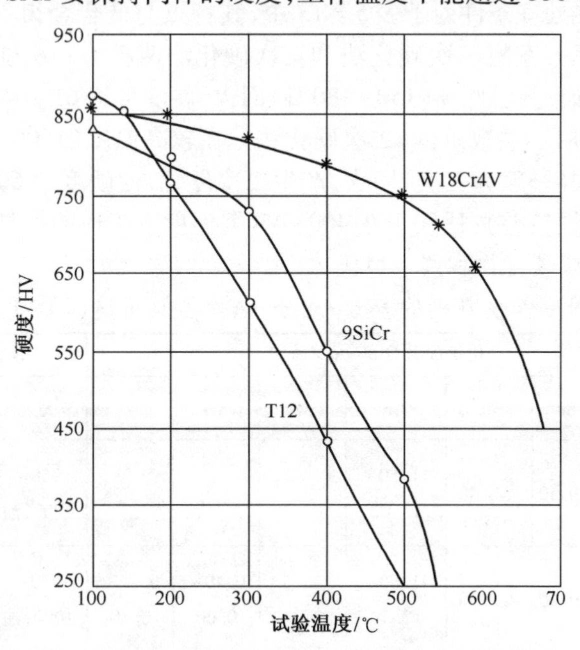

图5-5 T12、9SiCr、W18Cr4V的硬度与温度的关系

2. 合金模具钢

合金模具钢按其用途分为冷作模具钢和热作模具钢两大类。

1)冷作模具钢

(1)用途与性能要求

冷作模具钢用于制造各种冷冲模、冷镦模、冷挤压模和拉丝模等,工作温度不超过200~300℃。

冷作模具工作时承受很大的压力、弯曲力、冲击载荷和摩擦。主要失效形式是磨损,也常出现崩刃、断裂和变形等失效现象。因此,冷模具钢应具有:高硬度,一般为58~62HRC;高耐磨性;足够的韧性和疲劳抗力;热处理变形小。

(2)成分特点

冷作模具钢的碳含量多在1.0%以上,个别甚至达到2.0%,以保证高的硬度和高耐磨性;加入Cr、Mo、W、V等合金元素形成难熔碳化物,提高耐磨性,尤其是Cr。典型钢种是Cr12型钢,铬的质量分数高达12%。铬与碳形成M_7C_3型碳化物,能极大提高钢的耐磨性,铬还显著提高钢的淬透性。

(3)钢种和牌号

常用冷作模具钢的牌号、成分、热处理及大致用途列于表5-13中。

大部分要求不高的冷作模具可用低合金刃具钢制造,如9Mn2V、9SiCr、CrWMn等。大型冷作模具用Crl2型钢。这种钢热处理变形很小,适合于制造重载和形状复杂的模具。冷挤压模工作时受力很大,条件苛刻,可选用基体钢或马氏体时效钢制造。基体钢与高速钢经正常淬火后的基体大致相同,如6Cr4M03Ni2WV、7Cr4W3M02VNb等。马氏体时效钢为超低碳(w_C<0.03%)超高强度钢,靠高Ni量形成低碳马氏体,并经时效析出金属间化合物使强度显著提高。

(4)热处理特点

冷作模具钢的热处理条件列于表5-13中,其特点与低合金刃具钢类似。高碳高铬冷作模具钢的热处理方案有一次硬化法和二次硬化法两种。一次硬化法是在较高温度(950~1000℃)下淬火,然后低温(150~180℃)回火,硬度可达61~64HRC,使钢具有较好的耐磨性和韧性,适用于重载模具;二次硬化法是在较高温度(1100~1150℃)下淬火,然后于510~520℃多次(一般为三次)回火,产生二次硬化,使硬度达60~62HRC,红硬性和耐磨性都较高(但韧性较差),适用于在400~450℃温度下工作的模具。Cr12型钢热处理后组织为回火马氏体、碳化物和残余奥氏体。

表5-13 常用冷作模具钢的牌号、成分、热处理及用途(GB/T 24594—2009)

牌号	化学成分含量 w_{Me}/%							热处理		用途举例
	C	Si	Mn	Cr	W	Mo	V	淬火/℃	硬度/HRC≥	
Cr12	2.00~2.30	≤0.40	≤0.40	11.50~13.00				950~1000,油	60	冷冲模、量规、拉丝模等
Cr12MoV	1.45~1.70	≤0.40	≤0.40	11.00~12.50		0.40~0.60	0.15~0.30	950~1000,油	58	截面较大、形状复杂的冷作模

（续）

牌号	化学成分含量 w_{Me}/%							热处理		用途举例
	C	Si	Mn	Cr	W	Mo	V	淬火/℃	硬度/HRC≥	
9Cr06WMn	0.85~0.95	≤0.40	0.90~1.20	0.50~0.80		0.50~0.80		800~830,油	62	要求变形小、耐磨的量规，磨床主轴等
CrWMn	0.90~1.05	≤0.40	0.80~1.10	0.90~1.20	1.20~1.60			800~830,油	62	形状复杂的高精度模具、要求高的刀具等

2）热作模具钢

（1）用途与性能要求

热作模具钢用于制造各种热锻模、热压模、热挤压模和压铸模等，工作时型腔表面温度可达600℃以上。

热作模具工作时，除承受较大的各种机械应力外，还使模膛受到炽热金属和冷却介质的交替作用产生的热应力，易使模膛龟裂，即热疲劳现象。因此，这种钢必须具有以下性能：

① 具有较高的强度和韧性，并有足够的耐磨性和硬度（40~50HRC）；

② 有良好的抗热疲劳性；

③ 有良好的导热性及回火稳定性，以利于始终保持模具的良好韧性和强度；

④ 热作模具一般体积大，为保证模具的整体性能均匀一致，还要求有足够的淬透性。

（2）成分特点

热作模具钢的碳质量分数一般为0.30%~0.60%，以保证高强度、高硬度（35~52HRC）和较高的热疲劳抗力；加入较多的提高淬透性的元素Cr、Ni、Mn、Si等，Cr是提高淬透性的主要元素，同时和Ni一起提高钢的回火稳定性，Ni在强化铁素体的同时还增加钢的韧性，并与Cr、Mo一起提高钢的淬透性和耐热疲劳性能；加入产生二次硬化的Mo、W、V等元素，Mo还能防止第二类回火脆性，提高高温强度和回火稳定性。

（3）钢种与钢号

常用热作模具钢的牌号、成分、热处理及用途列于表5-14中。

表5-14 常用热作模具钢的牌号、成分、热处理及用途（GB/T 24594—2009）

牌号	化学成分含量 w_{Me}/%							热处理	用途举例
	C	Si	Mn	Cr	W	Mo	V	淬火/℃	
5Cr08MnMo	0.50~0.60	0.25~0.60	1.20~1.60	0.60~0.90		0.15~0.30		820~850,油	中小型锤锻模、小型铸模
5Cr06NiMo	0.50~0.60	≤0.40	0.50~0.80	0.50~0.80		0.15~0.30		830~860,油	各种大中型锤锻模

(续)

牌号	化学成分含量 w_{Me}/%							热处理	用途举例
	C	Si	Mn	Cr	W	Mo	V	淬火/℃	
5Cr2W8V	0.30~0.40	≤0.40	≤0.40	0.20~0.70	7.50~9.00		0.20~0.50	1075~1125,油	各种压铸、挤压、锤锻模
4Cr5W2VSi	0.32~0.42	0.80~1.20	≤0.40	4.50~5.50	1.64~2.40		0.60~1.00	1030~1050,油	高速锤用模具、热挤压和压铸模

热锻模钢对韧性要求高而热硬性要求不太高,典型钢种有5CrMnMo、5CrNiMo及5CrMnSiMoV等。大型锻压模或压铸模采用含碳量较低、合金元素更多而热强性更好的模具钢,如3Cr2W8V、4Cr5W2VSi、4Cr5MoSiV等钢种。

(4) 热处理

各种热作模具钢的热处理条件列于表5-14中。热作模具钢中热锻模钢的热处理和调质钢相似,淬火后高温(550℃左右)回火,以获得回火索氏体+回火屈氏体组织。热压模钢淬火后在略高于二次硬化峰值的温度(600℃左右)下回火,组织为回火马氏体、粒状碳化物和少量残余奥氏体,与高速钢类似。为了保证热硬性,回火要进行多次。

3. 合金量具用钢

合金量具用钢主要用来制造各种在机械加工过程中控制加工精度的测量工具,如卡尺、千分尺、螺旋测微仪和块规等。

由于量具在使用过程中要求测量精度高,不能因磨损或尺寸不稳定而影响测量精度,所以合金量具钢应具有很高的硬度(大于56HRC)和耐磨性及高的尺寸稳定性。此外,合金量具钢还需要有良好的磨削加工性,使量具能达到小的表面粗糙度。形状复杂的量具还要求淬火变形小。

量具没有专门的钢种,碳素工具钢、合金工具钢和滚动轴承钢都可以制造量具。但精度要求高的量具,一般选用耐磨性和硬度较高的微变形合金工具钢,如CrMn和CrWMn等。GCr15钢具有很高的耐磨性和较好的尺寸稳定性,也常用于制造高精度块规、螺旋塞头、千分尺等。对于在腐蚀介质中工作的量具,则可选用不锈钢如9Crl8和4Crl3等来制造。

量具钢的热处理为球化退火后再进行淬火和低温回火。淬火多采用油冷,淬火后要在150~167℃温度范围内长时间进行保温回火和深冷处理,以提高尺寸的稳定性。

5.2.5 特殊性能用钢

特殊性能用钢是指具有某些特殊的物理、化学、力学性能,因而能在特殊的环境、工作条件下使用的钢。工程中常用的特殊性能用钢主要有不锈钢、耐热钢和耐磨钢三大类。

1. 不锈钢

不锈钢通常是不锈钢和耐酸钢的总称。

能够抵御空气、蒸汽及弱腐蚀性介质腐蚀的钢称为不锈钢;在强腐蚀介质中能够抵抗腐蚀的钢称为耐酸钢。一般不锈钢不一定耐酸,而耐酸钢均有良好的耐蚀性。

1）金属材料腐蚀的概念

腐蚀是在外部介质的作用下金属逐渐破坏的过程。通常分两大类。一类是化学腐蚀，是金属材料同介质发生化学反应而破坏的过程，腐蚀过程中不产生电流，最典型的例子是钢的高温氧化、脱碳，在石油、燃气中的腐蚀等。另一类是电化学腐蚀，是金属材料在电解质溶液中发生原电池作用而破坏的过程，腐蚀过程中有电流产生，如金属材料在大气条件下的锈蚀、在各种电解液中的腐蚀等。

金属材料腐蚀大多数是电化学腐蚀，按照原电池过程的基本原理，为了提高金属材料的耐蚀能力，可以采用以下三种方法：减少原电池形成的可能性，使金属材料具有均匀的单相组织，并尽可能提高金属材料的电极电位；尽可能减小两极之间的电极电位差，并提高阳极的电极电位；减小甚至阻断腐蚀电流，使金属“钝化”，即在表面形成致密的、稳定的保护膜，将介质与金属材料隔离。

2）不锈钢的用途及性能要求

不锈钢在石油、化工、原子能、宇航、海洋开发、国防工业和一些尖端科学技术及日常生活中都得到广泛应用，主要用来制造在各种腐蚀介质中工作并具有较高腐蚀抗力的零件或结构。对不锈钢的性能要求最主要的是耐蚀性。此外，制作工具的不锈钢还要求高硬度、高耐磨性；制作重要结构零件时，要求高强度；某些不锈钢则要求有较好的加工性能。

3）成分特点分析

（1）C 含量。耐蚀性要求越高，C 质量分数应越低。这是因为 C 能与 Cr 形成碳化物在晶界析出，使晶界周围严重贫 Cr，当 Cr 贫化到质量分数在 12%以下时，晶界区域电极电位急剧下降，耐蚀性能大大降低。大多数不锈钢的 C 质量分数为 0.1%~0.2%之间。但用于制造刀具和滚动轴承等的不锈钢，C 质量分数应较高（可达 0.85%~0.95%），但此时必须相应地提高 Cr 的质量分数。

（2）Cr 含量。Cr 能提高钢基体的电极电位。随 Cr 质量分数的增加，钢的电极电位有突变式的提高（图 5-6）。这是因为 Cr 是铁素体形成元素，当质量分数超过 12.7%时，可使钢形成单一的铁素体组织。Cr 在氧化性介质（如水蒸气、大气、海水、氧化性酸等）中极易钝化，生成致密的氧化膜，使钢的耐蚀性大大提高。

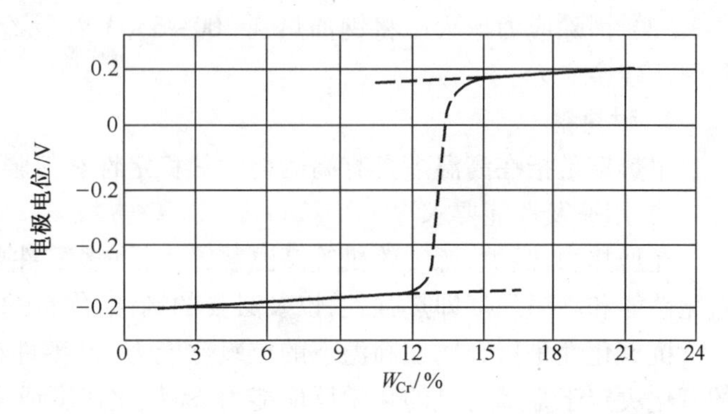

图 5-6　大气下 Cr 含量对 Fe—Cr 合金电极电位的影响

（3）Ni 含量。加入镍可获得单相奥氏体组织，显著提高耐蚀性；或形成奥氏体+铁素体组织，通过热处理提高钢的强度。

（4）加入 Mo、Cu、Ti、Nb、Mn、N 等。Cr 在非氧化性酸（如盐酸、稀硫酸）和碱溶液中的钝化能力差，加入 Mo、Cu 等元素，可提高钢在非氧化性酸中的耐蚀能力，加入 Ti、Nb 等能优先同碳形成稳定碳化物，使 Cr 保留在基体中，避免晶界贫铬，从而减轻钢的晶界腐蚀倾向;加入 Mn、N 等以部分代替镍,获得奥氏体组织,并能提高铬不锈钢在有机酸中的耐蚀性。

4) 常用不锈钢钢种

不锈钢按正火状态的组织可分为马氏体不锈钢、铁素体不锈钢、奥氏体不锈钢和双相不锈钢。

马氏体不锈钢的典型钢号有 1Cr13、2Cr13、3Cr13、4Cr13 等;铁素体型不锈钢的典型钢号有 1Cr17、1Cr17Ti 等;奥氏体型不锈钢的典型钢号有 Cr18Ni9 型(即 18－8 型不锈钢)钢。奥氏体+铁素体双相不锈钢的典型钢号有 1Cr21Ni5Ti、1Cr18Mn10Ni5Mo3N 等。

常用不锈钢的牌号、成分、热处理、力学性能及主要用途见表 5－15。

5) 不锈钢常用的热处理工艺

马氏体不锈钢的热处理和结构钢相同。用做结构零件时进行调质处理,例如 1Cr13、2Cr13;用做弹簧元件时进行淬火和中温回火处理;用做医疗器械、量具时进行淬火和低温回火处理。

铁素体型不锈钢在退火或正火状态下使用,不能利用马氏体相变来强化,强度较低、塑性很好,主要用做耐蚀性要求很高而强度要求不高的构件,例如化工设备、容器和管道、食品工厂设备等。

奥氏体型不锈钢常用的热处理工艺如下。

(1) 固溶处理。将钢加热至 1050~1150℃ 使碳化物充分溶解,然后水冷,获得单相奥氏体组织,提高耐蚀性。

(2) 稳定化处理。主要用于含钛或铌的钢,一般是在固溶处理后进行。将钢加热到 850~880℃,使钢中 Cr 的碳化物完全溶解,而 Ti 等的碳化物不完全溶解。然后缓慢冷却,让溶于奥氏体的 C 与 Ti 以碳化钛形式充分析出。这样,C 将不再同 Cr 形成碳化物,因而有效地消除了晶界贫 Cr 的可能,避免了晶间腐蚀的产生。

(3) 消除应力退火。将钢加热到 300~350℃ 消除冷加工应力;加热到 850℃ 以上,消除焊接残余应力。

2. 耐热钢

耐热钢是指在高温下具有高的化学热稳定性和热强性的特殊钢。

1) 用途及性能要求

在加热炉、锅炉、燃气轮机等高温装置中,许多零件要求在高温下具有良好的抗高温氧化性能和高温强度即热强性,以及必要的韧性、优良的加工性能。

抗氧化性是指金属在高温下的抗氧化能力,是零件在高温下持久工作的基础。金属的氧化决定于金属与氧的化学反应能力,而氧化速度或抗氧化能力,在很大程度上取决于金属氧化膜的结构和性能,即氧化膜的化学稳定性、结构的致密性和完整性、与基体的结合能力,以及本身的强度等。

热强性是指钢在高温下的强度。在高温下钢的强度较低,主要是扩散加快和晶界强度下降的结果。当高温下的金属受一定应力作用时,发生变形量随时间而逐渐增大的过程,这种过程叫蠕变。显然,在高温下长期工作的零件应该具有高的蠕变强度或持久强度。提高高温强度最重要的办法是合金化。

表 5-15 常用不锈钢的牌号、成分、热处理、力学性能及主要用途(GB/T 20878—2007)

类别	钢号	化学成分含量 w_{Me}/%			热处理/℃		力学性能(不小于)				用途举例
		w_C	w_{Cr}	其他 w_{Me}	淬火 / ℃	回火 /℃	$R_{P0.2}$/ MPa	R_m/ MPa	A / %	硬度	
马氏体钢	1Cr13	≤0.15	12~14	—	1000~1050,水、油	700~790	420	600	20	187HB	气轮机叶片、水压机阀、螺栓、螺母等抗弱腐蚀介质并承受冲击的零件
	2Cr13	0.16~0.25	12~14	—	1000~1050,水、油	660~700	450	600	16	179HB	
	3 Cr13	0.26~0.40	12~14	—	1000~1050,水、油	200~300	—	—	—	48HRC	耐磨件如加油泵轴、阀门零件、轴承、弹簧以及医疗器械等
	4 Cr13	0.35~0.45	12~14	—	1050~1100,水、油	200~300	—	—	—	50HRC	
铁素体钢	0Cr13	≤0.08	12~14	—	1000~1050,水、油	700~790	350	500	24	—	抗热蒸汽、热含硫石油腐蚀的设备等
	1Cr17	≤0.12	16~18	—	—	750~800	250	400	20	—	制浓硝酸的设备
	1Cr28	≤0.15	27~30	—	—	700~800	300	450	20	—	硝酸工厂、食品工厂设备
	1Cr17Ti	≤0.12	16~18	w_{Ti}:5%(0.02%C)~0.8%	—	700~800	300	450	20	—	同1Cr17,但晶间腐蚀抗力较高
奥氏体钢	0Cr19Ni9	≤0.08	18~20	w_{Ni}:8%~10.5%	固溶处理 1050~1100,水	—	180	490	40	—	深冲零件、焊 NiCr 钢的焊芯
	1 Cr19Ni9	0.04~0.10	18~20	w_{Ni}:8%~11%	固溶处理 1100~1150,水	—	200	550	45	—	耐硝酸、有机盐、酸、碱溶液腐蚀的设备
	1Cr18Ni9Ti	≤0.12	17~19	w_{Ni}:8%~11%, w_{Ti}: 5%(0.02%C)~0.8%	固溶处理 1000~1100,水	—	200	550	40	—	做焊芯、抗磁仪表、医疗器械、耐酸容器、输送管道

2）常用耐热钢

常用热化学稳定钢的钢种有 3Crl8Ni25Si2、3Crl8Mnl2Si2N 等；常用热强钢按其正火组织可分为珠光体钢、马氏体钢和奥氏体钢。常见耐热钢的牌号、热处理、力学性能及用途见表 5－16。

表 5－16　常见耐热钢的牌号、热处理、力学性能及用途(GB/T 20878—2007)

类别	牌号	热处理／℃			室温力学性能(不小于)			用途举例
		退火	淬火	回火	$R_{P0.2}$/MPa	R_m/MPa	A/%	
奥氏体型	1Cr19Ni9		1050		205	515	35	870℃以下受热件
	4Cr14Ni14W2Mo		820~850		341	706	20	内燃机重载荷排气阀等
	3Cr18Mn12Si2Mo		1100~1125		392	686	35	锅炉吊梁、耐1000℃高温受热件、加热炉传送带等
铁素体型	0Cr12Al	780~830			177	412	20	退火箱、淬火台架等
	1Cr17	780~850			206	450	22	900℃以下耐氧化件、散热件、炉用部件、喷油嘴等
马氏体型	1Cr5Mo		900~950	600~700	392	588	18	锅炉吊梁，以及燃气轮机排气阀等
	4Cr10Si2Mo1Cr12Mo		1010~1040	720~760	690	885	10	650℃中、高载荷汽车发动机的进、排气阀等
	1Cr12Mo		950~1000	650~710	550	685	18	气轮机叶片、喷嘴、排气阀等
	1Cr13	800~900	950~1000	700~750	343	539	25	800℃以下的耐氧化、耐腐蚀部件等

3）成分特点

耐热钢中不可缺少的合金元素是 Cr、Si 或 A1，特别是 Cr。它们的加入，提高钢的抗氧化性，Cr 还有利于热强性。Mo、W、V、Ti 等元素加入钢中，能形成细小弥散的碳化物，起弥散强化的作用，提高室温和高温强度。碳是扩大 γ 相区的元素，对钢有强化作用。但 C 质量分数较高时，由于碳化物在高温下易聚集，使高温强度显著下降；同时，C 也使钢的塑性、抗氧化性、焊接性能降低，所以，耐热钢的 C 质量分数一般都不高。

4）耐热钢的加工与热处理特点

热化学稳定钢常以铸件的形式使用，主要热处理是固溶处理，以获得均匀的奥氏体组织。珠光体耐热钢一般在正火-回火状态下使用，组织为细珠光体或索氏体加部分铁素体。马氏体耐热钢含有大量的 Cr，抗氧化性及热强性均高，淬透性也很好，最高工作温度与珠光体耐热钢相近,但热强性高得多,多用于制造600℃以下受力较大的零件,如汽轮机叶片等,它们大多在调质状态下使用。奥氏体耐热钢热化学稳定性和热强性都比珠光体和马氏体耐热钢强,工作温度可达750~800℃,常用于制造一些比较重要的零件,如燃气轮机轮盘和叶片等。这类钢一般进行固溶处理或固溶加时效处理。

3. 耐磨钢

1）用途及性能要求

耐磨钢主要用于运转过程中承受严重磨损和强烈冲击的零件,如车辆履带、挖掘机铲斗、破碎机颚板和铁轨分道叉等。对耐磨钢的主要要求是有很高的耐磨性和韧性。

2）高锰钢的成分特点

(1) 高C。主要目的是保证钢的耐磨性和强度,但C过高时淬火后韧性下降,且易在高温时析出碳化物。因此,其碳质量分数不能超过1.4%。

(2) 高Mn。Mn是扩大γ相区的元素,它和C配合,保证完全获得奥氏体组织,提高钢的加工硬化率及良好的韧性。Mn和C的质量分数比值约为10~12(Mn质量分数为11%~14%)。

(3) 一定量的Si。Si可改善钢水的流动性,并起固溶强化的作用。但其质量分数太高时,容易导致晶界出现碳化物,引起开裂。故其质量分数为0.3%~0.8%。

3）典型钢种

高锰钢是目前最主要的耐磨钢,常见高锰钢的牌号、化学成分、性能及用途见表5-17。除高锰钢外,20世纪70年代初由我国发明的Mn-B系空冷贝氏体钢是一种很有发展前途的耐磨钢。

表5-17　常见高锰钢的牌号、化学成分、性能及用途(GB/T 5680—1998)

钢号	成分(质量分数)/%					力学性能				用途
	C	Si	Mn	Cr	Mo	R_m/MPa	A/%	a_k/(J/cm^2)	硬度/HBS	
						不小于			不大于	
ZGMn13—1	1.00~1.45	0.30~1.00	11.00~14.00	—		635	20	—	—	用于结构简单、要求以耐磨为主的低冲击铸件,如衬板、齿板辊套、铲齿等
ZGMn13—2	0.90~1.35	0.30~1.00	11.00~14.00	—		685	25	147	300	
ZGMn13—3	0.95~1.35	0.30~0.80	11.00~14.00	—		735	30	147	300	用于结构复杂、要求以韧度为主高冲击铸件,如履带板等
ZGMn13—4	0.90~1.30	0.30~0.80	11.00~14.00	1.50~2.50		735	35	147	300	
ZGMn13—5	0.75~1.30	0.30~1.00	11.00~14.00		0.90~1.20	—				

Mn-B系空冷贝氏体钢是一种热加工后空冷所得组织为贝氏体或贝氏体-马氏体复

相组织的钢类。由于免除了传统的淬火或淬火回火工序,从而大大降低了成本,节约了能源,减少了环境污染,免除了淬火过程中产生的变形、开裂、氧化和脱碳等缺陷,而且产品能够整体硬化,强韧性好,综合力学性能优良。因此,该钢种得到了广泛的应用。如:贝氏体耐磨钢球;高硬度高耐磨低合金贝氏体铸钢;工程锻造用耐磨件;耐磨传输管材等。当然 Mn-B 系贝氏体钢的应用不限于耐磨方面,它已经系列化,包括中碳贝氏体钢、中低碳贝氏体钢和低碳贝氏体钢等。它们是适合我国国情、并具有明显的性能和价格优势的优秀钢种。

4) 热处理特点

高锰钢都采用水韧处理,即将钢加热到 1000~1100℃保温,使碳化物全部溶解,然后在水中快冷,在室温下获得均匀单一的奥氏体组织。此时钢的硬度很低(约为 210HB),而韧性很高。

当工件在工作中受到强烈冲击或强大压力而变形时,水韧处理后的高锰钢表面层产生强烈的加工硬化,并且还发生马氏体转变,使硬度显著提高,心部则仍保持原来的高韧性状态。因此高锰钢的机械加工很困难,而且在工件受力不大时,高锰钢的耐磨性也发挥不出来。

5.3 铸 铁

铸铁是人类社会使用最早的金属材料之一,也是当今社会工程上最常用的金属材料之一。铸铁具有许多优良的加工工艺性能和使用性能,其生产设备和工艺简单,价格便宜,所以应用非常广泛。据统计,在农用机械、汽车、拖拉机、机床等设备上,铸铁件占总重量的40%~90%。例如,由于铸铁有很高的耐磨性、减摩性、消震性以及低的缺口敏感性等性能,机床的床身、床头箱、尾架、内燃机的汽缸体、活塞环以及凸轮轴、曲轴等都是铸铁制造的。铸铁很脆,无韧性,不能锻造和轧制,更不适合各种压力加工。

铸铁是碳质量分数大于 2.11%的铁碳合金,同时铸铁中还含有较多的硅、锰、硫、磷等元素。像钢一样,为了提高和改善铸铁的物理、化学和力学性能,还可以加入一定量的合金元素。

5.3.1 铸铁的石墨化

1. 铸铁的石墨化过程

在铁碳合金中,碳可以三种形式存在。一是溶于 α-Fe 或 γ-Fe 中形成固溶体 F 或 A;二是形成化合物态的渗碳体 Fe_3C;三是游离态石墨 G。

石墨具有特殊的简单六方晶格(图 5-7),其底面原子呈六方网格排列,原子之间为共价键结合,间距小(1.42Å),结合力很强;底面层之间为分子键结合,面间距较大(3.04Å),结合力较弱,所以石墨强度、硬度和塑性都很差。

渗碳体具有复杂的斜方结构,是一种亚稳相。在一定条件下,渗碳体能分解为铁和石墨($Fe_3C \rightarrow 3Fe+C$),石墨为稳定相。

铁碳合金可以有亚稳平衡的 $Fe-Fe_3C$ 相图和稳定平衡的 Fe-G 相图,即铁碳合金相图应该是双重相图(图 5-8)。图中,实线表示 $Fe-Fe_3C$ 相图;虚线表示 Fe-G 相图。铁

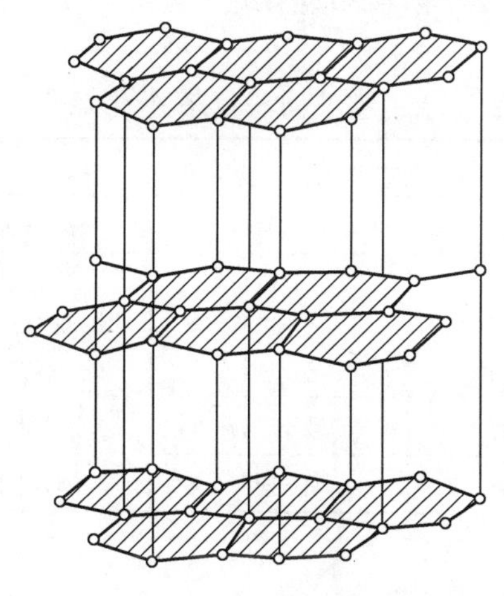

图5-7 石墨晶体结构

碳合金究竟按哪种相图变化,决定于加热、冷却条件或获得的平衡性质(亚稳平衡还是稳定平衡)。

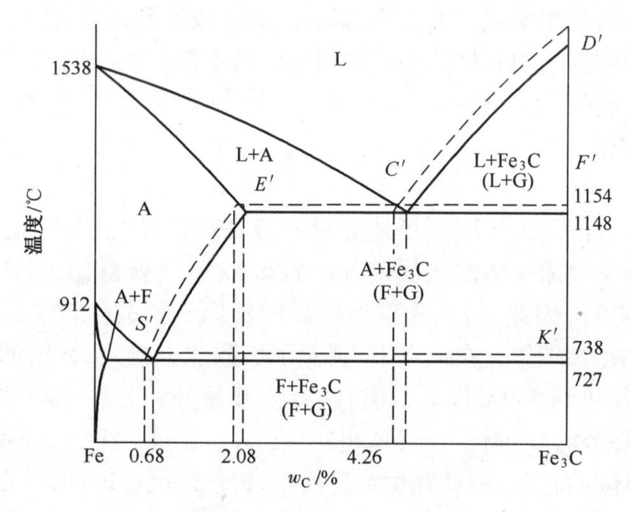

图5-8 铁碳合金双重相图

铸铁中碳原子析出并形成石墨的过程称为石墨化。石墨既可以从液体和奥氏体中析出,也可以通过渗碳体分解来获得。

按照 Fe-G 相图,可将铸铁的石墨化过程分为三个阶段。

第一阶段石墨化:铸铁液体结晶出一次石墨(过共晶铸铁)和在1154℃($E'C'F'$)通过共晶反应形成共晶石墨,其反应式为 $L_{C'} \rightarrow A_{E'} + G_{(共晶)}$。

第二阶段石墨化:在1154~738℃温度范围内,奥氏体沿 $E'S'$线析出二次石墨。

第三阶段石墨化:在738℃($P'S'K'$线)通过共析反应析出共析石墨,其反应式为 $A_{E'} \rightarrow F_{P'} + G_{(共析)}$

一般地,铸铁在高温冷却的过程中,由于具有较高的原子扩散能力,故其第一和第二阶段的石墨化是较容易进行的,即通常都能按照 Fe-G 相图结晶,凝固后得到(A+G)组织。而随后在较低温度下的第三阶段石墨化,则常因铸铁的成分及冷却速度等条件不同,而被全部或部分地抑制。按三个阶段石墨化进行程度不同,可获得三种不同基体的组织(表5-18)。

表5-18 铸铁经不同程度石墨化后得到的组织

名称	石墨化程度			C的存在形式
	第一阶段	第二阶段	第三阶段	
石墨化铸铁	充分进行 充分进行 充分进行	充分进行 充分进行 充分进行	充分进行 部分进行 不进行	G
麻口铁	部分进行	部分进行	不进行	Fe_3C+G
白口铁	不进行	不进行	不进行	Fe_3C

2. 石墨化的影响因素

1) 化学成分。

按对石墨化的作用,C、Si、Al、Cu、Ni、Co等为促进石墨化的元素,Cr、W、Mo、V、Mn等为阻碍石墨化的元素。另外,杂质元素硫也是阻碍石墨化的元素。一般来说,碳化物形成元素阻碍石墨化,非碳化物形成元素促进石墨化,其中以碳和硅最强烈。生产中,调整碳、硅质量分数,是控制铸铁组织和性能的基本措施。碳不仅促进石墨化,而且还影响石墨的数量、大小及分布。硫强烈促进铸铁的白口化,并使力学性能和铸造性能恶化,因此一般都控制在0.15%以下。

2) 冷却速度

在高温慢冷的条件下,由于碳原子能充分扩散,铸铁的结晶通常按Fe-G相图方式转变,有利于碳石墨化。渗碳体的碳质量分数为6.69%,比石墨(100%)更接近于合金的碳质量分数(2.5~4%),因此,析出渗碳体所需的碳原子扩散量较少。所以当冷却较快时,由液体中析出的是渗碳体。在低温下,碳原子扩散能力较差,铸铁的石墨化过程往往也难以进行。铸铁加热到550℃以上,共析渗碳体开始分解为石墨和铁素体。加热温度越高,分解越强烈;保温时间越长,分解越充分。在共析温度以上,二次渗碳体和一次渗碳体先后分解成奥氏体和石墨。因此在生产过程中,铸铁的缓慢冷却,或在高温下长时间保温,均有利于石墨化。

铸造时冷却速度不仅与浇注温度有关,还与造型材料、铸造方法和铸件壁厚有关。如图5-9所示为铸铁的化学成分(C+Si)和铸件壁厚δ对铸铁组织的综合影响。从图5-9中看出,对于薄壁件,容易形成白口铸铁组织,应增加铸铁的C、Si含量。相反,厚大的铸件,为避免得到过多的石墨,应适当减少铸铁的C、Si含量。因此应按照铸铁的壁厚选定铸铁的化学成分和牌号。

3. 铸铁的分类

依据C在钢中的存在形式分类。表5-18为铸铁经不同程度的石墨化后C的存在形式。铸铁可分为以下三类。

1) 灰口铸铁

C主要以G形式存在,断口一般呈灰色,工业上的铸铁如灰铸铁、球墨铸铁、可锻铸铁、蠕墨铸铁均属于该类铸铁,目前已在工业上广泛应用。

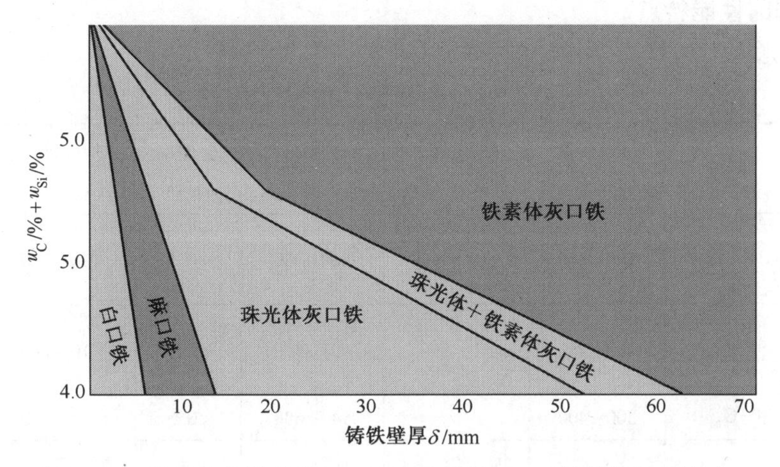

图5-9　铸铁的化学成分(C+Si)和铸件壁厚δ对铸铁组织的影响

2）麻口铸铁

C大部分以Fe_3C的形式存在,而少部分以游离的G存在的铸铁,有一定数量的莱氏体组织,其断口呈灰白相间的麻点状,故称之为麻口铁。该类铸铁的脆性较大,工业上极少使用。

3）白口铸铁

C主要以Fe_3C的形式存在,断口呈白色,完全按照$Fe-Fe_3C$平衡相图结晶得到的铸铁。该类铸铁中有大量的莱氏体组织,硬而脆,加工困难,主要用于炼钢原料。

依据石墨在钢中的存在形态分类常见的石墨形态有20多种,一般可归纳为四种:片状、球状、团絮状和虫状,即将铸铁依次分为灰铸铁、球墨铸铁、可锻铸铁和蠕墨铸铁四大类。

石墨的形态直接影响其力学性能。图5-10(a)、(b)、(c)三种灰口铸铁的抗拉强度分别为150MPa、350MPa和420MPa。冲击韧性最高的是球状石墨铸铁(图5-10(c)),其次为团絮状石墨铸铁(图5-10(b)),最低的是片状石墨铸铁(图5-10(a))。

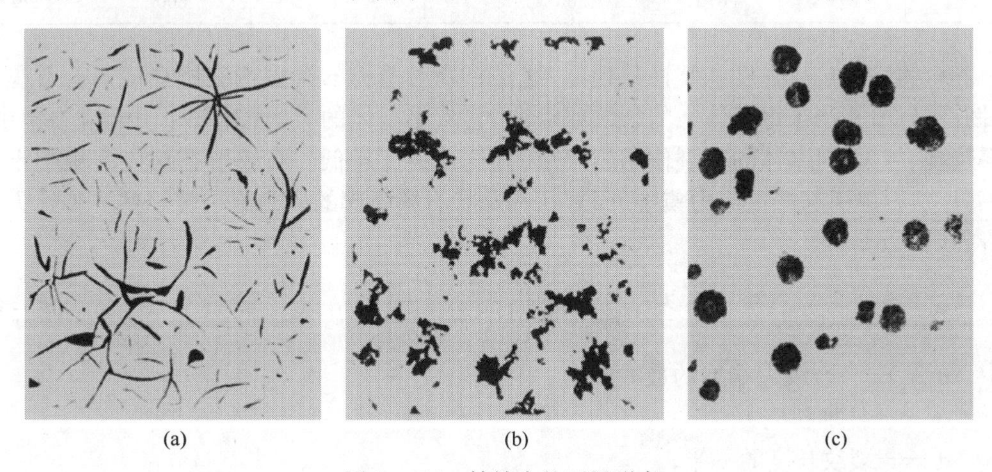

图5-10　铸铁中的石墨形态

(a)片状石墨;(b)团絮状石墨;(c)球状石墨。

4. 铸铁的性能特点

石墨的形态对铸铁力学性能的影响见表5-19。

表5-19 各种铸铁的力学性能

材料种类	组织	抗拉强度 R_m/MPa	屈服强度 $R_{P0.2}$/MPa	抗弯强度 R_{bb} /MPa	延伸率 A/%	冲击韧性 a_k/ (kJ·m^{-2})	硬度/ HB
铁素体灰口铸铁	$F+G_{片}$	100~150		260~330	<0.5	10~110	143~229
珠光体灰口铸铁	$P+G_{片}$	200~250		400~470	<0.5	10~110	170~240
孕育铸铁	$P+G_{细片}$	300~400		540~680	<0.5	10~110	207~296
铁素体可锻铸铁	$F+G_{团}$	300~370	190~280		6~12	150~290	120~163
珠光体可锻铸铁	$P+G_{团}$	450~700	280~560		2~5	50~200	152~270
铁素体球墨铸铁	$F+G_{球}$	400~500	250~350		5~20	>200	147~241
珠光体球墨铸铁	$P+G_{球}$	600~800	420~560		>2	>150	229~321
白口铸铁	$P+Fe_3C+L_e$	230~480					375~530
铁素体蠕墨铸铁	$F+G_{虫}$	>286	>204		>3		>120
珠光体蠕墨铸铁	$P+G_{虫}$	>393	>286		>1		>180
45钢	F+P	610	360		15	800	<229

灰口铸铁的抗拉强度和塑性都很低,这是石墨对基体的严重割裂所造成的。石墨强度、韧性极低,相当于钢基体上的裂纹或空洞,它减小基体的有效截面,并引起应力集中。石墨越多、越大,对基体的割裂作用越严重,其抗拉强度越低。石墨形态对应力集中十分敏感,片状石墨引起严重应力集中,团絮状和球状石墨引起的应力集中较轻些。弹性力学分析表明:

$$\sigma_{max}=\sigma\left[1+2\sqrt{\frac{a}{\rho}}\right] \tag{5-1}$$

式中 σ_{max}——裂纹尖端处的最大应力;

σ——外加拉应力;

a——裂纹长度的一半;

ρ——裂纹尖端的曲率半径。

可见ρ越小,a越大,则裂纹尖端处的σ_{max}就越大。受压应力时,因石墨片不引起大的局部压应力，铸铁的压缩强度不受影响。

变质处理后，由于石墨片细化，石墨对基体的割裂作用减轻，铸铁的强度提高，但塑性无明显改善。

另一方面，由于石墨的存在，使铸铁具备某些特殊性能，主要有：因石墨的存在，造成脆性切削，铸铁的切削加工性能优异；铸铁的铸造性能良好，铸件凝固时形成石墨产生的膨胀，减少了铸件体积的收缩，降低了铸件中的内应力；石墨有良好的润滑作用，并能储存润滑油，使铸件有很好的耐磨性能；石墨对振动的传递起削弱作用，使铸铁有很好的抗振性能；大量石墨的割裂作用，使铸铁对缺口不敏感。

5.3.2　灰铸铁

灰铸铁是价格便宜、应用最广的铸铁材料。在各类铸铁的总量中，灰铁件约占80%以上。灰铸铁主要用来制造各种机器的底座、机架、工作台、机身、齿轮箱箱体、阀体及内燃机的汽缸体、汽缸盖等。

1. 灰铸铁的成分、组织与性能

灰铸铁的成分范围为：C(2.5%~4.0%)；Si(1.0%~3.0%)；Mn(0.25%~1.0%)；S(≤0.15%)；P(≤0.3%)。具有上述成分范围的铸铁熔体缓慢冷却结晶时，将发生石墨化，析出片状石墨。因其断口的外貌呈浅灰色，故称为灰铸铁(灰铁)。

灰铸铁是第一阶段和第二阶段石墨化都能充分进行时形成的铸铁，它的组织是由片状石墨和钢的基体组成，其片状石墨形态或直或弯且不连续。根据第三阶段石墨化进程不同可以获得铁素体、铁素体+珠光体、珠光体等三种不同基体组织的灰铸铁，它们的显微组织见图5-11。

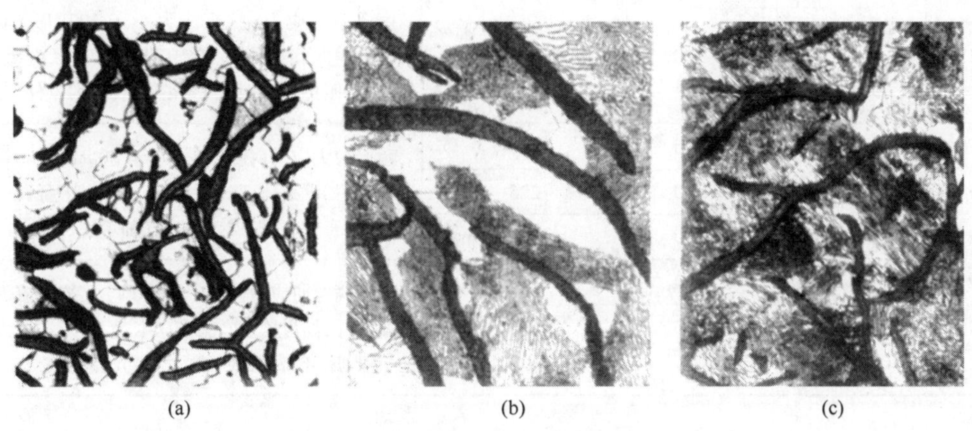

(a)　(b)　(c)

图5-11　不同基体灰铸铁的显微组织

(a)F+G；(b)F+P+G；(c)P+G

灰铸铁的组织特点是钢基体上分布着片状石墨。因片状石墨对基体的割裂作用大，引起的应力集中也大，因此灰铸铁的抗拉强度、塑性、韧性都很差。但是，因层状结构具有润滑作用，而且低强度的石墨磨损后留下的空隙有利于贮油，从而使灰铁的耐磨性好。同样，石墨的存在使灰铁有较好的消震性，而石墨的润滑效应有利于材料的切削加工。另外，灰铸铁的成分接近于相图中的共晶成分点，对应灰铸铁的熔点较低，材料在铸造时流动性好，分散缩孔少，可用于制造复杂形状的零件。

2. 灰铸铁的孕育处理及热处理

为了改善灰铸铁的组织和力学性能,在生产中常采用孕育处理,即在浇注前向铁水中加入少量孕育剂(如硅铁、硅钙合金等),改变铁水的结晶条件,从而在结晶后的灰铸铁中出现了细小均匀分布的片状石墨和细小的珠光体组织。经孕育处理后的灰铸铁称为孕育铸铁。孕育铸铁的强度有较大的提高,塑性和韧性也有改善。并且由于孕育剂的加入,使冷却速度对结晶过程的影响减小,铸件的结晶几乎是在整个体积内同时进行的,结晶后铸件在各个部位获得均匀一致的组织。因而孕育铸铁可用于制造力学性能要求较高、截面尺寸变化较大的大型铸件。

灰铸铁的热处理只能改变其基体组织,不能改变石墨的形态和分布。因此,通过热处理不能显著改善灰铸铁的力学性能,主要用来消除铸件的内应力和稳定尺寸、消除白口组织和提高铸铁的表面硬度及耐磨性。

3. 灰铸铁的牌号

灰铸铁的牌号是由"HT+数字"组成。其中"HT"是"灰铁"二字的汉语拼音字头,数字表示直径 30 mm 单件铸铁棒的最低抗拉强度值。如 HT200 表示最低抗拉强度为 200MPa 的灰铸铁。灰铸铁的牌号、力学性能及用途见表 5-20。

表 5-20 灰铸铁的牌号、力学性能及用途(GB/T 9439—2010)

牌号	铸铁类别	铸件壁厚/mm	铸件最小抗拉强度 R_m/MPa	适用范围及举例
HT100	铁素体灰铸铁	5~40	100	低载荷和不重要零件,如盖外罩、手轮、支架、重锤等
HT150	(珠光体+铁素体)灰铸铁	5~300	150	承受中等应力(抗弯应力小于 100MPa)的零件,如支柱、底座、齿轮箱、工作台、刀架、端盖、阀体、管路附件及一般无工作条件要求的零件
HT200	珠光体灰铸铁	5~300	200	承受较大应力(抗弯应力小于 300MPa)和较重要零件,如汽缸体、齿轮、机座、飞轮、床身、缸套、活塞、刹车轮、联轴器、齿轮箱、轴承座、液压缸等
HT225		5~300	225	
HT250		5~300	250	
HT275	孕育铸铁	5~300	275	承受高弯曲应力(小于 500MPa)及抗拉应力的重要零件,如齿轮、凸轮、车床卡盘、剪床和压力机的机身、床身、高压液压缸、滑阀壳体等
HT300		5~300	300	
HT350		5~300	350	

5.3.3 球墨铸铁

如果在凝固前于液态铁中加入足够的镁或铈(稀土),则凝固时会形成球状石墨。这种加入的物质成为球化剂,常用的球化剂为稀土镁球化剂。同时加入一定量的硅铁起孕育作用。而球化处理后得到的具有球状石墨的铸铁称为球墨铸铁。

球墨铸铁具有很高的强度,又有良好的塑性和韧性,其综合力学性能接近于钢。因其铸造性能好,成本低廉,生产方便,在工业中得到了广泛的应用。

1. 球墨铸铁的成分、组织与性能

球铁的化学成分范围:C(3.6%~3.9%);Si(2.2%~2.8%);Mn(0.6%~0.8%);S(≤0.07%);P(≤0.1%)。

球墨铸铁的显微组织由球形石墨和金属基体两部分组成。随着成分和冷却速度的不同,球墨铸铁在铸态下的金属基体也可分为铁素体、铁素体+珠光体、珠光体三种,它们的显微组织如图5-12所示。

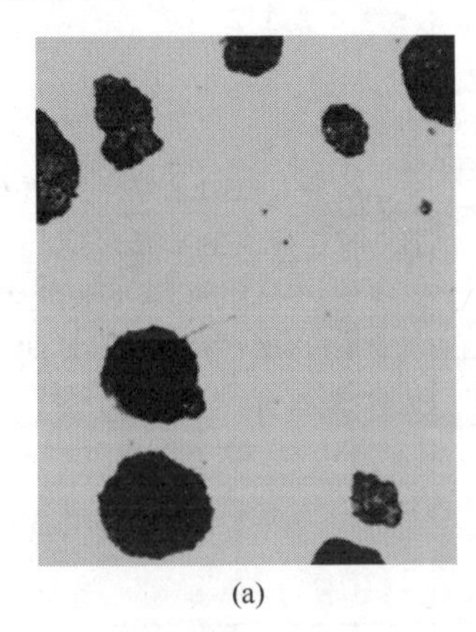

(a)

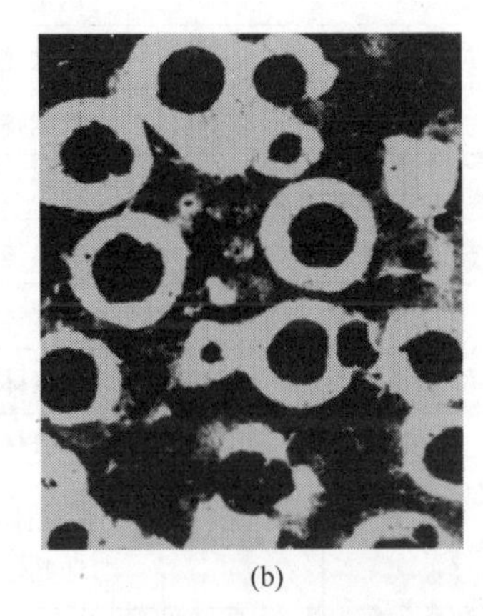

(b)

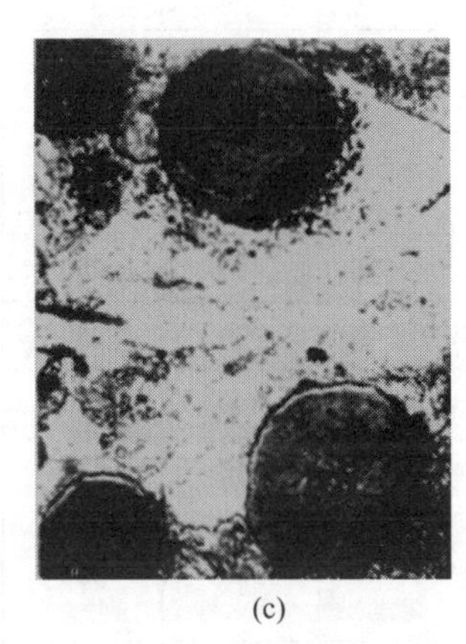

(c)

图5-12 不同基体球墨铸铁的显微组织

(a)F+$G_{球}$;(b)P+F+$G_{球}$;(c)P+$G_{球}$。

球墨铸铁具有较高的抗拉强度和弯曲疲劳极限,也具有相当良好的塑性、韧性及耐磨性,球铁是力学性能最好的铸铁。球形石墨对金属基体截面削弱作用较小,使得基体比较连续,且在拉伸时引起应力集中的效应明显减弱,从而使基体强度利用率从灰铸铁的30%~50%提高到70%~90%;另外,球铁也具有良好的耐磨、消振、减磨、易切削、好的铸造性能和对缺口不敏感等性能。

2. 球化处理与热处理

球墨铸铁的球化处理必须伴随着孕育处理,通常是在铁水中同时加入一定量的球化剂和孕育剂。国外使用的球化剂主要是金属镁,实践证明,铁水中镁的质量分数为0.04%~0.08%时,石墨就能完全球化。我国普遍使用稀土镁球化剂。镁是强烈阻碍石墨化的元素,为了避免白口,并使石墨球细小、均匀分布,一定要加入孕育剂。常用的孕育剂是硅铁和硅钙合金。

球铁中金属基体是决定球铁机械性能的主要因素,所以像钢一样,球铁可通过合金化和热处理强化的方法进一步提高它的力学性能。球铁的热处理方法主要有退火、正火、调质、等温淬火和表面热处理。其中退火包括去应力退火和高温及低温石墨化退火,其方法和作用与灰铸铁的类似。不同的热处理可使球墨铸铁获得不同的基体组织,生产中常见的球墨铸铁的基体组织有铁素体、珠光体+铁素体、珠光体和贝氏体。

3. 球墨铸铁的牌号及用途

球墨铸铁的牌号由“QT”和后面的两组数字组成,“QT”为“球铁”二字的汉语拼音字头,后面的两组数字分别代表该铸铁的最小抗拉强度(MPa)和最小延伸率(%)。各种球墨铸铁的牌号、性能及主要用途见表5-21。

表5-21　球墨铸铁的牌号、力学性能及主要用途(GB/T 1348—2009)

牌号	力学性能				基体组织类型	用途举例
	R_m/MPa	$R_{P0.2}$/MPa	A/%	硬度/HBW		
		不大于				
QT350—22L	350	220	22	≤160	铁素体	承受冲击、振动的零件,如汽车、拖拉机轮毂、差速器壳、拨叉、农机具零件,中低压阀门、上下水及输气管道、压缩机高低压汽缸、电机机壳、齿轮箱、飞轮壳等
QT350—22R	350	220	22	≤160	铁素体	
QT350—22	350	220	22	≤160	铁素体	
QT400—18L	400	240	18	120~175	铁素体	
QT400—18R	400	250	18	120~175	铁素体	
QT400—18	400	250	18	120~175	铁素体	
QT400—15	400	250	15	120~180	铁素体	
QT450—10	450	310	10	160~210	铁素体	
QT500—7	500	320	7	170~230	铁素体+珠光体	
QT550—5	550	350	5	180~250	铁素体+珠光体	机器座架、传动轴飞轮、电动机架、内燃机的机油泵齿轮、铁路机车车轴瓦等
QT600—3	600	370	3	190~270	珠光体+铁素体	
QT700—2	700	420	2	225~305	珠光体	载荷大、受力复杂的零件,如汽车、拖拉机的曲轴、连杆、凸轮轴,部分磨床、铣床、车床的主轴,机床蜗杆与蜗轮,轧钢机轧辊,大齿轮,汽缸体,桥式起重机大小滚轮等
QT800—2	800	480	2	245~335	珠光体或回火组织	
QT900—2	900	600	2	280~360	贝氏体或回火马氏体	高强度齿轮,如汽车后桥螺旋锥齿轮,大减速器齿轮,内燃机曲轴、凸轮轴等

球墨铸铁具有优异的力学性能,它可以代替部分碳钢、合金钢和可锻铸铁,用于制造受力复杂,强度、韧性和耐磨性高的机器零件。如具有高的韧性和塑性的铁素体球铁常用来制造受压阀门、机器底座、减速器壳等;具有高强度和耐磨性的珠光体球铁常用于制造汽车、拖拉机的曲轴、连杆、凸轮轴及机床主轴、蜗轮、蜗杆、轧钢机辊、缸套、活塞等重要零件。

5.3.4　可锻铸铁

可锻铸铁是由白口铸铁经过可锻化(石墨化)退火而获得的具有团絮状石墨的一种高强铸铁。由于石墨形状的改善,它比灰铸铁有更好的韧性、塑性及强度。为表明其韧性、塑性特征,故称可锻铸铁。这里“可锻”并非指可以锻造。

1. 可锻铸铁的成分与组织

化学成分是决定白口化、退火周期、铸造性能和力学性能的根本因素。为了保证白口化和力学性能,C质量分数应较低;为了缩短退火周期,Mn质量分数不宜过高;特别要严格控制严重阻碍渗碳体分解的强碳化物形成元素,如Cr等。可锻铸铁的化学成分范围为:C(2.2%~2.7%);Si(1.0%~1.8%);Mn(0.5%~0.7%);S(≤0.2%);P(≤0.18%)。为缩短石墨化退火周期,往往向铸铁中加入B、Al、Bi等孕育剂(可缩短一半多时间)。

按退火方法不同,可锻铸铁有黑心可锻铸铁和白心可锻铸铁两类。黑心可锻铸铁依靠石墨化退火获得;白心可锻铸铁利用氧化脱碳退火获得。后者已很少生产,我国主要生产黑心可锻铸铁。黑心可锻铸铁有铁素体和珠光体两种基体,见图5-13。

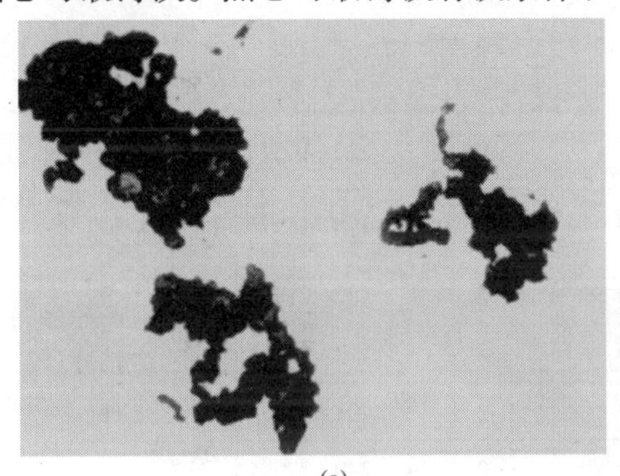

(a)

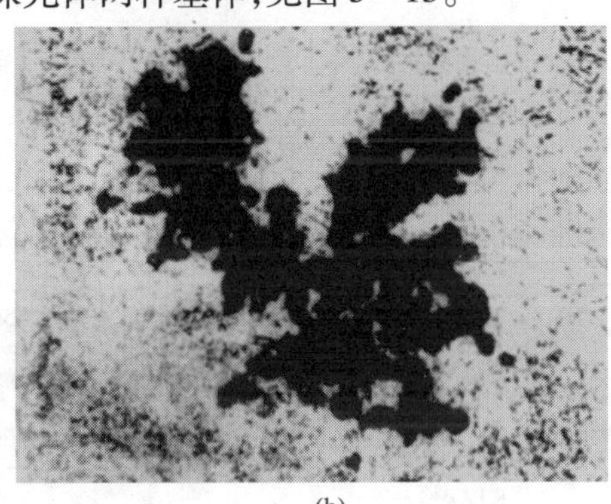

(b)

图5-13 可锻铸铁的显微组织

(a)珠光体可锻铸铁;(b)铁素体可锻铸铁。

2. 可锻铸铁的生产

可锻铸铁生产分两个步骤,即首先铸造纯白口铸铁(不允许有石墨出现,否则在随后的退火中,碳在已有的石墨上沉淀,得不到团絮状石墨),然后进行长时间石墨化退火处理。黑心可锻铸铁的退火过程如图5-14所示。将白口铸铁加热到900~950℃,长时间保温,使共晶渗碳体分解为团絮状石墨,完成第一阶段的石墨化过程。随后以较快的速度(100℃/h)冷却通过共析转变温度区,得到珠光体基体的可锻铸铁。若第一阶段石墨化保温后慢冷,使奥氏体中的碳充分析出,完成第二阶段石墨化,并在冷至720~760℃后继续保温,使共析渗碳体充分分解,完成第三阶段石墨化,在650~700℃出炉冷却至室温,可得到铁素体基体的可锻铸铁。

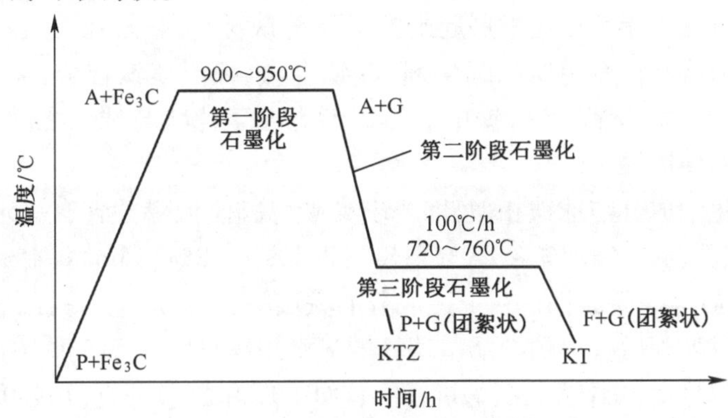

图5-14 黑心可锻铸铁的石墨化退火工艺曲线

可锻铸铁的主要特点是退火时间长、能源消耗大。探求快速退火新工艺,发展可锻铸铁新品种,是我国可锻铸铁的主要发展方向。

3. 可锻铸铁的牌号、力学性能与用途

表5-22列出了我国常用可锻铸铁的牌号、力学性能和用途。

表5-22 部分可锻铸铁的牌号和力学性能(GB/T 9440—2010)

分类	牌号	铸件壁厚/mm	试棒直径/mm	抗拉强度 R_m/MPa	延伸率 A/%	硬度/HB	应用举例
铁素体可锻铸铁	KT300—6	>12	16	300	6	120~163	弯头、三通等管件
	KT330—8	>12	16	330	8	120~163	螺丝、扳手等,犁刀、犁柱、车轮壳等
	KT350—10	>12	16	350	10	120~163	汽车和拖拉机前后轮壳、减速器壳、转向节壳、制动器等
	KT370—12	>12	16	370	12	120~163	
珠光体可锻铸铁	KT450—5		16	450	5	152~219	曲轴、凸轮轴、连杆、齿轮、活塞环、轴套、万向节头、棘轮、扳手、传动链条
	KTZ500—4		16	500	4	179~241	
	KTZ600—3		16	600	3	201~269	
	KTZ700—2		16	700	2	240~270	

铁素体可锻铸铁以"KT"表示,珠光体可锻铸铁以"KTZ"表示。其后的两组数字表示最低抗拉强度和延伸率。

由于可锻铸铁中的石墨以团絮状的形式存在,对基体的割裂作用小,引起的应力集中小,因此,可锻铸铁比具有相同基体的灰铸铁具有较高的强度和塑性。在实际生产中,可锻铸铁因具有较高的塑性和韧性,且铸造性能好,常用于制造如汽车和拖拉机的后桥壳、转向机构、农具及管接头等形状复杂、承受冲击、振动和扭转载荷的零件;珠光体可锻铸铁的强度和耐磨性较好,可用于制造曲轴、连杆、凸轮、活塞、摇臂等强度和耐磨性要求较高的零件。

5.3.5 蠕墨铸铁

蠕墨铸铁是近几十年来迅速发展起来的新型铸铁材料,它是在一定成分的铁水中加入适量的使石墨形成蠕虫状组织的蠕化剂(镁钛合金、稀土镁钛合金、稀土镁钙合金等)和孕育剂(硅铁),凝固结晶后使铸铁中的石墨形态介于片状与球状之间,具有这种石墨组织的铸铁称为蠕墨铸铁。

蠕墨铸铁的化学成分与球铁相似,即要求高碳、高硅、低磷并含有一定量的镁和稀土元素,一般成分范围为:C(3.5%~3.9%);Si(:2.1%~2.8%);Mn(0.4%~0.8%);S(≤0.1%);P(≤0.1%)。蠕墨铸铁是在上述成分的铁液中,加入适量的蠕化剂进行蠕化处理和孕育剂进行孕育处理后获得的。蠕墨铸铁的显微组织见图5-15。

蠕墨铸铁的牌号由"蠕铁"的汉语拼音字首"RUT"和数字组成(JB4403—1987),数字表示最小抗拉强度,例如RuT340。

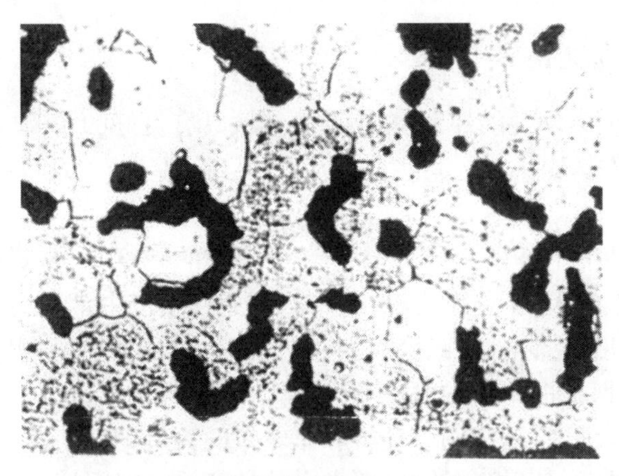

图5-15 蠕墨铸铁的显微组织图(250×)

各牌号蠕墨铸铁的主要区别在于基体组织的不同。蠕墨铸铁的组织是由蠕虫状石墨+金属基体组成。与长而薄的片状石墨相比,蠕虫状石墨短而厚,长厚比值明显减小,一般在2~10的范围内,而灰铸铁中片状石墨的长厚比常大于50。

蠕墨铸铁的牌号、力学性能及用途举例见表5-23。

表5-23 蠕墨铸铁的牌号、力学性能及用途举例

牌号	力学性能				用途举例
	σ_b/MPa	$\sigma_{0.2}$/MPa	δ/%	硬度/HBS	
	不小于				
RuT60	260	195	3	121~197	增压器废气进气壳体,汽车底盘零件等
RuT300	300	240	1.5	140~217	排气管、变速箱体、汽缸等,液压件、纺织机零件、钢锭模具等
RuT340	340	270	1.0	170~249	重型机床件,大型齿轮箱体,盖、座,飞轮,起重机卷筒等
RuT380	380	300	0.75	193~249	活塞环、汽缸套、制动盘、钢珠研磨盘等
RuT420	420	335	0.75	200~280	

蠕墨铸铁的力学性能介于基体组织相同的优质灰铸铁和球铁之间。当成分一定时,蠕墨铸铁的强度、韧性、疲劳极限和耐磨性等都优于灰铸铁,对断面的敏感性也较小;但蠕墨铸铁的塑性和韧性比球铁低,强度接近球铁。蠕墨铸铁抗热疲劳性能、铸造性能、减振能力以及导热性能都优于球铁,接近于灰铸铁。因此,蠕墨铸铁主要用来制造大功率柴油机缸盖、汽缸套、机座、电机壳、机床床身、钢锭模、液压阀等零件。

特别需要指出以下两点:

(1) 灰铸铁即灰铁不同于灰口铸铁。灰铁只是灰口铸铁中的一种,灰口铸铁包括灰铁、球墨铸铁、蠕墨铸铁和可锻铸铁等,麻口铸铁的断口也呈麻点状灰色。

(2) 可锻铸铁远未达到可锻的程度,实际上并不可锻。

5.3.6 特殊性能铸铁

工业上,除了一般力学性能外,常常还要求铸铁具有良好的耐磨性、耐蚀性或耐热性等特殊性能。为此,可在铸铁中加入某些合金元素,得到一些具有各种特殊性能的合金铸铁。

1. 耐磨铸铁

在磨粒磨损条件下工作的铸铁应具有高而均匀的硬度。白口铸铁就属这类耐磨铸铁。但白口铸铁脆性较大,不能承受冲击载荷,因此在生产中常采用激冷的办法来获得冷硬铸铁。即用金属型铸造铸件的耐磨表面,其他部位采用砂型。同时调整铁水的化学成分,利用高碳、低硅,保证白口层的深度,而心部为灰口铸铁组织,有一定的强度。用激冷方法制造的耐磨铸铁,已广泛应用于轧辊和车轮等的铸造生产。

在润滑条件下受粘着磨损的铸件,要求在软的基体上牢固地嵌有硬的第二相。这样,当软基体磨损后形成沟槽时,可保证油膜。珠光体组织就满足这种要求,即其基体为软的铁素体,渗碳体为硬的第二相,同时石墨片起储油和润滑作用。

为了进一步改善珠光体灰口铸铁的耐磨性,常将铸铁的磷质量分数提高到0.4%~0.6%。此时生成的磷共晶硬度高,且呈断续网状分布在珠光体基体上,因此有利于耐磨。在此基础上,还可加入Cr、Mo、W、Cu等合金元素,改善组织,提高基体强度和韧性,从而使铸铁的耐磨性能得到更大程度的提高,如高铬耐磨铸铁、奥-贝球铁等都是近十几年来发展起来的新型合金铸铁。

常用的耐磨合金铸铁有中锰稀土耐磨球墨铸铁、中磷稀土耐磨铸铁和高磷耐磨铸铁等。

中锰稀土球墨铸铁硬度较高,耐磨性好,可代替65Mn制造农机具的易损零件,如犁铧、耙片、翻土板、球磨机衬套等。

高磷耐磨铸铁含磷0.40%~0.65%,能形成坚硬的磷化物共晶体,从而提高耐磨性,常用来制造机床导轨、工作台和柴油机汽缸套等。

2. 耐热铸铁

在高温下工作的铸铁,如炉底板、换热器、坩埚、热处理炉内的运输链条等,必须使用耐热铸铁。

灰口铸铁在高温下表面要氧化和烧损,同时氧化气体沿石墨片边界和裂纹内渗,造成内部氧化,并且渗碳体会在高温下分解成石墨。所有这些都将导致灰口铸铁热稳定性的下降。加入Al、Si、Cr等元素,一方面在铸件表面形成致密的氧化膜,阻碍继续氧化;另一方面提高铸铁的临界温度,使基体变为单相铁素体,不发生石墨化过程,从而改善铸铁的耐热性。

球墨铸铁中,石墨为孤立分布,互不相连,不形成气体渗入通道,故其耐热性更好。

耐热铸铁的牌号、化学成分及力学性能如表5-24所示。

表5-24 耐热铸铁的牌号、化学成分及力学性能(GB/T 9347—2009)

牌号	化学成分(质量分数)/%							最小 R_m/MPa	硬度 /HBW
	C	Si	Mn	P	S	Cr	Al		
			不大于						
HTRCr	3.0~3.8	1.5~2.5	1.0	0.10	0.08	0.50~1.00	—	200	189~288

（续）

牌号	化学成分(质量分数)/%							最小 R_m/MPa	硬度/HBW
	C	Si	Mn	P	S	Cr	Al		
			不大于						
HTRCr2	3.0~3.8	2.0~3.0	1.0	0.10	0.08	1.00~2.00	—	150	207~288
HTRCr16	1.6~2.4	1.5~2.2	1.0	0.10	0.05	15.00~18.00	—	340	400~450
HTRSi5	2.4~3.2	4.5~5.5	0.8	0.10	0.08	0.5~1.00	—	140	160~270
QTRSi4	2.4~3.2	3.5~4.5	0.7	0.07	0.015	—	—	420	143~187
QTRSi4Mo	2.7~3.5	3.5~4.5	0.5	0.07	0.015	Mo0.5~0.9	—	520	188~241
QTRSi4Mo1	2.7~3.5	4.0~4.5	0.3	0.05	0.015	Mo1.0~1.5	Mg0.01~0.05	550	200~240
QTRSi5	2.4~3.2	4.5~5.5	0.7	0.07	0.015	—	—	370	228~302
QTRAl4Si4	2.5~3.0	3.5~4.5	0.5	0.07	0.015	—	4.0~5.0	250	285~341
QTRAl5Si5	2.3~2.8	4.5~5.2	0.5	0.07	0.015	0	5.0~5.8	200	302~363
QTRA22	1.6~2.2	1.0~2.0	0.7	0.07	0.015	—	20.0~24.0	300	241~364

3. 耐蚀铸铁

耐蚀铸铁不仅具有一定的力学性能,而且在腐蚀介质中工作时具有抗蚀的能力。因此其广泛用于制造化工管道、阀门、泵、反应器及存储器等。

通常采用以下方法来提高铸铁的耐蚀性:在铸铁中加入 Si、Al、Cr 等合金元素,能在铁表面形成一层连续致密的保护膜;加入 Cr、Si、Mo、Cu、Ni、P 等合金元素,可提高铁素体的电极电位;另外,通过合金化还可以获得单相金属基体组织,减少了铸铁中的腐蚀微电池。

在 GB/T 8491—2009 中规定:耐蚀铸铁的牌号由 HTSSi+合金元素+含量来表示,共有 HTSSi11Cu2CrR、HTSSi15R、HTSSi15Cr4MoR 和 HTSSi15Cr4R 四种牌号。在多种耐蚀铸铁中,应用最广泛的有高硅铸铁(HTSSi15R)。高硅铸铁的 $w_C<1.4\%$,组织为(含硅铁素体+石墨+渗碳体),具有优良的耐酸性(但不耐热的盐酸),常用于制造酸泵、蒸馏塔等;高铬铸铁(HTSSi15Cr4R)具有耐酸、耐热、耐磨的特点,可用于制造化工机械零件(离心泵、冷凝器等)。

4. 高强度合金铸铁

目前用得较多的是稀土镁铜钼和稀土镁钼合金球墨铸铁。它们是在稀土镁球墨铸铁的基础上加入少量的铜、钼合金元素。钼可细化晶粒,提高强度和韧性。铜能促进石墨化,可在获得珠光体球铁的同时减少白口倾向,铜还能溶入铁素体使之强化。

高强度合金铸铁还可进行正火及等温淬火等热处理工艺,以获得优良的综合力学性能。如稀土镁铜钼合金铸铁经正火加回火处理,可制造高速柴油机曲轴、连杆等;还能代替 38CrSi 合金钢制造机车柴油机主轴承盖。稀土镁钼合金铸铁经等温淬火处理,可代替 18CrMnTi 合金钢,用以制造拖拉机减速箱齿轮。

5.4 有色金属

有色金属是指黑色金属以外的金属。有色金属具有许多独特的物理性能和化学性能。如铝、镁、钛及其合金密度小、比强度高,广泛应用于航空航天等领域;金、银、铜及其合金导电性、导热性优异,是电器业、仪表业中不可或缺的材料。此外,钨、钼、铌及其合金是高温零件和真空器件的理想材料。总之,有色金属已成为现代工业中应用最广的材料之一。我国有色金属资源丰富,其中钨、钼、锑、汞、铅、锌和稀土金属的储量均位居世界前列,因此,合理开发和有效利用有色金属具有重要的现实意义和战略意义。

本节主要讨论目前应用最广的铝、铜、钛、镁及其合金和轴承合金,包括其牌号、化学成分等内容。

5.4.1 铝及其合金

1. 纯铝及其代号

铝的化学性质活泼,在大气中能与氧结合,形成一层致密的氧化膜,有效地阻止铝继续被氧化,具有良好的耐蚀性能。但在碱、盐以及大多数酸性溶液中,铝极易被腐蚀。

纯铝是银白色轻金属,熔点为660℃,密度为2.7g/cm^3,仅为铁的1/3,具有良好的导电性和导热性。纯铝为面心立方结构,无同素异构转变,其强度和硬度均较低,难以用做结构材料,其唯一的强化手段是形变强化。铝的塑性高,可进行冷热压力加工。

根据所含杂质元素(Fe、Si、Cu、Mg等)的多少,可将纯铝分为工业纯铝和高纯铝两大类。纯度高于99.85%的铝称为高纯铝,代号用(LG+序号)表示。L、G分别是汉字铝和高的拼音首字母,序号表示纯度等级,序号越大,纯度越高。高纯铝主要用于科学研究以及制作电容器等一些特殊用途;纯度介于99%和99.85%之间的铝称为工业纯铝,其代号用L+序号表示,L为汉字铝的拼音首字母。序号越高,纯度越低。工业纯铝一般用于电线、电缆以及配制铝合金等。

纯铝的代号及其杂质含量如表5-25所示。

2. 铝合金

当纯铝中加入适量的元素如Si、Cu、Mg、Zn等制成合金,再通过适当的热处理或冷形变时,其力学性能可显著改善,并可做结构材料使用,如用来制造承载的机器零件或构件等。

根据合金的成分及其基本相图特点,可将铝合金分为形变铝合金和铸造铝合金两大类(图4-20)。

1) 形变铝合金

形变铝合金是指相图中成分点D以左的部分,见图4-20。该类铝合金加热至固溶线FD以上时能形成单相α固溶体,塑性好,适用于压力加工成形。

成分在F点以左的部分,组织为单相固溶体,且其溶解度不随温度而变化,无法进行热处理强化,该类合金又称为不能热处理强化的形变铝合金;成分在点F和D之间的形变铝合金,固溶体的溶解度随着温度而显著变化,可进行热处理强化,该部分的合金又称为可热处理强化的形变铝合金。

表5-25 纯铝代号及其杂质含量

名称	代号	主要成分/%				$w_{杂质}$/%(不大于)									
		Fe	Si	Al	Cu	Cu	Fe	Si	Mg	Mn	Zn	Ni	Ti	Fe+Si	其他
五号高纯铝	LG5	—	—	99.99	—	0.005	0.003	0.0025	—	—	—	—	—	—	0.002
四号高纯铝	LG4	—	—	99.97	—	0.005	0.015	0.015	—	—	—	—	—	—	0.005
三号高纯铝	LG3	—	—	99.93	—	0.01	0.04	0.04	—	—	—	—	—	—	0.007
二号高纯铝	LG2	—	—	99.90	—	0.01	0.06	0.06	—	—	—	—	—	—	0.01
一号高纯铝	LG1	—	—	99.85	—	0.01	0.10	0.08	—	—	—	—	—	—	0.01
一号工业纯铝	L1	—	—	99.7	—	0.01	0.16	0.16	—	—	—	—	—	0.26	0.03
二号工业纯铝	L2	—	—	99.6	—	0.01	0.25	0.20	—	—	—	—	—	0.36	0.03
三号工业纯铝	L3	—	—	99.5	—	0.015	0.30	0.30	—	—	—	—	—	0.45	0.03
四号工业纯铝	L4	—	—	99.3	—	0.05	0.35	0.40	—	—	—	—	—	0.60	0.03
四减一号工业纯铝	L4-1	0.15~0.30	0.10~0.20	99.3	—	0.05	—	—	0.01	0.01	0.02	0.01	0.02	—	0.03
五号工业纯铝	L5	—	—	99.0	—	0.05	0.50	0.55	—	—	—	—	—	0.90	0.15
五减一号工业纯铝	L5-1	—	—	99.0	0.05~0.20	—	—	—	—	0.05	—	0.10	—	1.0	0.15
六号工业纯铝	L6	—	—	98.8	—	0.10	0.50	0.55	0.10	0.10	—	0.10	—	1.0	0.15

根据合金元素的种类及其主要性能的差异,形变铝合金又分为防锈铝、硬铝、超硬铝和锻铝四种,其代号为(L+组别的拼音首字母+序号),其中L为汉字铝的拼音首字母。

防锈铝:代号为(LF+序号),F为汉字防的拼音首字母。防锈铝的主加元素为Mn或Mg,形成Al-Mg或Al-Mn合金。Mn元素的主要作用是提高合金的抗蚀能力和固溶强化;Mg元素的主要作用是固溶强化和降低密度,对耐蚀性能的影响较小。该类合金为单相固溶体,具有较强的抗腐蚀能力以及较好的冷变形能力和焊接性能,不能时效强化,但可形变强化。

硬铝:代号为(LY+序号),Y为汉字硬的拼音首字母,它是在Al-Cu合金的基础上再加合金元素Mg或Mn形成的铝合金。该类合金主要有Al-Cu-Mg和Al-Cu-Mn两种合金系,通常把Al-Cu-Mg系硬铝称为普通硬铝,Al-Cu-Mn系硬铝称为耐热硬铝,即在200℃以上时仍具有较好的耐热性。硬铝可通过固溶+时效热处理强化,也可形变强化。但硬铝存在两点不足。一是抗蚀性差,由于合金中含有大量的铜,而含铜固溶体和化合物的电极电位均高于晶界,因此易产生晶界腐蚀,使用过程中需采取包铝阴极保护、喷漆等防腐措施。此外,硬铝的固溶处理温度范围窄。如LY11的固溶处理温度为505~510℃,LY12的为495~503℃。低于该温度时固溶体的过饱和度不足,影响时效效果;高于该温度时,又易产生晶界熔化。

超硬铝:代号是(LC+序号),C为汉字超的拼音首字母。超硬铝是Al-Mg-Zn-Cu系合金,并含有少量的铬和锰。力学性能是形变铝中最高的,抗拉强度高达600~700MPa。超硬铝的热处理强化效果固溶+时效最显著,热塑性好,易加工成形,但缺口敏感性大,疲劳极限低,抗蚀性差,高温下软化快。

锻造铝:代号为(LD+序号),其中D为汉字锻的拼音首字母。锻造铝有Al-Mg-Si、Al-Mg-Si-Cu、Al-Cu-Mg-Fe-Ni等合金系。该类合金的合金元素种类多而含量少,具有良好的热塑性和锻造性,并可热处理强化。Al-Mg-Si系合金适宜于制造形状复杂的型材和锻件,如飞机和发动机中工艺性和耐蚀性要求较高的零件;Al-Cu-Mg-Si系合金适用于制造形状复杂、承受中等载荷的各类大型锻件和模锻件,但该合金有应力腐蚀和晶界腐蚀的倾向,不宜做薄壁零件;Al-Cu-Mg-Fe-Ni系合金因含有较多的Fe、Ni,因而具有较高的耐蚀性能,适宜于制造发动机的活塞、汽轮机叶片等耐高温和耐腐蚀的零件。

在形变铝合金中,防锈铝不能进行热处理强化,但可形变强化;硬铝、超硬铝和锻铝既可热处理强化,又可形变强化。常用形变铝合金的代号、成分、力学性能及其主要用途见表5-26。

2) 铸造铝合金

铸造铝合金是指图4-20中成分在*D*点以右的铝合金。此时合金元素的含量较高,组织中含有共晶成分,因而该类合金的流动性好,易于直接铸造成形。此外,铸造铝合金还具有良好的耐蚀性能和切削加工性能,熔炼工艺和设备也相对简单;铸件的加工余量可以很小。因此,铸造铝合金在工业中的应用非常广泛。

铸造铝的代号用(ZL+三位数字)表示,其中Z、L分别表示汉字铸和铝拼音的首字母;第一位数字表示合金的类别(1为Al-Si系,2为Al-Cu系,3为Al-Mg系,4为Al-Zn系),第二和第三数字表示合金的顺序号。若代号后面加A则表示优质。

Al-Si合金:俗称硅铝明,其中不含其他合金元素的称简单硅铝明,典型的简单硅铝明是ZL102,含10%~12%Si。除Si外还含有其他合金元素的称复杂硅铝明。

表5-26 常用形变铝合金的代号、成分、性能及用途

类别	代号	化学成分 w_{Me}/%							热处理状态	力学性能			用途
		Cu	Mg	Mn	Zn	其他		Al		R_m/MPa	A/%	硬度/HB	
防锈铝	LF5	—	4.5~5.5	0.3~0.6	—	—	余量		退火	270	23	70	焊接油箱、油管、铆钉及中等载荷零件与制品
	LF11	—	4.8~5.5	0.3~0.6	—	V：0.02~0.2	余量			270	23	70	焊接油箱、油管、焊条铆钉以及中等载荷零件与制品
	LF21	—	—	1.0~1.6	—	—	余量			130	23	30	焊接油箱、油管、铆钉及轻载零件及制品
硬铝	LY1	2.2~2.3	0.2~0.5				余量		固溶+时效	300	24	70	工作温度不超过100℃的结构用中等强度铆钉
	LY11	3.8~4.8	0.4~0.8	0.4~0.8			余量			420	18	100	中等强度的结构零件，如骨架、模锻的固定接头等
	LY12	3.8~4.9	1.2~1.8	0.3~0.9			余量			480	11	131	高强度结构件，如骨架、蒙皮、隔框等
超硬铝	LC4	1.4~2.0	1.8~2.8	0.2~0.6	0.5~0.7	Cr：0.1~0.25	余量		固溶+时效	600	12	150	受力结构件，飞机大梁、桁架、加强框及起落架等
	LC6	2.2~2.8	2.5~3.2	0.2~0.5	7.6~8.6	Cr：0.1~0.25	余量			680	7	190	受力结构件，飞机大梁、桁架、加强框及起落架等
锻造铝	LD5	1.8~2.6	0.4~0.8	0.4~0.8	—	Si：0.7~1.2	余量		固溶+时效	420	13	105	形状复杂、中等强度的锻件和模锻件
	LD7	1.9~2.5	1.4~1.8	—	—	Ti：0.02~0.1 Ni：1.0~1.5 Fe：1.0~1.5	余量			440	13	120	内燃机活塞和高温下工作的结构件
	LD10	3.9~4.8	0.4~0.8	0.4~1.0	—	Si：0.5~1.2	余量			480	10	135	承受重载的锻件和模锻件

图 5-16 为 Al-Si 二元合金相图,图 5 - 17 为 ZL102 铸态室温组织。由此可知,室温下 ZL102 的铸态组织几乎全为共晶组织(针状的 Si 晶体+α 固溶体)。共晶组织的熔点低、收缩小、流动性好、铸件热裂的倾向小。但由于合金的吸气性强,结晶时易产生分散的小孔,因此,合金组织的致密性差,强度和塑性低($R_m \leqslant 140$MPa、$A \leqslant 3\%$),同时简单硅铝明不能进行时效强化,一般仅用于铸造形状复杂、强度和致密度要求不高的铸件。

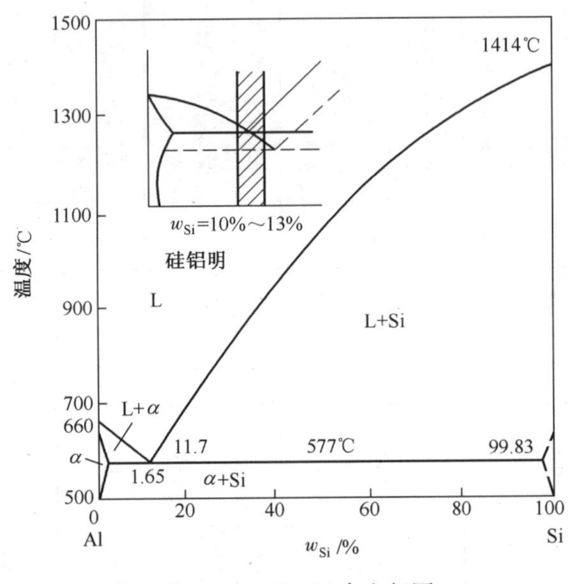

图 5-16　Al-Si 合金相图

为了改善简单硅铝明的力学性能,生产上常采用变质处理,即在浇注前向液态合金中加入钠盐变质剂(常用 2/3NaF+1/3NaCl 混合盐),变质后获得亚共晶组织(初生的 α 固溶体和细小均匀的共晶体),见图 5 - 17(b)。变质后合金的力学性能明显改善,R_m 和 A 别达到 180MPa 和 8%。

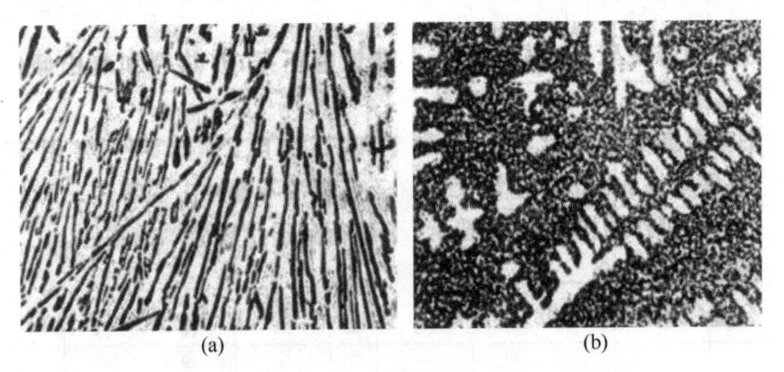

图 5-17　ZL102 的变质前后的铸态组织
(a)变质前共晶组织(针状的 Si 晶体+α 固溶体);
(b)变质后亚共晶组织(初生的 α 固溶体+共晶体)。

虽然变质处理可以改善简单硅铝明的力学性能,但程度不明显。为了进一步提高硅铝明的强度,满足较高承载的需要,可向 Al - Si 合金中加入 Cu、Mg 等合金元素,以形成

$CuAl_2(\theta)$、$Mg_2Si(\beta)$、$Al_2CuMg(s)$等强化相，制成复杂硅铝明。该类合金能时效强化，也可变质处理，广泛用于铸造形状复杂、耐热性和耐蚀性要求较高、承载较大的铸件。

Al－Cu合金：Al－Cu合金是工业上应用最早的铝合金，其强度高、耐热性好，但铸造性能和耐蚀性能较差，且有热裂和疏松的倾向，因此常用于制造工作温度在300℃以下的零部件，如内燃机的汽缸头和活塞等。

Al－Mg合金：Al－Mg合金密度小、抗蚀性强、室温强度高、韧性好，但热强性低、铸造性差，一般用于制造受冲击载荷、外形不太复杂的零件，如船机配件、氨泵泵体等。

Al－Zn合金：Al－Zn合金具有良好的综合性能，如切削加工性、铸造性、焊接性以及尺寸稳定性等。但Al－Zn合金耐蚀性差、密度大、热裂倾向大，常用于制造发动机的零件以及形状复杂的仪表件等。

常见铸造铝合金的代号、成分、力学性能及其用途如表5－27所示，表中的热处理符号见表4－5。

需要注意的是，1997年1月1号，我国开始实施GB/T 16474—1996《变形铝和铝合金牌号表示方法》标准。新的牌号表示方法采用变形铝和铝合金国际牌号注册组织推荐的国际四位数字体系牌号命名方法，例如工业纯铝有1070、1060等，Al－Mn合金有3003等，Al－Mg合金有5052、5086等。1997年1月1号前，我国采用原苏联的牌号表示方法。一些老牌号的铝及铝合金化学成分与国际四位数字体系牌号不完全吻合，不能采用国际四位数字体系牌号代替，为保留国内现有的非国际四位数字体系牌号，不得不采用四位字符体系牌号命名方法，以便逐步与国际接轨。例如：老牌号LF21的化学成分与国际四位数字体系牌号3003不完全吻合，于是，四位字符体系表示的牌号为3A21。

四位数字体系和四位字符体系牌号第一个数字表示铝及铝合金的类别，其含义如下：

（1）1XXX系列 工业纯铝；

（2）2XXX系列 Al－Cu、Al－Cu－Mn合金；

（3）3XXX系列 Al－Mn合金；

（4）4XXX系列 Al－Si合金；

（5）5XXX系列 Al－Mg合金；

（6）6XXX系列 Al－Mg－Si合金；

（7）7XXX系列 Al－Mg－Si－Cu合金；

（8）8XXX系列 其他。

各系列铝合金典型用途如表5－28所示。

3）铝合金的固溶处理和时效强化

固溶处理和时效强化可进一步提高铝合金的强度、改善铝合金的性能，扩大其应用范围。

图5－18、图5－19分别为铝铜合金（$w_{Cu}=4\%$）的自然时效和人工时效曲线。由前者可见，时效强化的初期有一段孕育期，强度提高不明显，维持在250MPa左右，孕育期后3~5天强度明显提高，增至400MPa左右，并趋于稳定；由后者可知，随着加热温度的提高，时效强化的速度加快，但强化效果变差。

表 5-27 常用铸造铝合金的代号、成分、力学性能及其用途

种类	编号	化学成分含量 w_{Me}/%			铸造方法	热处理	力学性能			用途
		主加元素	其他	Al			R_m/MPa	A/%	硬度/HB	
铝硅合金	ZL101	Si:6.0~8.0	Mg:0.2~0.4	余量	J J SB	T4 T5 T6	190 210 230	4 2 1	50 60 70	形状复杂的零件,如飞机、仪器零件、抽水机壳体等
	ZL104	Si:8.0~10.5	Mg:0.17~0.30,Mn:0.2~0.5	余量	J J	T1 T6	200 240	1.5 2	70 70	形状复杂,工作温度为200℃以下的零件如电动机壳体、汽缸体等
	ZL105	Si:4.5~5.5	Cu:1.0~1.5,Mg:0.35~0.60	余量	J J	T5 T7	240 180	0.5 1	70 65	形状复杂工作温度在250℃以下的零件,如汽缸头、油泵壳体等
	ZL107	Si:6.5~7.5	Cu:3.5~4.5	余量	SB J	T6 T6	250 280	2.5 3	90 100	强度和硬度较高的零件
	ZL109	Si:11.0~13.0	Ni:0.5~1.5,Cu:0.5~1.5,Mg:0.8~1.5	余量	J J	T1 T6	200 250	0.5 —	90 100	较高温度下工作的零件,如活塞等
	ZL110	Si:4.0~6.0	Cu:5.0~8.0,Mg:0.2~0.5	余量	J S	T1 T1	170 150	— —	90 80	活塞及高温下工作的其他零件
铝铜合金	ZL201	Cu:4.5~5.3	Ti:0.15~0.35,Mg:0.6~1.0,Mn:0.6~1.0	余量	S S	T4 T5	300 340	8 4	70 90	砂型铸造,工作温度在175~300℃的零件
	ZL202	Cu:9.0~11.0		余量	S J	T6 T6	170 170	— —	100 100	高温下工作,不受冲击的零件
	ZL203	Cu:4.0~5.0		余量	J J	T4 T5	210 230	6 3	60 70	中等载荷、形状较简单的零件

（续）

种类	编号	化学成分 w_{Me}/%			铸造方法	热处理	力学性能			用途
		主加元素	其他	Al			R_m/MPa	A/%	硬度/HB	
铝镁合金	ZL301	Mg:9.5~11.5		余量	S	T4	280	9	20	大气或海水中工作的零件，承受冲击载荷、外形不太复杂的零件，如舰船配件、氨用泵体等
铝镁合金	ZL302	Mg:4.5~5.5	Mn:0.1~0.4	余量	S、J	—	150	1	55	
铝锌合金	ZL401	Zn:9.0~13.0	Mg:0.1~0.3	余量	J	T1	250	1.5	90	结构形状复杂的汽车、飞机、仪器零件，也可制造日用品等
铝锌合金	ZL402	Zn:5.0~7.0	Mg:0.4~0.7 Cr:0.4~0.6 Ti:0.1~0.3	余量	J	T1	240	4	70	

注：J—金属模；S—砂模；B—变质处理；F—铸态热处理。符号见表5-28

表5-28 铝合金典型用途

合 金	典 型 用 途
1050	食品、化学和酿造工业用挤压盘管,各种软管,烟花粉
1060	要求抗蚀性与成形性均高的场合,但对强度要求不高,化工设备是其典型用途
1100	用于加工需要有良好的成形性和高的抗蚀性但不要求有高强度的零部件,例如化工产品、食品工业装置与储存容器、薄板加工件、深拉或旋压凹形器皿、焊接零部件、热交换器、印刷板、铭牌、反光器具
1145	包装及绝热铝箔,热交换器
1199	电解电容器箔,光学反光沉积膜
1350	电线、导电绞线、汇流排、变压器带材
2011	螺钉及要求有良好切削性能的机械加工产品
2014	应用于要求高强度与硬度(包括高温)的场合。飞机重型、锻件、厚板和挤压材料,车轮与结构元件,多级火箭第一级燃料槽与航天器零件,卡车构架与悬挂系统零件
2017	是第一个获得工业应用的2XXX系合金,目前的应用范围较窄,主要为铆钉、通用机械零件、结构与运输工具结构件,螺旋桨与配件
2024	飞机结构、铆钉、导弹构件、卡车轮毂、螺旋桨元件及其他各种结构件
2036	汽车车身钣金件
2048	航空航天器结构件与兵器结构零件
2124	航空航天器结构件
2218	飞机发动机和柴油发动机活塞,飞机发动机汽缸头,喷气发动机叶轮和压缩机环
2219	航天火箭焊接氧化剂槽,超声速飞机蒙皮与结构零件,工作温度为-270~300℃。焊接性好,断裂韧性高,T8状态有很高的抗应力腐蚀开裂能力
2319	焊接2219合金的焊条和填充焊料
2618	模锻件与自由锻件。活塞和航空发动机零件
2A01	工作温度小于等于100℃的结构铆钉
2A02	工作温度200~300℃的涡轮喷气发动机的轴向压气机叶片
2A06	工作温度150~250℃的飞机结构及工作温度125~250℃的航空器结构铆钉
2A10	强度比2A01合金的高,用于制造工作温度小于等于100℃的航空器结构铆钉
2A11	飞机的中等强度的结构件、螺旋桨叶片、交通运输工具与建筑结构件。航空器的中等强度的螺栓与铆钉
2A12	航空器蒙皮、隔框、翼肋、翼梁、铆钉等,建筑与交通运输工具结构件
2A14	形状复杂的自由锻件与模锻件
2A16	工作温度250~300℃的航天航空器零件,在室温及高温下工作的焊接容器与气密座舱
2A17	工作温度225~250℃的航空器零件
2A50	形状复杂的中等强度零件
2A60	航空器发动机压气机轮、导风轮、风扇、叶轮等
2A70	飞机蒙皮,航空器发动机活塞、导风轮、轮盘等
2A80	航空发动机压气机叶片、叶轮、活塞、胀圈及其他工作温度高的零件
2A90	航空发动机活塞

（续）

合金	典型用途
3003	用于加工需要有良好的成形性能、高的抗蚀性、可焊性好的零件部件，或既要求有这些性能又需要有比1XXX系合金强度高的工件，如厨具、食物和化工产品处理与储存装置，运输液体产品的槽、罐，以薄板加工的各种压力容器与管道
3004	全铝易拉罐罐身，要求有比3003合金更高强度的零部件，化工产品生产与储存装置，薄板加工件，建筑加工件，建筑工具，各种灯具零部件
3105	房间隔断、挡板、活动房板、檐槽和落水管，薄板成形加工件，瓶盖、瓶塞等
3A21	飞机油箱、油路导管、铆钉线材等，建筑材料与食品等工业装备等
5005	与3003合金相似，具有中等强度与良好的抗蚀性。用做导体、炊具、仪表板、壳与建筑装饰件。阳极氧化膜比3003合金上的氧化膜更加明亮，并与6063合金的色调协调一致
5050	薄板可作为致冷机与冰箱的内衬板，汽车气管、油管与农业灌溉管；也可加工厚板、管材、棒材、异型材和线材等
5052	此合金有良好的成形加工性能、抗蚀性、可烛性、疲劳强度与中等的静态强度。用于制造飞机油箱、油管，以及交通车辆、船舶的钣金件，仪表、街灯支架与铆钉、五金制品等
5056	镁合金与电缆护套铆钉、拉链、钉子等，包铝的线材广泛用于加工农业捕虫器罩，以及需要有高抗蚀性的其他场合
5083	用于需要有高的抗蚀性、良好的可焊性和中等强度的场合，诸如舰艇、汽车和飞机板焊接件；需严格防火的压力容器、致冷装置、电视塔、钻探设备、交通运输设备、导弹元件、装甲等
5086	用于需要有高的抗蚀性、良好的可焊性和中等强度的场合，例如舰艇、汽车、飞机、低温设备、电视塔、钻井装置、运输设备、导弹零部件与甲板等
5154	焊接结构、储槽、压力容器、船舶结构与海上设施、运输槽罐
5182	薄板用于加工易拉罐盖，汽车车身板、操纵盘、加强件、托架等零部件
5252	用于制造有较高强度的装饰件，如汽车等的装饰性零部件。在阳极氧化后具有光亮透明的氧化膜
5254	过氧化氢及其他化工产品容器
5356	焊接镁含量大于3%的铝镁合金焊条及焊丝
5454	焊接结构，压力容器，海洋设施管道
5456	装甲板、高强度焊接结构、储槽、压力容器、船舶材料
5457	经抛光与阳极氧化处理的汽车及其他装备的装饰件
5652	过氧化氢及其他化工产品储存容器
5657	经抛光与阳极氧化处理的汽车及其他装备的装饰件，但在任何情况下必须确保材料具有细的晶粒组织
5A02	飞机油箱与导管，焊丝，铆钉，船舶结构件
5A03	中等强度焊接结构，冷冲压零件，焊接容器，焊丝，可用来代替5A02合金
5A05	焊接结构件，飞机蒙皮骨架
5A06	焊接结构，冷模锻零件，焊接容器受力零件，飞机蒙皮骨部件
5A12	焊接结构件，防弹甲板
6005	挤压型材与管材，用于要求强高大于6063合金的结构件，如梯子、电视天线等
6009	汽车车身板
6010	薄板，汽车车身
6061	要求有一定强度、可焊性与抗蚀性高的各种工业结构性，如制造卡车、塔式建筑、船舶、电车、家具、机械零件、精密加工等用的管、棒、型材、板材

(续)

合 金	典 型 用 途
6063	建筑型材,灌溉管材以及供车辆、台架、家具、栏栅等用的挤压材料
6066	锻件及焊接结构挤压材料
6070	重载焊接结构与汽车工业用的挤压材料与管材
6101	公共汽车用高强度棒材、电导体与散热器材等
6151	用于模锻曲轴零件、机器零件与生产轧制环,供既要求有良好的可锻性能、高的强度,又要有良好抗蚀性之用
6201	高强度导电棒材与线材
6205	厚板、踏板与耐高冲击的挤压件
6262	要求抗蚀性优于 2011 和 2017 合金的有螺纹的高应力零件
6351	车辆的挤压结构件,水、石油等的输送管道
6463	建筑与各种器具型材,以及经阳极氧化处理后有明亮表面的汽车装饰件
6A02	飞机发动机零件,形状复杂的锻件与模锻件
7005	挤压材料,用于制造既要有高的强度又要有高的断裂韧性的焊接结构,如交通运输车辆的桁架、杆件、容器,大型热交换器,以及焊接后不能进行固溶处理的部件,还可用于制造体育器材如网球拍与垒球棒
7039	冷冻容器、低温器械与储存箱,消防压力器材,军用器材、装甲板、导弹装置
7049	用于锻造静态强度与 7079—T6 合金的相同而又要求有高的抗应力腐蚀开裂能力的零件,如飞机与导弹零件——起落架液压缸和挤压件。零件的疲劳性能大致与 7075—T6 合金的相等,而韧性稍高
7050	飞机结构件用中厚板、挤压件、自由锻件与模锻件。制造这类零件对合金的要求是:抗剥落腐蚀、应力腐蚀开裂能力、断裂韧性与抗疲劳性能都高
7072	空调器铝箔与特薄带材;2219、3003、3004、5050、5052、5154、6061、7075、7475、7178 合金板材与管材的包覆层
7075	用于制造飞机结构及其他要求强度高、抗腐蚀性能强的高应力结构件、模具
7175	用于锻造航空器用的高强度结构。T736 材料有良好的综合性能,即强度、抗剥落腐蚀与抗应力腐蚀开裂性能、断裂韧性、疲劳强度都高
7178	供制造航空航天器的要求抗压屈服强度高的零部件
7475	机身用的包铝的与未包铝的板材,机翼骨架、桁条等。其他既要有高的强度又要有高的断裂韧性的零部件
7A04	飞机蒙皮、螺钉,以及受力构件如大梁桁条、隔框、翼肋、起落架等

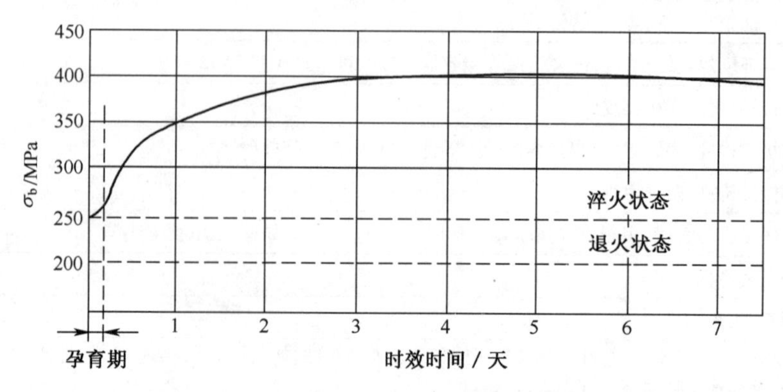

图 5-18 含 w_{Cu}=4%的铝合金的自然时效曲线

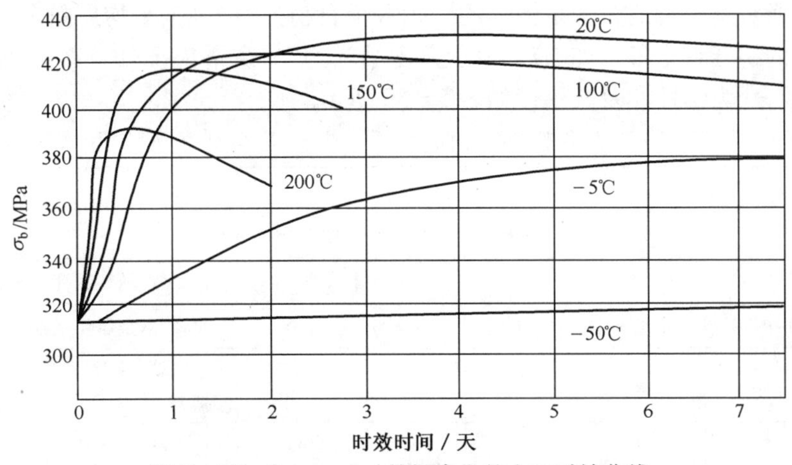

图 5-19　含 w_{Cu}=4 %的铝合金的人工时效曲线

5.4.2　铜及其合金

铜是重有色金属。世界上铜的产量仅次于钢和铝。铜及其合金是人类最早使用,至今也是应用最广泛的金属材料之一。铜的导电、导热性好,耐腐蚀,有优良的塑性,可以焊接或冷热压力加工成型。

1. 纯铜的特性及工业纯铜

纯铜又名为紫铜,面心立方结构,无同素异构转变;密度为 8.9g/cm^3;熔点为 1083℃。纯铜具有良好的导电、导热、抗蚀、抗磁性能和良好冷、热加工性能等优点,但其制备成本高、力学性能低(R_m=200~240MPa,A=50%,硬度为 40~50HBS)。

工业纯铜代号用(T+序号)表示,其中 T 为汉字铜的拼音首字母。序号越大,其纯度越低。工业纯铜通常分为 T1~T4 四种,其牌号、代号、成分及其用途见表 5-29。

表 5-29　工业纯铜的牌号、代号、成分及用途

牌号	代号	Cu 含量 w_{Cu} /%	杂质含量/%		杂质总量 /%	用　途
			Bi	Pb		
一号铜	T1	99.95	0.002	0.005	0.05	配制合金和导电材料等
二号铜	T2	99.90	0.002	0.005	0.1	电线、电缆等电力部门的导电材料等
三号铜	T3	99.70	0.002	0.01	0.3	电机、电工器材、电器开关,垫圈、铆钉等
四号铜	T4	99.50	0.003	0.05	0.5	电机、电工器材、电器开关,垫圈、铆钉等

2. 铜合金

在铜中加入合金元素如 Zn、Al、Sn、Mn、Ni、Fe、Be、Ti、Cr 等配制成铜合金时,其强度和硬度明显提高,再通过一些强化方式可进一步提高其强度和硬度,并同时保持铜的某些优良特性。

根据合金元素的种类,可将铜合金分为黄铜、青铜和白铜三大类。

1) 黄铜

黄铜是以锌为主要合金元素的铜合金,因其外观呈黄色,故称为黄铜。

根据化学成分的不同,黄铜又可分为普通黄铜和特殊黄铜。

(1) 普通黄铜。普通黄铜是铜锌的二元合金,代号为(H+铜平均质量分数),其中H表示汉字黄的拼音首字母。如H70,表示铜含量为70%,余量为Zn的黄铜。常用普通黄铜的代号、成分、力学性能及其用途如表5-30所示。

表5-30 常用普通黄铜的代号、成分、力学性能及其用途

代号	化学成分含量 w/%		力学性能			用途
	Cu	Zn	R_m/ MPa	A/%	硬度/HB	
H96	95.0~97.0	余量	450	2	—	冷凝管、散热器管及导电零件
H90	88.0~91.0	余量	480	4	130	奖章、双金属片、供水和排水管
H85	84.0~86.0	余量	550	4	126	虹吸管、蛇形管、冷却设备制件及冷凝器管
H80	79.0~81.0	余量	640	5	145	造纸网、薄壁管
H70	68.5~71.5	余量	660	3	150	弹壳、造纸用管、机械和电器用零件
H68	67.0~70.0	余量	660	3	150	复杂的冷冲件和深冲件、散热器外壳、导管
H65	63.5~68.0	余量	700	4	—	小五金、小弹簧及机械零件
H62	60.5~63.5	余量	500	3	164	销钉、铆钉、螺帽、垫圈导管、散热器
H59	57.0~60.0	余量	500	10	103	机械、电器用零件、焊接件、热冲压件

图5-20为Cu-Zn合金的二元相图。该相图由五个包晶反应和一个共析反应组成,共有α、β、γ、δ、ε、η等六种固相。

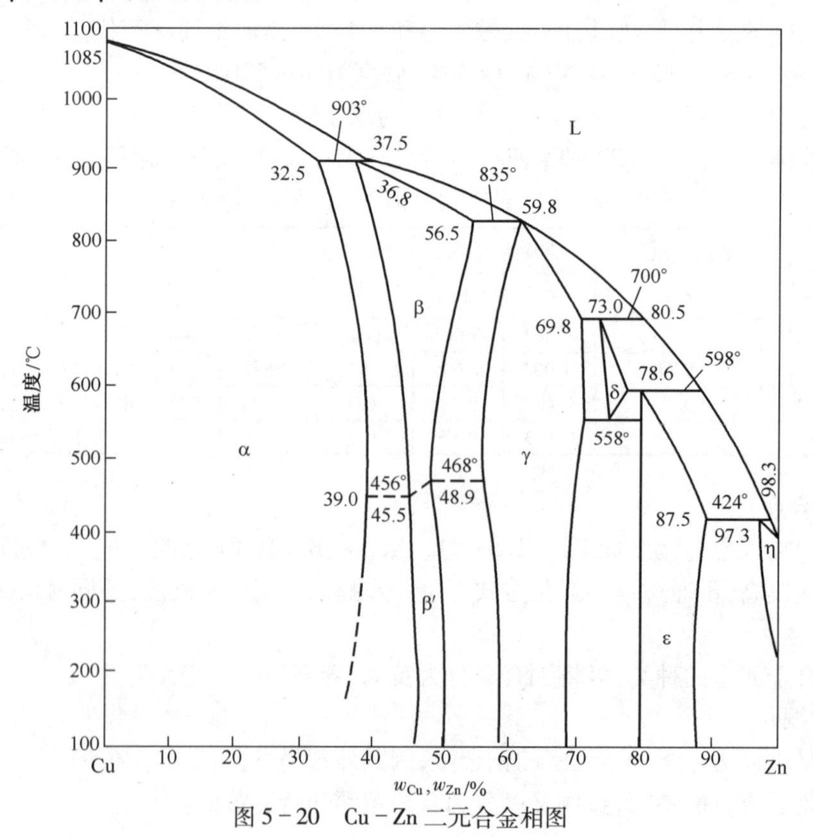

图5-20 Cu-Zn二元合金相图

α 相为 Zn 在 Cu 中形成的固溶体,面心立方结构,其溶解度最大值为 $w_{Zn}=39\%$。单相 α 固溶体的塑性好,可进行冷热加工,具有优良的锻造性能、焊接性能和镀锡能力。

β 相是以电子化合物 CuZn 为基的固溶体,体心立方结构。高温下的 β 固溶体塑性好,适宜于热加工,但在温度降到 456~458℃时,β 相有序化,转变成 β′有序固溶体。β′相塑性差,硬而脆,冷加工困难。

γ 相是以电子化合物 $CuZn_3$ 为基的固溶体,六方结构,270℃时有序化,形成 γ′有序固溶体。γ 相硬而脆,不能进行冷加工。因此普通黄铜中的锌含量一般小于 47%,其退火组织中不出现 γ、δ、ε、η 相,仅出现 α、或 α+β′相。由此又把普通黄铜分为单相黄铜和双相黄铜(图 5-21)。

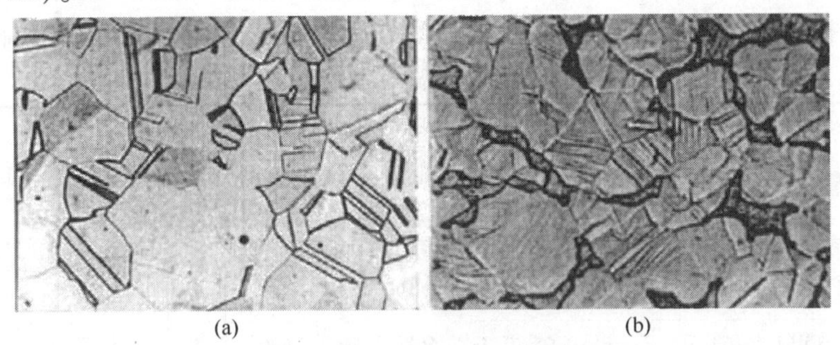

图 5-21　黄铜的显微组织

(a)单相黄铜;(b)双相黄铜。

单相黄铜是指 Zn 含量小于 32%的普通黄铜,组织为单相的 α 固溶体。常见的有 H80、H70、H68 等。单相黄铜的塑性好,适合于制造冷轧板材、冷拉线材、管材,以及形状复杂的深冲零件等。其中 H70 又俗称三七黄铜,塑性好、强度高,常用来制造炮弹弹筒、枪弹壳,有“弹壳黄铜”之称。双相黄铜是指 Zn 含量大于 32%而小于 47%的普通黄铜,组织由 α、β′两相组成。常见的有 H59、H62 等,主要用于制造水管、油管、散热器等。

黄铜的力学性能与含锌量有关,见图 5-22。当含锌量低于 30%时,随锌含量的增加,σ_b 和 δ 同时增大,对固溶强化的合金来说,这种情况是极少有的。锌含量在 30%~32%范围时,δ 达最大值。之后,随 β′相的出现和增多,塑性急剧下降。而 σ_b 则一直增长到锌含量 45%附近,当锌含量为 45%时,σ_b 值最大。锌含量超过 45%,由于 α 相全部消失,而为硬脆的 β′相所取代,导致 σ_b 急剧下降。

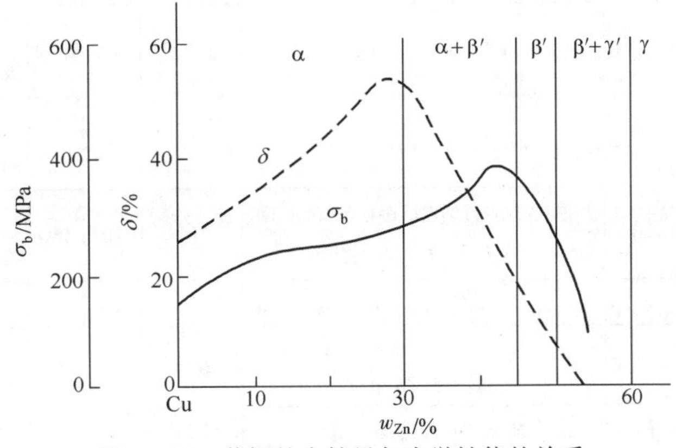

图 5-22　黄铜的含锌量与力学性能的关系

黄铜不仅具有良好的形变加工性能,还具有优异的铸造性能,铸件的组织致密,偏析倾向性小,但易产生集中缩孔。

(2) 特殊黄铜。特殊黄铜是在普通黄铜的基础上再添加适量的合金元素如Pb、Al、Sn、Ni、Si等形成的铜合金。特殊黄铜的代号为(H+主加元素符号+铜质量分数+主加元素质量分数)。如HPb59-1,表示主加元素为铅,其质量分数为1%,铜质量分数为59%,其余为锌的铅黄铜。

常见的特殊黄铜有铅黄铜、锰黄铜、锡黄铜、铝黄铜和硅黄铜等,如表5-31所示。元素铅的主要作用是改善切削性能;元素锡的主要作用是提高在海水中的耐蚀性,加锡形成的特殊黄铜有海军黄铜之称;元素锰的主要作用是提高强度、耐蚀性和耐热性;元素铝的主要作用是提高强度、硬度和耐蚀性;元素硅的主要作用是提高强度、耐磨性和耐蚀性。

表5-31 常用特殊黄铜的代号、成分、力学性能及其用途

组别	代号	化学成分/%		力学性能			用途
		Cu	其他	R_m/MPa	A/%	硬度/HB	
铅黄铜	HPb63-3	62.0~65.0	Pb:2.4~3.0;Zn余量	650	4	—	钟表、汽车、拖拉机及一般机器零件
	HPb63-0.1	61.5~63.5	Pb:0.05~0.3;Zn余量	600	5	—	同上
	HPb62-0.8	60.0~63.0	Pb:0.54~1.2;Zn余量	600	5	—	钟表零件
	HPb61-1	59.0~61.0	Pb:0.64~1.0;Zn余量	610	4	—	结构零件
	HPb59-1	57.0~60.0	Pb:0.84~1.9;Zn余量	650	16	140	热冲压、热切削加工件如销子、螺钉、垫圈等
铝黄铜	HAl67-2.5	66.0~68.0	Al:2.0~3.0;Fe:0.6;Pb:0.5;Zn余量	650	12	170	海船冷凝器管及其他耐蚀件
	HAl60-1-1	58.0~61.0	Al:0.7~1.5;Fe0.7~1.5;Mn:0.1~0.6;Zn余量	750	8	180	齿轮、蜗轮、衬套、轴及其他耐蚀件
	HAl59-3-2	57.0~60.0	Al:2.5~3.5;Ni2.0~3.0;Fe:0.5;Zn余量	650	15	150	船舶电机等常温下工作的高强度耐蚀零件
锡黄铜	HSn90-1	88.0~91.0	Sn:0.25~0.75;Zn余量	520	5	148	汽车、拖拉机弹性套筒等
	HSn62-1	61.0~63.0	Sn:0.7~1.1;Zn余量	700	4	—	船舶、热电厂中高温耐蚀冷凝器管
	HSn60-1	59.0~61.0	Sn:1.0~1.5;Zn余量	700	4	—	与海水、汽油接触的船舶零件
铁黄铜	HFe59-1-1	57.0~60.0	Fe:0.6~1.2;Mn:0.0.5~0.8,Sn:0.3~0.7;Zn余量	700	10	160	摩擦及海水腐蚀下工作的零部件
锰黄铜	HMn58-2	57.0~60.0	Mn:1.0~2.0,Zn余量	700	10	175	船舶和弱电用零件
硅黄铜	HSi80-3	79.0~81.0	Si:2.5~4.0;Fe:0.6;Mn:0.5;Zn余量	600	8	160	船舶及化工机械零件
镍黄铜	HNi65-5	64.0~67.0	Ni:5.0~6.5;Zn余量	700	4	—	船舶用冷凝管、电机零件

铸造黄铜是另一类特殊黄铜,如表5-32所列。其代号为在黄铜编号前加Z字,Z为汉字铸的拼音首字母。如ZH62,表示含铜62%,余量为锌的铸造黄铜。

应指出的是,用于压力加工的黄铜,虽具有良好的抗蚀性能,但压力加工后,若不及时消除内应力,在氨气、海水或潮湿的气候中,易发生应力腐蚀,尤其是在夏季,称为季裂,因此,冷变形后的黄铜零件应及时去应力退火。

表5-32 常用铸造黄铜的代号、成分、力学性能及其用途

组别	代号	化学成分/%				力学性能				用途
		Cu	主加元素	其他元素	Zn	铸造方法	R_m /MPa	A/%	硬度/HB	
普通黄铜	ZH62	60.0~63.0			余量	J	300	30	70	散热器等
						S	300	30	60	
铝黄铜	ZHAl67-2.5	66.0~68.0	Al:2.0~3.0		余量	J	400	15	90	海运机械及其他耐蚀件
						S	300	12	80	
	ZHAl66-6-3-2	64.0~68.0	Al:5.0~7.0	Mn:1.5~2.5;Fe:2~4	余量	J	650	7	160	压紧螺母、重型蜗杆、衬套、轴承
						S	650	7	160	
硅黄铜	ZHSi80-3	79.0~81.0	Si:2.5~4.5		余量	J	350	20	100	船舶零件、内燃机散热本体
						S	300	15	90	
锰黄铜	ZHMn55-3-1	53.0~58.0	Mn:3.0~4.0	Fe:0.5~1.5	余量	J	500	10	110	螺旋桨等海船零件
						S	450	15	100	
	ZHMn58-2-2	57.0~60.0	Mn:1.5~2.5	Pb:1.5~2.5	余量	J	350	18	80	船用铸件如套筒、衬套、轴、瓦滑块等
						S	250	10	70	
注:J-金属型;S-砂型										

2)青铜

原指以锡为主加元素的铜基合金,又称锡青铜。但工业上已把Al、Si、Pb、Be、Mn等为主加元素的铜基合金也称为青铜,因此,青铜可分为锡青铜和无锡青铜两大类。青铜的代号为(Q+主加元素+主加元素的质量分数+其他元素的质量分数)。如QSn4-3表示含主加合金元素Sn为4%、其他合金元素(Zn)为3%、余量为铜的锡青铜。当青铜用于铸造时又称为铸造青铜,其代号类似于铸造黄铜,只需在相应的青铜代号前加一"Z"字即可。

(1)锡青铜。锡含量小于6%时,由铸造获得的锡青铜为单相α固溶体组织。α为锡溶解于铜中的固溶体,面心立方晶格,塑性变形能力好,适合于冷、热变形加工。锡含量为7%~30%时的室温组织为α+(α+δ),组织中出现共析体(α+δ),强度升高,但δ相硬而脆,该类合金已不能塑性变形了。当w_{Sn}>25%时,δ相大量增多,合金的脆性进一步增大,强度显著下降,已无实用价值。因此,工业上锡青铜的锡含量一般控制在3%~14%之间,当锡含量小于7%~8%时,适合加工成形,而当锡含量大于10%时,则应铸造成形。

青铜收缩率低,容易铸成轮廓清晰的铸件;在大气、海水及蒸汽中的抗蚀性能比纯铜和黄铜好,但在硫酸、盐酸及氨水中较差;无磁性,冲击时无火花;耐磨性好。

锡青铜不能进行热处理强化。常用的热处理是均匀化退火和去应力退火。

(2) 铝青铜。铝青铜是以铝为主加合金元素的铜合金。平衡条件下,铝含量小于9.4%时,室温组织应为单相的α固溶体,而实际铸造时,即使铝含量小于8%~9%时,合金中就已出现共析组织($\alpha+\gamma_2$),且铝含量大于10%时,γ_2脆性相将大量出现,合金的塑性和强度均显著降低,因此工业上铝青铜的铝含量一般控制在10%以内。其中铝含量为5%~7%的铝青铜,可压力加工成形;而铝含量大于7%的铝青铜,则应采用铸造成形。铝青铜具有强度高、耐蚀性强、耐磨性好,冲击时不产生火花,流动性好,缩孔集中,铸件致密,可热处理强化等特点。

(3) 铍青铜。铍青铜是指以铍为主加合金元素、含量为1.7%~2.5%的铜合金。图5-23为Cu-Be二元合金相图。铍在铜中的溶解度变化较大,866℃时溶解度为2.7%,而室温下仅0.16%,它是典型的可时效强化型合金,其淬火温度为780~800℃,淬火介质为水,时效温度300~350℃,淬火态的铍青铜为单相过饱和α固溶体,塑性好,便于冷加工成形,室温下不会自然时效。因此铍青铜的供应态多为淬火态,制成零件后不需淬火可直接人工时效。铍青铜具有较高的强度和弹性;优良的耐磨性、耐蚀性、耐寒性、导电性和导热性;无磁性,冲击时无火花;较好的冷加工性能和铸造性能;可进行时效强化,淬火态不会自然时效等特点。表5-33和表5-34分别表示铸造青铜和常用青铜的代号、成分、力学性能及其用途。

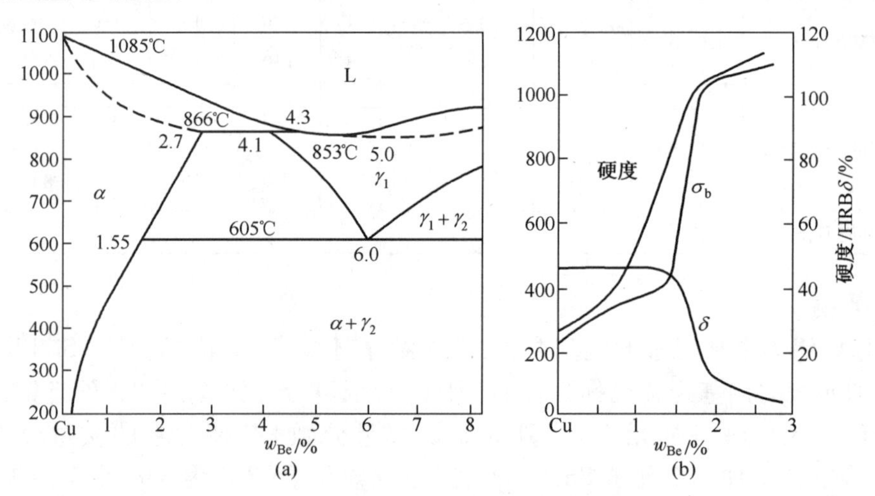

图5-23　铜铍合金相图及其性能

(a)铜铍合金局部相图;(b)铍含量对铜铍合金性能的影响。

表5-33　常用青铜的代号、成分、力学性能及其用途

组别	代号	化学成分/%			力学性能					用途
		主加元素	其他元素	Cu	状态	R_m/MPa	A/%	硬度		
锡青铜	QSn6.5-0.1	QSn4-4-2.5	P:0.1~0.5	余量	软 硬	400 600	65 10	80 180	HB	精密仪器中的耐磨件和抗磁元件、弹簧、艺术品等

（续）

组别	代号	化学成分/%			力学性能					用途
		主加元素	其他元素	Cu	状态	R_m/MPa	A/%	硬度		
锡青铜	QSn4－4－2.5	Sn:3.0~5.0	Zn:3.0~5.0; Pb:1.5~3.5	余量	软				HB	飞机、拖拉机、汽车用的轴承和轴套的衬垫
					硬	600	4	180		
	QSn4－3	Sn:3.5~4.5	Zn:2.7~3.3	余量	软	350	40	60		弹簧、化工机械耐磨零件和抗磨零件
					硬	550	4	160		
铝青铜	QAl10－3－1.5	Al:8.5~10.0	Fe:2.0~4.0; Mn:1.0~2.0	余量	退火	600~700	20~30	125~140	HB	飞机、船舶用高强度抗蚀零件，如齿轮、轴承等
					冷加工	700~900	9~12	160~220		
	QAl9－4	Al:8.0~10.0	Fe:2.0~4.0;Zn:1.0	余量	退火	500~600	40	110		船舶零件及电器零件
					冷加工	800~1000	5	160~120		
	QAl7	Al:6.0~8.0		余量	退火	470	70	70		弹簧及弹性元件
					冷加工	980	3	154		
铍青铜	QBe2	Be:1.9~2.2	Ni:0.2~0.5	余量	淬火	500	35	100	HV	重要弹簧及弹性元件，耐蚀零件以及高压、高速、高温轴承
					时效	1250	2~4	330		
	QBe1.9	Be:1.85~2.1	Ni:0.2~0.5 Ti:0.1~0.25	余量	淬火	450	40	90		重要弹簧和弹性元件
					时效	1250	2.5	380		
	QBe1.7	Be:1.6~1.85	Ni:0.2~0.5 Ti:0.1~0.25	余量	淬火	440	20	85		同上
					时效	1150	3.5	360		

表5－34 常用铸青铜的代号、成分、力学性能及其用途

组别	代号	化学成分/%			力学性能				用 途
		主加元素	其他元素	Cu	铸造方法	R_m/MPa	A/%	硬度/HB	
锡青铜	ZQSn10	Sn:9.0~11.0		余量	S	200	3	80	精密仪器中的耐磨件和抗磁元件、弹簧、艺术品等
					J	250	10	90	
	QSn10－2	Sn:9.0~11.0	Zn:1.5~3.5	余量	S	200	10	70	飞机、拖拉机、汽车用的轴承和轴套的衬垫
					J	250	6	80	
	QSn6－6－3	Sn:5.0~7.0	Pb:2.0~4.0; Zn:5.0~7.0	余量	S	180	8	60	弹簧、化工机械耐磨零件和抗磨零件
					J	200	10	65	
铝青铜	ZQAl10－3－1.5	Al:9.0~11.0	Fe:2.0~4.0; Mn:1.0~2.0	余量	S	450	10	110	飞机、船舶用高强度抗蚀零件，如齿轮、轴承等
					J	500	20	120	
	ZQAl9－4	Al:8.0~10.0	Fe:2.0~4.0; Zn:1.0	余量	S	400	10	100	船舶零件及电器零件
					J	450	12	110	

(续)

组别	代号	化学成分/%			力学性能				用途
		主加元素	其他元素	Cu	铸造方法	R_m/MPa	A/%	硬度/HB	
铅青铜	ZQPb30	Pb:27~33		余量	S				重要弹簧及弹性元件,耐蚀零件以及高压、高速、高温轴承
					J	60	4	25	
	ZQPb12-8	Pb:11.0~13.0	Sn:7.0~9.0	余量	S	150	6	60	重要弹簧和弹性元件
					J	200	3	65	
	ZQPb10-10	Pb:8.0~11.0	Sn:8.0~11.0	余量	S	150	3	65	同上
					J	200	5	70	

3）白铜和特殊白铜

普通白铜为铜镍合金,代号为B+Ni的质量分数,B为汉字白的拼音首字母。如B30,表示含Ni为30%、余量为Cu的白铜合金。特殊白铜则是在普通白铜的基础上再加合金元素如Zn、Mn等形成的铜合金,代号为B+主加元素+镍质量分数+主加元素的质量分数。如BMn3-12,表示含镍为3%、锰为12%、余量为铜的锰白铜。

铜和镍能无限互溶,因此工业上使用的白铜组织均为单相固溶体,塑性好,易冷、热加工成形,但不能热处理强化。主要的强化手段为固溶强化和形变强化。常用白铜的代号、成分、力学性能及其用途如表5-35所列。

5.4.3 镁及其合金

当今社会已经进入电子信息装置大发展、汽车工业迫切要求轻量化的时代。由于镁合金密度小、比强度和比刚度高、导热和导电性好、兼有良好的阻尼减震和电磁屏蔽性能,同时易于加工成形、废料更容易回收,制成电子装置中的结构件,如移动通信、便携式计算机等的壳体,可以满足产品的轻、薄、小型化、高集成度等要求,用以替代塑料;做成汽车轮毂、变速箱壳体等,可以满足轻量化、节能、减震、降噪要求。因此,镁合金被誉为“21世纪绿色工程金属”。

1. 纯镁

镁呈银白色,密排六方结构,密度为1.74g/cm^3,熔点650℃,沸点(1100 ±10)℃;镁的抗蚀性差,在空气中极易被氧化形成松散的氧化物,高温时更易氧化,甚至燃烧;镁的塑性低,冷变形能力差,但在150~250℃时可进行各种热加工成形。

纯镁的强度与铝相当,一般不用于结构材料,常用于制造镁合金和其他合金以及化工冶金的还原剂和烟火工业等。

工业纯镁的代号用M+序号表示,M为汉字镁的汉语拼音的首字母。

2. 镁合金

镁合金是在纯镁中加入Al、Zn、Mn、Zr以及稀土等合金元素制成的。目前工业上的镁合金主要集中于Mg-Al-Zn、Mg-Zn-Zr、Mg-Re-Zr等几个合金系。根据生产工艺、合金成分和性能特点的不同,镁合金可分为形变镁合金和铸造镁合金两大类。

1）形变镁合金

其代号用MB+序号表示，其中M和B分别是汉字镁和变的拼音首字母。常用形变镁合金的代号、成分、性能及用途如表5－36所列。

表5－35 常用白铜的代号、成分、力学性能及其用途

组别	代号	化学成分/%			力学性能			用途
		镍元素	主加元素	Cu	加工状态	R_m/MPa	A/%	
普通白铜	B30	29.0~33.0		余量	软	380	23	蒸汽、海水中工作的精密仪器、仪表零件
					硬	350	3	
	B19	18.0~20.0		余量	软	300	30	
					硬	400	3	
	B5	4.4~5.0		余量	软	200	30	
					硬	400	10	
锌白铜	BZn15－20	13.5~16.5	Zn：18.0~22.0	余量	软	350	35	仪表零件，工业器皿、医疗器械
					硬	550	2	
锰白铜	BMn3－12	2.0~3.5	Mn：11.0~13.0	余量	软	360	25	热电偶丝，精密测量仪表零件
					硬	—	—	
	BMn40－1.5	42.5~44.0	Mn：1.0~2.0	余量	软	400	—	
					硬	600	—	

表5－36 常用形变镁合金的代号、成分、性能及其用途

代号	化学成分/%						状态	力学性能		用途
	Al	Zn	Re	Mn	Zr	Mg		R_m/MPa	A/%	
MB1	0.20	0.30	—	1.3~2.5	—	余量	退火板材	210	8	形状简单受力不大的耐蚀零件
MB2	3.0~4.0	0.2~0.8	—	0.15~0.5	—	余量	退火板材	250	20	飞机蒙皮、壁板及耐蚀零件
MB8	0.20	0.3	0.15~0.35	1.5~2.5	—	余量	挤压棒材	260	7	形状复杂的锻件和模锻件
MB15	0.05	5.0~6.0	—	0.10	0.30~0.90	余量	挤压棒材	335	9	室温下承受大载荷的零件

2）铸造镁合金

我国铸造Mg合金主要有Mg－Zn－Zr、Mg－Zn－Zr－RE和Mg－Al－Zn三个系列。其代号用ZM+序号表示，其中Z和M分别表示汉字铸和镁的拼音首字母。常用铸造镁合金的代号、成分、性能和用途如表5－37所列。

表5-37 常用铸造镁合金的代号、成分、性能及其用途

代号	化学成分/%						状态	力学性能		用途
	Al	Zn	Re	Mn	Zr	Mg		R_m/MPa	A/%	
ZM1	—	3.50~5.50	—		0.50~1.00	余量	时效	235	5	飞机轮毂支架
ZM2	—	3.50~5.00	0.70~1.70		0.50~1.00	余量	时效	185	2.5	200℃以下工作的发动机件
ZM3	—	0.20~0.70	2.50~4.00	0.15~0.50	0.50~1.00	余量	退火	118	1.5	高温高压下工作的发动机匣
ZM15	7.5~9.0	0.20~0.80	—	0.10	0.30~0.90	余量	淬火	225	5	机舱隔舱、增压机匣等高载荷零件

国外工业中应用较广的是压铸Mg合金,按美国ASTM标准共分为Mg-Al-Zn(AZ系列)、Mg-Al-Mn(AM系列)、Mg-Al-Si(AS系列)和Mg-Al-RE(AE系列)四个系列。

3) 压铸Mg合金的力学性能

目前,国外应用较广的主要是压铸Mg-Al类合金,与Al380的典型性能比较见表5-38。从表可见,镁合金的屈服强度同Al合金相差无几。某些性能甚至优于Al380,但镁合金的压铸件不能热处理,因此材料的性能不能充分地发挥出来。通常压铸件的性能要低得多,如AZ91D压铸件抗拉强度为120~180MPa,屈服强度为70~110MPa,延伸率为1%~3%。

采用其他可以热处理的铸造方法,可以显著提高镁合金件的性能。

表5-38 主要压铸镁合金与Al380的典型性能比较

Alloy	R_m/MPa	R_{eL}/MPa	A/%	EG/Pa	α_k/J	ρ/(g/cm^3)
AZ91D	230	160	3	45	2.2	1.81
AM60B	220	130	6~8	45	6.1	1.79
AM50A	220	120	6~10	45	9.5	1.78
AE42	225	140	8~10	45	5.8	1.79
Al380	315	160	3~3.5	71	3.0	2.74

4) 提高镁合金性能的途径

除合金化以外,还有多种途径可以提高镁合金性能。

(1) 热处理。适当的热处理可以更加充分发挥镁合金的性能潜力。镁合金的热处理和加工硬化状态采用与Al合金相同的表示方法,常用的有:T4,淬火+自然时效;T6,合金固溶时效处理+人工时效;F为自由状态。镁合金热处理后的性能参见表5-39。

表5-39 镁合金热处理后的性能

材料类型	抗拉强度/MPa	屈服强度/MPa	延伸率/%	硬度/HRC
AM100-T6	275	150	1	69
AZ63A-T6	275	130	5	

（续）

材料类型	抗拉强度 /MPa	屈服强度 /MPa	延伸率 /%	硬度 /HRC
AZ81A－T4	275	83	15	55
AZ91D－T6	235	108	6	98HB
AZ91E－T6	275	145	6	66
EZ33A－T5	160	110	2	50
EQ21A－T6	235	195	2	65～85
QE22A－T6	260	195	3	80
WE54A－T6	250	172	2	75～95
ZE41A－T5	205	140	—	62
ZE63A－T6	300	190	10	60～85
ZK61A－T6	310	180	10	70
ZM5－T4	230	80	10	
ZM6	240	140	5	

（2）复合材料的开发。复合材料与现有的轻型材料相比，可以显著提高镁基合金性能（表5－40），并表现出许多非常显著的优点。至今所进行的研究都是以熔化的镁合金与各种陶瓷粒子混合的方法为基础的。

表5－40　镁合金复合材料性能

复合材料类型	抗拉强度/MPa	屈服强度/MPa	延伸率/%
SiC/AZ31	368	300	1.6
SiC/AZ91	389	330	1.7
SiCp/MB15	367	295	4.7

（3）快速凝固。快速凝固是最新发展的一类制备高性能材料的先进技术。目前最具代表性的工作主要是由 DowChemical Co 和 Allied－Signal 等公司开发的 RSP－Mg－Al－Zn 基合金。对 AZ91 合金，R_m 提高 40%～60%，R_{eL} 提高 50%～100%，延伸率可达 20%。典型的镁合金有 AZW557RS、AZS912RS、AZE555RS。与 AZ 性能比较如表5－41所列。

表5－41　快速凝固镁合金性能指标

合金	抗拉强度 /MPa	屈服强度 /MPa	延伸率 /%	弹性模量 /GPa	密度 /(g/cm^3)	断裂韧性 /(MPa/m^2)	硬度/HB
AZW557RS	510	455	5	48	1.93	5.6	81
AZS912RS	448	393	9.5	—	1.84	7.2	68
AZE555RS	476	434	14	—	1.94	—	80
AZ91	360	286					

5.4.4　钛及其合金

钛及钛合金是20世纪40年代末发展起来的新型结构材料，具有重量轻、比强度高、耐腐蚀、耐高温以及良好的低温韧性等优点,同时还具有超导、记忆、储氢等性能。钛及钛合金一直是航空航天工业的"脊柱"之一,近年来钛在石油、化工、冶金、生物医学和体育用品等领域开始得到应用。钛资源丰富,应用前景广阔,但加工条件复杂,制备和应用成本高。

1. 纯钛的特性及工业纯钛的编号

1) 纯钛的特性

纯钛的密度为 4.5g/cm^3,熔点 1668℃,在 882.5℃时发生同素异构转变,低于 882.5℃时为密排六方结构,称 α-Ti,高于 882.5℃时为体心立方结构,称 β-Ti。

纯钛的导电、导热性好,无磁性,膨胀系数小,塑性好,宜冷加工成形,在含氧气氛中易在表面形成致密保护膜,因而纯钛具有良好的耐蚀性能,在硫酸、盐酸、硝酸和氢氧化钠等介质中具有良好的稳定性。但纯钛在氢氟酸中的抗蚀性极差,在高温时纯钛易与 O、S、C、N 等元素发生强烈的化学反应,故熔炼应在真空下进行,焊接时用氩气而不用氮气保护。

2) 工业纯钛的编号方法

工业纯钛中含有 H、C、O、Fe、Mg 等杂质元素,含量少时可显著提高强度和硬度、降低塑性和韧性。按杂质含量的不同工业纯钛分为 TA1、TA2、TA3 三种,"T"为汉字钛的拼音首字母,序号越大,纯度越低。工业纯钛一般应用于强度要求不高、工作温度在 350℃以下的零件。

2. 钛合金及其编号方法

纯钛有 α-Ti 和 β-Ti 两种,加入合金元素后分别形成 α 固溶体和 β 固溶体。能使 α→β 转变温度提高的如 Al、C、N、O、B 等合金元素称为 α 相稳定化元素;反之,能使相变温度降低的如 Fe、Mo、Mg、Cr、Mn、V 等合金元素称为 β 相稳定化元素;而对相变温度影响不明显的如 Sn、Zr 等合金元素称为中性元素。

根据退火组织的不同,钛合金可分为 α 钛合金、β 钛合金和(α+β)钛合金三类,其代号分别用 TA、TB 和 TC 表示。常用钛合金的代号、成分、力学性能及其用途如表 5-42 所列。

1) α 钛合金

α 钛合金是指加入了大量的 α 相稳定化元素,组织全为 α 固溶体的钛合金,其代号用(TA+序号)表示,如 TA5、TA9 等。

α 钛合金不能热处理强化,只能固溶强化和形变强化,唯一的热处理形式是退火,以消除形变后的内应力或加工硬化现象。α 钛合金的室温强度不高,低于 β 钛合金和 α+β 钛合金,但高温强度比它们高,且具有良好的焊接性能、铸造性能、抗蠕变性能和抗氧化性能。

2) β 钛合金

β 钛合金是指加入了大量的 β 相稳定化元素,组织全为 β 固溶体的钛合金,其代号用(TB+序号)表示,如 TB2 等。β 钛合金为面心立方结构,塑性好,易于加工成形,且可淬火+时效进行强化,时效后的组织由 β 相和呈弥散分布的细小 α 相组成。

3) α+β 钛合金

α+β 钛合金是指同时加入 α 相和 β 相的稳定化元素,组织为 α+β 相的钛合金,其代号用(TC+序号)表示,如TC3等。α+β钛合金的加工性能介于α钛合金和β钛合金之间,易于加工成形,具有良好的耐蚀性、耐磨性、耐寒性以及综合力学性能,多数合金还可通过淬火时效进一步提高强度。

3. 钛及钛合金的热处理

1) 退火

去内应力退火:目的是消除工业纯钛及钛合金制件加工或焊接后的内应力。退火温度一般在450~650℃,保温1~4h,空冷。

再结晶退火:目的是消除加工硬化现象。工业纯钛一般采用550~690℃,钛合金采用750~800℃,保温1~3h,空冷。

2) 淬火和时效

淬火时效处理主要应用于β及α+β钛合金,目的是提高钛合金的强度和硬度。

淬火温度:淬火温度一般选在α+β两相区的上部温度范围,未达β单相区。淬火温度不宜过低,否则α相过多,导致强度下降。淬火温度一般为760~950℃,保温时间5~60min,水冷。应注意的是严防过热,否则β相晶粒粗化,韧性下降,且无法用热处理的方法挽救。

时效:时效温度应视具体的合金成分和零件的性能要求来定,一般在450~550℃,保温时间为几小时到几十小时不等。

表5-42 常用钛及钛合金的代号、成分、力学性能及其用途

组别	代号	化学成分	热处理	室温力学性能		高温力学性能			用途
				R_m /MPa	A/%	试验温度/℃	R_m /MPa	A/%	
工业纯钛	TA1	Ti	退火	300~500	30~40				工作温度在350℃以下,强度要求不高,但耐蚀性、成形性要求较高的零件
	TA2	Ti	退火	450~600	25~30				
	TA3	Ti	退火	550~700	20~25				
α钛合金	TA4	Ti-3Al	退火	700	12				500℃以下工作的耐热、耐蚀件,如飞机蒙皮、导弹燃料罐、气压机叶片、超声速飞机的涡轮机匣
	TA5	Ti-4-0.005B	退火	700	15				
	TA6	Ti-5Al	退火	700	12~20	350	430	400	
β钛合金	TB1	Ti-3Al-8Mo-11Cr	淬火	1100	16				350℃以下工作的零件、气压机叶片、轴、轮盘等重载荷旋转件、飞机构件
			淬火+时效	1300	5				
	TB2	Ti-5Mo-5V-8Cr-3Al	淬火	1000	20				
			淬火+时效	1350	8				
(α+β)钛合金	TC1	Ti-2Al-1.5Mn	退火	600~800	20~25	350	350	350	400℃以下工作的零件,如发动机、压气机的叶片、飞机起落架、低温用部件、火箭外壳
	TC2	Ti-3Al-1.5Mn	退火	700	12~15	350	430	400	
	TC3	Ti-5Al-4V	退火	900	8~10	500	450	200	
	TC4	Ti-6Al-4V	退火	950	10	400	630	580	
			淬火+时效	1200	8				

5.4.5 滑动轴承合金

用于制备滑动轴承中的轴瓦及其内衬的合金称为滑动轴承合金。

1. 滑动轴承合金的性能要求

轴承在支撑轴正常工作时,一方面与轴之间形成滑动摩擦副,以减少轴的磨损,另一方面还要承受轴传递载荷时产生的振动、冲击,因此,轴承合金应具有以下特性:

(1) 强度和硬度高,以承受轴颈的压力;

(2) 韧性好、疲劳强度高,以承受轴颈的振动、冲击以及周期性的交变载荷;

(3) 摩擦因数小,并能储存润滑油,以减轻轴颈的磨损;

(4) 良好的导热性、耐蚀性和较小的膨胀系数,以防与轴颈咬合;

(5) 良好的磨合能力,使载荷均匀分布;

(6) 良好的加工工艺性。

2. 滑动轴承合金的组织要求

为使轴瓦(图5-24)材料能够满足上述要求,除了从原材料的力学性能、物理性能、化学性能及价格考虑之外,还要求考虑轴承合金的组织应软硬兼备,目前使用的轴承合金组织是软基体加硬颗粒,或硬基体加软颗粒。如图5-24。

1) 软基体加硬颗粒

这类滑动轴承合金在运转时,软的基体很快被磨损而凹陷,凹陷处储存润滑油而减小摩擦。硬的颗粒比较抗磨而变得凸起,能支承轴颈,承受载荷,抵抗磨损,与轴颈形成大量的点接触,降低轴瓦之间的摩擦和磨损。另外,软基体能嵌藏外来的小硬物,还有抗冲击、抗震和较好的磨合力。但这类滑动轴承合金的承载能力不高。

2) 硬基体加软颗粒

这类滑动轴承合金的软颗粒被磨损以储存润滑油,硬基体承受载荷并抵抗磨损。它的承载能力高,但磨合性差。

3. 轴承合金的分类方法、代号、成分及其用途

轴承合金根据基体材料的不同可分为锡基、铅基、铝基、铜基、铁基等多种,前两种又称巴氏合金。其代号为(ZCh+基体元素符号+主加元素符号+主加元素含量+附加元素含量)。其中"Z"和"Ch"分别表示铸造和轴承之意。如ZChPbSn5-9表示含Sn5%、Sb9%的铅基轴承合金。

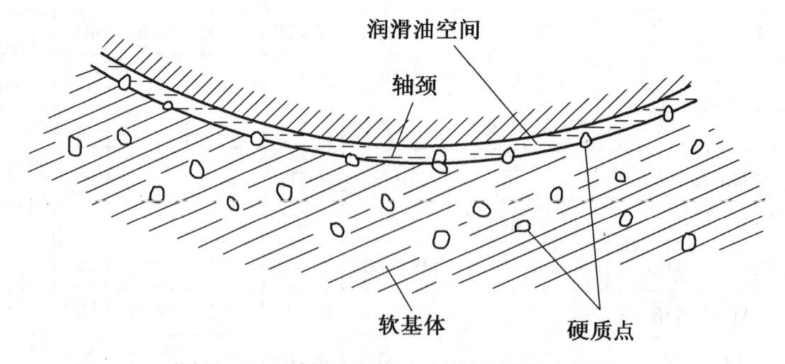

图5-24 轴瓦组织与轴的界面示意图

1) 锡基轴承合金(锡基巴氏合金)

锡基轴承合金是以锡为基体元素,加入锑、铜等合金元素形成的软基体硬质点的合金。软基体组织为锑在锡中形成的α固溶体,而硬质点是以SnSb为基的β′固溶体,因β′相密度小,浇注时易上浮,产生成分偏析,为此又加入少量的铜生成树枝状的Cu_6Sn_5,从而有效地阻止β′相上浮,减轻成分偏析,同时Cu_6Sn_5硬度高,也可起到硬质点的作用。

锡基轴承合金膨胀系数、摩擦因数小,具有良好的韧性、减磨性和导热性。

2）铅基轴承合金(铅基巴氏合金)

铅基轴承合金是以铅为基体元素,加入锑、锡、铜等合金元素的软基体硬质点合金。软基体为共晶体(α+β),硬质点为β相。其中α相为锑在铅中的固溶体,因锑在铅中的溶解度很小,故α固溶体很软;β相为铅在锑中的固溶体,而铅在锑中的溶解度也很小,几乎为纯锑,故β相硬而脆。β相密度小易上浮产生质量偏析,为此加入锡、铜、镉等合金元素,锡的作用是形成SnSb化合物,并形成以SnSb为基的固溶体作为硬质点,铜的作用是形成Cu_6Sn_5,阻止β相上浮,减轻成分偏析。

铅基轴承合金与锡基轴承合金相比,强度、硬度、韧性、导热性和抗蚀性均较低,且摩擦因数大,但价格便宜。常用锡基、铅基轴承合金的代号、成分及其用途如表5-43所列。

3）铜基轴承合金

该类合金是以铜合金为基体材料的轴承合金。常用的铜合金为锡青铜和铅青铜,与其对应的铜基轴承合金是ZQSn10-1和ZQPb30。

轴承合金ZQSn10-1是在ZQSn10锡青铜的基础上加0.1%~1.2%磷合成的软基体硬质点合金。室温下的基本组织为$\alpha+\delta+Cu_3P$,软基体为α固溶体,硬质点为δ相和Cu_3P,该种合金具有较高的强度。适合于制造高速、高负荷柴油机的轴承。

轴承合金ZQPb30是以铜为硬基体,Pb颗粒为软质点的轴承合金。摩擦因数小、耐热性、耐蚀性好,承载能力强,常用于高速发动机、柴油机的主轴承等。

表5-43 常用锡基和铅基轴承合金的代号、成分力学性能及其用途(GB/T 8740—2005)

组别	代号	化学成分/%		力学性能			用途
		合金元素	余量	R_m/MPa	A/%	硬度/HBS	
锡基轴承合金	ZChSnSb11-6	Sb 10~12 Cu 5.5~6.5	Sn	90	6	30	较硬,适合于2000马力[①]以上的高速气轮机和500马力的涡轮机、透平泵及高速内燃机轴承
	ZChSnSb8-3	Sb 7.25~8.25	Sn	80	10.6	24	一般大机械轴承及轴衬
	ZChSn4.5-4.5	Sb 4.0~5.0 Cu 4.0~5.0	Sn	80	7	22	涡轮机及内燃机高速轴承及轴衬
铅基轴承合金	ZChPb16-16-2	Sn 15~7 Sb 15~7 Cu 1.5~2.0	Pb	78	0.2	30	汽车、轮船、发动机等轻载荷高速轴承
	ZChPb6-6	Sn 5.5~6.5 Sb 5.5~6.5	Pb	67	12.7	16.9	较重载荷高速机械轴衬
	ZChPb2-0.5-0.5	Sn 1.5~2.5 Mg 0.04~0.09 Na 0.25~0.5 Ca 0.35~0.55	Pb	93	8.1	19.7	铁路车辆、拖拉机轴承

①1马力=735W

4）铝基轴承合金

该类合金的基体材料为铝合金。常见的有铝锑系、铝锡系和铝石墨系三类。

铝锡轴承合金:应用最多的是 Al－20Sn－1Cu。主加元素是锡和铜,此轴承合金属于硬基体软质点类。硬基体为铝,软质点为锡粒。铜的作用是溶入 Al 中,强化 Al 基体。

铝锑轴承合金:合金的主加元素为锑和镁,含量分别为 3.5%~5.5%和 0.2%~0.7%,系软基体硬质点类。软基体为铝,硬质点为 AlSb 化合物。镁的作用可提高轴承合金的屈服强度。

铝石墨轴承合金:合金的主加元素是硅和石墨,含量分别为 6%~8%和 3%~6%。石墨具有优良的自润滑、吸震作用以及良好的高温性能。

铝基轴承合金具有密度小、导热性好、疲劳强度高和耐蚀性好等优点,但其膨胀系数大,易与轴咬合。常用于制造高速、重载汽车和拖拉机的发动机轴承。

5）锌基轴承合金

锌基轴承合金是以锌为基加入适量铝及少量铜和镁形成的合金。常用的锌基耐磨合金的化学成分见表 5－44。

当合金中含铝量为 5%时将有共晶反应,ZA12 和 ZA27 是过共晶合金。在合金的组织中有 η 和 β′相,η 相是以锌为基的固溶体,较软;β′相是以铝为基的固溶体,较硬,当合金结晶后,形成软硬相间的组织。为了提高合金的强度,还加入适量的 Cu 和 Mg。当铜增加到一定量时,能形成 CuZn3 金属间化合物,具有高硬度,弥散分布于合金组织中,可提高合金的力学性能及耐磨性。镁能细化晶粒,除提高合金的强度外,还能减轻晶间腐蚀。

这类合金的强度和硬度都较高,并有较好的耐磨性,在润滑充分的条件下,摩擦系数较小,用它代替铜合金做轴承材料经济效益十分显著,是值得进一步推广的轴承合金。

表 5－44　锌基轴承合金的化学成分

合金	w_{Al}/%	w_{Cu}/%	w_{Mg}/%	w_{Zn}
ZA12	10.5~11.5	0.5~1.25	0.015~0.07	余量
ZA27	25.2~28.0	2.0~2.5	0.01~0.02	余量

思考题与习题

1. 硅、锰、硫、磷对碳素钢的力学性能有哪些影响?
2. 低碳钢、中碳钢和高碳钢是怎样划分的?
3. 说明下列牌号属于哪类钢,并说明其符号及数字的含义。

   Q235－A　1Cr18Ni9　65Mn　T8　T12A　GCr15　45　08F　ZG270－500
4. 随着含碳量的增加,钢的组织和性能有哪些变化?
5. 为什么球墨铸铁的强度和韧性要比灰铸铁、可锻铸铁高?
6. 铸铁的抗拉强度主要取决于什么?硬度主要取决于什么?用哪些方法可提高铸铁的抗拉强度和硬度?抗拉强度高,其硬度是否一定高?为什么?
7. 为什么灰铸铁热处理后的强化作用不大?采用的热处理方法有哪些?
8. 钛合金的主要性能是什么?

9. 常用轴承合金有哪些,并举例说明有哪些力学性能?
10. 轴承合金中,硬相和软相各起什么作用?
11. 下列说法正确吗?为什么?
    ① 不锈钢就是不会生锈的钢。不锈钢都含有铬和镍。
    ② 不锈钢的表面都是“白色”,所以叫“白钢”。
    ③ 用人们所说的吸铁石(即磁铁)就可以判断某种钢是否为不锈钢。
12. 高锰钢的耐磨原理与淬火工具钢的耐磨原理有何不同?应用场合有何不同?
13. 高速钢的主要特性是什么?它的成分和热处理有什么特点?

第6章　高分子材料

本章目的：工程塑料、合成橡胶、合成纤维和胶粘剂四类高分子材料的概念、分类、化学组成特点和性能特点。常见一些典型具体高分子材料的化学组成、特点和工程应用。

本章重点：工程塑料、合成橡胶、合成纤维和胶粘剂四类高分子材料的概念、化学组成特点、性能特点和分类。一些典型具体高分子材料的化学组成、特点和工程应用。

本章难点：高分子材料的化学组成、结构同性能和应用的关系。

高分子材料按来源分为天然高分子材料和合成高分子材料。天然高分子是存在于动物、植物及生物体内的高分子物质，可分为天然纤维、天然树脂、天然橡胶、动物胶等。合成高分子材料主要是指塑料、合成橡胶和合成纤维胶粘剂三大合成材料，此外还包括胶粘剂、涂料以及各种功能性高分子材料。合成高分子材料具有比天然高分子材料较为优越的性能，如较小的密度、较高的力学性能、耐磨性、耐腐蚀性、电绝缘性等，是当前高分子材料研究和应用的重点。因高分子材料普遍具有许多金属和无机非金属材料所无法取代的优点而得到重视获得了迅速的发展，已经成为国民经济建设与人民日常生活所必不可少的重要材料。本章主要介绍工程上常用的高分子材料。

6.1　工 程 塑 料

塑料是一种以有机合成高分子化合物为主要组成的高分子材料，它通常在加热、加压条件下通过挤出机、注射机等设备和模具，在定温、定压条件下塑制成一定形状的制品，故称为塑料。

工程塑料（Engineering Plastics）是在20世纪50年代，随着电子电气、汽车工业、信息技术、航空航天等高新技术产业的发展，在通用塑料（如PE、PP、PVC、PS等）基础上崛起的一类新型高分子材料。工程塑料一般是指能在较宽温度范围内和较长使用时间内保持优良性能，并能承受机械应力作为结构材料使用的一类塑料。因此，它不仅可以替代金属做结构材料，而且是高技术产业的发展不可缺少的崭新的、重要的工程材料。

6.1.1　塑料的组成和分类

1. 塑料的组成

塑料按应用范围来说包括通用塑料和工程塑料，但就组成而言，塑料都是以高分子树脂为基础，再加入各种添加剂所组成的。

1）高分子树脂

高分子树脂是由低分子有机化合物通过缩聚或加聚反应合成的高分子化合物，如酚醛树脂、环氧树脂、聚乙烯等，是塑料的主要组分，也起粘接剂作用。高分子树脂在塑料中的含量约占40%～100%，对塑料起决定性作用。一般高分子树脂在塑料中的含量是由加工制品性能要求所决定的。如常用工程塑料总是加入一些改善和提高性能的添加剂,这样塑料中高分子树脂所占比例就减少。而一些通用塑料在使用过程中,单一高分子树脂组分已经完全可以满足性能要求,就不需要添加其他塑料助剂。如装纯净水用的塑料瓶就是由 100%PE 或 PP 吹塑而成。

2）塑料助剂

随着塑料工业的发展,塑料已成为工业、农业、日常生活中必备的材料,且随着塑料性能的改善,已逐步成为当代新技术发展的支柱材料之一。无论是通用塑料还是工程塑料,其性能的改善和提高不仅与高分子树脂有关,而且也与塑料助剂的加入分不开。助剂是帮助完成塑料的合成和树脂的后加工,用以改善性能的添加剂,又称配合剂。不同的种类,其使用量差别很大。塑料的合成和后加工必须添加各种塑料助剂,以赋予其新的性能或提高原有的性能,或者改善加工性、延长使用寿命、降低成本和能耗、提高生产效率等。目前,中国塑料工业已跻身世界塑料工业大国的行列,随着塑料制件轻质化、耐用化、高强度化、低成本化的要求,塑料助剂也向着多功能化、节能化、廉价化、低毒化方向发展。下面主要介绍几种常用助剂。

(1) 填料或增强材料。填料在塑料中主要起增强作用。例如:加入石墨、石棉纤维或玻璃纤维等,可以改善塑料的机械性能。填料有时也改善或提高塑料的其他特殊性能。例如:加入石棉粉可提高塑料的耐热性;加入云母粉可提高塑料的电绝缘性;加入二硫化钼可提高塑料的自润滑性;加入铝粉可提高塑料对光的反射能力等。填料的用量可达 20%~50%,是塑料组分中第二大组分,因此填料对塑料制品的性能价格比影响很大。

(2) 增塑剂。用以提高树脂的可塑性和柔性的添加剂。常用液态或低熔点的固体有机化合物,例如,在 PVC 树脂中加入邻苯二甲酸二丁酯,其可变为橡胶一样的软塑料。

(3) 固化剂。它的作用在于通过交联使树脂具有体型网状结构,成为较坚硬和稳定的塑料制品。例如,在酚醛树脂中加入六亚甲基四胺,在环氧树脂中加入乙二胺、顺丁烯二酸酐等。

(4) 稳定剂。稳定剂是为了防止受热、光、氧等作用使塑料过早老化,加入少量能起稳定作用的物质。它包括抗氧剂、防老剂、热稳定剂等。能抗氧的物质有酚类和胺类等有机物,如德国 BASF 公司生产的 BHD 抗氧剂就是酚类抗氧剂,它不但可以阻止聚酯、ABS 的自动氧化反应,还提高了其热稳定性。又如美国氰特工业公司的 Cyasorb 光稳定剂就是受阻胺类,它可以抑制聚乙烯(PE)、聚丙烯(PP)、聚苯乙烯(PS)的光降解。炭黑则可以作为紫外线吸收剂。

以上几种塑料助剂是通用塑料中常用的,在工程塑料中往往因为性能要求的提高还要加入其他一些助剂。

(5) 阻燃剂。阻燃剂可以提高塑料的耐燃性,延缓燃烧速度或阻止其燃烧。加入阻燃剂后不是把塑料变成了不可燃材料,它在大火中仍能燃烧,但可以减缓其燃烧速度,当离开火源后能很快停止燃烧,而自己熄灭,起到防止小火发展成灾难性大火的目的。阻燃剂主要有卤系、磷系、氮系等,其中溴系阻燃剂性能价格比较高,如美国 GreatLake 公司的 CN－323 型阻燃剂就是二溴苯乙烯低聚物,可用于 ABS、PA 的阻燃,有很好的效果。

(6) 抗静电剂。塑料在加工成型或使用过程中,带电荷的能力与其表面电阻率成正比,与介电常数和环境的相对湿度成反比。塑料表面静电电荷的积累,会产生吸尘、吸垢,甚至于放电、电击等现象,导致制品使用性能的下降,甚至引起火灾或爆炸。每年全世界都为此遭受巨大损失。因此,许多场合均要使用抗静电剂。

抗静电剂主要是表面活性剂,它们的分子中含有亲水基团和亲油基团。亲油基团与塑料有一定相溶性,而亲水基团可吸收空气中的水分,形成一层薄薄的导电层,降低了表面电阻率,从而使静电荷消散,起到抗静电作用。

一般具有表面活性的化合物或吸湿性物质或多或少都具有抗静电作用,如聚乙二醇、甘油、乙氧基胺类等。日本和西欧地区一般都用乙氧基胺类。

2. 塑料的分类

塑料的品种繁多,分类方法也很多,工程上常用的分类方法有下述两种。

1) 按树脂的性质分类

根据树脂在加热和冷却时所表现的性质不同,可分为热塑性塑料和热固性塑料。

(1) 热塑性塑料。这类塑料的特点是:加热时软化并熔融,可塑造成型,冷却后即成型并保持既得形状,而且该过程可反复进行。这类塑料有聚乙烯、聚丙烯、聚苯乙烯、聚酰胺(尼龙)、聚甲醛、聚碳酸酯、聚苯醚、聚砜等。这类塑料的优点是加工成型简便,具有较高的机械性能。缺点是耐热性和刚性比较差。近年来开发的氟塑料、聚酰亚胺、聚苯并咪唑等,性能有了明显的提高,如优良的耐蚀性、耐热性、绝缘性和耐磨性等,是塑料中性能较好的高级工程塑料。

(2) 热固性塑料。这类塑料的特点是:初加温时软化,可塑造成型,但固化后再加热将不再软化,也不溶于溶剂。这类塑料有酚醛树脂、环氧树脂、氨基树脂、不饱和聚酯树脂、聚呋喃和聚硅醚等。它们具有耐热性高,受压不易变形等优点。缺点是力学性能不好,但可加入填料来提高强度。

2) 按使用范围分类

(1) 通用塑料。通用塑料指应用范围广、生产量大的塑料品种,主要有聚氯乙烯、聚苯乙烯、聚烯烃、酚醛塑料和氨基塑料等,是一般工农业生产和日常生活中不可缺少的廉价材料,其产量约占塑料总产量的3/4以上。

(2) 工程塑料。工程塑料主要是指综合工程性能(包括力学性能、耐热耐寒性能、耐蚀性和绝缘性能等)良好的各种塑料。它们能代替金属,是制造工程结构、机器零部件、工业容器和设备的一类新型结构材料。

随着高技术产业的发展,工程塑料的品种越来越多,性能逐步提高,应用范围也逐步拓宽。常见品种有聚甲醛、聚酰胺、ABS、聚四氟乙烯、聚芳酯、聚酰亚胺等。

6.1.2 工程塑料的分类和性能特征

1. 工程塑料的分类

工程塑料是相对于通用塑料而言的一类高性能结构材料。常见的分类方法如下。

1) 按化学组成分类

按化学组成,工程塑料可分为

聚酰胺类(俗称尼龙)
聚酯类(聚碳酸酯、聚对苯二甲酸乙二醇酯、聚芳酯、聚苯酯等)
聚醚类(聚甲醛、聚苯醚、聚苯硫醚、聚醚醚酮等)
芳杂环聚合物类(聚酰亚胺、聚醚亚胺、聚苯并咪唑等)
含氟聚合物类(聚四氟乙烯、聚三氟氯乙烯、聚偏氟乙烯等)

2) 按聚合物的物理状态分类

按聚合物的物理状态,工程塑料可分为结晶型和无定形型两类。

聚合物的结晶能力与分子结构规整性、分子间力、分子链柔顺性等有关,结晶程度还受拉力、温度、结晶速度等外界条件的影响。这种物理状态部分地表征了聚合物的结构和共同特性,也是常用的一种分类方法。结晶型和无定形型工程塑料在性能上表现出很大差异。结晶型工程塑料有聚酰胺、聚甲醛、聚对苯二甲酸乙二醇酯、聚对苯二甲酸丁二醇酯、聚苯硫醚、聚苯酯、氟树脂、间规聚苯乙烯等;无定形工程塑料有聚碳酸酯、聚苯醚、聚砜类、聚芳酯等。

3) 按工程塑料的耐热性来分类

按工程塑料长期连续使用温度高低的不同,分为通用工程塑料(长期使用温度在100~150℃)和特种工程塑料(长期使用温度在150℃以上)。通用工程塑料包括聚酰胺(PA)、聚碳酸酯(PC)、聚甲醛(POM)、聚苯醚(PPO)、热塑性聚酯(PBT、PET)等。特种工程塑料包括聚苯硫醚(PPS)、聚酰亚胺类(PI)、聚醚类(PSF)、聚醚醚酮类(PEEK)、聚芳酯(PAR)、聚苯酯(PHB)、热致性液晶聚合物(LCP)、氟塑料(PTFE)等。

2. 工程塑料的主要性能特点

工程塑料同其他高分子材料一样,其性能主要取决于高分子化合物的组成、相对分子质量的大小及其分布、分子结构和物理形态等因素。工程塑料主要性能特征可概括为如下几点:

(1) 质量轻。这是相对于金属材料而言。主要工程塑料品种的密度为聚酰胺(PA,1.14g/cm^3)、聚碳酸酯(PC,1.20g/cm^3)、聚甲醛(POM,1.42g/cm^3)、聚苯醚(PPO,1.06g/cm^3),比水略重,一般为钢铁的1/5,铝的1/2。这对于减轻车辆、飞行器等自重,节约能源有着重要意义。

(2) 比强度高。从表6-1中可以看出,用玻璃纤维增强的工程塑料,具有与金属材料相抗衡的比强度。

表6-1 工程塑料与金属的比强度

材料名称	密度/(g/cm^3)	拉伸强度/MPa	比拉伸强度(拉伸强度/相对密度)
合金钢	8.0	1280	160
硬铝	2.8	390~454	140~150
铸铁	8.0	150	19
玻纤增强 PC	1.4~1.6	130~140	110
玻纤增强 PA	1.22	180	150
玻纤增强 PBT	2.1	355	170

(3) 耐热性高。各种工程塑料的耐热情况见表6-2。

(4) 化学稳定性好。化学稳定性好,对酸、碱以及一般有机溶剂均有良好的耐腐蚀性。

(5) 优良的电绝缘性。一般工程塑料的体积电阻率均大于 $10^{10}\Omega \cdot m$,介电强度大于20kV/mm,介电损耗角小。

(6) 力学性能优良。

在较宽的温度范围内,具有优异的抗冲击、耐疲劳、耐磨、自润滑性能。表6-3列出了常用塑料的力学性能和大致用途。

表6-2 各种工程塑料的耐热比较

名称	热变形温度(1.86MPa)/℃,(括号内为30%玻纤增强)	UL长期连续使用温度/℃(括号内为30%玻纤增强)	名称	热变形温度(1.86MPa)/℃,(括号内为30%玻纤增强)	UL长期连续使用温度/℃(括号内为30%玻纤增强)
尼龙6	63(190)	105(115)	改性聚苯醚	130(140)	100(110)
尼龙66	70(240)	105(125)	聚苯硫醚	260	220
聚碳酸酯	135(145)	110(130)	聚酰亚胺	357	260~316
聚甲醛	123(163)	80(105)	聚砜	175	150
聚对苯二甲酸丁二醇酯	58(210)	120(140)	聚醚砜	203	170~180
			聚醚醚酮	160	240

(7) 加工成形能耗小。工程塑料具有通用高分子材料的易加工成型的优点,可采用通用的高分子成型机械如注射机、挤出机、压延机来成型,与加工金属制品相比,可省能耗50%,每加工1t塑料制品,可节约工时540个,模具投入费仅仅为加工金属的1/30。

表6-3 常用塑料的力学性能和大致用途

塑料名称	拉伸强度/MPa	压缩强度/MPa	弯曲强度/MPa	冲击韧性/$(kJ \cdot m^{-2})$	使用温度/℃	大致用途
聚乙烯	8~36	20~25	20~45	>2	-70~100	一般机械构件,电缆包裹,耐蚀、耐磨涂层等
聚丙烯	40~49	40~60	30~50	5~10	-35~121	一般机械零件,高频绝缘、电缆、电线包覆等
聚氯乙烯	30~60	60~90	70~110	4~11	-15~55	化工耐蚀构件,一般绝缘、薄膜、电缆套管等
聚苯乙烯	≥60		70~80	12~16	-30~75	高频绝缘、耐蚀及装饰,也可做一般构件
ABS	21~63	18~70	25~97	6~53	-40~90	一般构件,减摩、耐磨、传动件,一般化工装置、管道、容器等

（续）

塑料名称	拉伸强度 /MPa	压缩强度 /MPa	弯曲强度 /MPa	冲击韧性 /($kJ \cdot m^{-2}$)	使用温度 /℃	大致用途
聚酰胺	45~90	70~120	50~110	4~15	<100	一般构件，减摩、耐磨、传动件，高压油润滑密封圈，金属防蚀、耐磨涂层等
聚甲醛	60~75	~125	~100	~6	-40~100	一般构件，减摩、耐磨、传动件，绝缘、耐蚀件及化工容器等
聚碳酸酯	55~70	~85	~100	65~75	-100~130	耐磨、受力、受冲击的机械和仪表零件，透明、绝缘件等
聚四氟乙烯	21~28	~7	11~14	~98	-180~260	耐蚀性，耐磨件、密封件、高温绝缘件等
聚砜	~70	~100	~105	~5	-100~150	高强度耐热件、绝缘件、高频印制电路板等
有机玻璃	42~50	80~126	75~135	1~6	-60~100	透明件、装饰件、绝缘件等
酚醛塑料	21~56	105~245	56~84	0.05~0.82	~110	一般构件、水润滑轴承、绝缘件、耐蚀衬里等，做复合材料
环氧塑料	56~70	84~140	105~126	~5	-80~155	塑料模、精密模、仪表构件，电气元件的灌注，金属涂覆、包封、修补，做复合材料

6.1.3　常见工程塑料

1. 聚乙烯(PE)

聚乙烯由乙烯单体聚合而成，其分子结构式为

$$\left[CH_2-CH_2 \right]_n$$

根据合成方法不同，聚乙烯分为高压、中压和低压三种。高压聚乙烯的分子链支链较多，相对分子质量、结晶度和相对密度较低，质地柔软，常用来制作塑料薄膜、软管和塑料瓶等。低、中压聚乙烯质地刚硬，耐磨性、耐蚀性及电绝缘性较好，常用来制造塑料管、板材、绳索以及承载不高的零件，如齿轮、轴承等。用火焰喷涂法或静电喷涂法将聚乙烯喷涂于金属表面，可提高金属构件的减摩性和耐腐蚀性能。

2. 聚丙烯(PP)

聚丙烯由丙烯单体聚合而成，其分子结构式为

$$\left[CH_2 - \underset{\displaystyle CH_3}{\underset{|}{CH}} \right]_n$$

聚丙烯由于分子链上挂有侧基CH_3,不利于分子排列的规整度和柔性,使刚性增大,其强度、硬度和弹性等力学性能均高于聚乙烯。聚丙烯的密度仅为0.90~0.91g/cm^3,是常用塑料中最轻的。聚丙烯的耐热性良好,长期使用温度为100~110℃,在无外力作用下加热到150℃也不变形。聚丙烯具有优良的电绝缘性能和耐蚀性能,在常温下能耐酸、碱腐蚀。但聚丙烯的冲击韧性差,耐低温和抗老化性也差。聚丙烯可用于制造某些零部件,如法兰、齿轮、风扇叶轮、泵叶轮、把手、接头、仪表盒及壳体等,还可制造化工管道、容器、医疗器械等。

3. 聚氯乙烯(PVC)

聚氯乙烯是由乙炔气体和氯化氢合成氯乙烯,再聚合而成,其分子结构式为

$$\left[CH_2 - \underset{\displaystyle Cl}{\underset{|}{CH}} \right]_n$$

聚氯乙烯的分子链中存在极性氯原子,增大了分子间的作用力,阻碍了单键内旋,减小了分子间距离,所以刚度、强度和硬度均比聚乙烯高。

根据加入增塑剂、稳定剂及填料等添加剂的数量不同,可制得硬质和软质的聚氯乙烯。当加入少量增塑剂、稳定剂及填料时,可制得硬质聚氯乙烯。它具有较高的机械强度和较好的耐蚀性。可用于制造化工、纺织等工业的废气排污排毒塔、气体液体输送管,还可代替其他耐蚀材料制造储槽、离心泵、通风机和接头等。当增塑剂加入量达30%~40%时,便制得软质聚氯乙烯,其延伸率高,制品柔软,并具有良好的耐蚀性和电绝缘性,常制成薄膜,用于工业包装、农业育秧和日用雨衣、台布等,还可用于制作耐酸碱软管、电缆包皮、绝缘层等。

4. 聚苯乙烯(PS)

聚苯乙烯由苯乙烯单体聚合而成,其分子结构式为

$$\left[\underset{\displaystyle C_6H_5}{\underset{|}{CH}} - CH_2 \right]_n$$

由于侧基上有苯环,分子间移动的位阻增大,结晶度降低,因而具有较大的刚度。聚苯乙烯无色透明,几乎不吸水;具有优良的耐蚀性;电绝缘性好,是很好的高频绝缘材料。缺点是抗冲击性差、易脆裂,耐热性不好,耐油性有限。它可用以制造纺织工业中的纱管、纱锭、线轴,电子工业中的仪表零件、设备外壳,化工中的储槽、管道、弯头,车辆上的灯罩、透明窗,电工绝缘材料等。聚苯乙烯在生产过程中加入发泡剂,可以制成可发性聚苯乙烯泡沫塑料,其密度只有0.033g/cm^3,是隔音、包装、救生等极好的材料。

5. ABS 塑料

ABS 塑料是丙烯腈、丁二烯和苯乙烯的三元共聚物,其分子结构式为

$$\left[(CH_2 - \underset{\displaystyle CN}{\underset{|}{CH}})_x - (C_2H_3 = C_2H_3)_y - (CH_2 - \underset{\displaystyle C_6H_5}{\underset{|}{CH_2}})_z \right]_n$$

由于ABS是三元共聚物,具有其组成的“硬、韧、刚”的特性,综合性能良好,见表6-4。同时,ABS尺寸稳定,容易电镀和易于成型,耐热性较好,在-40℃的低温下仍有一定的机械强度。此外,它的性能可以根据要求,通过改变单体的含量来进行调整。丙烯腈的增加,可提高塑料的耐热、耐蚀性和表面硬度;丁二烯可提高弹性和韧性;苯乙烯则可改善电性能和成型能力。

表6-4　各种ABS塑料的综合性能

<table>
<tr><th colspan="2">性　能</th><th>超高冲击型</th><th>高强度中冲击型</th><th>低温冲击型</th><th>耐热型</th></tr>
<tr><td colspan="2">拉伸强度/MPa</td><td>35</td><td>63</td><td>21~28</td><td>53~56</td></tr>
<tr><td colspan="2">拉伸弹性模量/MPa</td><td>1800</td><td>2900</td><td>700~1800</td><td>2500</td></tr>
<tr><td colspan="2">弯曲强度/MPa</td><td>62</td><td>97</td><td>25~46</td><td>84</td></tr>
<tr><td colspan="2">弯曲弹性模量/MPa</td><td>1800</td><td>3000</td><td>1200~2000</td><td>2600</td></tr>
<tr><td colspan="2">压缩强度/MPa</td><td></td><td></td><td>18~39</td><td>70</td></tr>
<tr><td rowspan="3">缺口冲击韧性/(kJ·m^{-2})</td><td>23℃</td><td rowspan="3">53</td><td rowspan="3">6</td><td>27~49</td><td>16~23</td></tr>
<tr><td>0℃</td><td>21~32</td><td>11~13</td></tr>
<tr><td>-40℃</td><td>8.1~18.9</td><td>1.6~5.4</td></tr>
<tr><td colspan="2">洛氏硬度/HRR</td><td>100</td><td>121</td><td>62~88</td><td>108~116</td></tr>
<tr><td rowspan="2">热变形温度/℃</td><td>0.45MPa</td><td>96</td><td>98</td><td>98</td><td>104~116</td></tr>
<tr><td>1.82MPa</td><td>87</td><td>89</td><td>78~85</td><td>96~110</td></tr>
<tr><td colspan="2">连续耐热性/℃</td><td>71~99</td><td>71~93</td><td></td><td>87~110</td></tr>
</table>

ABS在机械工业中可制造齿轮、泵叶轮、轴承、把手、管道、储槽内衬、电机外壳、仪表壳、仪表盘、蓄电池槽、水箱外壳等。近来在汽车零件上的应用发展很快,如做挡泥板、扶手、热空气调节导管,以及小轿车车身等。做纺织器材、电讯器件都有很好的效果。ABS是一种原料易得、综合性能良好、价格便宜的工程塑料。

6. 聚酰胺(PA)

聚酰胺树脂,英文名称Ployamide,简称PA,俗称尼龙(Nylon),在其大分子主链中含有酰胺基团 $\left[\overset{\displaystyle O}{\overset{\|}{C}}-\overset{\displaystyle H}{\overset{|}{N}}\right]$ 。其结构式有两类:

$$\left[NH(CH_2)_{n-1}\overset{\displaystyle O}{\overset{\|}{C}}\right]_x$$

$$\left[NH(CH_2)_m-NH\overset{\displaystyle O}{\overset{\|}{C}}-(CH_2)_{n-2}-\overset{\displaystyle O}{\overset{\|}{C}}\right]_x$$

聚酰胺的命名一般是以单体中所含碳原子数来表示,如以氨基已酸缩聚制得的尼龙称为尼龙6,分子式为 $\left[NH(CH_2)_5\overset{\displaystyle O}{\overset{\|}{C}}\right]_n$;而以各含有六个碳的已二胺和已二酸缩聚制得的尼龙称为尼龙66,分子式为 $\left[NH(CH_2)_6NH\overset{\displaystyle O}{\overset{\|}{C}}(CH_2)_4\overset{\displaystyle O}{\overset{\|}{C}}\right]_n$ 。

尼龙树脂属高结晶性聚合物。具有优良的力学性能,韧性好,蠕变变形小。并具有耐汽油、耐高温及耐寒的特性,价格便宜,是少有能满足汽车发动机部件苛刻要求的材料。

汽车工业是聚酰胺工程塑料最大的消费市场。尼龙(PA)具有较好的耐热性,可以经受汽车发动机运转等产生的高温和环境产生的高、低温变化;具有优良的耐油性,可以经受汽车上使用的汽油、机油、齿轮油、制动油和润滑油;耐化学腐蚀性,不受汽车冷冻液、蓄电池电解液的腐蚀;具有高强度,是汽车发动机、传动部件及受力结构部件的理想材料。

用于汽车部件的尼龙有玻纤增强 PA6、PA66、填充 PA66、PA6/PP、PA6/EPDM(三元乙丙橡胶)合金。玻纤增强 PA6,主要用于发动机汽缸盖、空气滤油器外壳、冷却风扇、滤油器壳体。PA66 主要用于轮胎盖板等要求尺寸稳定性良好的部件。

美国通用电器公司开发的 GTX 是一种非结晶性 PA 和 PPO 的合金。其热变形温度为 185~195℃,拉伸强度为 56MPa,弯曲强度为 70~73MPa,耐寒性达-30℃,具有良好的加工性和尺寸稳定性。日产汽车公司已将 PA 用做前翼子板、前围和后围板。我国的桑塔纳、夏利轿车等车轮罩盖都采用了 PA66/PPO 合金。

PA11 具有柔性好、耐水耐化学腐蚀和尺寸稳定的特点,欧、美和中国汽车广泛使用 PA11 作为汽车的制动管和输油管。

汽车驱动控制部分也采用 PA 来制作齿轮、扣钉、油门、踏板。1998 年美国汽车市场尼龙用量占消费总量的 36.3%。

尼龙由于机械强度高,减摩、耐磨,且噪声小、质量轻、耐腐蚀等特性,可广泛应用于轴承、齿轮、轴瓦、滚筒等滑动部件。

尼龙树脂品种繁多,应用量最大的仍是 PA6 和 PA66,占 90%左右。表 6-5 列出了几种常用尼龙的综合性能。尼龙 1010 是我国自行研制的,适于做冲击韧性要求高和加工困难的零件。

表 6-5 几种常用尼龙的综合性能

性 能	尼龙 66	尼龙 6	尼龙 610	尼龙 1010
拉伸强度/MPa	57~83	54~78	47~60	52~55
拉伸弹性模量/MPa	1400~3300	830~2600	1200~2300	1600
弯曲强度/MPa	100~110	70~100	70~100	82~89
弯曲弹性模量/MPa	1200~3000	530~2600	1000~1800	1300
压缩强度/MPa	90~120	60~90	70~90	79
冲击韧性(缺口)/($kJ \cdot m^{-2}$)	3.9	3.1	3.5~5.5	4~5
冲击韧性(无缺口)/($kJ \cdot m^{-2}$)	5.4	5.4	6.5	不断
伸长率/%	60~200	150~250	100~240	100~250
洛氏硬度/HRR	10~118	85~114	90~100	
熔点/℃	250~265	215	210~220	200~210
热变形温度(1.82MPa)/℃	66~86	55~58	51~56	
马丁耐热温度/℃	50~60	40~50	51~56	45
连续耐热性/℃	82~149	79~121	80~120	80~120
脆化温度/℃	-25~-30	-20~-30	-20	-60

7. 聚甲醛(POM)

聚甲醛是由甲醛或三聚甲醛聚合而成。按聚合方法不同,可分为均聚甲醛和共聚甲醛两类:

均聚甲醛分子结构式为

$$H_3C-\underset{\underset{O}{\|}}{C}-O-\!\!\left[CH_2O\right]_n-\underset{\underset{O}{\|}}{C}-CH_3$$

共聚甲醛分子结构式为

$$\left[(CH_2O)_x-(CH_2O-CH_2O-CH_2)_y\right]_n \quad ,x>y$$

均聚甲醛是 1959 年美国 DuPont 公司首先工业化,1958 年中国科学院长春应用化学研究所也开始研究,20 世纪 60 年代中期完成了共聚甲醛实验装置。近几年聚甲醛在亚洲发展很快,产量和销量都已超过了美国和欧洲,是亚洲在工程塑料中占全球比重最大的品种。

聚甲醛属高结晶性线型热塑性聚合物。具有高熔点、高刚性,力学性能的优异,耐磨,耐疲劳,自润滑,能在较宽的温度范围内保持优异性能。可代替金属做传动、耐磨、滑动回弹的零部件及其结构材料。

共聚甲醛在汽车方面用来制造汽车泵、汽化器部件、输油管、马达齿轮、曲柄、仪表板、汽车窗升降装置等;在机械制造业中广泛用做齿轮、驱动轴、链条、凸轮等;在电子电气行业中,用于制造插头、开关、继电器、电视机外壳等。

均聚甲醛耐磨性优良,可以用于制造照相机、音响、VCD、DVD 机芯、手表的精密部件,一般采用注射成型。两种聚甲醛的综合性能见表 6-6。

表 6-6　聚甲醛的综合性能

性　能	均聚甲醛	共聚甲醛
密度/(g·cm^{-3})	1.43	1.41
拉伸强度/MPa	70	62
拉伸弹性模量/MPa	2900	2800
屈服伸长率/%	15	12
断裂伸长率/%	15	60
压缩强度/MPa	127	113
压缩弹性模量/MPa	2900	3200
弯曲强度/MPa	98	91
弯曲弹性模量/MPa	2900	2600
冲击韧性(缺口)/(kJ·m^{-2})	7.6	6.5
冲击韧性(无缺口)/(kJ·m^{-2})	108	90~100
结晶度/%	75~85	70~75
马丁耐热温度/℃	60~64	57~62
脆化温度/℃		-40
熔点/℃	175	165
成型收缩率/%	2.0~25	2.5~28
吸水率/%	0.25	0.22
线胀系数(0~40℃)/10^{-5}·℃$^{-1}$	8.1~10	9~11

8. 聚碳酸酯(PC)

聚碳酸酯英文名称 Poly Carbonate,简称 PC。

它是一类分子链中含有通式 $\left[\mathrm{O—R—O—\overset{\overset{\displaystyle O}{\|}}{C}} \right]$ 链节的高分子化合物及以它为基质而制得的各种材料的总称。随链节中 R 的不同,PC 可分为脂肪族、脂环族、芳香族等。脂肪族 PC 熔点低、溶解度大、热稳定性差、机械强度不高,无法作为工程材料使用。从原材料、制品性能价格比上考虑,现在只有芳香族聚碳酸酯才具有工业价值,其中尤以双酚 A 型聚碳酸酯最为重要。

双酚 A 型聚碳酸酯(Poly Carbonate of bisphenol A)结构式为

$$\left[\mathrm{O—C_6H_4—\underset{\underset{\displaystyle CH_3}{|}}{\overset{\overset{\displaystyle CH_3}{|}}{C}}—C_6H_4—O—\overset{\overset{\displaystyle O}{\|}}{C}} \right]_n$$

它是一种正处于发展期的无定形透明热塑性工程塑料。一般 PC 均指双酚 A 型聚碳酸酯及其改性品种。

聚碳酸酯的综合性能优异,尤其具有突出的抗冲击性、透明性和尺寸稳定性,优良的机械强度和电绝缘性,较宽的使用温度范围(-60~120℃)等,是其他工程塑料无法比拟的。因此,自工业化以来,PC 深受人们青睐,广泛应用于各个领域,包括电子、电气、汽车、建筑、办公机械、包装、运动器材、医疗、日用百货,随着性能的改善其应用正迅速扩展到航空航天、电子计算机、光盘等许多高新技术领域,在汽车玻璃的应用方面也使取代无机玻璃变为现实。由于 PC 的高透明性,光盘用 PC 已经占到全世界聚碳酸酯用量的 10%以上。中国已有 200 多条光盘生产线,现每年需要聚碳酸酯树脂近万吨。建筑玻璃用 PC 也是聚碳酸酯的极大市场。且耐寒,可在-60~120℃温度范围内长期工作。但 PC 自润滑性差,耐磨性比尼龙和聚甲醛低;不耐碱、氯化烃、酮和芳香烃;长期浸在沸水中会发生水解或破裂;有应力开裂倾向、疲劳抗力较低。聚碳酸酯的主要性能见表 6-7。

表 6-7　聚碳酸酯的主要性能

性　能	数　值	性　能	数　值
拉伸强度/MPa	66~70	硬度/HRR	75
伸长率/%	~100	熔点/℃	220~230
拉伸弹性模量/MPa	2200~2500	热变温度(1.82MPa)/℃	130~140
弯曲强度/MPa	106	马丁耐热温度/℃	110~130
压缩强度/MPa	83~88	脆化温度/℃	-100
冲击韧性(缺口)/($kJ \cdot m^{-2}$)	64~75	导热系数/($kJ \cdot (m \cdot h \cdot ℃)^{-1}$)	0.7
冲击韧性(无缺口)/($kJ \cdot m^{-2}$)	不断	线胀系数/($10^{-5} \cdot ℃^{-1}$)	6~7
硬度/HB	97~104	燃烧性	自熄

在机械工业中,聚碳酸酯可用于制造受载不大、但冲击韧性和尺寸稳定性要求较高的零件,如轻载齿轮、心轴、凸轮、螺栓、铆钉和精密齿轮、蜗轮、蜗杆、齿条等。利用其高的电绝缘性能,制造垫圈、垫片、套管、电容器等绝缘件,并可做电子仪器仪表的外壳、护罩等。

由于透明性好，在航空航天工业中，是制造信号灯、挡风玻璃、座舱罩、帽盔等的一种不可缺少的重要材料。

9. 氟塑料

氟塑料是含氟塑料的总称。机械工业中应用最多的有聚四氟乙烯（F-4）、聚三氟氯乙烯（F-3）、聚偏氟乙烯（F-2）、聚氟乙烯（F-1），以及聚全氟乙丙烯（F-46）等。

氟塑料和其他塑料相比其优越性是：既耐高温又耐低温，耐腐蚀，耐老化和电绝缘性能很好，且吸水性和摩擦因数低，尤以F-4最突出。

聚四氟乙烯俗称塑料王，具有非常优良的耐高低温性能，可在-180～260℃的范围内长期使用。几乎耐所有的化学药品，在侵蚀性极强的王水中煮沸也不起变化。摩擦因数极低，仅为0.04。它不吸水，电性能优异，是目前介电常数和介电损耗最小的固体绝缘材料。缺点是强度低，冷流性强。主要用于制作减摩密封零件、化工耐蚀零件与热交换器，以及高频或潮湿条件下的绝缘材料。

其他氟塑料的性能与F-4基本相似，但F-3的成型加工性能较之改善，F-2的耐候性更好，F-1的抗老化能力更强。

10. 聚砜（PSF）

指主链中含有砜基 $-\!\left(\begin{matrix}O\\ \|\\ S\\ \|\\ O\end{matrix}\right)\!-$ 的高聚物。聚砜一般具有优良的耐热性、耐寒性、耐候性、抗蠕变性和尺寸稳定性。它的机械强度高，尤其冲击韧性好。可在-65～150℃温度范围内长期使用。耐酸碱和有机溶剂，在水、潮湿空气中和高温下仍能保持高的介电性能，能自熄，易电镀，透明等。

聚芳砜的耐热性比聚砜高得多，可在260℃下长期使用。耐寒性也好，在-240℃的条件下仍保持优良的力学性能和电性能。它硬度高、能自熄、耐辐射、耐老化，但不耐极性溶剂。可以铸型、挤压和压制成型。

聚砜可用于高强度、耐热、抗蠕变的构件和电绝缘件。聚芳砜经填充改性后，可用做高温轴承材料、自润滑材料、高温绝缘材料和超低温结构材料等。

11. 聚甲基丙烯酸甲酯（PMMA）

聚甲基丙烯酸甲酯俗称有机玻璃，结构式为

$$\left[CH_2 - \underset{\substack{|\\ COOCH_3}}{\overset{\substack{CH_3\\ |}}{C}} \right]_n$$

是典型的线型无定形结构，分子链上带有极性基团。

有机玻璃的透明度比无机玻璃还高，透光率达92%；密度也只有后者的一半，为1.18g/cm^3。力学性能比普通玻璃高得多（与温度有关），拉伸强度为50～80MPa，冲击韧性为1.6～27kJ/m^2。抗稀酸、稀碱、润滑油和碳氢燃料的作用，在自然条件下老化缓慢。在80℃开始软化，在105～150℃塑性良好，可以进行成型加工。缺点是表面硬度不高，易擦伤。由于导热性差和热膨胀系数大，易在表面或内部引起微裂纹（即所谓“银纹”），因而比较脆。此外,易溶于有机溶剂中。

有机玻璃广泛用于航空、汽车、仪表、光学等工业中,可做风挡、舷窗、电视和雷达的屏幕、仪表护罩、外壳、光学元件、透镜等。

12. 酚醛塑料(PR)

PR是指由酚类和醛类在酸或碱催化剂作用下缩聚合成酚醛树脂,再加入添加剂而制得的高聚物。应用最多的酚醛树脂是苯酚和甲醛的缩聚物。由于制备条件的不同,有热塑性和热固性两类。热固性酚醛树脂常以压塑粉(俗称胶木粉)的形式供应。

酚醛塑料具有一定的机械强度(抗拉强度约40MPa)和硬度;耐磨性好;绝缘性良好,击穿电压在10kV以上;耐热性较好,马丁耐热温度在110℃以上;耐蚀性优良。缺点是性脆,不耐碱。这类塑料的性能因填料的不同可能变化很大。

酚醛塑料广泛用于制作各种电信器材和电木制品,例如插头、保险丝座、各种开关、电话机、仪表盒等;制造汽车刹车片、内燃机曲轴皮带轮、纺织机和仪表中的无声齿轮和化工用耐酸泵等;在日用工业中做各种用具,但不宜用做食物器皿。

13. 环氧塑料(EP)

EP为环氧树脂加入固化剂后形成的热固性塑料。一般以浇铸的方式成型。常用固化剂有胺类和酸酐类。环氧树脂属热塑性树脂,其结构式为

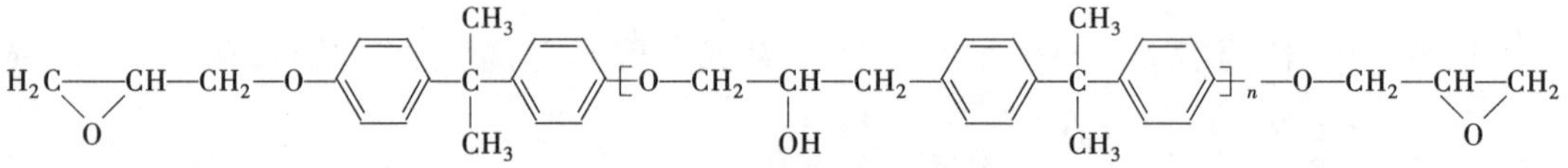

$$\underset{\diagdown O \diagup}{H_2C—CH}—CH_2—O—C_6H_4—\overset{CH_3}{\underset{CH_3}{C}}—C_6H_4—[O—CH_2—\underset{OH}{CH}—CH_2—C_6H_4—\overset{CH_3}{\underset{CH_3}{C}}—C_6H_4]_n—O—CH_2—\underset{\diagdown O \diagup}{CH—CH_2}$$

分子链中含有活泼的环氧基团,很容易与固化剂发生交联反应,形成体型结构。

环氧塑料强度较高,韧性较好,尺寸稳定性高和耐久性好,具有优良的绝缘性能;耐热、耐寒,可在-30~155℃温度范围内长期工作;化学稳定性很高,成型工艺性能好。缺点是有少许毒性。

环氧树脂是很好的胶粘剂,对各种材料(金属及非金属)都有很好的胶粘能力。环氧塑料可用于制作塑料模具、精密量具,灌封电器和电子仪表装置,配制飞机漆、油船漆、罐头涂料、电器绝缘及印制线路,制备各种复合材料等。

6.2 合成橡胶

橡胶(Rubber)是高分子材料中的一种,常温下的高弹性是橡胶材料的独有特征,这是其他任何材料所不具备的,因此橡胶也被称为弹性体。其弹性变形量可达100%~1000%,而且回弹性好,回弹速度快。橡胶的高弹性本质是由大分子构象变化而来的熵弹性,这种高弹性截然不同于由于键角、键长变化而来的普弹性,具有普弹性的金属材料弹性变形只有1%左右。高弹性材料的形变模量低,只有10^5~10^6Pa,而金属材料的模量高达10^{10}~10^{11}Pa。

此外,橡胶还有一定耐磨性,很好的绝缘性和不透气、不透水性。同时橡胶也具有高分子材料的许多共性,如密度小、成型加工方便和环境老化性等。

橡胶常被用作弹性材料、密封材料、减震防震材料和传动材料。橡胶工业是个配套工业,它在交通运输、建筑、电子、航空航天、石油化工、军事、机械、农业、水利各个部门都得

到了广泛的应用,已成为一种重要的工程材料。

若没有橡胶,没有充气轮胎,就不会有今天发达的交通运输业。交通运输业需要大量橡胶,例如一辆汽车需要 240kg 橡胶,一艘轮船需要约 70t 橡胶,一架飞机至少需要 600kg 橡胶等。橡胶制品虽然不大,但作用却十分重要,一旦失去作用所带来的损失是无法估量的。美国“挑战者”号航天飞机因橡胶密封圈失灵而导致航天史上重大的悲惨事件。

6.2.1　橡胶的配方组成和分类

1. 橡胶制品的配方组成

天然橡胶的胶乳和人工合成用以制胶的高聚物,在未硫化前还不具备橡胶的使用性能,称为生胶。生胶要先进行塑炼,使其处于塑性状态,再加入各种配料,经过混炼成型、硫化处理,才能变为可以使用的橡胶,而后通过一定的加工工序制成所需要的制品。

橡胶的配方组成是指根据成品的性能要求,考虑加工工艺性能和成本诸因素,把生胶与各种配合剂组合在一起的过程。一般配方组成都包括生胶、硫化体系、补强填充体系、防护体系及增塑体系,有时还包括其他配合体系。其他配合体系主要是指一些特殊的配合体系,如阻燃、导电、磁性、透明、着色、发泡、香味、耐高低温及耐特种介质等配合体系。

2. 橡胶的分类

按照原料的来源,橡胶可分为天然橡胶(NR)和合成橡胶两大类。天然橡胶是以天然橡胶树或植物上流出的胶乳,经过处理后制成的。地球上能进行生物合成橡胶的植物有 200 多种,但具有采集价值的只有几种,最主要的是巴西橡胶树。由于资源的有限,天然橡胶的产量远远不能满足人类工业化的需要,因而发展了用人工方法将单体聚合而成的合成橡胶。习惯上合成橡胶又分为两类:性能与天然橡胶接近、可以替代天然橡胶的通用合成橡胶和具有特殊功能的特种合成橡胶。

6.2.2　常用合成橡胶的性能及应用

1. 丁苯橡胶(SBR)

丁苯橡胶是目前合成橡胶中产量最大、应用最广的通用橡胶,其消耗量占总合成橡胶量的 55%,其中有 70%用于轮胎业。它是以丁二烯和苯乙烯为单体共聚而成。其分子结构式为

$$\left(CH_2—CH═CH—CH_2\right)_x\left(CH_2—\underset{\underset{\underset{CH_2}{\|}}{CH}}{\underset{|}{CH}}\right)_y\left(CH_2—\underset{C_6H_5}{\underset{|}{CH}}\right)_z$$

主要品种有丁苯-10,丁苯-30,丁苯-50,其中数字表示苯乙烯在单体总量中的百分含量。一般说来,该值越大,橡胶的硬度和耐磨性越高,而弹性、耐寒性越差。

丁苯橡胶是不饱和非极性碳链橡胶,与天然橡胶同属一类。与天然橡胶相比弹性略低,但在橡胶中仍属较好的,耐老化性能比 NR 稍好。丁苯橡胶具有良好的耐磨性、耐热性,价格便宜,主要用于轮胎工业,主要集中在轿车胎、摩托车车胎和小型拖拉机车胎,而在载重胎及子午胎中应用比例较小。此外,除要求耐油、耐热、耐特种介质性能外,丁苯橡胶均可以使用,如输水胶管、胶辊、防水橡胶制品等。

2. 顺丁橡胶(BR)

顺丁橡胶习惯上是指高顺式聚丁二烯橡胶。由丁二烯在镍、钴催化下聚合而成,其结构式为

$$—(CH_2—CH═CH—CH_2)_n—$$

与天然橡胶、丁苯橡胶相比,顺丁橡胶具有良好的弹性,是通用橡胶中弹性最好的一种。这是由于它的分子链中无侧基,分子链柔性较好,分子间作用力较小,所以顺丁橡胶的耐寒性在通用橡胶中是最好的。

顺丁橡胶、天然橡胶、丁苯橡胶平行试验性能对比见表6-8。

表6-8 BR、NR和SBR的性能比较

性能	BR	NR	SBR
T_g/℃	-105	-72	-57
T_b/℃	-75	-50	-45
耐磨耗/[cm^3/(kW·h)]	260	800	300
冲击弹性/%	52	40	33
吸水性①(75℃×28天)ΔV/%	2.22	2.71	5.53
拉伸强度(未补强)/MPa	0.98~9.8	17.0~24.5	1.7~2.1
拉伸强度(补强)②/MPa	19.1		25.5
撕裂强度(补强)/(kN/m)	30~55	100	50

①被试三种橡胶配方中均含20%聚苯乙烯树脂;
②一等品的国家标准指标

顺丁橡胶是制造轮胎的优良材料,也可制作胶带、弹簧、减震器、耐热胶管、电绝缘制品等。

3. 乙丙橡胶

乙丙橡胶是以乙烯和丙烯为原料,用立体有规催化体系催化聚合而成。乙丙橡胶的结构式为

$$—(CH_2—CH_2)_z—(\underset{\underset{CH_3}{|}}{CH_2—CH})_y—$$

乙丙橡胶是完全饱和橡胶(没有共轭双键),三元乙丙橡胶(EPDM)主链也是完全饱和的,EPDM仅仅在侧链上含有1%~2%的不饱和第三单体。即约平均200个主链碳原子才有一个或两个带有双键的侧基。橡胶工业中称之为饱和橡胶。与不饱和橡胶(NR、SBR、BR)相比,乙丙橡胶具有相当高的化学稳定性和较高的热稳定性,不易被极化,不产生氢键,是非极性的,故它耐极性介质作用,绝缘性高于不饱和橡胶。

乙丙橡胶最突出的性能就是高度的化学稳定性,优异的绝缘性能和耐臭氧性能,被誉为"无龟裂"橡胶。耐热性能是通用橡胶中最好的,耐水性、耐水蒸气性优异。主要用于要求耐老化、耐水、耐腐蚀和电绝缘几个领域。如用于轮胎的浅色胎侧、耐热运输带、电缆、电线、防腐内衬、密封垫圈、建筑防水、家用电器中。

4. 丁基橡胶(IIR)

丁基橡胶的单体是异丁烯和异戊二烯,以CH_3Cl为溶剂,以$AlCl_3$为催化剂,在超低

温下通过阳离子聚合而得。丁基橡胶的结构式为

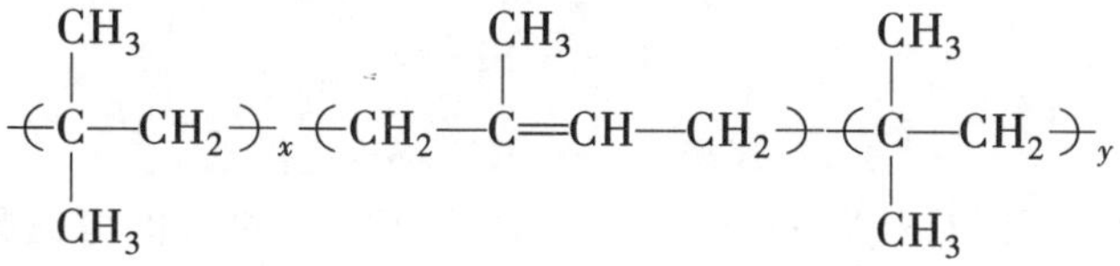

$$\left[\begin{array}{c}CH_3\\ |\\ C\\ |\\ CH_3\end{array}\!\!-CH_2\right]_x\left[CH_2-\begin{array}{c}CH_3\\ |\\ C\end{array}\!\!=CH-CH_2\right]\left[\begin{array}{c}CH_3\\ |\\ C\\ |\\ CH_3\end{array}\!\!-CH_2\right]_y$$

在其主链周围有密集的侧甲基，丁基橡胶的双键在主链上，而三元乙丙橡胶的双键在侧链上，双键在主链上对于 IIR 的稳定性有所影响。所以丁基橡胶的化学稳定性、耐水性和绝缘性与乙丙橡胶相比要逊色一点，但与不饱和橡胶相比则要好得多。同样，IIR 和 EPM 一样也耐水、耐极性油，低温性能很好。IIR 具有较好阻尼性，即吸收振动性，是很好的阻尼材料。丁基橡胶与其他通用橡胶相比具有优异的气密性，即有很小的气体渗透率。不同橡胶对空气渗透率的排序是

$$\text{IIR}<\text{NBR}<\text{SBR}<\text{EPDM}<\text{NR}<\text{BR}<<\text{MVQ}$$

因此，丁基橡胶特别适合制作气密性产品，如轮胎、内胎、球胆、胶囊、气密层、液压密封件等。还可以用于防水建材、防腐制品、电气制品、机械配件等。

5. 氯丁橡胶(CR)

氯丁橡胶由氯丁烯聚合而成。其分子结构式为

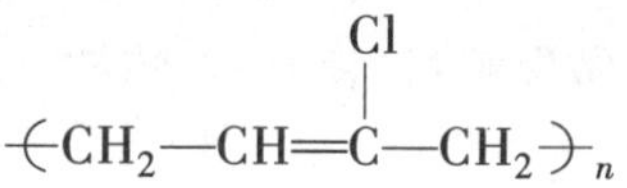

$$\left[CH_2-CH=\begin{array}{c}Cl\\ |\\ C\end{array}\!\!-CH_2\right]_n$$

由于分子结构中有氯原子，氯丁橡胶的结晶能力高于天然橡胶、顺丁橡胶、丁基橡胶。氯丁橡胶虽然属于不饱和碳链橡胶，但实际上不具备正常不饱和聚合物的特点。由于氯的存在，极性极大，因此具有较高结晶性，使得它具有良好的力学性能。突出特点是耐老化性和耐臭氧老化性、阻燃性，这是它被称为“万能橡胶”的原因，它既可作为通用橡胶，又可作为特种橡胶。同时氯丁橡胶还可用于胶粘剂，占合成橡胶胶粘剂的 80%。广泛用于阻燃制品、耐候制品，粘结剂领域如建筑密封条、公路填缝材料、桥梁支座垫片等。

6. 丁腈橡胶(NBR)

它是由丁二烯和丙烯腈经低温乳液聚合而成。结构式为

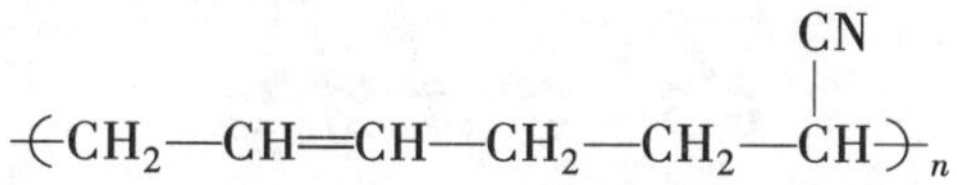

$$\left[CH_2-CH=CH-CH_2-CH_2-\begin{array}{c}CN\\ |\\ CH\end{array}\right]_n$$

NBR 具有不饱和橡胶的共性，突出特点是气密性较好，与 IIR 相当。抗静电性好，它的体积电阻率较低，属于半导体材料范围，在通用橡胶中这是独一无二的，因此可以制作抗静电军用橡胶制品。NBR 还有优异的耐油性，是通用橡胶中耐油性最好的。因此，丁腈橡胶可以制作各种液压机械的密封制品，做抗静电性能好的橡胶制品等。还可用做 PVC 的改性剂，与酚醛树脂并用做结构胶粘剂。

7. 硅橡胶(MVQ)

硅橡胶是指分子主链为 —Si—O— 无机结构，侧基为有机基团的一类弹性体。其结构式为

$$-\!\!(\underset{\underset{R}{|}}{\overset{\overset{R}{|}}{Si}}-O)\!\!-_n\,-\!\!(\underset{\underset{R}{|}}{\overset{\overset{R}{|}}{Si}}-O)\!\!-_m$$

式中:R为有机基团,可以是相同的,也可以不同;可以是烃基,也可以是其他基团。侧链基R不同,硅橡胶呈现出不同性能。硅橡胶属于半无机的、饱和、杂链、非极性弹性体,典型代表为甲基乙烯基硅橡胶,结构式为

$$-\!\!(\underset{\underset{CH_3}{|}}{\overset{\overset{CH_3}{|}}{Si}}-O)\!\!-_n\,-\!\!(\underset{\underset{CH_3}{|}}{\overset{\overset{CH=CH_2}{|}}{Si}}-O)\!\!-_m$$

乙烯基单元含量很少,一般为0.1%~0.3%(mol/mol)。硅橡胶具有以下明显性能特点:

(1) 耐温范围宽,从-100~300℃均可以保持良好弹性,既耐热又耐寒,在机械强度要求不高时使用。耐高温性能与氟橡胶相近,是橡胶材料中最高的;耐低温性能是橡胶材料中最好的。

(2) 具有优良的生物医学性能,可植入人体内,或做仿生器官。

(3) 具有较好透气性,可以做保鲜材料和特殊的放气缓冲装置。由于价格贵,主要用于航空、航天等高技术材料领域。

8. 聚氨酯橡胶

分子链中含有 $-\!\!(NH-\overset{\overset{O}{\|}}{C}-O)\!\!-$ 结构的弹性体称为聚氨基甲酸酯橡胶,简称聚氨酯橡胶。

聚氨酯橡胶具有很高的机械强度,在橡胶材料中它具有最高的拉伸强度,一般可达28.0~42.0MPa,撕裂强度达63.0kN/m^2,伸长率可达1000%,硬度范围宽,邵尔A法硬度值为10~95。气密性与IIR相当;也可以作为生物医学材料植入人体内;具有较好的黏合性,在胶粘剂中广泛应用;其耐磨性是橡胶材料中最好的,比天然橡胶高出8倍,利用这一特点,聚氨酯橡胶可以制作大型胶辊,广泛用于印刷、纺织行业中,还可以制作实心轮胎。

6.3 合成纤维

合成纤维工业是20世纪40年代才发展起来的,由于合成纤维性能优异、用途广阔、原料来源丰富,其生产不受自然条件限制,因此合成纤维工业发展速度十分迅速。

合成纤维具有优良的物理、化学性能和力学性能,具有比天然纤维更优越的性能,如强度高、密度小、弹性好、耐磨、耐酸碱性好、不霉烂、不怕虫蛀等,除广泛用做衣料等生活用品外,在航空航天、国防工业、交通运输、医疗卫生、海洋水产、通信联络等领域也成为不可缺少的重要材料,是一种发展迅速的工程材料。

6.3.1 合成纤维的组成和分类

合成纤维是以石油、天然气、煤等为原料,由单体经一系列化学反应,合成高分子化合

物,再经其熔融或溶解后纺丝制得的纤维。

根据高分子化学组成结构的不同,合成纤维可以分为杂链纤维和碳链纤维。杂链纤维的大分子主链上除碳原子外,还含有其他元素(氮、氧、硫等)。碳链纤维的大分子主链上则完全以碳-碳键相连接。

根据高分子化学组成的不同,合成纤维品种繁多,目前大规模生产的约有三四十种,其中发展最快的是:聚酯纤维(涤纶)、聚酰胺纤维(锦纶)、聚丙烯腈纤维(腈纶)、聚乙烯醇纤维(维纶)、聚丙烯纤维(丙纶)、聚氯乙烯纤维(氯纶),通称为六大纶。其中最主要的是涤纶、锦纶和腈纶三个品种,它们的产品占合成纤维的90%以上。表6-9为六种主要合成纤维的性能和用途。

6.3.2　常用合成纤维的性能及应用

1. 涤纶

化学名称为聚酯纤维,商品名称为涤纶或的确良,由对苯二甲酸乙二醇酯抽丝制成。

涤纶的主要特点是在分子链上存在有刚性基团,使分子排列紧密,纤维结晶度高。因此,涤纶的弹性好,弹性模量大,不易变形,故由涤纶纤维织成的纺织品抗皱性和保形性特别好,外形挺括,即使受力变形也易恢复,弹性接近羊毛,较棉花高两倍,为其他纤维所不及。这就是目前涤纶制品畅销的原因,也是涤纶纤维问世仅20多年,而发展速度已居合成纤维的首位的原因。

表6-9　六种主要合成纤维的性能和用途

化学名称		聚酯纤维	聚酰胺纤维	聚丙烯腈纤维	聚乙烯醇纤维	聚丙烯纤维	聚氯乙烯纤维
商品名称		涤纶(的确良)	锦纶(人造毛)	腈纶	维纶	丙纶	氯纶
产量(占合成纤维的百分数)/%		>40	30	20	1	5	1
强度	干态	中	优	优	中	优	优
	湿态	中	中	中	中	优	中
密度/(g/cm^3)		1.38	1.14	1.14~1.17	1.26	0.91	1.39
吸湿率/%		0.4~0.5	3.5~5	1.2~2.0	4.5~5	0	0
软化温度/℃		238~240	180	190~230	220~230	140~150	60~90
耐磨性		优	最优	差	优	优	中
耐日光性		优	差	最优	优	差	中
耐酸性		优	中	优	中	中	优
耐碱性		优	优	优	优	优	优
特点		挺括不皱、耐冲击、耐疲劳	结实耐用	蓬松耐用	成本低	轻、坚固	耐磨不易燃
工业应用举例		高级帘子线、渔网、缆绳、帆布	2/3用于工业帘子布、渔网、降落伞、运输带	制作碳纤维及石墨纤维的原料	2/3用于工业帆布、过滤布、渔具、缆绳	军用被服、绳索、渔网、水龙带、合成纸	导火索皮、口罩、帐幕、劳保用品

涤纶强度高,抗冲击性能较锦纶高四倍,耐磨性能仅次于锦纶,耐光性、化学稳定性和电绝缘性也较好,不发霉,不虫蛀。现在除大量用做纺织品材料外,工业上广泛用于运输带、传动带、帆布、渔网、绳索、轮胎帘子线及电器绝缘材料等。

涤纶的缺点是吸水性差,染色性差,不透气,穿着感到不舒服,摩擦易起静电,容易吸附脏物,耐紫外线能力差,不宜暴晒。

2. 锦纶

化学名称为聚酰胺纤维,商品名称为锦纶或尼龙。由聚酰胺树脂抽丝制成,主要品种有锦纶6、锦纶66和锦纶1010等。

锦纶的特点是质轻、强度高。因为锦纶长分子链上含有酰胺基,可以通过氢键的作用,加强酰胺基之间的连接,从而使纤维获得较高的强度,故锦纶的强度较棉花高2~3倍。

锦纶的第二个特点是弹性和耐磨性好。由于锦纶分子链上有很多亚甲基存在,使锦纶纤维柔软,且富有弹性。它的耐磨性约是棉花的10倍,羊毛的20倍。锦纶还具有良好的耐碱性和电绝缘性,不怕虫蛀,但耐酸、耐热、耐光性能较差。主要缺点是弹性模量低,容易变形,缺乏刚性,故用锦纶做成的衣服不挺括。

锦纶纤维多用于轮胎帘子线、降落伞、航天飞行服、渔网、针织内衣、尼龙袜、手套等工农业及日常生活用品。

3. 腈纶

化学名称为聚丙烯腈纤维,商品名称为腈纶。它是由聚丙烯腈树脂经湿纺或干纺制成。

腈纶质轻,密度为1.14~1.17g/cm^3,较羊毛还轻,柔软,保暖性好,犹如羊毛,故俗称人造羊毛。腈纶毛线的强度较纯羊毛毛线大2倍以上,穿着时有温暖的感觉,而且即使在阴雨天气也不会像羊毛有冰凉的感觉。腈纶不发霉、不虫蛀、弹性好、吸湿小、耐光性能特别好,超过涤纶,对日光的抵抗能力较羊毛大1倍,较棉花大10倍。

由于腈纶具有这些优点,故近年来生产发展很快,多数用来制造毛线和膨体沙及室外用的帐篷、幕布、船帆等织物,还可与羊毛混纺,织成各种衣料。

腈纶的缺点是耐磨性差,弹性不如羊毛,摩擦后容易在表面产生许多小球,不易脱落,且因摩擦、静电积聚,小球容易吸收尘土,弄脏织物。腈纶毛线拆下后,在常温下不易恢复平直,只有在90℃的热水中才能恢复平直和松软,且必须待热水冷却至50℃以下取出方可保持。

4. 维纶

化学名称为聚乙烯醇纤维,商品名为维尼纶或维纶。由聚乙烯醇树脂经混纺制成。

维纶的最大特点是吸湿性好,和棉花接近,性能很像棉花,故又称合成棉花。维纶具有较高的强度,约为棉花的两倍,耐磨性、耐酸碱腐蚀性均较好,耐日晒,不发霉,不虫蛀,其纺织品柔软保暖,结实耐磨,穿着时没有闷气感觉,是一种很好的衣着原料。但由于它弹性和抗皱性差,穿着不挺括,故其织品销路日趋下降。现在主要用作帆布、包装材料、输送带、背包、床单和窗帘等。

5. 丙纶

化学名称为聚丙烯纤维,商品名称为丙纶,由聚丙烯树脂制成。

丙纶的特点是质轻、强度大,密度只有0.91g/cm^3,比腈纶的还小,能浮在水面上,故是渔网的理想材料,也是军用蚊帐的好材料。丙纶做的蚊帐重100g左右,适合行军的需要。

丙纶耐磨性优良,吸湿性很小,还能耐酸碱腐蚀。用丙纶制的织物,易洗快干,不走样,经久耐用,故现在除用于衣料、毛毯、地毯、工作服外,还用做包装薄膜、降落伞、医用纱布和手术衣等。

6. 氯纶

化学名称为聚氯乙烯纤维,商品名称为氯纶。由聚氯乙烯树脂制成。这种纤维的特点是保暖性好,遇火不易燃烧。化学稳定性好,能耐强酸和强碱,弹性、耐磨性、耐水性和电绝缘性均很好,并能耐日光照射,不霉烂,不虫蛀。因为氯纶具有这些良好的性能,故常用做化工防腐和防火衣着的用品,以及绝缘布、窗帘、地毯、渔网、绳索等。又因氯纶的保暖性好,静电作用强,做成贴身内衣,对风湿性关节炎有一定疗效。

氯纶的缺点是耐热性差,当温度达65~70℃时,纤维即开始收缩,在沸水中收缩率大,故氯纶织物不能用沸水洗涤,也不能接近高温热源。

合成纤维在水利电力工程上的应用也在不断增多。除了上述几种纤维用做电器绝缘材料外,还可以做成塑料涂层织物,做成人工堤坝,也可用做反滤层;另外,还可以用做纤维增强材料,配制纤维混凝土,提高混凝土的抗裂性和冲击韧性,如聚丙烯纤维增强混凝土,具有较高的抗冲击能力和抗爆能力,可做防护构件用。

6.4 胶 粘 剂

6.4.1 胶粘剂的组成和分类

胶粘剂又称粘合剂或粘接剂。胶粘剂是以黏料为主剂或基料,配合各种固化剂、增塑剂、稀释剂、填料以及其他助剂等配制而成。通过黏附作用使同质或异质材料连接在一起,并在粘接面上保持一定强度。最早的胶粘剂大都来源于天然的胶粘物质,当今的胶粘剂大都采用合成高分子化合物为主剂,配合一种或多种的助剂。

(1) 黏料——也称基料或主剂。黏料是胶粘剂的主要组分,能起到胶粘作用,要求有良好的黏附性和润湿性。作为黏料的物质有合成树脂、合成橡胶、天然高分子、无机化合物等。

(2) 固化剂和固化促进剂。固化剂是使低分子化合物或线型高分子化合物交联成体型网状结构,成为不溶不熔并具有一定强度的化学药品。橡胶中用的固化剂叫做硫化剂。

(3) 增塑剂与增韧剂。它们的加入可以增加胶层的柔韧性,提高胶层的冲击韧性,改善胶粘剂的流动性。一般是一种高沸点液体或低熔点固体化合物,与黏料有混容性。

(4) 稀释剂。为了便于涂胶工序操作,常采用稀释剂来溶解黏料并调节到所需要的黏度。

(5) 填料。根据胶液的物理性能可加入适量填料来改善胶粘剂的机械性能和降低成本。如加入石墨粉、滑石粉可提高耐磨性,加氧化铝、钛白粉等可增加粘接力;

胶粘剂按照组分和来源分类如下:

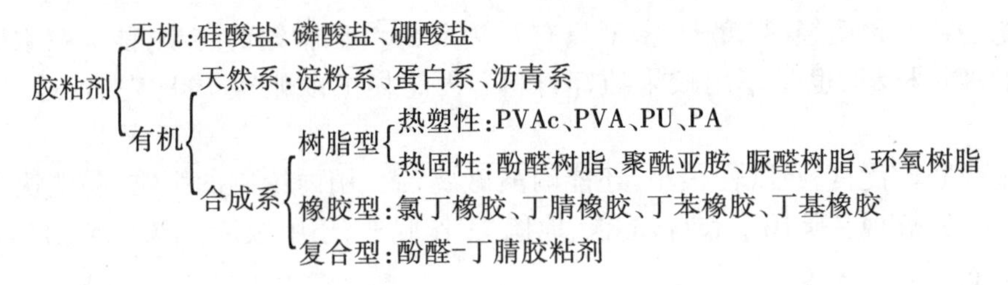

6.4.2　常用胶粘剂的性能及应用

1. 树脂型胶粘剂

1)热塑性树脂胶粘剂

热塑性树脂胶粘剂是以线型聚合物为黏料,由于它不产生交联,容易与溶剂配制成溶液、乳液或通过直接加热呈熔融状态的方式胶接,操作、使用方便,容易保存,柔韧性、耐冲击性优良,并具有良好的起始粘接力。但存在着耐热性差、耐溶剂性差的缺点。

热塑性胶粘剂包括聚乙烯及其共聚物、聚醋酸乙烯酯及其共聚物、聚丙烯酸酯类、聚乙烯醇和聚乙烯醇缩醛类等。以聚醋酸乙烯酯胶粘剂最为常见,其中乳液胶粘剂使用最广。适合胶结多孔性、吸水性材料,如纸张、木材、纤维织物,也可以用于塑料及铝箔的粘合。在装订、包装、无纺布制造、家具生产、建筑施工中得到广泛应用。如家庭装潢中使用的107胶、801胶等就属于此类。表6-10列出了聚醋酸乙烯酯胶粘剂和硝酸纤维素胶粘剂的胶接强度。

表6-10　聚醋酸乙烯酯胶粘剂的胶接强度

被粘物	粘合拉伸强度/MPa		粘合剪切强度/MPa	
	聚醋酸乙烯酯胶粘剂	硝酸纤维素胶粘剂	聚醋酸乙烯酯胶粘剂	硝酸纤维素胶粘剂
不锈钢	25.3	15.3	20.8	11.1
铝合金	23.0	10.5	25.0	9.56
纸质酚醛层压板	74.5	60.5	17.4	11.8
玻璃	17.1	7.60	16.2	11.8
皮革	6.75	7.73	14.0	9.77
硬橡胶	2.81	4.15	4.43	7.03

2)热固性树脂胶粘剂

该类胶粘剂以多官能团的单体或低分子预聚体为基料,通过加热、催化剂或两者结合下交联成为不溶不熔的体型结构物质来进行胶接。这类胶粘剂的胶层呈现刚性,有很高的胶接强度和硬度,良好的耐热性和耐溶剂性,优良的抗蠕变性能。缺点是起始胶接力小,固化时间较长,固化时易产生体积收缩和内应力,使胶接强度降低,一般需要加入填料来弥补这些缺陷。主要品种有环氧树脂、脲醛树脂、三聚氰胺、酚醛树脂等胶粘剂。

环氧树脂胶粘剂是一种常用的热固性树脂胶粘剂,它对各种金属和大部分非金属材料都具有良好的粘结性能,常被称作"万能胶"。

环氧树脂胶粘剂具有工艺性能好、胶接强度高、收缩率小、耐介质性能优良、电绝缘性能良好等优点,缺点是比较脆,耐冲击性能差。广泛用于飞机、导弹、汽车、建筑、电子行业中。国产 E－51、E－42、E－20 等牌号的胶粘剂均为双酚 A 型环氧树脂。

环氧树脂本身是热塑性线型结构，不能直接做胶粘剂用，必须加入固化剂（交联剂）在一定条件下进行固化交联反应，生成不溶不熔的体型网状结构后才具有粘接作用。一般用改性胺，如乙二胺、苯二甲胺等为固化剂，同时为改善环氧树脂胶粘剂的脆性，提高抗冲击性能和剥离强度，常加入增韧剂，如邻苯二甲酸二丁酯等。

2. 橡胶型胶粘剂

橡胶型胶粘剂是一类以氯丁、丁腈、丁基等合成橡胶或天然橡胶为主体基料配制而成的一类胶粘剂。它具有优良的弹性，适用于柔软或热膨胀系数相差悬殊材料的粘接，例如橡胶与橡胶、橡胶与金属、塑料、织物、皮革等之间的粘接。在飞机制造、汽车制造、橡胶制品加工等部门有着广泛用途，例如坦克橡胶履带的胶粘。目前世界上橡胶粘接剂占总橡胶量的 5%。氯丁橡胶胶粘剂是主要品种，其基本配方有基料——国产 LDJ－240 型氯丁橡胶，氧化锌、氧化镁为缓慢硫化剂，填料以碳酸钙、碳黑为主，采用 NA－22 型促进剂，防老剂 D 等。

3. 复合型胶粘剂

复合型胶粘剂是由两种或两种以上高聚物相互掺混或相互改性而制得。这是由于高强度结构材料的发展而产生的。

由于超声速飞机的出现，在飞行过程中机身的表面温度随着马赫数的增大而快速升高，致使一些耐高温而综合性能优异的复合胶粘剂如环氧-酚醛型、改性环氧型、聚酰亚胺型等得到迅速发展。

一般把在承受强力部位的构件胶接所使用的胶粘剂叫做结构胶粘剂。比较严格的方法是从胶粘剂的性能来看，如美国军标 MIL－A－5090D 中规定了航空结构胶粘剂对剪切强度、抗疲劳性能有很高的要求，要达到这些性能必须采用复合型结构胶粘剂。

常见的有酚醛树脂-聚乙烯醇缩醛胶粘剂、酚醛-丁腈结构胶粘剂、酚醛-氯丁橡胶结构胶粘剂、橡胶改性环氧树脂胶粘剂等。它们广泛用于航空航天工业中。

4. 耐热胶粘剂

近二十年来随着我国航天事业的发展，对胶粘剂的耐高温性能提出了更高的要求，因此有必要把耐热结构胶粘剂做专门介绍。例如航天飞船在重返大气层时要经受上千度高温气流冲刷的考验。高速歼击机在高空做超声速飞行时，机翼前缘温度也达到 300℃ 以上，因此就需要采用在此温度范围内安全使用的结构胶粘剂。

目前耐热温度最高的结构胶粘剂是杂环聚合物胶粘剂。如聚苯并咪唑、聚酰亚胺胶粘剂，它们作为结构胶粘剂可以在 400℃ 以下长期使用，瞬间耐高温可达 1000℃，基本可以满足航天飞船的要求。但它们的固化条件也相当苛刻，要在高温、高压下长时间固化。表 6－11 是各种耐热胶粘剂的耐热性能比较表。

表 6－11　胶粘剂的耐热温度[①]（℃）

胶粘剂类型 \ 被粘材料	钢	铝
酚醛树脂	232	316
酚醛树脂-丁二烯橡胶	288	288

(续)

胶粘剂类型＼被粘材料	钢	铝
酚醛-尼龙	260	316
双酚A型环氧树脂	260	288
环氧-酚醛	260	316
环氧-尼龙	288	288
环氧-丁腈橡胶	292	295
酚醛-丁腈橡胶	316	316
聚有机硅氧烷	350	380
环氧-聚砜	345	360
聚酰亚胺	450	500
聚苯并咪唑	430	500
聚喹噁啉	460	520
①老化100h后,胶接强度保持率为30%		

思考题与习题

1. 塑料的组成是什么?
2. 工程塑料如何分类? 主要性能特点是什么?
3. 举出常见的三种工程塑料,并说明其优缺点。
4. 橡胶有哪些特点? 如何分类?
5. 丁苯橡胶、顺丁橡胶性能上的特点及应用。
6. 何为合成纤维? 如何分类?
7. 举出常见的四种合成纤维,并说明其性能和应用。
8. 胶粘剂的组成是什么? 如何分类?

第 7 章　无机非金属材料

本章目的:本章主要介绍了典型无机非金属材料水泥、玻璃、陶瓷、耐火材料的组成、制备工艺、性能特点与应用。通过本章的学习,使学生充分认识无机非金属材料的主要类别及其在工程领域中的应用,理解各类材料的特性与深加工技术,为合理选择工程材料打下良好基础。

本章重点:氧化铝陶瓷、氧化锆陶瓷、氮化硅陶瓷等先进陶瓷的性能特点与主要应用;钢化玻璃、夹层玻璃、微晶玻璃的生产工艺、特点和应用;耐火材料的类别、高温性能指标;水泥的种类、生产工艺和特性水泥的应用。

本章难点:ZrO_2 陶瓷的相变、ZrO_2 陶瓷的性能特点与应用;透明陶瓷的工艺要求及其应用;各种特性水泥的性能与应用;耐火材料的高温性能评价指标。

无机非金属材料是以某些元素的氧化物、碳化物、氮化物、卤素化合物、硼化物以及硅酸盐、铝酸盐、磷酸盐、硼酸盐等物质组成的材料。随着现代科学技术的发展,无机非金属材料从传统的硅酸盐材料演变而来。无机非金属材料是与有机高分子材料、金属材料并列的三大材料之一。无机非金属材料涉及范围广泛,种类繁多,通常把它们分为传统和先新型无机非金属材料两大类。传统的无机非金属材料是工业和基本建设所必需的基础材料。新型无机非金属材料是 20 世纪中期以后发展起来的,具有特殊性能和用途的材料,是现代新技术、新产业、传统工业技术改造、现代国防和生物医学领域所不可缺少的物质基础。

7.1　陶　　瓷

陶瓷是陶器和瓷器的总称。通常将陶瓷、玻璃、耐火材料、砖瓦、水泥、石膏等凡是经原料配制、坯料成型和高温烧结而制成的固体无机非金属材料都叫做陶瓷。

陶瓷可分为传统陶瓷和先进陶瓷。传统陶瓷是以天然硅酸盐矿物(如黏土、石英、长石等)为原料制成的陶瓷,又称普通陶瓷。先进陶瓷是采用高纯度的人工合成原料(如氧化物、氮化物、碳化物、硅化物、硼化物等)制成的具有各种独特的力学、物理或化学性能的陶瓷,又称特种陶瓷、新型陶瓷、现代陶瓷或精细陶瓷。先进陶瓷按用途可分为结构陶瓷和功能陶瓷两大类。结构陶瓷是指用于各种结构部件,以发挥其机械、热、化学等功能的高性能陶瓷。功能陶瓷是指那些可利用电、磁、声、光、热、弹等性质或其耦合效应以实现某种使用功能的先进陶瓷。

7.1.1　传统陶瓷

传统陶瓷可分为日用陶瓷和工业陶瓷两大类。日用陶瓷是用于日用器皿和瓷器,具有良好的光泽度、透明度、较高的热稳定性和机械强度。工业陶瓷是用于各种工业中制造某些特定性能构件的陶瓷。

传统陶瓷所用原料主要为黏土、石英和长石;改变原料的配比、熔剂、辅料以及原料的细度和致密度,可以获得不同特性的陶瓷。陶瓷组织的主要部分为晶相(即莫来石晶体,$3Al_2O_3 \cdot 2SiO_2$),约占25%~30%,还有占35%~60%的玻璃相,以及1%~3%的气孔。

传统陶瓷成本低,加工成型性好,质地坚硬,抗氧化,耐腐蚀,不导电,能耐一定高温。但因玻璃相数量较多,强度较低,高温性能也不及先进陶瓷,通常最高使用温度为1200℃左右。传统陶瓷广泛用于日用、电气、化工、建筑、纺织中对强度和耐温性要求不高的领域,例如铺设地面、输水管道和隔电绝缘器件等。

1. 普通日用陶瓷

普通日用陶瓷是主要用做日用器皿和瓷器的一类陶瓷。这类陶瓷具有良好的光泽度、透明度,较高热稳定性和机械强度。根据瓷质,日用陶瓷又分为长石质瓷、绢云母质瓷、骨灰质瓷和日用滑石质瓷等四大类。

长石质瓷是国内外常用的日用瓷,由 $K_2O \cdot Al_2O_3 \cdot 6SiO_2$ 构成,在1150~1350℃范围内烧成。它也用做一般工业瓷制品。其瓷质洁白、半透明、不透气、吸水率低,具有坚硬、高的强度和好的化学稳定性;主要用来制作餐具、茶具、陈设瓷器、装饰美术瓷器和一般工业制品。

绢云母质瓷是我国的传统日用瓷,由 $K_2O \cdot 3Al_2O_3 \cdot 6SiO_2 \cdot 2H_2O$ 构成,在1250~1450℃范围内烧成。其性能和用途与长石质瓷相同,但透明度、外观色调较好。

骨灰质瓷近些年来得到广泛应用,主要由于生产中通常用动物骨灰引入 $Ca_3(PO_4)_2$ 得名,在1220~1250℃烧成。其白度高、透明度好、瓷质软、光泽柔和,但较脆、热稳定性差;主要做高级日用瓷制品,如高级餐具、茶具、高级工艺美术瓷器等。

滑石质瓷是我国发展的综合性能较好的新型高质日用瓷。主要由 $3MgO \cdot 4SiO_2 \cdot H_2O$ 经1300~1400℃烧成。滑石质瓷具有良好的透明度、热稳定性,较高的强度和良好的电性能;通常用于高级日用器皿、一般电工陶瓷等。

最近几年高石英质日用瓷在我国有了较多应用,其石英质量分数超过40%,具有瓷质细腻、色调柔和、透光度好、机械强度和热稳定性好等优点。

2. 普通工业陶瓷

普通工业陶瓷按用途可分为建筑卫生瓷、电工瓷、化学化工瓷等。建筑卫生瓷用于装饰板、卫生间装置及器具等,通常尺寸较大,其强度和热稳定性较好;化学化工瓷用于化工、制药、食品等工业及实验室中的管道设备、耐蚀容器及实验器皿等,具有较强的耐各种化学介质腐蚀的能力;电工瓷主要指电器绝缘用瓷,也叫做高压陶瓷,其力学性能、介电性能和热稳定性好。

7.1.2 先进陶瓷

1. 氧化物陶瓷

1) 氧化铝陶瓷

氧化铝结构为 O^{2-} 排成密排六方结构,Al^{3+} 占据其中的间隙。天然氧化铝中因含有少量Cr、Ti的化合物而呈红色(红宝石)或蓝色(蓝宝石)。

氧化铝陶瓷是指以 $\alpha\text{-}Al_2O_3$ 为主晶相的陶瓷,根据主晶相的不同可以分为莫来石瓷、刚玉-莫来石瓷和刚玉瓷。氧化铝陶瓷中的玻璃相和气孔较少，原料来源丰富，价格低廉，是应用最为广泛的先进陶瓷。通常按氧化铝含量可分为75瓷、95瓷和99瓷。

氧化铝陶瓷的强度大大高于传统陶瓷，烧结产品的抗弯强度可达250MPa，热压产品可达500MPa。成分越纯，强度越高，强度可维持到900℃高温。利用Al_2O_3瓷高的机械强度特性，可制成装置瓷和其他机械构件。

氧化铝陶瓷硬度很高，莫氏硬度为9，仅次于金刚石、立方氮化硼、碳化硼和碳化硅，居第五位。加上优良的抗磨损性，因此广泛地用以制造刀具、磨轮、磨料、拉丝模、挤压模、轴承、轴碗、人造宝石等。

氧化铝陶瓷耐高温性能好，熔点高达2050℃。含Al_2O_3高的刚玉瓷能在1600℃的高温下长期使用，蠕变很小，也不会氧化。

氧化铝陶瓷具有优良的化学稳定性、耐腐蚀性。由于铝氧之间键合力很大，氧化铝又具有酸碱两重性，所以氧化铝陶瓷特别能耐酸碱的侵蚀。高纯度的氧化铝陶瓷能抵抗金属或玻璃熔体的侵蚀，广泛用来制备耐磨、抗蚀、绝缘和耐高温材料。许多硫化物、磷化物、砷化物、氯化物、氮化物、溴化物、碘化物、氟化物以及硫酸、盐酸、硝酸、氢氟酸不与Al_2O_3作用。因此Al_2O_3可以制成纯金属和单晶生长的坩埚、人体关节、人工骨等。能较好地抗Be、Sr、Ni、Al、V、Ta、Mn、Fe、Co等熔融金属的侵蚀。对NaOH、玻璃、炉渣的侵蚀也有很高的抵抗能力。在惰性气氛中不与Si、P、Sb、Bi作用。因此可用做耐火材料、炉管、玻璃拉丝坩埚、空心球、纤维、热电偶保护套等。典型氧化铝瓷有透明Al_2O_3瓷、99瓷等。

透明Al_2O_3陶瓷由美国通用电气公司研发，可透过90%可见光和80%红外光。其致密度高、晶界上不存在孔隙或孔隙大小远小于可见光的的波长；晶界初杂质及玻璃相少且晶界的光学性质与微晶体之间差别很小；晶粒小而均匀；晶体对入射光的选择吸收小；无光学各向异性；表面粗糙度低。通常采用高纯原料，加入MgO添加剂以抑制晶粒长大，形成细晶结构，在氢气等还原性气氛下烧结，以充分排除气孔，得到近乎理论密度的陶瓷烧结体。透明氧化铝陶瓷可以制成透光材料，广泛应用于高压钠灯灯管、微波整流罩、红外窗口、激光振荡元件等。

99瓷指的是氧化铝含量达99%以上的氧化铝瓷，常应用于集成电路基片。制品要求高度平坦光滑、充分致密、晶粒细小、晶界结合性良好。常采用0.05%~0.25%的MgO以抑制Al_2O_3晶粒长大。

氧化铝陶瓷具有离子导电性，可做太阳能电池材料和蓄电池材料。氧化铝陶瓷电阻率高，电绝缘性能好，常温电阻率$10^{15}\Omega\cdot cm$，绝缘强度15kV/mm，介质损耗较低，可以制成电路基板、晶体管底座、电路外壳等。

2）氧化镁陶瓷

MgO属于NaCl型结构，熔点2800℃，理论密度$3.85g/cm^3$。在高温下比体积电阻高，介质损耗低，介电常数9.1。MgO在高于2300℃时易挥发，因此一般在2200℃以下使用。

MgO属于弱碱性物质，几乎不被碱性物质侵蚀，Fe、Ni、V、Th、Zn、Al、Mo、Mg、Cu、Pt等熔体亦不与MgO作用。而且MgO陶瓷在高温下抗压强度较高，能承受较大负重（但抗热震性差），因此可用做熔炼金属的坩埚、浇铸金属的模子、高温热电偶保护套以及高温炉衬材料。

MgO在空气中容易吸潮水化生成$Mg(OH)_2$，在制造和使用过程中都必须注意。

3）氧化锆陶瓷

ZrO_2有三种晶型。低温为单斜相(m),密度5.65g/cm³;较高温为四方相(t),密度6.10g/cm³;更高温度下转变为立方相(c),密度6.27g/cm³。其转化关系为

$$\text{单斜}\ ZrO_2 \xrightleftharpoons{1170℃} \text{四方}\ ZrO_2 \xrightleftharpoons{2370℃} \text{立方}\ ZrO_2 \xrightleftharpoons{2715℃} \text{熔体}$$

单斜相与四方相之间的相变伴随有7%~9%的体积变化(四方晶体收缩),因此纯ZrO_2陶瓷因体积效应难以制造出块体,必须进行晶型稳定化处理。常用的稳定剂有CaO、MgO、Y_2O_3等。这些氧化物的阳离子半径与锆离子相近(相差在12%以内),它们在ZrO_2中的溶解度很大,可以和ZrO_2形成置换型固溶体。这种固溶体可以通过快冷方式将亚稳态保留到室温,不再发生相变和体积变化,称为全稳定ZrO_2(FSZ)。

在ZrO_2稳定化过程中,如果稳定剂添加量不足,可获得立方相和四方相的混合组成,称为部分稳定ZrO_2(PSZ)。部分稳定ZrO_2的性能比完全稳定ZrO_2的强度、断裂韧性和抗热冲击性能有很大的提高。其断裂韧性甚至高达15~30MPa·$m^{1/2}$,弯曲强度高达2000MPa。

如果t-ZrO_2陶瓷全部亚稳到室温,则称为四方多晶ZrO_2(TZP)材料。

ZrO_2莫氏硬度6.5,硬度较高,耐磨性好,因此可制成冷成形工具、整形模、拉丝模、切削刀具、温挤模具等。

ZrO_2强度高、韧性好、高温强度高。可用来制造发动机构件,如推杆、连杆、轴承、汽缸内衬、活塞帽等。作为喷嘴材料使用时,其寿命为Al_2O_3陶瓷的26倍,也常用于研磨介质和球阀材料。

ZrO_2在高温具有半导体性。纯ZrO_2是良好的绝缘体,比电阻高达10^{13}Ω·cm。加入CaO或Y_2O_3等稳定剂后,高温下ZrO_2导电性增加。表7-1列出了ZrO_2高温下的电阻率。由于ZrO_2有这一特性,因此常用来制造高温发热元件。ZrO_2发热元件可在空气中使用,最高温度达2100~2200℃。

表7-1　氧化锆的电阻率

温度/℃	700	1200	1300	1700	2000	2200
电阻率/(Ω·cm)	3300	77	9.4	1.6	0.59	0.37

ZrO_2耐侵蚀,耐高温。ZrO_2在氧化、还原性气氛中都相当稳定。ZrO_2陶瓷呈弱酸性或惰性,能抵抗酸性或中性熔渣的侵蚀(但会被碱性炉渣侵蚀)。因此可以用做炉子和反应堆的隔热材料、浇铸口,用做熔炼Pt、Pd、Rh等金属的坩埚。ZrO_2与熔融铁或钢不润湿,因此可以做盛钢水桶、流钢水槽的内衬,在连续铸钢中做注口砖。

ZrO_2具有敏感特性,可用于制作氧敏感气敏元件(检测、报警、监控),ZrO_2元件可实现百万分之几到常量氧气气氛检测,监测待测气氛或熔融金属中的氧含量。ZrO_2在一定条件下有传递氧离子的特性,可用于高温固体氧化物燃料电池固体电解质材料。

由于ZrO_2抗腐蚀、性能稳定,所以可以用做生物陶瓷。

ZrO_2陶瓷的缺点是导热系数小,热膨胀系数较高,因此抗热震性差。

4）熔融石英(SiO_2)陶瓷

以石英为原料,用陶瓷生产工艺制造的制品称为熔融石英陶瓷(或称为石英玻璃陶

瓷）。

熔融石英陶瓷具有低的膨胀系数，为 $0.54\times10^{-6}/K^{-1}$，因此具有优良的抗热震性，1000℃与冷水之间的冷热循环超过20次也不破裂。它的热传导率特别低，为 $2.1W\cdot m^{-1}\cdot K^{-1}$，是一种理想的隔热材料。熔融石英的机械强度不高，浇注制品室温抗压强度约为44MPa。但它的强度随温度升高而增加，这一特点区别于其他氧化物陶瓷：其他氧化物陶瓷从室温到1000℃，强度降低60%～70%，而熔融石英陶瓷却提高33%。熔融石英陶瓷常温电阻率为 $10^{15}\Omega\cdot cm$，是一种很好的绝缘材料。

熔融石英陶瓷有很好的化学稳定性。除氢氟酸及300℃以上的热浓磷酸对其能侵蚀之外，其余如盐酸、硫酸、硝酸等对它几乎没有作用，它也能耐玻璃熔渣的侵蚀。Li、Na、K、U、Te、Zn、Cd、In、Cs、Si、Sn、Pb、As、Sb、Bi 等金属熔体与熔融石英不起反应。

由于熔融石英陶瓷具有以上这些优良的性质，因此它的应用领域也十分广泛。如在化工、轻工中做耐酸耐蚀容器、化学反应器的内衬、玻璃熔池砖、拱石、流环、柱塞以及垫板、隔热材料等；在炼焦工业中做焦炉的炉门、上升道内衬、燃烧嘴等；在金属冶炼中，做熔铝及钢液的输送管道、泵的内衬、盛金属熔体的容器、浇铸口、高炉热风管内衬、出铁槽等。

5）透明氧化物陶瓷

希望陶瓷透明，必须尽可能减少陶瓷材料对光的吸收和散射。陶瓷材料对光的吸收主要是由多晶体本身和杂质所引起的，而散射是由杂质、微气孔、晶界等引起的。

为了使陶瓷透明，应具备以下条件：致密度高，至少为理论密度的99.5%以上；晶界上不存在孔隙（或很小）、杂质和玻璃相，晶界的光学性质与晶体之间的差别很小；晶粒小且均匀，其中没有孔隙；晶体对入射光的选择吸收很小；表面粗糙度要低；无光学各向异性，晶体结构最好是立方晶系。所有这些条件中，致密度高和小而均匀的晶粒是最重要的。目前已发展的透明高温陶瓷有十多种，其中最重要的有 Al_2O_3、BeO、MgO、Y_2O_3、ZrO_2、ThO_2等。

材料中气孔率对透过率有影响。当气孔尺寸与光波长相等时，光透过率最小。气孔是由工艺控制的。例如透明烧结 Al_2O_3，晶粒度约为25μm，气孔半径0.5～1.0μm，气孔率小于0.1%。透明热压 Al_2O_3，晶粒尺寸为1～2μm，气孔半径0.1μm。这两种 Al_2O_3 制品的光透过率均比蓝宝石差。

透明氧化铝陶瓷可透过红外光，因此可用做红外检测窗口和高压钠灯灯管。MgO 和 Y_2O_3 透明陶瓷的透明度比 Al_2O_3 高，可用做高温测视孔、红外检测窗和红外元件，也可用做高温透镜、放电灯管等。

6）氧化铍陶瓷

BeO 属于纤锌矿结构，Be^{2+} 与 O^{2-} 的距离很小，为0.165nm，说明 BeO 很稳定、很致密。BeO 熔点高达2570±30℃，密度 $3.02g/cm^3$，莫氏硬度9，高温蒸气压和蒸发速度低，因此真空中1800℃下可长期使用，惰性气氛中2000℃可长期使用。氧化气氛中1800℃明显挥发。水蒸气中1500℃与水蒸气反应生成氢氧化铍，因此大量挥发。

BeO 陶瓷的导热系数与金属相近，约为 $209W\cdot m^{-1}\cdot K^{-1}$，为 Al_2O_3 的15～20倍，因此可用来作散热器件。BeO 陶瓷具有好的高温电绝缘性能，600～1000℃的电阻率为 $1\times10^{11}\sim4\times10^{12}\Omega\cdot cm$。介电常数较高，而且随着温度的升高略有增加，例如20℃时为5.6，500℃时为5.8。介质损耗小，也随温度升高而增加。如在10MHz、100℃时的 $\tan\delta$ 为

0.0004,300℃时为0.00043,因此可用来制备高温比体积电阻高的绝缘材料。

BeO陶瓷能抵抗碱性物质的侵蚀(除苛性碱外),可用来做熔炼稀有金属和高纯金属Be、Pt、V的坩埚,还可做磁流体发电通道的冷壁材料。BeO陶瓷对中子减速能力强,对α射线则有很高的穿透力,可以用来做原子反应堆中子减速剂和防辐射材料等。此外,BeO热膨胀系数不大,20~1000℃的平均热膨胀系数为(5.1~8.9)×10^{-6}/℃。机械强度不高,约为Al_2O_3的1/4,但在高温下降不大,1000℃时为248.5MPa。BeO有剧毒,这是由粉尘和蒸气引起的,操作时必须注意。但经烧结的BeO陶瓷是无毒的。

典型的BeO陶瓷性能如表7-2所示。

表7-2 氧化铍陶瓷的性能

性 能	95陶瓷	99陶瓷
密度/(g·cm^{-3})	2.8~2.9	2.9
线膨胀系数(20~200℃)/(×10^{-6}℃$^{-1}$)	6.43~6.97	6.43~6.50
静态抗弯强度/MPa	133.7~187.0	157.6~200.0
导热系数/(W/(m·K))	120.2~122.2	170.3~180.3
100℃下的比体积电阻/(Ω·cm)	10^{12}~10^{13}	>10^{15}
介电常数/(F/m)	6.9~7.3	6.0~6.4
介质损耗(20℃)	0.8~1.3	1.2~7.6
tanδ(×10^{-4}),1MHz,85℃	1~1.6	1.1~1.3
tanδ(×10^{-4}),1MHz,受潮	1.4~5.8	1.2~1.7
直流击穿强度/(kV/mm)	11~14	24~30

2. 碳化物陶瓷

1) 碳化硅陶瓷

SiC是Si-C间键力很强的共价键化合物,具有金刚石型结构,有75种变体。主要变体是α-SiC、β-SiC、6H-SiC、4H-SiC和15R-SiC。α-SiC属六方结构,是高温稳定晶型;β-SiC属面心六方结构,是低温稳定晶型。β-SiC升温到2100℃开始向α-SiC转变,2400℃时转变迅速。SiC没有熔点,在一个大气压下,2830±40℃分解。

纯SiC是无色透明的,工业SiC由于含有游离碳、铁、硅等杂质而呈浅绿色或黑色。SiC莫氏硬度9.2~9.5,硬度高,是常见的磨料之一,可制作砂轮和各种磨具。

SiC分解温度高达1550℃,且在此温度下抗氧化性能仍然较好。但在800~1140℃范围内,SiC抗氧化性较差。这是因为在此温度范围内生成的氧化膜比较疏松,起不到充分的保护作用。高于1750℃时,氧化膜被破坏,SiC强烈地氧化分解。常用SiC棒加热炉的使用温度不高于1350℃。

SiC不仅具有高的室温强度,而且随着温度的升高强度并不降低,在1600℃高温仍相当高(其他的陶瓷材料在1200~1400℃时高温强度就要明显下降),因此在热机中的试用已取得良好的进展。在美国的燃气轮机计划中,烧结SiC用来做发动机定子、转子、燃烧器和涡形管。在脆性材料计划中反应烧结碳化碳(RBSC)用做发动机定子和燃烧器。

SiC具有抗热震性高、抗蠕变性能好、化学稳定性好的优点,因此用做耐火材料已有很长的历史。在钢铁冶炼中大量用做钢包砖、水口砖、塞头砖。在有色金属冶炼中用做炉衬,熔融金属的输送管道、过滤器、坩埚等。在空间技术中用做火箭发动机喷嘴。还可做热电偶保护套、电炉盘、高温气体过滤器、烧结匣钵、炉室用砖、垫板等。也可做磁流体发电的电极和核燃料的包装材料等。

纯 SiC 是电绝缘体(电阻率 $1\times10^{14}\Omega\cdot cm$),但当有 Fe、N 等杂质存在时,电阻率可减少到零点几 $\Omega\cdot cm$,电阻率变化范围与杂质种类和数量有关。同时 SiC 具有负温度系数特性,且在 1000~1500℃范围内变化不大,因此可作为发热元件材料和非线性压敏电阻材料。

SiC 有宽带隙半导体性。SiC 材料具有典型的闪锌矿结构特征,有着宽的能带间隙和高的热导率。在制备高温、高频、高功率、高速度半导体器件方面具有显著的优势。可用于制备高温高频大功率微波场效应管、肖特基二极管、异质结双极晶体管以及湿敏二极管、α-SiC 蓝光发光二极管。

SiC 有很高的热导率,大约是 Si_3N_4的 2 倍(但断裂韧性不如 Si_3N_4),因此它的另一种重要用途是热交换器。钢锻造炉的 SiC 热交换器使用寿命超过 50 万 h。锆重熔炉采用 SiC 热交换器后,可节省燃料 38%。

碳化硅陶瓷的主要制备方法有:

(1) 无压烧结。1974 年美国 GE 公司通过在高纯度 β-SiC 细粉中同时加入少量的 B 和 C,采用无压烧结工艺,于 2020℃成功地获得高密度 SiC 陶瓷。目前,该工艺已成为制备 SiC 陶瓷的主要方法。美国 GE 公司研究者认为:B 固溶到 SiC 中,使晶界能降低,C 把 SiC 粒子表面的 SiO_2还原除去,提高表面能,因此 B 和 C 的添加为 SiC 的致密化创造了热力学方面的有利条件。为了 SiC 的致密烧结,SiC 粉料的比表面积应在 $10m^2/g$ 以上,且氧含量尽可能低。B 的添加量在 0.5%左右,C 的添加量取决于 SiC 原料中氧含量高低,通常 C 的添加量与 SiC 粉料中的氧含量成正比。以 α-SiC 为原料,同时添加 B 和 C,也同样可实现 SiC 的致密烧结。有研究者在亚微米 SiC 粉料中加入 Al_2O_3和 Y_2O_3,在 1850~2000℃温度下实现 SiC 的致密烧结。由于烧结温度低而具有明显细化的微观结构,因而,其强度和韧性大大改善。

(2) 热压烧结。热压烧结 SiC 的晶粒尺寸较小,强度高,具有较高的导热系数。Al 和 Fe 是促进 SiC 热压致密化的有效添加剂;此外,还有研究者分别以 B_4C、B 或 B 和 C,Al_2O_3和 C、Al_2O_3和 Y_2O_3、Be、B_4C 与 C 做添加剂。

(3) 热等静压烧结。以 B 和 C 为添加剂,采用热等静压烧结工艺,在 1900℃便获得高密度 SiC 烧结体。通过该工艺,还可在 2000℃和 138MPa 压力下,成功实现无添加剂 SiC 陶瓷的致密烧结。当 SiC 粉末的粒径小于 0.6μm 时,即使不引入任何添加剂,通过热等静压烧结,在 1950℃即可使其致密化。如选用比表面积为 $24m^2/g$ 的 SiC 超细粉,采用热等静压烧结工艺,在 1850℃便可获得高致密度的无添加剂 SiC 陶瓷。

(4) 反应烧结。SiC 的反应烧结法是先将 α-SiC 粉和石墨粉按比例混匀,经干压、挤压或注浆等方法制成多孔坯体。在高温下与液态 Si 接触,坯体中的 C 与渗入的 Si 反应,生成 β-SiC,并与 α-SiC 相结合,过量的 Si 填充于气孔,从而得到无孔致密的反应烧结体。反应烧结 SiC 通常含有 8%的游离 Si。因此,为保证渗 Si 的完全,素坯应具有足够的孔隙度。一般通过调整最初混合料中 α-SiC 和 C 的含量,α-SiC 的粒度级配,C 的形状和粒度以及成型压力等手段来获得适当的素坯密度。如就烧结密度和抗弯强度来说,热压烧结和热等静压烧结 SiC 陶瓷相对较大,反应烧结 SiC 相对较低。无压烧结、热压烧结和反应烧结 SiC 陶瓷对强酸、强碱具有良好的抵抗力,但反应烧结 SiC 陶瓷对 HF 等超强酸的抗蚀性较差。耐高温性能:当温度低于 900℃时,几乎所有 SiC 陶瓷强度均有所提高;当温度超过 1400℃时,反应烧结 SiC 陶瓷抗弯强度急剧下降。

2) 碳化硼陶瓷

B_4C 硬度高,仅次于金刚石和立方 BN。所以 B_4C 粉具有非常高的研磨能力,其研磨能力超过 SiC50%,是刚玉研磨能力的 1~2 倍。磨料和磨具是其重要应用方向,另外,用来制作喷嘴时寿命长,相对成本低,其寿命是常用的氧化铝陶瓷喷嘴的几十倍甚至数百倍,比 WC 和 SiC 喷嘴的寿命也要高。

B_4C 具有很好的化学稳定性。能抵抗酸、碱腐蚀,并且不与大多数熔融金属润湿和发生作用。因此 B_4C 又是优良的抗腐蚀材料.用于制造耐酸、碱零件。

碳化硼陶瓷可广泛应用于轻型防弹衣材料,其质量为仅为同类型钢质防弹衣的 50%,广泛应用于装甲车辆、武装直升机和战斗机,如 AH-64 阿帕奇和黑鹰直升机。

B_4C 高熔点、低密度(相对密度 2.52)、热膨胀系数小、高导热,具有一定的强度和韧性,可用做耐磨损和耐热制品,如做陀螺仪的气浮轴承材料。

B_4C 具有高中子吸收截面,可做反应堆控制棒和屏蔽材料。

3) 碳化钛陶瓷

TiC 熔点高、硬度高、化学稳定性好,主要用来制造金属陶瓷、耐热合金和硬质合金。在还原性和惰性气氛中,TiC 基金属陶瓷可用来制造高温热电偶保护套和熔炼金属的坩埚等。

TiC 是制造硬质合金的主要原料。在 WC-Co 系硬质合金中加入 6%~30%的 TiC 后,将形成 TiC-WC 固溶体,硬质合金的红硬性、耐磨性、抗氧化性、抗腐蚀性等性能都得到提高,但抗弯强度、抗压强度、热导率有所降低。WC-TiC-Co 硬质合金比 WC-Co 硬质合金更适于加工钢材。TiC 也可以用 Ni-Mo 等合金做粘结剂制成无钨硬质合金,这种硬质合金可以明显提高车削速度和加工件的精度,降低粗糙度。TiC 基硬质合金的应用填补了 WC 基硬质合金和陶瓷工具之间的空隙,它不仅能满足钢材的精加工,而且能够进行钢材和韧性铸铁的半精加工、粗加工和间断切削加工。

含氮的 TiC 基硬质合金是 20 世纪 70 年代出现的,其中氮是以 TiN、Ti(C,N)或(TiC-TiN)固溶体形式加入的。加氮 TiC 基合金的抗氧化性得到明显的改善。已能制得高硬度、高韧性的 Ti(C,N)-MoC 和 WC-TiC-TiN 合金。

用气相沉积法在硬质合金或模具钢表面形成 TiC 涂层可大大提高其耐磨性。

3. 氮化物陶瓷

1) 氮化硅陶瓷

Si_3N_4有 α 和 β 两种晶型,两者均是六方晶系,都是由$[SiN_4]^{4-}$四面体共用顶角构成的三维空间网络。$\beta-Si_3N_4$是由几乎完全对称的六个$[SiN_4]^{4-}$组成的六方环层在 *c* 轴方向重叠而成。而 $\alpha-Si_3N_4$ 是由两层不同且有形变的非六方环层重叠而成。在 1400~1600℃加热,$\alpha-Si_3N_4$会转变成 $\beta-Si_3N_4$,相变中没有体积变化。它们的密度几乎相等,热膨胀系数分别为 $3.0\times10^{-6}/℃$和 $3.6\times10^{-6}/℃$。

现有的金属基耐热合金,即使同时采用保护涂层和空气冷却,使用温度也难超过

1150℃，而烧结 Si_3N_4 常温强度可维持到 800℃，几乎没有降低，到 1200℃时也没有明显的降低。

Si_3N_4 热膨胀系数低，导热系数高（$18.4W \cdot m^{-1} \cdot K^{-1}$），同时具有高的强度，其抗热震性仅次于石英和微晶玻璃；并有优良的抗氧化性，在还原性气氛中最高使用温度达 1870℃。

Si_3N_4 的硬度高，仅次于金刚石、BN、B_4C 等少数几种超硬材料。摩擦因数小，有自润滑能力，是一种优良的耐磨材料。

由于 Si_3N_4 具有以上这些优良的性能，所以氮化硅在发动机零部件中得到应用。在美国的陶瓷燃气轮机计划中，采用了常压烧结 Si_3N_4 或反应烧结 Si_3N_4 做转子、定子和涡形管。无水冷陶瓷发动机中采用热压 Si_3N_4 做活塞顶盖。在德国的燃气轮机中，用 HP-Si_3N_4 做转子、定子，用反应烧结 Si_3N_4 做燃烧器。在日本，用 Si_3N_4 做柴油机的火花塞，在单缸柴油发动机中用无压烧结 Si_3N_4 做活塞罩、汽缸套、副燃烧室等。日本和美国共同研制的活塞—涡轮组合式航空发动机主要用的是 Si_3N_4 零件。日本五十铃汽车公司的全陶瓷发动机主要用的也是 Si_3N_4。

Si_3N_4 电性能良好，室温电阻率 $1.1\times10^{14}\Omega \cdot cm$，900℃时仍有 $5.7\times10^{6}\Omega \cdot cm$，介电常数 8.3，介质损耗 0.001~0.1，因此在电子、军事和核工业上用做开关电路基片、薄膜电容器、高温绝缘体、雷达天线罩以及原子反应堆支承件、隔离件和裂变物质的载体等。

Si_3N_4 有优良的化学稳定性，除氢氟酸外，能耐所有的无机酸和某些碱液、溶融碱和盐的腐蚀。所以 Si_3N_4 在化学工业中用做耐蚀耐磨零件，如球阀、泵体、密封环、过滤器、热交换器部件、触媒载体、蒸发皿、管道、煤气化的热气阀、燃烧器汽化器等。硫酸车间水洗净化系统的第一级文丘里管，过去采用铸铁只能使用 10 天，改用反应烧结 Si_3N_4 后，可使用 730 天以上。

Si_3N_4 对多数金属、合金熔体，特别是非铁金属熔体是稳定的，不受 Zn、Al、钢铁熔体的侵蚀，因此可作为铸造容器、输送液态金属的管道、阀门、泵、热电偶保护套以及冶炼用的坩埚和舟皿。在航天工业中，用做火箭喷嘴、喉衬和其他高温结构部件。在机械工业中，用做高温轴承、切削工具等。

2）赛隆陶瓷

赛隆陶瓷即氮化硅 Si_3N_4 和氧化铝 Al_2O_3 的固溶体，化学式写作 $Si_{6-x}Al_xO_xN_{8-x}$（x 为铝原子置换硅原子的数目，范围是 0~4.2），基本结构单元为（Si、Al）（O、N）4 四面体。根据结构和组分的不同，可分为三种类型：α 赛隆、β 赛隆、O 赛隆。β 赛隆以 β-Si_3N_4 为结构基础，具有较好的强韧性；α 赛隆以 α-Si_3N_4 为结构基础，具有很高的硬度和耐磨性；O 赛隆保留了 Si_2N_2O 结构，抗氧化性非常好，高温下不易氧化。现已形成赛隆材料体系，即某些金属氧化物或氮化物可进入 Si_3N_4 晶格形成一系列因溶体。除 Si-Al-O-N 体系外，还有 Mg-Si-Al-O-N 体系，Ln-Si-Al-O-N 体系（Ln 为钇及稀土金属氧化物等）。

赛隆陶瓷有可能减少或消除熔点不高的玻璃态晶界而以具有优良性能的晶体的固溶体形态存在，因此常温和高温强度很高，常温和高温化学性能稳定优异，耐磨性能好，热膨胀系数很低，抗热冲击性能好，抗氧化性强，密度相对较小。赛隆陶瓷还具有优异的抗熔融腐蚀能力，几乎还没有发现它被金属浸润的情况，硬度高，是一种超硬工具材料。

赛隆陶瓷已在发动机部件、轴承和密封圈等耐磨部件及刀具材料中得到应用。在铜铝等合金冶炼、轧制和铸造上得到了应用。可用于制作轴承、密封件、热电偶套管、晶体生长用坩埚、模具材料、汽车内燃机挺杆、高温红外测温仪窗口、生物陶瓷和人工关节等。其中α′赛隆硬度高,已被用作轴承、滚珠、密封圈等耐磨部件,也可以用作陶瓷粉料的磨球。β′赛隆可耐用1300℃的高温,已用做轴承、滚珠、密封件、定位销、刀具和有色金属冶炼成型材料。O′赛隆可用做金属连续浇铸的分流环及喷嘴、热电偶保护、坩埚、合金管的拉拔芯棒和压铸模具等。

3)氮化硼陶瓷

氮化硼通常为六方BN,六方BN在高温高压下可以转变为立方BN。六方BN属六方晶系,具有类似石墨的层状结构,故有白石墨之称。六方BN粉末为松散、润滑、易吸潮的白色粉末,真密度2.27g/cm^3,莫氏硬度2,机械强度低(可进行精密机械加工),但比石墨高。

六方BN耐热性非常好。它没有明显熔点,在0.1MPa氮气中于3000℃升华,在氮或氩气中的最高使用温度2800℃,在氧气气氛中的稳定性较差,使用温度900℃以下。六方BN膨胀系数低($7.5\times10^{-6}K^{-1}$),导热系数高($16.8\sim50.0W\cdot m^{-1}\cdot K^{-1}$),所以抗热震性优良,在1200~20℃循环数百次也不被破坏。六方BN的膨胀系数相当于石英,但其热导率却为石英的10倍。

BN有优良的化学稳定性。对大多数金属熔体,如钢、不锈钢、Al、Fe、Ge、Bi、Si、Cu、Sb、Sn、In、Cd、Ni、Zn等既不润湿又不发生反应。因此,可用做高温电偶保护套、熔化金属的坩埚、器皿、输送液体金属的管道、泵零件、铸钢的模具以及高温电绝缘材料等。

利用BN的耐热耐蚀性,可以制造高温构件、火箭燃烧室内衬、宇宙飞船的热屏蔽、磁流体发电机的耐蚀件等。

BN又是典型的电绝缘体。常温电阻率可达$10^{16}\sim10^{18}\Omega\cdot cm$。即使在1000℃,电阻率仍有$10^4\sim10^6\Omega\cdot cm$。BN的介电常数为3~5,介质损耗为$(2\sim8)\times10^{-4}$,击穿强度为$Al_2O_3$的两倍,达30~40kV/mm。可以用做各种加热器的绝缘子、加热管套管和高温、高频、高压绝缘散热部件。

在电子工业中,BN可做坩埚制备砷化镓、磷化镓、磷化铟,半导体封装散热底板、移相器的散热棒,行波管收集极的散热管,半导体和集成电极的P型扩散源和微波窗口。

由于B原子的存在,BN有较强的中子吸收能力,因此可作为原子反应堆中的中子吸收材料和屏蔽材料。

BN对于微波和红外线是透明的,还可用做红外、微波偏振器、红外线滤光片、激光仪的光路通道。

由于六方BN有自润滑性,因此还是十分优异的高温润滑剂和金属成型脱模剂,可以作为自润滑轴承的组分。

立方BN通常为黑色、棕色或暗红色的晶体,硬度极高,接近金刚石,是优良的耐磨材料和刀具材料。

4)氮化铝陶瓷

AlN为六方晶型,纯AlN呈蓝白色,通常为灰色或灰白色。理论密度3.26g/cm^3。常压下2450℃左右升华分解。

AlN可用做真空蒸发和熔炼金属的容器,特别适于作真空蒸发Al的坩埚,因为AlN

在真空中加热蒸气压低，即使分解也不会污染铝。AlN 也可以做热电偶保护套，在空气中 800~1000℃铝池中连续浸泡 3000h 以上也不会侵蚀破坏。在半导体工业中，用 AlN 坩埚代替石英坩埚合成砷化镓，可以完全消除 Si 对砷化镓的污染而得到高纯产品。

AlN 热膨胀系数小，导热性好，还有高的强度，因此可用做高温构件、热交换器等。

4. 二硅化钼陶瓷

$MoSi_2$的晶体为四方结构，$a=3.203$Å，$c=7.877$Å，灰色，有金属光泽。熔点 2030℃，低于对应的金属 Mo 的熔点（2610℃）。

$MoSi_2$硬而脆，显微硬度 12GPa，抗压强度 2310MPa，冲击强度甚低。

$MoSi_2$能抵抗熔融金属和炉渣的侵蚀，与氢氟酸、王水及其他无机酸不起作用，但容易溶于硝酸与氢氟酸的混合液中，也溶于熔融的碱中。

$MoSi_2$的抗氧化性好，这是由于在其表面形成了一薄层 SiO_2或一层由耐氧化和难熔的硅酸盐组成的保护膜。$MoSi_2$可以在 1700℃空气中连续使用数千小时而不损坏。利用其优良的抗氧化性，可以制造超声速飞机、火箭、导弹上的某些零部件。

利用 $MoSi_2$的导电性和抗热震性，可以制成在空气中使用的高温发热元件及高温热电偶。利用其与熔融金属 Na、Li、Pb、Bi、Sn 等不起作用的特性可以作为熔炼这些金属的各种器皿、原子反应堆的热交换器。$MoSi_2$高温蠕变大，容易变形，这是其应用中的最大不足。

7.2 玻　　璃

玻璃是非晶无机非金属材料。工业用玻璃一般是用多种无机矿物（如石英砂、硼砂、硼酸、重晶石、碳酸钡、石灰石、长石、纯碱等）为主要原料，另外加入少量辅助原料制成的，它的主要成分为二氧化硅和其他氧化物。常见玻璃如下。

1. 普通玻璃（钠钙硅玻璃）

普通玻璃是由石英和氧化钠或氧化钙及金属氧化物熔化制成，基本成分为 SiO_2（70%~73%）、CaO（10%~12%）、Na_2O（12%~15%）。可用于制造对耐热、化学稳定性没有特殊要求的玻璃制品。

2. 铅玻璃

铅玻璃用氧化铅代替普通玻璃中的氧化钙制成。高氧化铅含量的铅玻璃对于高能辐射有屏蔽作用，因此可用于辐射窗口、电视机显像管，还可用做某些光学玻璃（如消色差透镜等）以及装饰玻璃等。

3. 硼硅酸盐玻璃

硼硅酸盐玻璃是用氧化硼取代普通玻璃中的部分碱金属氧化物而得到的。它具有良好的化学稳定性，因而在化学工业上得到广泛应用。

4. 石英玻璃

石英玻璃由各种纯净的天然石英（如水晶、石英砂等）熔化制成。线膨胀系数极小，是普通玻璃的 1/10~1/20，因而有很好的抗热震性。它的耐热性很高，长期使用温度可达 1100~1200℃，短期使用温度可达 1400℃。

石英玻璃主要用于实验室设备和特殊高纯产品的提炼设备。由于它具有高的光谱透射,不产生辐射线损伤(其他玻璃受辐射线照射后会发暗),因此也是用于宇宙飞船、风洞窗和分光光度计光学系统的理想玻璃。

5. 钢化玻璃(淬火玻璃)

钢化玻璃又称淬火玻璃。是将普通玻璃采用物理或化学的方法,在玻璃的表面形成一个压应力层,而内部处于较大的拉应力状态,内外拉压应力处于平衡状态。当玻璃受到外力作用时,这个压应力层可将部分拉应力抵消,避免玻璃的碎裂。钢化玻璃的强度比普通玻璃高得多,不易破碎,即使碎裂,其碎片棱角圆滑,不易伤人。它是将普通玻璃采用淬火或化学方法制成的高强度玻璃,具有较好的力学性能和热稳定性。常用做汽车挡风玻璃、建筑物的门窗、隔墙、幕墙及橱窗、家具等。

6. 夹层玻璃(防弹防盗玻璃)

夹层玻璃是在两片或多片玻璃原片之间,用PVB(聚乙烯醇缩丁醛)树脂胶片,经加热、加压粘合而成的平面或曲面的复合玻璃制品。其抗冲击性能要比一般平板玻璃高好几倍,用多层普通玻璃或钢化玻璃复合起来。可制成抗冲击性极高的安全玻璃。由于PVB胶片的粘合作用,玻璃即使破碎时,碎片也不会散落伤人。夹层玻璃有着较高的安全性,一般用于防爆、防盗、防弹之处,如汽车、飞机的挡风玻璃及水下工程等安全性能要求高的场所或部位(如水族馆、陈列柜、观赏性玻璃隔断等)。在建筑上可用做高层建筑的门窗、天窗、楼梯栏板。

7. 微晶玻璃(又称玻璃陶瓷)

在玻璃中加入某些成核物质,通过热处理、光照射或化学处理等手段,在玻璃内均匀地析出大量的微小晶体,形成致密的微晶相和玻璃相的多相复合体,称为微晶玻璃。微晶玻璃强度高,软化温度高达1000℃,抗热震性高达900℃。它的膨胀系数可以调节,甚至可使其膨胀系数为0,且加工性良好,可应用于工艺蚀刻、电子印刷板和天文望远镜等场合。

8. 电致变色玻璃

电致变色玻璃是由基础玻璃和电致变色系统组成的装置,利用电致变色材料在电场作用下而引起的透光(或吸收)性能的可调性,可实现由人的意愿调节光照度的目的。同时,电致变色系统通过选择性地吸收或反射外界热辐射和阻止内部热扩散,可减少办公大楼和居民住宅等建筑物在夏季保持凉爽和冬季保持温暖而必须耗费的大量能源。目前,在智能窗和大面积显示器应用方面,电致变色玻璃在建筑、飞机、汽车等领域得到了广泛的应用。

7.3 水　　泥

水泥是一种粉末状材料,加水后拌合均匀形成的浆体,不仅能够在空气中凝结硬化,而且能更好地在水中硬化,保持或发展其强度,形成一种坚硬的石状体。水泥是无机非金属材料中使用量最大的一种建筑工程材料,用它胶结碎石制成的混凝土,硬化后不但强度较高,而且还能抵抗淡水或含盐水的侵蚀。长期以来,作为一种重要的胶凝材料,水泥广泛应用于土木建筑、水利、国防等工程。

7.3.1　水泥的分类与性能指标

水泥的分类方法很多,常按性能和用途及水硬性物质分类(图 7-1,表 7-3)。

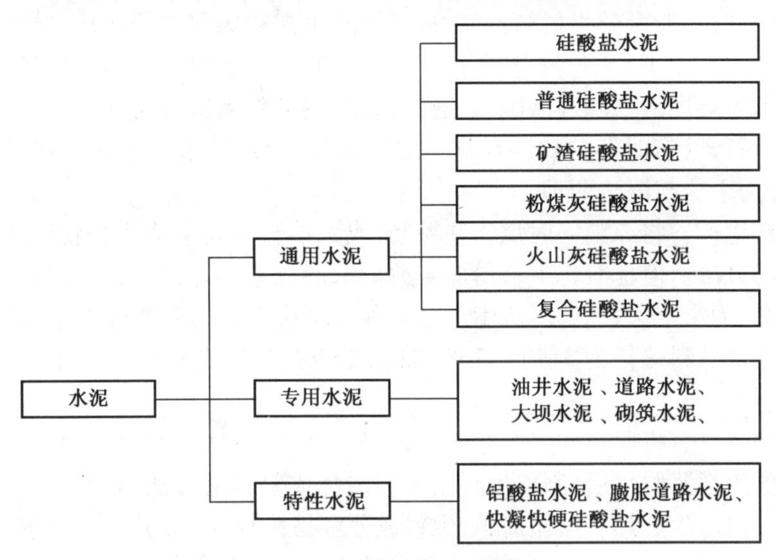

图 7-1　水泥按性能和用途分类

表 7-3　按主要水硬性物质分类

水泥种类	主要水硬性物质	主　要　品　种
硅酸盐水泥	硅酸钙	绝大多数通用水泥、专用水泥和特性水泥
铝酸盐水泥	铝酸钙	高铝水泥、自应力铝酸盐水泥、快硬高强铝酸盐水泥等
硫铝酸盐水泥	无水硫铝酸钙、硅酸二钙	有自应力硫铝酸盐水泥、低碱度硫铝酸盐水泥、快硬硫铝酸盐水泥等
铁铝酸盐水泥	铁相、无水硫铝酸钙、硅酸二钙	有自应力铁铝酸盐水泥、膨胀铁铝酸盐水泥、快硬铁铝酸盐水泥等
氟铝酸盐水泥	氟氯酸钙、硅酸二钙	氟铝酸盐水泥等
少熟料水泥	活性二氧化硅、活性氧化铝	石灰火山灰水泥、石膏矿渣水泥、低热钢渣矿渣水泥等

水泥的主要技术性能指标有:

(1) 细度。指水泥颗粒的粗细程度。颗粒越细,硬化得越快,早期强度也越高。

(2) 凝结时间。水泥加水搅拌到开始凝结所需的时间称初凝时间。从加水搅拌到凝结完成所需的时间称终凝时间。硅酸盐水泥初凝时间不早于 45min,终凝时间不迟于 12h。

(3) 强度。强度是确定水泥强度等级的指标,也是选用水泥的主要依据。强度高、承受荷载的能力强,水泥的胶结能力也大。

(4) 体积安定性。指水泥在硬化过程中体积变化的均匀性能。水泥中含杂质较多,会产生不均匀变形。

(5) 水化热。水泥与水作用会产生放热反应,在水泥硬化过程中,不断放出的热量称为水化热。

水泥的生产,一般可分生料制备、熟料煅烧和水泥粉磨等三个工序,整个生产过程可概括为"两磨一烧"。其中,硅酸盐类水泥的生产工艺在水泥生产中具有代表性,是以石灰石和黏土为主要原料,经破碎、配料、磨细制成生料,然后喂入水泥窑中煅烧成熟料,再将熟料加适量石膏(有时还掺加混合材料或外加剂)磨细而成。水泥生产随生料制备方法不同,可分为干法与湿法两种。

(1) 干法生产。将原料同时烘干并粉磨,或先烘干经粉磨成生料粉后喂入干法窑内煅烧成熟料的方法。但也有将生料粉加入适量水制成生料球,送入立波尔窑内煅烧成熟料的方法,称之为半干法,仍属干法生产之一种。干法生产的主要优点是热耗低(如带有预热器的干法窑熟料热耗为3140~3768J/kg),缺点是生料成分不易均匀,车间扬尘大,电耗较高。

(2) 湿法生产。将原料加水粉磨成生料浆后,喂入湿法窑煅烧成熟料的方法。也有将湿法制备的生料浆脱水后,制成生料块入窑煅烧成熟料的方法,称为半湿法,仍属湿法生产之一种。湿法生产具有操作简单,生料成分容易控制,产品质量好,料浆输送方便,车间扬尘少等优点,缺点是热耗高(熟料热耗通常为5234~6490J/kg)。

7.3.2 常用的水泥品种

1. 硅酸盐水泥

以硅酸钙为主要成分的硅酸盐水泥熟料,添加适量石膏磨细而成。其凝结硬化快,早期及后期强度均高,适用于有早强要求的工程及高强度混凝土工程。抗冻性好,适合水工混凝土和抗冻性要求高的工程。水化后氢氧化钙和水化铝酸钙的含量较多,耐腐蚀性差。水化热高,不宜用于大体积混凝土工程。但有利于低温季节蓄热法施工。耐热性差,不适用于承受高温作用的混凝土工程。耐磨性好,适用于高速公路、道路和地面工程。

2. 掺混合材料的硅酸盐水泥

为了改善水泥性能、提高水泥的产量,在生产时掺入天然或人工矿物质材料。常用的混合材料可分为活性和非活性两大类。活性混合材料是将其磨成细粉掺入水泥中,起化学反应,生成具有胶凝能力的水化产物,且既能在水中又能在空气中硬化,常用的是高炉矿渣(粉)、粉煤灰、火山灰质混合材料。非活性混合材料是指不具有或只具有微弱的化学活性,在水泥水化中基本不参加化学反应,如磨细石灰石粉、磨细石英砂等。

(1) 普通硅酸盐水泥。由硅酸盐水泥熟料,添加适量石膏及活性混合材料磨细而成。活性混合材料的最大掺量不得超过水泥质量的20%,其中容许用不超过水泥质量5%的窑灰或不超过水泥质量8%的非活性混合材料来代替。主要性能和用途普通与硅酸盐水泥和硅酸盐水泥基本相同

(2) 矿渣硅酸盐水泥。由硅酸盐水泥熟料,混入适量粒化高炉矿渣及石膏磨细而成。其具有对硫酸盐类侵蚀的抵抗能力及抗水性较好,水化热较低、耐热性较好,在蒸汽养护中强度发展较快,在潮湿环境中后期强度增进率较大等特点。广泛应用于地下、水中和海水中工程、高水压的工程、大体积混凝土工程和蒸汽养护的工程。但其抗冻性较差,干缩

性较大，有泌水现象。

(3) 火山灰质硅酸盐水泥。由硅酸盐水泥熟料和火山灰质材料及石膏按比例混合磨细而成。其具有较高的抗渗性和耐水性，可优先用于有抗渗要求的混凝土工程中，但其干缩性较大，不宜用于长期处于干燥环境中的混凝土工程。

(4) 粉煤灰硅酸盐水泥。由硅酸盐水泥熟料和粉煤灰，加适量石膏混合后磨细而成。其干缩性小、抗裂性好，但易产生失水裂缝，不宜用于干燥环境及抗渗要求高的混凝土工程。

7.3.3 特种水泥

(1) 快硬水泥。也称早强水泥，通常以水泥的1天或3天抗压强度值确定标号。具有凝结时间短、硬化快、早期强度高等特点。常用于需要快速施工的工程、抢修工程、冬季施工工程。按其矿物组成不同可分为硅酸盐快硬水泥、铝酸盐快硬水泥、硫铝酸盐快硬水泥和氟铝酸盐快硬水泥。按其早期强度增长速度不同又可分为快硬水泥(以3天抗压强度值确定标号)、特快硬水泥(以小时抗压强度值确定标号)。氟铝酸盐快硬水泥即属特快硬水泥。

(2) 低热和中热水泥。这类水泥水化热较低，适用于大坝和其他大体积建筑。按水泥组成不同可分为硅酸盐中热水泥、普通硅酸盐中热水泥、矿渣硅酸盐低热水泥和低热微膨胀水泥等。低热和中热水泥是按水泥在3、7天龄期内放出的水化热量来区别。

(3) 抗硫酸盐水泥。对硫酸盐腐蚀具有较高抵抗能力的水泥。抗硫酸盐水泥适用于同时受硫酸盐侵蚀、冻融和干湿作用的海港工程、水利工程以及地下工程。按水泥矿物组成不同可分为抗硫酸盐硅酸盐水泥、铝酸盐贝利特水泥和矿渣锶水泥等。按水泥抵抗硫酸盐侵蚀能力的大小，又可分为抗硫酸盐水泥和高抗硫酸盐水泥。

(4) 油井水泥。专用于油井、气井固井工程的水泥，也称堵塞水泥。其流动性好，快凝初凝、终凝时间间隔短，在高温高压环境中凝结硬。按用途可分为普通油井水泥和特种油井水泥。普通油井水泥由适当矿物组成的硅酸盐水泥熟料和适量石膏磨细而成，必要时可掺加不超过水泥重量15%的活性混合材料(如矿渣)，或不超过水泥重量10%的非活性混合材料(如石英砂、石灰石)。中国的普通油井水泥按油(气)井深度不同，分为45℃、75℃、95℃和120℃四个品种，适用于一般油(气)井的固井工程。特种油井水泥通常由普通油井水泥掺加各种外加剂制成。

(5) 膨胀水泥。膨胀水泥在硬化过程中，水泥中的矿物水化生成的水化物在结晶时会产生很大的膨胀能，人们利用这一原理研制成功了无声破碎剂，已应用于混凝土构筑物的拆除及岩石的开采、切割和破碎等方面，收到了良好的效果。按矿物组成不同，中国将其分为硅酸盐类膨胀水泥、铝酸盐类膨胀水泥、硫铝酸盐类膨胀水泥和氢氧化钙类膨胀水泥。一般膨胀值较小的水泥，可配制收缩补偿胶砂和混凝土，适用于结构加固，灌筑机器底座或地脚螺栓，堵塞、修补漏水的裂缝和孔洞，以及地下建筑物的防水层等。膨胀值较大的水泥，也称自应力水泥，用于配制钢筋混凝土。自应力水泥在硬化初期，由于化学反应，水泥石体积膨胀，使钢筋受到拉应力，反之，钢筋使混凝土受到压应力，这种预压应力能够提高钢筋混凝土构件的承载能力和抗裂性能。这类水泥的抗渗性良好，适宜于制作各种直径的、承受不同液压和气压的自应力管，如城市水管、煤气管和其他输油、输气管道。

(6) 耐火水泥。耐火度不低于1580℃的水泥。按组成不同可分为铝酸盐耐火水泥、低钙铝酸盐耐火水泥、钙镁铝酸盐水泥和白云石耐火水泥等。耐火水泥可用于胶结各种耐火集料(如刚玉、煅烧高铝矾土等),制成耐火砂浆或混凝土,用于水泥回转窑和电力、石化、冶金等工业窑炉作内衬。

(7) 白色水泥。白色硅酸盐水泥是白色水泥中最主要的品种,它是以氧化铁和其他有色金属氧化物含量低的石灰石、黏土、硅石为主要原料。白色硅酸盐水泥的物理性能和普通硅酸盐水泥相似,主要用做建筑装饰材料,也可用于雕塑工艺制品。

(8) 彩色水泥。通常由白色水泥熟料、石膏和颜料共同磨细而成。所用的颜料要求在光和大气作用下具有耐久性,高的分散度,耐碱,不含可溶性盐,对水泥的组成和性能不起破坏作用。常用的无机颜料有氧化铁(可制红、黄、褐、黑色水泥)、二氧化锰(黑、褐色)、氧化铬(绿色)、钴蓝(蓝色)、群青蓝(蓝色)、炭黑(黑色);有机颜料有孔雀蓝(蓝色)、天津绿(绿色)等。在制造红、褐、黑等深色彩色水泥时,也可用硅酸盐水泥熟料代替白色水泥熟料磨制。彩色水泥还可在白色水泥生料中加入少量金属氧化物作为着色剂,直接煅烧成彩色水泥熟料,然后再磨细,制成水泥。彩色水泥主要用作建筑装饰材料,也可用于混凝土、砖石等的粉刷饰面。

(9) 防辐射水泥。对X射线、γ射线、快中子和热中子能起较好屏蔽作用的水泥。这类水泥的主要品种有钡水泥、锶水泥、含硼水泥等。钡水泥以重晶石黏土为主要原料,经煅烧获得以硅酸二钡为主要矿物组成的熟料,再掺加适量石膏磨制而成。可与重集料(如重晶石、钢段等)配制成防辐射混凝土。钡水泥的热稳定性较差,只适宜于制作不受热的辐射防护墙。锶水泥是以碳酸锶全部或部分代替硅酸盐水泥原料中的石灰石,经煅烧获得以硅酸三锶为主要矿物组成的熟料,加入适量石膏磨制而成。其性能与钡水泥相近,但防射线性能稍逊于钡水泥。在高铝水泥熟料中加入适量硼镁石和石膏,共同磨细,可获得含硼水泥。这种水泥与含硼集料、重质集料可配制成密度较高的混凝土,适用于防护快中子和热中子的屏蔽工程。

7.4 耐火材料

耐火材料是指耐火度(材料无荷重抵抗高温作用而不熔化的性能)不低于1580℃的无机非金属材料。常用做高温窑炉等热工设备,以及高温容器和部件的无机非金属材料。

7.4.1 耐火材料概述

1. 耐火材料的分类

耐火材料品种繁多,用途广泛,其分类方法有多种。

(1) 根据耐火材料化学矿物组成可以分为硅质材料、硅酸铝质材料、镁质材料、白云石质材料、铬质材料、炭质材料、锆质材料和特种耐火材料8类。

(2) 按化学特性可以分为酸性耐火材料、中性耐火材料和碱性耐火材料3类。

(3) 按耐火度可以分为3类:普通耐火材料,耐火度为1580~1770℃;高级耐火材料,耐火度为1770~2000℃;特级耐火材料,耐火度高于2000℃。

（4）按成型工艺分类可以分为天然岩石加工成型材料、压制成型耐火材料、浇注成型耐火材料、可塑成型耐火材料、捣打成型耐火材料、喷射成型耐火材料、挤出成型耐火材料7类。

（5）按热处理方式可以分为烧成砖、不烧砖、无定型耐火材料、熔融（铸）制品4类。

（6）按用途可以分为钢铁行业用耐火材料、有色金属行业用耐火材料、石化行业耐火材料、硅酸盐行业（玻璃窑、水泥窑、陶瓷窑等）用耐火材料、电力行业（发电锅炉）用耐火材料、废物焚烧熔融炉用耐火材料、其他行业用耐火材料。

2. 耐火材料的应用领域

耐火材料是高温技术领域的基础材料，应用甚为广泛。其中应用最为普遍的是在各种热工设备和高温容器中作为抵抗高温作用的结构材料和内衬。在钢铁冶金工业中，炼焦炉主要是由耐火材料构成的，炼铁的高炉及热风炉、各种炼钢炉、均热炉、加热炉等，都离不开符合要求的各种耐火材料。统计结果表明，钢铁工业是消耗耐火材料最多的行业。有色金属的火法冶炼及其热加工也少不了耐火材料。建材工业及其他生产硅酸盐制品的高温作业部门，如玻璃工业、水泥工业、陶瓷工业中所有高温窑炉或其内衬都必须由耐火材料来构筑。其他如化工、动力、机械制造等工业高温作业部门中的各种焙烧炉、烧结炉、加热炉、锅炉以及其附设的火道、烟囱、保护层等都必需耐火材料。总之，当某种构筑物、装置、设备或容器在高温下使用、操作时，因可能发生的物理、化学、机械等作用，使材料变形、软化、熔融，或被侵蚀、冲蚀，或发生崩裂损坏等现象，不仅可能使操作无法持续进行，使材料的服役期中断，影响生产，而且污染加工对象，影响产品质量，因此必须采用具有抵抗高温作用的耐火材料。

3. 耐火材料的性能要求

高温作业行业均要求耐火材料具备抵抗高温热负荷的性能。但由于具体行业不同，甚至在同一窑炉的不同部位，工作条件也不尽相同，因此，对耐火材料的要求也有所差别。现以普通工业窑炉的一般工作条件为依据，对耐火材料的性能要求大概体现在以下几方面：抵抗高温热负荷作用，不软化，不熔融，要求耐火材料具有相当高的耐火度；抵抗高温热负荷作用，体积不收缩，要求材料具有高的体积稳定性，残存收缩及残存膨胀要小，无晶型转变及严重体积效应；在热重负荷的共同作用下，不丧失强度，不发生蠕变和坍塌，要求材料具有相当高的常温强度和高的荷重软化温度，抗蠕变性强；抵抗温度急剧变化不开裂、不剥落，要求材料具有好的抗热震性；抵抗熔融液、尘和气的化学侵蚀，不变质，不蚀损，要求材料具有良好的抗渣性等。

7.4.2 常见耐火砖

1. 黏土砖

黏土砖的主要成分是氧化铝和二氧化硅，属于中性耐火材料。荷重软化温度（在高温和负荷共同作用下耐火材料保持稳定的能力）为1350℃，使用温度不超过1000℃，抗热震性能好。

2. 半硅砖

半硅砖是由石英和耐火黏土混合制成，属于半酸性耐火材料。其特点是重烧线收缩很小，抗渣性（抵抗熔渣或其他熔融液侵蚀而不损坏的能力）好。主要用于转炉、电炉和化铁炉等。

3. 高铝砖

高铝砖是氧化铝含量大于48%的硅酸铝质耐火材料,其他组成是二氧化硅。它的耐火度和荷重软化温度都比黏土砖高,抗渣性较好,抗压强度也大。

4. 硅砖

硅砖中二氧化硅含量大于93%,由二氧化硅加入石灰和黏土烧制而成,属于酸性耐火材料。硅砖的高温强度好,荷重软化温度几乎接近耐火度,可达1650~1660℃,但抗热震性差。主要用于炼钢炉、焦炉和玻璃熔炉等。

5. 轻质砖

轻质砖含有较多的气孔,因而不仅耐火而且绝热。主要用做炉子中的保温层,降低设备的热损失,减少燃料消耗。但它的抗热震性差,抗渣性和抗压强度都低,所以一般不能直接与火焰或熔渣接触。

6. 镁质耐火砖

主要是镁砖,其中氧化镁的含量为85%左右,是碱性耐火材料。耐火度很高,在2000℃以上,但抗热震性很差。主要用于碱性平炉、电炉及有色金属冶金炉等。

7. 炭砖

以无烟煤、焦炭为原料,加入沥青等结合剂,加热混炼、成型并在还原气氛中烧成。炭砖的持点是耐火度高、抗渣性强、抗热震性好、高温结构强度高,但容易氧化。可用于高炉炉缸和炉底、铁合金电炉炉衬以及炼铝电解槽等。

7.4.3 耐火纤维

耐火纤维是纤维状的耐火材料,是一种高效绝热材料。它具有一般纤维的特性(如柔软、强度高等),可加工成各种纸、带、线绳、毡和毯等,又具有普通纤维所没有的耐高温、耐腐蚀和大部分抗氧化的性能,克服了一般耐火材料的脆性。同时,有非常显著的节能效果。

目前发展最快应用最多的是硅酸铝耐火纤维,其主要化学成分是氧化铝和二氧化硅。硅酸铝纤维及其制品的耐火度多数可达1700℃以上,具有弹性好、热膨胀小、热传导小、重量轻、抗热震性好、安装容易等优点,广泛应用于加热炉内衬及炉窑、管道的隔热和密封。

7.4.4 耐火混凝土

耐火混凝土一般由骨料、胶结剂、外加剂三部分按一定比例制成混合料直接浇注而成。根据胶结剂的不同,耐火混凝土分为铝酸盐耐火混凝土、水玻璃耐火混凝土、磷酸盐耐火混凝土和硫酸铝耐火混凝土等。耐火混凝土虽然耐火度和荷重软化开始温度比耐火砖稍低,但工艺简单,不用复杂的烧成工艺,可塑性好,便于制成形状复杂的整体制品,成本低,寿命和耐火砖相近,所以使用越来越广泛。用于加热炉、均热炉等的炉衬、炉门、炉墙以及电炉出钢槽等。

思考题与习题

1. 简述硅酸盐水泥的主要生产工艺过程,常用的水泥品种有哪些?
2. 钢化玻璃、夹层玻璃和微晶玻璃各自的特点及工艺是什么?
3. 氮化硅陶瓷的性能特点及应用有哪些?
4. 陶瓷透明化的具体要求和应用有哪些?
5. 简述 SiC 陶瓷的性能特点和主要应用。
6. 耐火材料的性能指标有哪些? 具体有哪些分类方法?

第8章　复合材料

本章目的:复合材料的概念、分类、化学组成特点和性能特点。复合材料的纤维和颗粒增强机理。常见复合材料的结构、特点和工程应用。

本章重点:复合材料的概念、分类、化学组成、性能特点和工程应用。复合材料的纤维和颗粒增强机理。

本章难点:复合材料的纤维和颗粒增强机理。复合材料的化学组成、结构同性能和应用的关系。

复合材料是将两类或两类以上的固体材料组合所得到的材料,其中一类称为基体相,其余称为强化相。基体相可以是金属、陶瓷或聚合物,强化相可以是纤维、板片或颗粒的形式分布于基体相中。实际上,人工或天然复合材料早就大量存在,如木材是纤维素和木质素构成的天然复合材料,钢筋混凝土是钢筋和水泥砂石等构成的人工复合材料。

8.1　复合材料的命名与分类

复合材料的名称是根据基体和增强体的材料来命名的,共有三部分,即增强体材料名称+基体材料名称+后缀(复合材料)。如由陶瓷颗粒 $\alpha-Al_2O_3$ 和 TiB_2 为增强体、基体材料为铝的复合材料命名为陶瓷颗粒 $\alpha-Al_2O_3$ 和 TiB_2 增强铝基复合材料,表示为 $\alpha-Al_2O_3$,TiB_2/Al,其显微组织见图8-1。

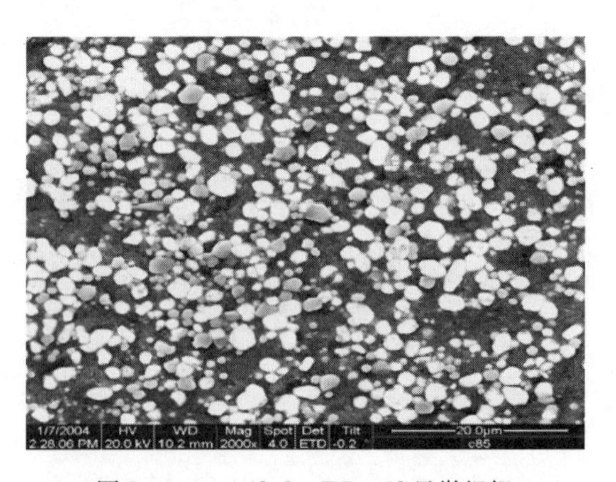

图8-1　$\alpha-Al_2O_3$,TiB_2/Al 显微组织

复合材料的分类方法较多,可分别根据复合材料的用途、生产方式、基体材料的类型及增强体材料的形态等进行分类:

- 复合材料
  - 按基体材料的分类
    - 聚合物基复合材料:以热固性、热塑性树脂及橡胶等为基体
    - 金属基复合材料:以铝、铜、铁、钛及其合金为基体
    - 无机非金属基复合材料:以陶瓷材料,包括玻璃、水泥、石墨等为基体
  - 按增强体材料类型
    - 玻璃纤维复合材料
    - 碳纤维复合材料
    - 有机纤维(芳香族聚酰胺纤维、芳香族聚脂纤维等)复合材料
    - 金属纤维(钨丝、不锈钢丝等)复合材料
    - 陶瓷纤维(氧化铝纤维、碳化硅纤维、硼纤维、碳纤维等)复合材料
  - 按增强体材料形态
    - 连续纤维增强复合材料:每根连续增强体纤维的两端均位于复合材料边界处的复合材料
    - 短纤维增强复合材料:短纤维随机分布于基体中的复合材料
    - 颗粒增强复合材料:颗粒增强体随机分布于基体中的复合材料
    - 编织复合材料:以平面二维或立体三维编织体为增强体的复合材料
  - 按生产方式
    - 天然复合材料:如竹子、树木,人的骨头、皮肤等
    - 人工复合材料:将所选的增强体和基体复合而成的复合材料
  - 按用途
    - 结构复合材料:主要以满足力学性能为目标的复合材料
    - 功能复合材料:主要以实现某种功能(智能、成分梯度等)的复合材料

8.2 复合材料的性能特点

1. 高的比强度和比模量

比强度和比模量分别是指材料的强度、模量与其密度之比。复合材料中的增强体一般强度高、密度小,而基体也多为密度较小的材料,故复合材料的比强度和比模量均较高,成了复合材料最突出的优点。如碳纤维增强环氧树脂复合材料的比强度比钢的高7倍,比模量比钢的高3倍。

2. 良好的抗疲劳性能和抗断裂性能

在纤维增强的复合材料中,由于纤维的缺陷少,本身的抗疲劳能力高,而塑性较好的基体又能进一步减少和消除应力集中,使微裂纹(疲劳源)难以形成。即使微裂纹形成,也由于增强体纤维的存在,微裂纹难以扩展从而提高了复合材料的抗断裂性能。如碳纤维增强的树脂复合材料的疲劳强度为其抗拉强度的70%~80%,而一般金属材料仅为其拉伸强度的40%~50%。

3. 良好的高温性能

各种增强体一般均具有较高的弹性模量,具有较高的熔点和高温强度,基体材料与增强体复合后,其高温强度和弹性模量均有改善。如铝合金在400℃时,弹性模量接近于零,此时的强度也由500MPa降为30~50MPa,而增强体体积分数为30%的$\alpha-Al_2O_3$,TiB_2/Al,其强度仍有100MPa以上。

4. 优异的减震性能

由于结构的自振频率与与结构本身的形状有关,并与材料的比模量的平方根成正比,而复合材料的比模量高,故其自振频率高,在一般的加载速度或频率情况下,不易发生共振引起脆断。同时,复合材料是由增强体和基体复合而成的多相材料,大量的相界面具有较强的吸震能力,即使发生了震动,也会很快衰减,起到很好的减震效果。

5. 其他特殊性能

金属基复合材料具有较好的减摩、耐磨、抗热冲击、耐辐射等性能。玻璃纤维增强的塑料具有优异的电绝缘性能。

8.3 复合材料的增强机理

复合材料由基体材料和增强相构成。两者之间的物理、化学、力学甚至生物学等作用,两者的类型和性质决定着复合材料的性能,而并非是两者的机械组合。同时,增强相的形状、数量、分布以及制备过程等也大大影响复合材料的性能。

8.3.1 纤维增强复合材料

纤维增强复合材料中的纤维增强相是具有强结合键的材料或硬质材料,如陶瓷、玻璃等。增强相的内部一般含有微裂纹,脆性大,易断裂。为克服这些缺点,将硬质材料制成细纤维,使纤维断面尺寸缩小,从而降低裂纹长度和出现裂纹的概率,最终使脆性降低,增强相的强度也能极大地提高。高分子基复合材料中的纤维增强相可有效阻止基体分子链的运动;而金属基复合材料中的纤维增强相能有效阻止位错的运动,从而达到强化基体的目的。

纤维增强相置于基体内部,彼此分离并得到基体的保护,因而在受载时不易产生裂纹,使承载能力提高。在受载较大的情况下,有些纤维相由于有裂纹而可能产生断裂,但由于有韧性、塑性好的基体存在,从而阻止了裂纹的扩展。当纤维受力而产生断裂时,其断口不可能在同一平面上出现。要想使材料整体断裂,必须从基体中拔出大量纤维相,由于基体与纤维相之间有一定的粘接力,因此,材料的断裂强度会很高。

根据以上分析,获得优良性能的纤维增强复合材料,纤维增强相与基体应满足的条件为:作为材料主要承载体的纤维增强相应有高的强度和模量,且要高于基体材料,其含量、尺寸和分布应合理。起粘接剂作用的基体相应对纤维相有润湿性,将纤维有效结合起来,以保证把力通过两者界面传递给纤维相,并应有一定的塑性和韧性,从而防止裂纹的扩展,保护纤维相表面,以阻止纤维损伤或断裂。纤维相与基体之间热膨胀系数不能相差过大、不能发生有害的化学反应和适中的结合强度;结合力过小,受载时容易沿纤维和基体间产生裂纹,结合力过大,会使复合材料失去韧性而发生断裂危险。

8.3.2 颗粒增强相复合材料

对于颗粒复合材料,基体承受载荷,颗粒的作用是阻碍分子链或位错的运动。增强的效果同样与颗粒的体积含量、分布、尺寸等密切相关。要获得高性能的颗粒增强复合材料,颗粒相应高度均匀地弥散分布在基体中,从而有效地阻碍导致塑性变形的分子链或位错的运动;颗粒大小应适当,颗粒过大本身易破裂,同时会引起应力集中,从而导致材料的强度降低,颗粒过小,位错容易绕过,起不到强化的作用。通常:颗粒直径为几微米到几十微米;颗粒的体积含量应在20%以上,否则达不到最佳强化效果;颗粒与基体之间应有一定的结合强度。

8.4　常用复合材料及应用

8.4.1　金属基复合材料

1. 金属基复合材料的特点

金属基复合材料就是以金属及其合金为基体，与一种或几种金属或非金属增强相复合所构成的材料。它的发展始于20世纪80年代，克服了传统聚合物基复合材料的缺点，保证零件结构的高强度和高稳定性，并使结构尺寸小、质量轻，具有高比强度和比刚度、热膨胀系数低，同时具有不易燃烧、不吸潮、导热导电、屏蔽电磁干扰、热稳定性、抗辐射性、可机械加工、常规连接、而且较高温度下不污染环境等诸多特点，已在尖端技术领域得到了广泛应用。目前，备受关注的金属基复合材料有长纤维、短纤维或晶须、颗粒增强的复合材料，金属基体有铝、镁、钛、铜、镍及其合金以及金属间化合物等。

2. 金属陶瓷

金属陶瓷是金属和陶瓷组成的非均质材料，实际上属于颗粒增强型的复合材料，它是发展最早的一类金属基复合材料。实际生产中，金属和陶瓷可按不同配比组成工具材料、高温结构材料和特殊性能材料。以金属为主时一般做结构材料，以陶瓷为主时多为工具材料。金属陶瓷中的金属通常为钛、镍、钴、铬等及其合金，陶瓷相通常为氧化物（Al_2O_3、ZrO_2、BeO、MgO 等）、碳化物（TiC、WC、TaC、SiC 等）、硼化物（TiB、ZrB_2、CrB_2）和氮化物（TiN、Si_3N_4、BN 等），其中以氧化物和碳化物应用最多。氧化物金属陶瓷多以铬为粘接金属。这类材料一般热稳定性和抗氧化能力较好、韧性高，特别适合做为高速切削工具材料，有的还可制成高温下工作的耐磨件，如喷嘴、热拉丝模以及耐蚀环规、机械密封环等。

碳化物金属陶瓷应用最广，常以 Co 或 Ni 作金属粘接剂。根据金属含量不同可做耐热结构材料或工具材料。碳化物金属陶瓷做工具材料时，通常称为硬质合金。表8-1列出了常见的硬质合金的牌号、成分、性能和基本用途。

碳化物金属陶瓷做高温耐热结构材料时常以 Ni、Co 两者混合物做粘接剂，有时还加入少量的难熔金属如 Cr、Mo、W 等。耐热金属陶瓷常用来做涡轮喷气发动机燃烧室、叶片、涡轮盘及航空航天装置的一些其他耐热件。

3. 长纤维增强金属基复合材料

长纤维增强金属基复合材料是由高性能的长纤维与金属基体复合而成的一类新型复合材料。增强体为长纤维，是复合材料中承载体，基体的作用主要是起到粘接固定并传递载荷的作用。影响该类材料性能的主要因素有：① 增强体的性能以及增强体在基体中的排列方式、体积分数；②基体的性能；③基体与增强体结合界面的性能。

目前运用较多的增强体长纤维有碳（石墨）纤维、硼纤维、氧化铝纤维、碳化硅纤维等，研究较多的基体有铝、钛、镁及其合金等。

纤维增强金属复合材料在飞机、宇宙飞船等航空航天领域的应用最多。研究相对较多的是铝基复合材料。SiC_f/Al 复合材料已用于导弹的导向板和部分筒身，比原 Al 或铁制部件减轻重量40%~60%，并提高使用温度；用 C_f/Al 复合材料替代 Al 制作导弹的控制筒，并取得良好效果。日本电力电线公司将 SiC_f/Al 复合线材制成输电线，拟作为21世纪高强大容量复合电线,并有望用于岛屿间的大跨度输电电缆。

近年来,镁基复合材料以其高的比强度、比模量,低的热膨胀系数,甚至可接近于零,尺寸稳定性好等特点,受到广泛关注,是当前材料界的研究热点之一。此外,为了满足燃气轮机、火箭发动机对高强度、抗蠕变、抗冲击、耐热疲劳等要求,高温金属基复合材料应运而生,相继开发了钨丝增强的镍基、铜基复合材料,碳化硅纤维增强的 Ti_3Al、TiAl、Ni_3Al 等金属间化合物基复合材料。表 8-1 列出了几种典型的长纤维增强的金属基复合材料的性能。

表 8-1 列出了几种典型的长纤维增强的金属基复合材料的性能

基体	增强体	体积分数/%	密度/(g/cm³)	抗拉强度/MPa		弹性模量/GPa	
				纵向	横向	纵向	横向
6061Al	高模石墨	40	2.44	620	—	320	—
6061Al	硼纤维	50	2.50	1380	140	230	160
6061Al	碳化硅	50	2.93	1480	140	230	140
Mg	石墨(T75)	42	1.8	450	—	190	—
Ti	硼纤维	45	3.68	1270	460	220	190
Ti	碳化硅	52	3.93	1210	520	260	210

4. 短纤维及晶须增强金属基复合材料

短纤维及晶须增强金属基复合材料是指以各种短纤维或晶须为增强体、金属为基体的复合材料。用做增强体的短纤维有氧化铝纤维、氮化硼纤维、氧化铝-氧化硅纤维等,晶须有碳化硅晶须、氧化铝晶须、氮化硅晶须等。该类复合材料具有高的比强度和比模量,具有良好的耐热性能和耐磨性能,其膨胀系数低,可采用常规设备进行制备和加工。当增强体在基体中呈随机分布时,复合材料还具有各向同性的特点。

与长纤维增强金属基复合材料相比,短纤维、晶须增强金属基复合材料在增强材料的价格、制作工艺等方面更具优势。因此,在民用产品中,短纤维、晶须增强金属基复合材料应用前景极好,其研究开发很活跃。短纤维、晶须增强金属基复合材料的制作方法有压铸法,熔渗法、离心铸造法、粉末冶金法以及原位生长法。此外,还有将两种以上的制作方法复合而形成的新制作方法,以及近年溶胶-凝胶法被用于复合材料制作十分新颖。

短纤维、晶须增强金属基复合材料在航空航天领域应用广泛。Al_2O_3短纤维增强的铝基复合材料已广泛用于汽车发动机的活塞等零部件,SiC 晶须增强的铝基复合材料具有良好的综合性能,也已广泛应用于航空航天领域,如三叉戟、导弹制导元件等。

5. 颗粒增强金属基复合材料

颗粒增强金属基复合材料是指陶瓷颗粒增强体或金属颗粒增强体与金属基体复合而成的复合材料。该种复合材料的增强体颗粒一般为高模量、高硬度、高强度、高耐磨性的陶瓷颗粒,如 SiC、Al_2O_3、TiC、TiB_2 等,有时也用金属颗粒做增强体,如 Ti 颗粒等。增强体颗粒可以是从外界直接加入基体,也可通过在基体中的原位化学反应形成,前者即为传统型复合材料,后者为内生型复合材料。显然,内生型复合材料的增强体由于原位反应产生,故增强体表面无污染、与基体的界面干净,结合强度高,同时,增强体的热力学性能稳定,在基体中的分布均匀,反应热还可净化基体,进一步提高其力学性能。表 8-2 为颗粒增强复合材料的应用实例。

表8-2　细粒增强铝基复合材料特点及应用

材　料	应　用	特　点
体积分数为25%的细粒增强铝基复合材料	航空结构导槽、角材	代替7075铝合金,密度更低,模量更高
体积分数为17%的SiC细粒增强铝基复合材料	飞机、导弹用板材	拉伸模量大于100×10^3MPa
体积分数为15%的Ti细粒增强铝基复合材料	汽车制动件,连杆,活塞	模量高

8.4.2　聚合物基复合材料

聚合物基复合材料(PMCs)是由一种或多种直径为微米级的增强体(连续长纤维、短纤维、晶须、颗粒等)分散于聚合物基体中形成的复合材料。是目前应用最为广泛、消耗量也最大的一类复合材料。因增强体为微米量级,故称之为微米级聚合物基复合材料。

按增强体的形状,聚合物基复合材料可分为连续长纤维增强聚合物基复合材料,以及颗粒、晶须、不连续短纤维增强聚合物基复合材料。其中,长纤维或短纤维增强聚合物基复合材料,特别是长纤维增强聚合物基复合材料应用较多。其中纤维增强体的种类,聚合物基复合材料又可分为玻璃纤维、碳纤维、芳香族聚酰胺合成纤维、硼纤维以及碳化硅纤维增强的聚合物基复合材料等。按基体来分类,聚合物基复合材料又可分为热固性聚合物基复合材料和热塑性聚合物基复合材料。

1. 热固性聚合物基复合材料

热固性聚合物基复合材料是以热固性树脂为基体,加入各种增强体纤维复合而成的复合材料。其强度和刚度主要由增强纤维提供,树脂起到粘接和传递载荷的作用,而其韧性、层间剪切强度、压缩强度、热稳定性、吸湿性能以及抗氧化稳定性等均由树脂基体提供。

所谓热固性聚合物是指一类相对分子质量不是非常大的线型分子经注塑成型和固化处理后形成的网状或体型高分子化合物,一经固化后,即使在再加热、辐射、催化等作用下也不再软化,具有硬度高、刚度高、耐热温度高、不易变形等特点。常见的热固性树脂有环氧树脂、非饱和聚酯树脂、聚酰亚胺树脂等。

由于热固性聚合物基复合材料的综合性能较好、易于成形,因此,它在全部聚合物基复合材料中占大部分。热固性聚合物基复合材料的纤维增强方式很多,如单方向增强、以单向层板为基本的多层多方向增强、以二维编织(类似于纺纱或毛衣的编织,有很多种类)为基本的多层多方向增强、多层板加板厚方向的缝合、三维编织等。

以玻璃纤维增强热固性树脂复合材料的俗称为玻璃钢。它是由60%~70%的玻璃纤维或玻璃制品与30%~40%的热固性树脂(聚酯树脂、环氧树脂、酚醛树脂及有机硅胶等)复合而成,其中玻璃纤维/聚酯树脂、玻璃纤维/环氧树脂使用量最大,多用于运输车辆(列车、汽车等)、土木建筑、船舶、海洋构造物、电器产品、航空航天结构等方面。少量的S-玻璃纤维/环氧树脂复合材料主要用于航空航天结构和军事装备。常见玻璃钢的性能特点及其应用见表8-3。碳纤维/环氧树脂是航空航天结构、军事装备、体育器材等中常见的热固性复合材料。随着碳纤维的生产量上升和价格的下降,其工业应用也在逐渐增加。特别是近几年,土木建筑、运输车辆等方面的应用增加很快。碳纤维/BMI树脂和碳纤维/聚酰亚胺树脂是耐高温的热硬化性复合材料。

复合材料的耐热性能基本由其基体材料而定,环氧树脂基复合材料使用温度在150~200℃以下,碳纤维/BMI树脂的使用温度可到200~250℃,碳纤维/聚酰亚胺树脂的使用温度可到300℃。这些耐高温的热固性复合材料主要用于航空航天和军事装备。特别是在超声速客机的开发中,耐高温聚合物基复合材料的开发是重要的研究课题之一。芳香族聚酰胺合成纤维/聚酯树脂、芳香族聚酰胺合成纤维/环氧树脂多用于小型船舶、航空航天结构以及军事装备(防弹衣,防弹头盔等)。

表8-3 常用热固性玻璃钢的性能特点

材料类型 性能特点	环氧树脂玻璃钢	聚酯树脂玻璃钢	酚醛树脂玻璃钢	有机硅树脂玻璃钢
密度/$10^3 kg \cdot m^{-3}$	1.73	1.75	1.80	
抗拉强度/MPa	341	290	100	210
抗压强度/MPa	311	93		61
抗弯强度/MPa	520	237	110	140
特点	耐热性较高,150~200℃下可长期工作,耐瞬时超高温。价格低,工艺性较差,收缩率大,吸水性大,固化后较脆	强度高,收缩率小,工艺性好,成本高,某些固化剂有毒性	工艺性好,适用各种成型方法,做大型构件,可机械化生产。耐热性差,强度较低,收缩率大,成型时有异味,有毒	耐热性较高,200~250℃可长期使用。吸水性低,耐电弧性好,防潮,绝缘,强度低
用途	如飞机、航天器中承力构件、耐蚀件	汽车、船舶、化工件中一般要求构件	飞机内部装饰件、电工材料	印刷电路板、隔热板等

2. 热塑性聚合物基复合材料

热塑性聚合物基复合材料是指热塑性树脂为基体的复合材料。热塑性树脂是一类线型高分子化合物,受热时发生软化甚至融化,冷却时硬化,且这种软化和硬化可重复出现。热塑性聚合物基复合材料中常见的增强体为玻璃纤维、碳纤维、芳纶纤维或由它们制成的混杂纤维。常见的热塑性树脂有尼龙类树脂(如尼龙66、尼龙1010)、聚烯烃类树脂(如聚乙烯、聚丙烯、聚四氟乙烯)、聚醚酮类树脂(如聚醚醚酮)等。

热塑性聚合物基复合材料是1956年在美国(Fiberfil公司)以玻璃纤维/尼龙复合材料而问世的。自此以后,以玻璃纤维、碳纤维等为增强体的各种热塑性复合材料相继问世。与热固性复合材料相比,热塑性复合材料的特点是耐冲击,断裂韧性高。但大多数热塑性聚合物材料强度低、刚度低、耐热性差;大多数热塑性聚合物基复合材料是短纤维(不连续)增强方式。高性能复合材料中,热塑性聚合物基复合材料仍然占小部分。近20多年来,随着高性能热塑性聚合物材料的发展,连续纤维增强热塑性基复合材料的开发也引起市场的关注。特别是1980年以后的碳纤维/聚醚乙醚酮树脂以及碳纤维/聚醚亚胺树脂等的连续纤维增强热塑性基复合材料的开发和在航空结构的应用推动了高性能连续纤维增强热塑性基复合材料的发展。碳纤维/聚醚乙醚酮树脂的刚度、强度以及耐热性能与碳纤维/环氧树脂相近,但是,耐冲击性和断裂韧性相对来说要好得多,如碳纤维/环氧树脂的层间 I 型断裂韧性值一般为 100~150J/m^2,而碳纤维/聚醚乙醚酮树脂的层间 I 型断裂韧性值一般为 1500J/m^2,断裂韧性高近十倍。此外,在受低速冲击后,碳纤维/聚醚乙醚酮树脂也比碳纤维/环氧树脂显示更高的残余压缩强度。短纤维(不连续)增强的热塑性复合材料多应用于运输车辆(列车、汽车等)、土木建筑、船舶、海洋构造物、电器产品等,高性能的连续纤维增强热塑性基复合材料多应用于航空航天结构及军事装备等。

玻璃纤维增强的热塑性基复合材料又称热塑性玻璃钢,其性能特点及典型应用如表 8-4所示。

表 8-4　常见热塑性玻璃钢的性能和用途

材料	密度/(10^3kg · m^{-3})	抗拉强度/MPa	弯曲模量/10^2MPa	特性与用途
尼龙 66 玻璃钢	1.37	182	91	刚度、强度、减摩性好。用做轴承、轴承架、齿轮等精密件、电工件、汽车仪表、前后灯等
ABS 玻璃钢	1.28	101	77	化工装置、管道、容器等
聚苯乙烯玻璃钢	1.28	95	91	汽车内装、收音机机壳、空调叶片等
聚碳酸酯玻璃钢	1.43	130	84	耐磨、绝缘仪表等

8.4.3　陶瓷基复合材料

陶瓷基复合材料是指陶瓷基体中加入增强体以增强、增韧的复合材料。根据增强体的特点,陶瓷基复合材料可分成连续增强的复合材料和不连续增强的复合材料两类。其中,连续增强的复合材料包括一维、二维和三维纤维增强以及多层增强的陶瓷基复合材料,不连续增强的复合材料包括晶须、晶片和颗粒增强的复合材料。陶瓷基复合材料也可根据基体分成氧化物基和非氧化物基复合材料。氧化物基复合材料包括玻璃、玻璃陶瓷、氧化物、复合氧化物等,若增强纤维也是氧化物,常称为全氧化物(All Oxides)复合材料。非氧化物基复合材料以 SiC、Si_3N_4、MoS_2基为主。

陶瓷基复合材料具有高比模量和比强度,可减少重量,从而降低飞机、火箭等燃料消耗;其断裂韧性比整体陶瓷材料的高、与金属材料的相近;还具有高的高温强度,使热效率提高。陶瓷基复合材料在如下一些场合得到了应用。

(1) 在航空与火力发电用燃气轮机中,用陶瓷基复合材料制造的部件有燃烧室覆壁、涡轮盘、导向叶片和螺栓。燃气轮机燃烧室覆壁是连续纤维增强陶瓷基复合材料应用的主要目标,因为纤维的织物可制备成燃烧室覆壁的形状并且燃烧室覆壁不要求很高的强度;用陶瓷基复合材料做燃烧室覆壁可提高燃烧温度,从而提高热效率,降低有害气体的排出,还可节省冷却系统。

(2) 在先进的煤发电系统,比如加压硫化床燃烧(PFBC)系统和集成气化复合循环系统,陶瓷基复合材料过滤器的使用,可降低热消耗及延长寿命周期等。

(3) 陶瓷的抗高温、抗热冲击、抗腐蚀、抗磨损等性能使其成为石油化工领域的重要材料,如催化剂载体、热交换器系统中重量轻的热交换器管。陶瓷基复合材料可很好地满足这些条件。并且,可提高燃烧温度,从而提高热效率,降低有害的排出气体。

(4) 陶瓷基复合材料在冶金领域,可用做熔炼炉的耐火材料,钢液过滤材料。

不连续增强陶瓷基复合材料是机械加工用刀具的重要材料,也是挤压等模具材料,耐磨轴承材料,喷嘴材料。在汽车上,用做火花塞、催化用蜂窝陶瓷、密封圈、棘轮转子、吸气用气阀、蜗轮转子等。

(5) 不连续增强陶瓷基复合材料是人类骨关节和牙齿的重要替代材料,因为陶瓷与生体组织及液体之间存在相容性,并且强度高,耐磨损。

8.5 复合材料的最新发展

复合材料可改善或克服组成材料的弱点,可以根据零件的结构和受力情况,按预定的、合理的综合性能进行最佳设计,甚至可获得单一材料不具备的双重或多重功能,或者在不同时间或条件下实现不同的功能。如汽车上普遍使用的玻璃纤维挡泥板,它由玻璃纤维与聚合物材料复合而成。玻璃纤维太脆而无法单独使用,聚合物材料强度低、独自也无法满足使用要求,但将这两种材料复合后即得到了令人满意的高强度、高韧性的新材料,而且很轻。再如航天飞机使用的C纤维增强SiC复合材料、SiC纤维增强SiC复合材料均为陶瓷基复合材料,它们在1700℃和1200℃下仍能保持20℃时的抗拉强度,并且具有较高的抗压强度和层间剪切强度,延伸率较一般陶瓷材料高,热辐射效率高,可有效地降低表面温度,有极好的抗氧化、抗开裂性能等,很好地满足了航天要求。复合材料在各工业部门有着极其广泛的应用和十分重要的作用。其制备技术已由传统的外生型向现代的内生型方向发展,目前,内生型制备技术已取得了长足进步,已有多种方法制备内生型复合材料,如自蔓延法、热扩散反应法、熔铸接触反应法、气液反应法、直接氧化法、自组装法等,特别是最近发展的微波反应合成法,进一步简化了制备工艺,省时、节能,减轻了环境负担。此外,为满足发展的需要,相继开发出了不同功能的复合材料,如智能复合材料、成分梯度复合材料、生物复合材料等。

思考题与习题

1. 什么是复合材料?其分哪几类?
2. 复合材料有哪些性能特点?
3. 复合材料的纤维和颗粒增强机理是什么?
4. 金属基复合材料有哪些特点分几类?
5. 聚合物基复合材料分几类?有哪些应用?
6. 陶瓷基复合材料的特点和应用。

第3篇　工程材料的热加工

第9章　工程材料的热成形工艺

本章目的:铸造工艺基本理论,包括金属液充型能力、收缩,铸件内应力、变形及裂纹,气孔及预防。砂型铸造工艺过程及参数确定和零件结构工艺性分析,了解特种铸造。金属塑性变形基础,常见的压力加工工艺以及零件结构设计和工艺性分析。焊接冶金过程,焊接接头组织及性能,三类焊接方法的焊接原理和应用以及典型金属材料的焊接性。

本章重点:铸造的工艺基本理论,砂型铸造工艺过程及参数确定,铸件结构设计和零件结构铸造工艺性分析。塑性变形机理,锻件的结构工艺性。熔化焊、压力焊和钎焊三类焊接方法、焊接结构设计和工艺分析。

本章难点:充型能力、铸造缺陷的防止以及铸件结构设计和工艺分析。变形理论和锻件结构设计和工艺分析。焊接冶金过程、焊接结构设计和工艺分析。

9.1　铸　　造

铸造是指将液态金属浇入与零件形状、尺寸相适应的铸型型腔中冷却凝固后得到毛坯或零件的一种工艺。铸造的方法很多,通常可分为砂型铸造和特种铸造两大类。砂型铸造分为黏土砂铸造、水玻璃砂铸造和树脂砂铸造等;特种铸造又分为金属型铸造、熔融铸造、压力铸造、离心铸造、低压铸造、陶瓷型铸造、真空铸造等。

铸造是制造毛坯或零件的主要方法之一,在机械制造业中占有非常重要的地位。据统计,按重量计算,铸件在一般机械设备中占40%~90%,重型机械如机床、内燃机中占80%以上,农业机械中占70%~80%。由于铸造具有工艺灵活,适应于各种形状、尺寸和金属材料的零件,成本比其他毛坯或零件的成形方法都低,以及性能一般不存在方向性等优点,所以应用非常广泛。随着铸造技术的发展,许多新工艺、新技术的不断涌现,铸件的力学性能、表面质量和尺寸精度均有很大程度的提高,少余量甚至无余量的铸造新工艺得到了迅速发展,同时工人的劳动强度和工作条件也已明显改善。现代铸造已大量采用计算机技术、信息技术和自控技术,正朝着专业化、智能化、集约化生产方向迅猛发展。

9.1.1　铸造工艺基础

铸件的成形过程主要包括液态金属的充型及其在型腔中的冷却和凝固等阶段,能否得到合格铸件与金属材料的铸造性能有很大关系。铸造性能包括液态金属的流动性、收缩性、偏析和吸气性等,其中流动性、收缩性对铸件质量有直接影响,合适的铸造工艺有助于改善铸造性能。

1. 金属液的充型能力

金属液填充铸型的过程称为充型。金属液浇入铸型后获得形状完整、轮廓清晰铸件的能力称为充型能力。金属液的充型能力强,有助于铸件的排气和补缩,也有利于获得形状复杂的铸件;反之易使铸件产生浇不足、冷隔等铸造缺陷。充型能力与金属液的流动性、铸型条件、浇铸条件以及铸件结构等有关。

1) 流动性

金属液在一定条件下的流动能力称为金属液的流动性,它是影响充型能力的重要因素之一。流动性是合金液的固有特性,主要取决于合金种类、成分和它的物理性能。流动性常用标准试样的螺旋线的长度来衡量(图9-1),即将金属液注入螺旋形的铸型中,在相同条件下螺旋形试样越长,其流动性越好,反之就越差。

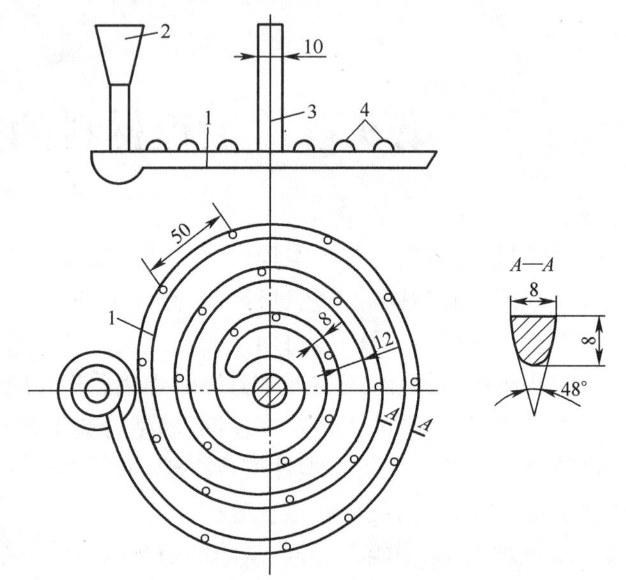

图9-1 螺旋形金属流动性试样

1—试样;2—浇口;3—冒口;4—试样凸。

表9-1为常用金属材料的流动性数据。由表中可看出不同种类的金属液,其流动性不同,其中铸铁的流动性最好,硅黄铜、铝硅合金次之,铸钢最差。

表9-1 常用合金的流动性

合金种类及化学成分		铸型种类	浇铸温度/℃	螺旋线长度/mm
铸铁	$w_{C+Si}=6.2\%$	砂型	1300	1300
	$w_{C+Si}=5.9\%$	砂型	1300	1300
	$w_{C+Si}=5.2\%$	砂型	1300	1000
	$w_{C+Si}=4.2\%$	砂型	1300	600
铸钢	$w_C=0.4\%$	砂型	1600	100
		砂型	1640	200
铝硅合金	Al-Si	金属型(300℃)	680~720	700~800
镁合金	Mg-Al-Zn	砂型	700	400~600
锡青铜	$w_{Sn}=9\%\sim10\%, w_{Zn}=2\%\sim4\%$	砂型	1040	420
硅黄铜	$w_{Si}=1.5\%\sim4.5\%$	砂型	1100	1000

不同成分的合金,凝固的温度范围不同,其流动性也不同。纯金属或共晶成分的合金其凝固在恒温度下进行,合金液流动阻力小,流动性好;远离共晶点成分的合金,凝固温度降到液固两相区时,存在的树枝晶使合金液的流动性变差。图9-2为铁碳合金的流动性

与成分的关系。该图表明纯铁和共晶铸铁的流动性最好，而距共晶成分越远的铁碳合金，其流动性越差。即使同一成分的合金，其流动性也会随过热度的提高而提高。

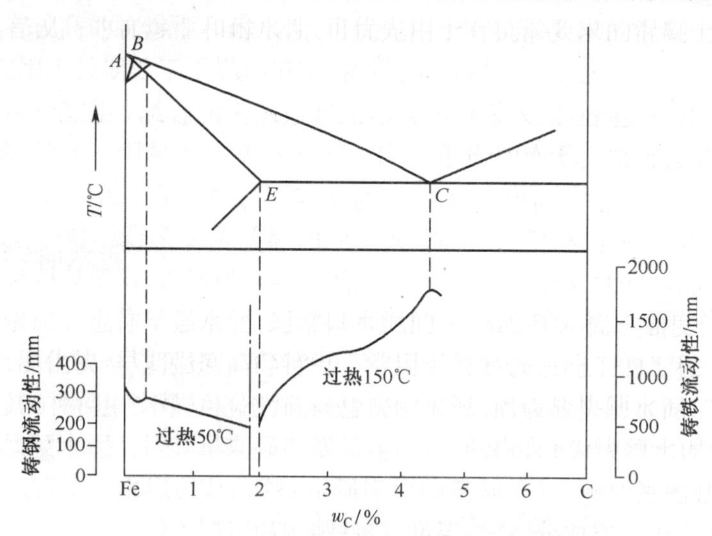

图 9-2　铁碳合金的流动性与其含碳量的关系

金属液的流动性还与材料的导热系数、比热容、密度、黏温性、结晶潜热等有关。合金的结晶潜热越大，导热系数越小，凝固时液态保持时间就越长，合金液的流动和充型能力就越强；合金液的黏温性即黏度与温度的变化关系也直接影响合金液的充型，当合金液的黏度受温度影响较小时，温度降低所导致的黏度增量就小，这也有利于合金液的流动和充型。

2）铸型条件

铸型条件是指铸型的蓄热和排气能力。铸型的蓄热能力越强，铸型对金属液的冷却能力就越大，金属液保持液态的时间就越短，充型能力就越差。显然，金属液在金属型中的充型能力低于砂型。铸型的排气能力也直接影响金属的充型。当铸型的排气能力差时，金属液与铸型的热作用以及浇注过程中产生的大量气体难以迅速排出铸型，这将阻碍金属液的流动和充型。

3）浇注条件

浇注条件是指浇注系统的结构、合金液的充型压力以及浇注温度。浇注系统越复杂，合金液的流动就越困难，充型能力就越差，因此应合理选择内浇道的位置及其相关尺寸。充型压力是指金属液在浇注过程中所承受的静压力，提高静压力有利于提高充型能力。在砂型铸造中一般通过增加垂直浇道的高度来提高静压力；特种铸造中的压力铸造和低压铸造则是通过增加合金液上表面的压力来提高充型能力。

浇注温度对合金液的流动性影响也很大。浇注温度越高，金属液的黏度越小，流动性越好，充型能力就越强。但浇注温度过高，会导致铸件产生缺陷，因此在保证充型能力的前提下选择适当的浇注温度，以保证铸件质量。

4）铸件结构

铸件的结构是指铸件的大小、壁厚及其复杂程度。铸件的内腔越简单，型芯数量越少，合金液的流动阻力就越小，充型能力随之增强。

2. 合金液的收缩

1）收缩的概念

收缩是指金属液在铸型中从液态冷却到室温时体积和尺寸的缩小。从浇注温度到室温,铸件依次经历液态收缩、凝固收缩和固态收缩三个阶段。

液态收缩是金属液在浇注温度到凝固开始温度范围内的收缩。该阶段金属为液态,收缩为体收缩,表现为铸型内液面的降低。

凝固收缩:金属液从凝固开始到凝固结束温度范围内的收缩。该阶段合金为液固两相态,收缩表现为型内液面的降低。液固相线之间的温差越大,金属的凝固收缩就越大。显然,纯金属或共晶成分的合金液因液固相线之间的温差为零,其收缩量相对较小。凝固收缩是缩孔、缩松形成的基本原因,常用体收缩率表示。

固态收缩:金属从凝固结束到室温温度范围内的收缩。该阶段金属为固态,收缩不仅表现为体积的收缩,同时还表现为外形尺寸的减小。固态收缩是产生铸件内应力、变形和裂纹的主要原因,常用线收缩率来表示。

2）收缩的影响因素

铸件的收缩取决于金属成分、浇注温度、铸件结构和铸型条件。

成分不同的合金,其收缩率不同,如铸钢的收缩率为12.5%,灰铸铁的收缩率为6.9%~7.8%,这是由于灰铸铁析出石墨所产生的体积膨胀抵消了部分收缩。

浇注温度越高,液态收缩越大,其总的收缩也就越大。浇注温度每提高100K,液态收缩就相应增加1.6%。

金属液在铸型中的收缩是一种受阻收缩,铸件在冷却过程中,不仅受铸件各处因冷却速度不同导致相互制约所产生的阻力,同时还受铸型和型芯的机械阻力,因此,铸件的实际收缩量比其自由收缩量小,且铸型强度越高、铸件结构越复杂、芯子越多、铸件的实际收缩就越小。

3. 缩孔、缩松的形成与防止

1）缩孔与缩松的形成

金属液充入型腔后,若液态收缩和固态收缩的体积得不到补充,则将在铸件最后凝固的部位出现孔洞。容积大而集中的孔洞称为缩孔,容积小而分散的孔洞称为缩松。

缩孔的形成过程如图9－3所示。假定合金液的凝固温度范围很小,合金液流动性好,充满型腔后,开始的液态收缩可从浇注系统得到补充(图9－3(a)),由于铸型的吸热和散热,与铸型接触的合金液首先凝固形成一层外壳(图9－3(b)),随着温度的下降,壳

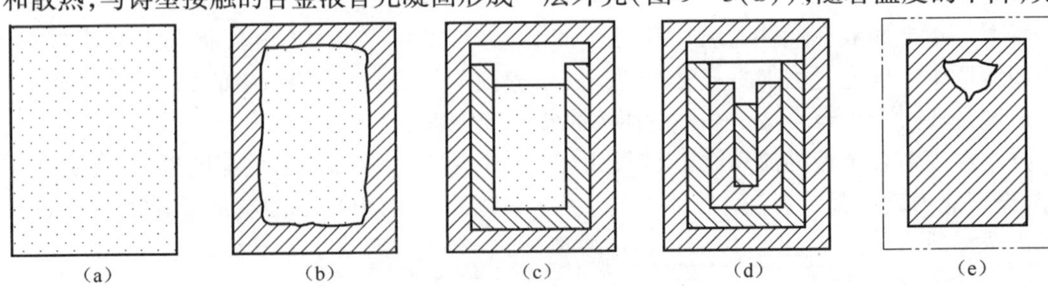

图9－3 缩孔形成过程示意图

(a)合金液充型;(b)表层凝固;(c)凝固层推进;(d)凝固结束;(e)固态收缩。

内的液态金属由于本身的液态收缩使其体积减小，与其同时，凝固层也将产生固态收缩，使铸件的外表尺寸缩小，因合金液的液态收缩和凝固收缩远大于壳层的固态收缩，这样在重力的作用下，液面与上顶面脱离（图9-3(c)），随着温度不断降低，外壳不断增厚，液面将继续下降，凝固完毕时，在铸件上部将产生一个集中的孔洞（图9-3(d)），已产生缩孔的铸件冷至室温时，铸件的外形尺寸因固态收缩略有缩小（图9-3(e)）。

缩松的形成过程如图9-4所示。假定合金液的凝固温度范围较大，流动性相对较差，合金液凝固时也是从外向里逐步推进，但液固界面凹凸不平（图9-4(a)），凝固后期，在铸件心部将形成一个同时凝固区，当凹凸不平的枝晶相互接触时，剩余的合金液被分割成许多微小的区域（图9-4(b)），最后这些微区的金属液凝固收缩时因得不到补充而产生分散于铸件心部的缩松（图9-4(c)）。

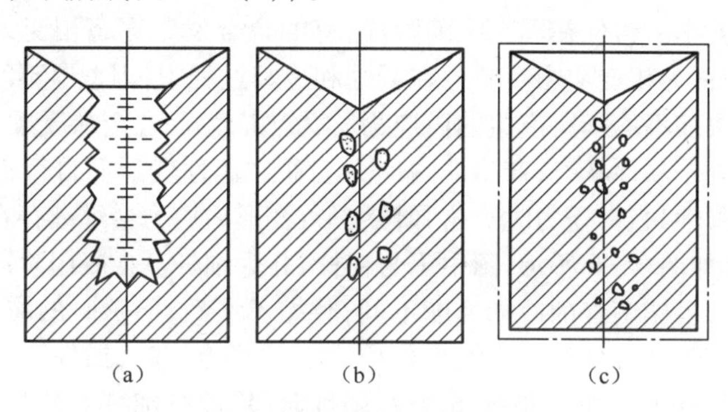

图9-4　缩松形成过程示意图

(a)凹凸的液固界面；(b)分割态的小区液；(c)缩松。

缩孔和缩松都是由于金属的凝固收缩得不到补充导致的。当金属的凝固温度范围较小时，易形成集中性缩孔；当凝固温度范围较大时，则易形成缩松。缩孔和缩松均产生于铸件最后凝固的部位。

2）缩孔与缩松的防止

任何形态的缩孔和缩松都将严重影响铸件的力学性能。缩孔较易检查和修补，而缩松因细小、分散，难以发现和补缩。在实际生产中常采用顺序凝固原则，设法使分散的缩松转化为集中性缩孔，再使之转移到冒口（为了防止铸件产生缩孔而专门开设的用于储存合金液的空腔）中，最后割去冒口，获得优质铸件。

顺序凝固（图9-5）即采用适当的工艺措施（如冒口、冷铁等），使铸件按远离冒口、靠近冒口、冒口本身的顺序凝固。在凝固过程中，冒口始终处于液态，对铸件的液态收缩和凝固收缩进行补充，这样使冒口成为铸件的最后凝固部位，从而避免铸件本身产生缩孔和缩松。为实现顺序凝固常采用以下工艺措施：增设冒口加以补缩，并调整铸件凝固时的温度分

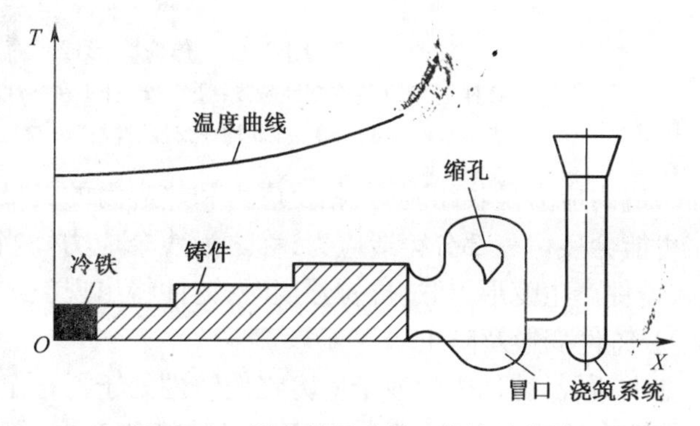

图9-5　顺序凝固及冒口补缩示意图

布,保证顺序凝固;放置冷铁(是控制铸件某些部位冷却速度的激冷物),以保证铸件的凝固顺序。各种铸造合金均可使用冷铁。

此外还可通过内浇口位置的合理选择,即内浇口开在铸件较厚处,可增大铸件各部分的温差,也有利于实现顺序凝固。

4. 铸件内应力、变形及裂纹

1) 铸件内应力

铸造内应力分为收缩应力、相变应力和热应力三种。内应力是铸件产生变形和裂纹的主要原因。

铸件在固态收缩时,受到铸型、型芯以及浇注系统的阻碍而产生的内应力称为收缩应力。收缩应力是暂时的,铸件落砂后,应力可自行消失。显然,当铸型、型芯或浇注系统的退让性好,收缩应力就小。铸件在固态收缩阶段,有的合金发生固态相变,引起体积变化不均衡而产生的应力称为相变应力。铸件在凝固和冷却过程中,因壁厚不均匀,各部分冷却速度不一致,导致收缩不均衡所产生的内应力称为热应力。合金从凝固结束温度到再结晶温度这个阶段,处于塑性状态,产生的内应力会通过塑性变形而自行消除,低于再结晶温度时,合金处于弹性状态,受力时产生弹性变形,变形后应力会继续存在。

热应力形成过程如图9-6所示,图中Ⅰ为粗杆、Ⅱ为细杆。在凝固阶段,粗杆Ⅰ和细杆Ⅱ均处于塑性阶段,虽然两杆的冷却速度不同,收缩不一致,但瞬时的应力可通过塑性变形而自行消失,粗杆Ⅰ和细杆Ⅱ均不产生内应力。继续冷却时,细杆Ⅱ的冷却速度快,先进入弹性阶段;而粗杆Ⅰ冷却速度慢,仍处在塑性阶段;此时细杆Ⅱ的收缩量大于粗杆Ⅰ,这样在细杆Ⅱ中产生拉应力,粗杆Ⅰ中产生压应力,使铸件产生变形(图9-6(b))。但由于粗杆Ⅰ仍处在塑性阶段,内应力可通过粗杆Ⅰ的塑性变形而随之消失(图9-6(c))。当细杆Ⅱ的温度降至室温时,停止收缩;而粗杆Ⅰ温度仍较高,仍为弹性状态,这样细杆Ⅱ将阻碍粗杆Ⅰ的收缩,最终在粗杆Ⅰ内产生拉应力,细杆Ⅱ内产生压应力(图9-6(d))。若粗杆的内应力超过其抗拉强度时,将发生断裂(图9-6(e))。

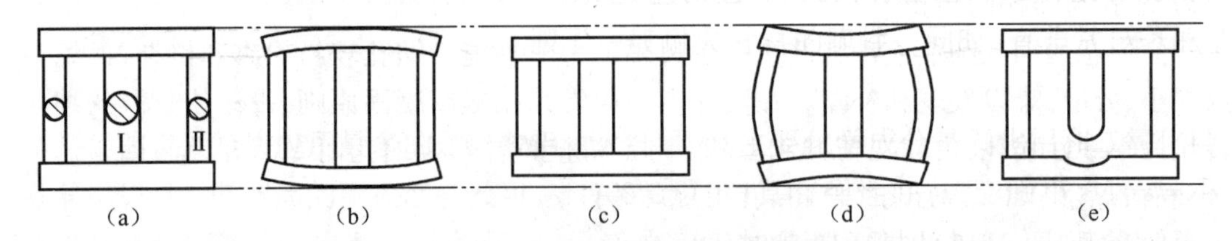

图9-6　热应力形成示意图

(a)杆Ⅰ、杆Ⅱ均在塑性阶段;(b)、(c)杆Ⅰ在塑性阶段、杆Ⅱ在弹性阶阶;
(d)杆Ⅰ、杆Ⅱ均在弹性阶段;(e)拉应力处断裂。

铸造内应力是收缩应力、相变应力和热应力的矢量和。当铸件落砂后,在铸件的不同部位可能会残留一部分铸造应力,称之为残余应力。当残余应力超过铸件材料的屈服强度时,铸件产生变形,超过抗拉强度时,铸件将出现裂纹。

2) 铸件变形及防止

如上所说,铸件中的残余应力将使铸件处于不稳定的状态,铸件力图通过自身的变形来缓解残余应力。图9-7是车床床身的挠曲变形示意图,由于导轨部分较厚而受拉应力,床壁部分较薄而受压应力,于是导轨下挠。

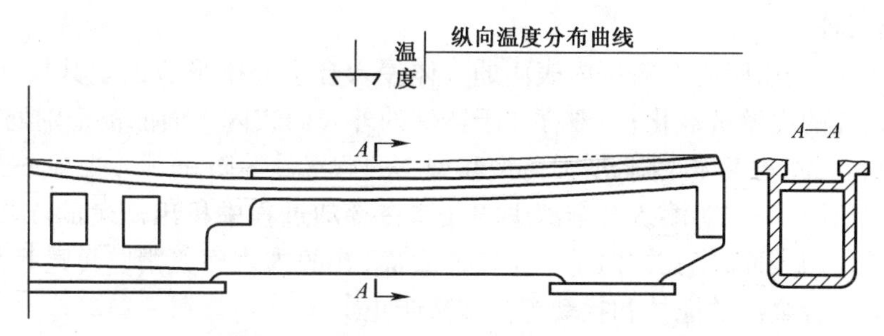

图 9-7　车床床身挠曲变形示意图

铸造内应力中最主要的是热应力,它是引起铸件变形的根本原因,而热应力是铸件各部位的冷却速度不一致导致的,因此,防止铸件产生变形的关键在于减少铸件的热应力。具体措施为:设计时应使铸件的壁厚尽量均匀或形状对称;制模时采用反变形法,即将模样制成与铸件变形相反的形状;铸造工艺上采用同时凝固的原则,即采取措施使铸件的各部位在凝固冷却时没有大的温差。图 9-8 为铸件同时凝固的示意图,采用该原则后,可使铸件的内应力较小,不易产生变形和裂纹,但往往易在铸件的中心产生缩松,组织不致密。因此,同时凝固原则主要用于凝固收缩小的合金如灰铁以及壁厚均匀、结晶温度范围宽而对铸件的致密性要求不高的铸件。

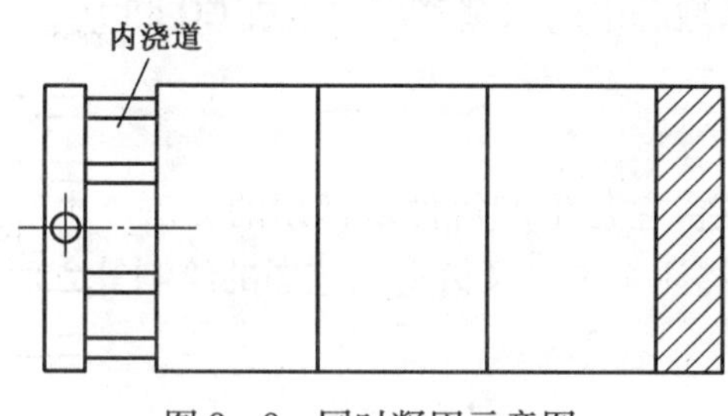

图 9-8　同时凝固示意图

需指出的是,若铸件中存在内应力,在其落砂后将发生微量变形缓解部分内应力,但并未彻底消除,机加工后残余应力将重新分布,仍将引起变形,影响零件的加工精度,为此,可通过去应力退火或时效的方式进一步消除内应力。

3）铸件裂纹与防止

当铸件的内应力超过其抗拉强度时,铸件将产生裂纹。根据裂纹产生温度的不同,可分为热裂纹和冷裂纹两种。

热裂纹是铸件在凝固末期高温下产生的,主要是因为铸件的收缩受到铸型或型芯的阻碍引起的。其特征是裂纹短、缝隙宽、形状曲折、缝的内表面呈氧化色、无金属光泽、裂纹沿晶界产生和发展。产生热裂纹的倾向性取决于合金的成分、结晶的特点以及铸型阻力等因素。因此,为了防止产生热裂纹,常采取以下措施:选用结晶温度范围窄、收缩率小的合金,常用的铸造合金中,灰铸铁、球墨铸铁的收缩小,热裂倾向小,而铸钢、铸铝、白口铁等热裂倾向大;合理选择型砂及其粘接剂,改善铸型或型芯的退让性;严格限制铸钢、铸铁中的硫含量;大的型芯采用中空结构或内部填以煤炭。

冷裂纹是在较低的温度下形成的,常出现于受拉、特别是应力集中部位。其特征是裂缝细小、呈连续直线状,缝内干净,有时呈轻微氧化色。采用以下措施可防止冷裂纹的产生:减小铸件的内应力;减小铸造合金的脆性,如控制铸钢、铸铁中的磷含量;浇注后勿过早开箱等。

5. 铸件的气孔及防止

气孔是指气体在铸件中形成的孔洞。根据气体的来源可分为侵入气孔、析出气孔和反应气孔三种。

侵入气孔是由吸附在铸型内表面的气体侵入合金液中形成的。其尺寸较大、呈椭圆形或梨形、孔的内壁被氧化;一般存在于铸件的外表面或内表面的极个别处。可通过减少铸型和型芯表面的气体吸附、增强铸型和型芯的透气性等防止。

析出气孔是高温时溶入合金液中的气体在冷却过程中析出产生的。其尺寸小、分布广,位于铸件内表面,气孔方向垂直于铸件表面,孔的内表面光滑。可通过减少气体溶入合金液、减少合金液的搅拌和扰动等措施来防止。

反应气孔是合金液与铸型、型芯接触反应产生气体形成的。其特征是形状各异,一般位于表面以下1~2mm处,呈皮下气孔。其防止措施为:保证型芯撑和冷铁表面不生锈,以免铁锈与合金液中的碳结合发生 Fe_2O_3+3C2Fe+3CO 反应,生成CO气体;减少铸型和型芯中的水分,以减少合金液中的碳与铸型和型芯中的水蒸气反应生成CO和 H_2。

9.1.2 砂型铸造

用型砂制备铸型的铸造方法称为砂型铸造,它是生产铸件最常用的方法。本节主要就砂型铸造的工艺流程、造型和造芯的方法、浇注系统以及铸造工艺图的绘制等方面展开讨论。

1. 砂型铸造工艺流程

砂型铸造的工艺流程如图9-9所示,可分为下列几个步骤:根据零件图制得模样,由模样和配制好的型砂制得外型和型芯,合箱后将熔炼好的合金液注入型腔,待铸件凝固冷却到一定温度后开箱落砂并取出铸件,检验,加工。

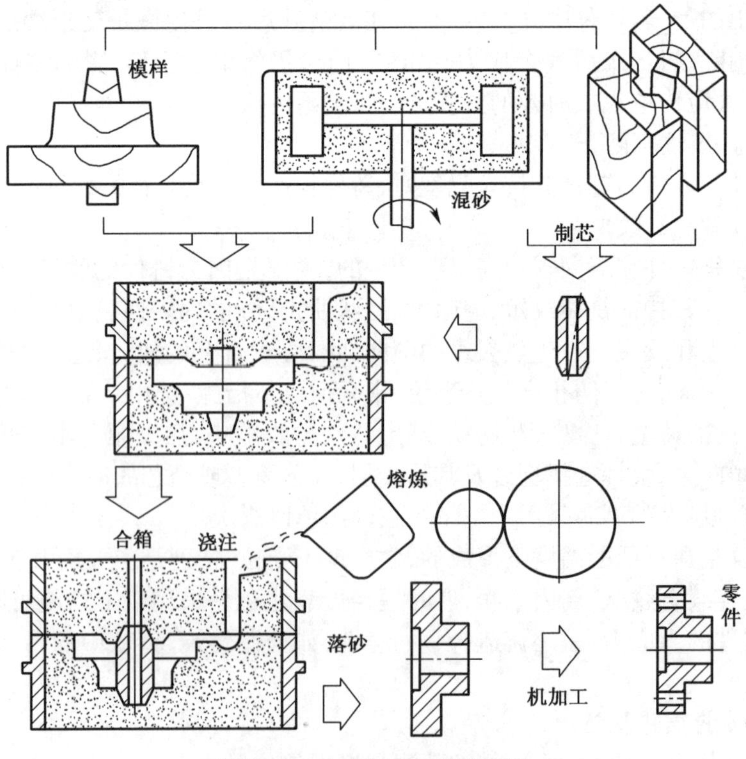

图9-9 砂型铸造工艺流程图

2. 造型

造型一般分为手工造型和机器造型两种。

1）手工造型

手工造型是指造型过程中的紧砂、起模、修型和合箱等工作由手工完成，而翻箱、搬运和填砂等均可由机械完成。手工造型操作灵活，适应性强，铸型成本低，但铸件质量差，生产力低，劳动强度大，主要用于单件、小批量的铸件生产。

手工造型的方法较多，表 9－2 为各种方法的特点及其适用范围。需指出的是，在实际选用时还应根据铸件的尺寸、形状、生产批量、质量要求以及生产条件等进行综合分析，以确定最佳方案。

表 9－2　常用手工造型方法的特点及其适用范围

造型方法	简　图	主要特点	适用范围
整模造型	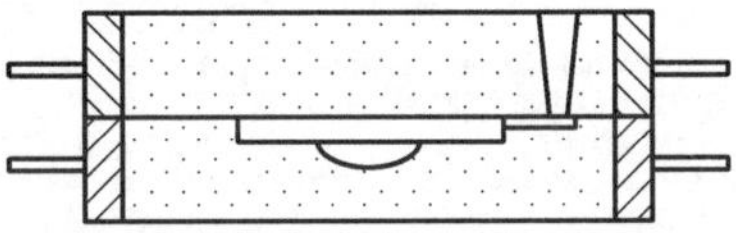	模样是整体的，铸件的型腔在一个砂箱中，分型面为平面。造型简单，不会错箱	最大截面在端部，且为平面的铸件
分模造型	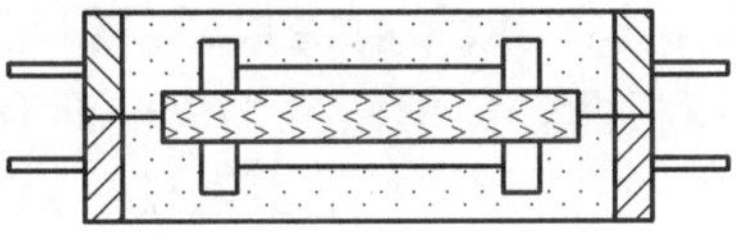	模样在最大截面处分开，型腔位于上下两箱中。造型方便，但模型制造复杂	最大截面在中部的铸件
挖砂造型	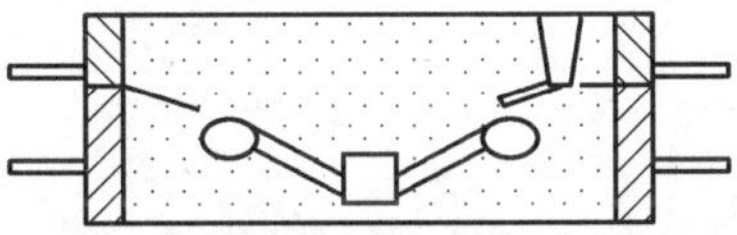	整模造型，将阻碍起模的型砂挖掉，分型面是曲面。造型费时，生产率低，对工人的技术水平要求高	单件、小批量，分型面不是平面的铸件
假箱造型	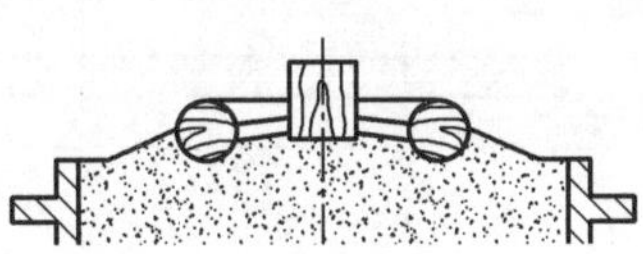	在造型前预制一个底胎（假箱），然后在底胎上造下型，底胎不参加浇注。比挖砂造型简便，不需挖砂，且分型面整齐	批量生产需挖砂的铸件
活块造型	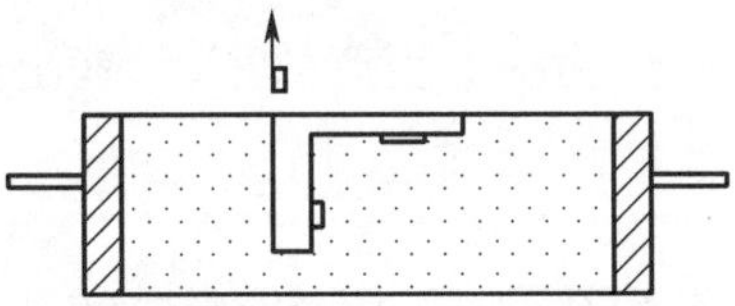	将妨碍起模的部分做成活块，起模时先起出主模，再从侧面起出活块。造型费工，活块不易定位，操作水平要求高	单件、小批量，带有小凸台等不易起模的铸件
刮板造型	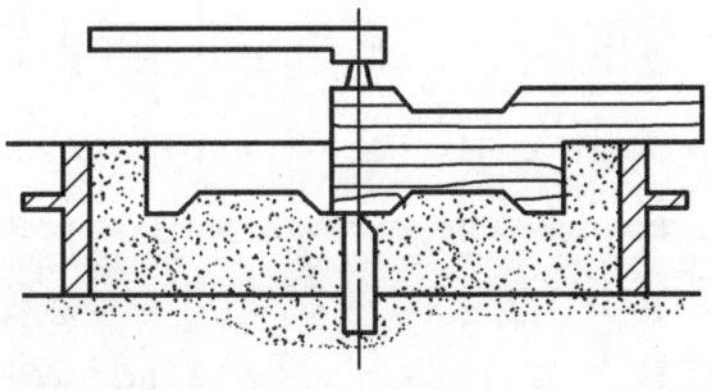	用刮板刮制出砂型，可节省制模材料，缩短生产准备期，但操作费时，对工人的技术水平要求高，铸件精度低	单件、小批量，等截面的回转体铸件
三箱造型	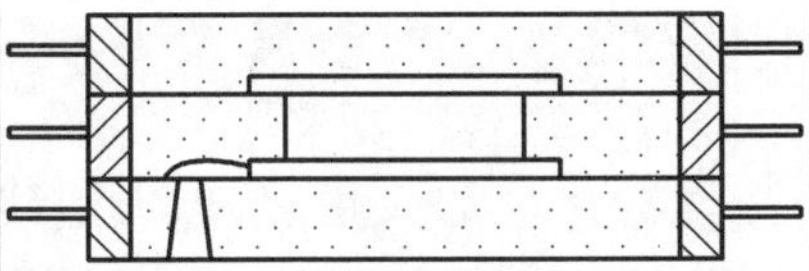	模型由上、中、下三型组成，中箱的上、下两面均为分型面，且中箱高度与中箱中的模型高度相适应。操作复杂，生产率低，且需要合适的砂箱	单件、小批量，具有两分型面的铸件

(续)

造型方法	简　图	主要特点	适用范围
地坑造型		利用地坑作为下箱,节约生产成本。但造型费工,生产率低,要求工人的技术水平高	单件、小批量,质量要求不高的大中型铸件
组芯造型		用砂芯组成铸型。可提高铸件精度,但生产成本高	大批量、形状复杂的铸件

2)机器造型

用机器全部完成或至少完成紧砂操作的造型方法。与手工造型相比,机器造型的生产效率高,劳动强度小,铸型质量好,铸件废品率低。但投资大,准备期长,仅适用于大批量生产。

模板造型:模板是模样和模底板的组合体,一般带有浇口模,冒口模和定位装置如图9-10所示。模板分为单面模板和双面模板两种。单面模板仅一面有模样,上下两模分别装在两块模板上,由配对的造型机造型。双面模板是上下两模分别装在同一模板的两面,由同一造型机造型。双面模板一般用于小型铸件。

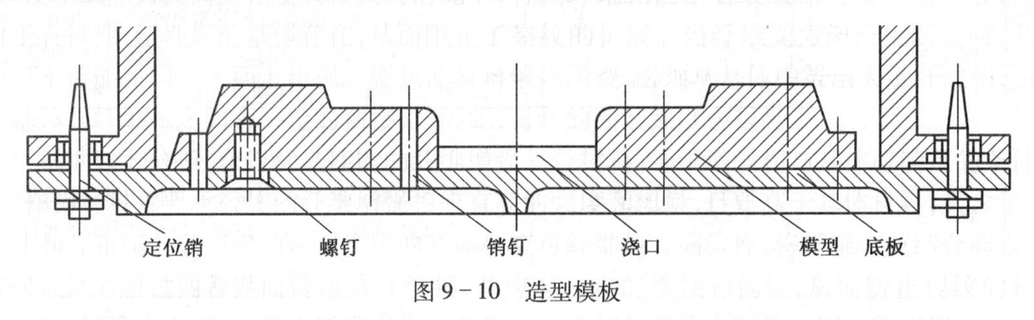

图9-10　造型模板

两箱造型:机器造型一般不用于三箱造型,为提高生产效率,某些阻碍起模的部位尽量采用组芯而不用活块和三箱造型。

3. 制芯

砂芯主要用于形成铸件内腔或尺寸较大的孔洞,也可用于形成铸件的外形。制芯的方法与制型一样,也分为机器造芯和手工造芯两种。填砂和紧实由手工完成的称手工制芯,一般用于单件小批量生产。而填砂和紧实由专用的造芯机完成的称机器制芯,常用的造芯机有震压制芯机、射芯机和吹芯机等三种,机器制芯一般应用于大批量的铸件生产。

造芯一般可用芯盒或刮板进行,其中最常用的是芯盒制芯。芯盒又有分开式和整体式两种。短而粗的砂芯采用分开式芯盒,形状简单且有一个大平面的砂芯宜采用整体式芯盒。

必须指出的是不论采用何种方法制芯,除了一般性能要求外时,还需在芯中开设通气孔,以便排气。通常直接在砂芯中扎出,或在砂芯中加入焦炭,埋入蜡线等如图9-10(a)、9-10(b)所示。放置芯骨以提高芯的强度。芯骨通常用铁丝制成(图9-11(c))。

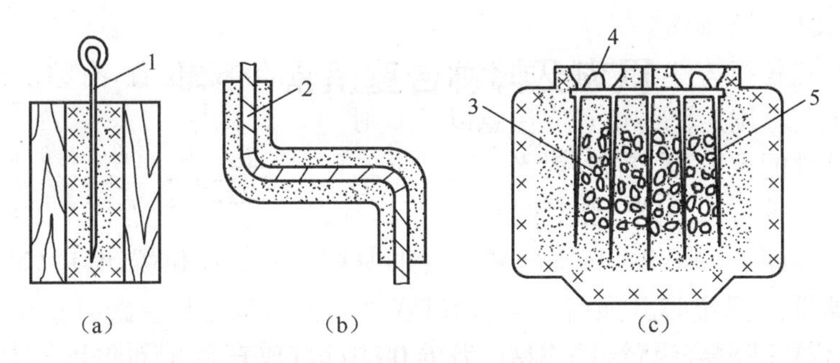

图 9－11　型芯的通气道和芯骨

1—气孔针；2—蜡线；3—焦炭；4—吊环；5—芯骨。

4. 浇铸系统

浇铸系统是指让合金液充满型腔而开设在铸型中的一系列通道。图 9－12 为浇口系统示意图，主要由浇口杯、直浇道、横浇道和内浇道等四个部分组成。各自作用如下：浇口杯承接液态合金；直浇道建立合金液充型所需的静压；横浇道分配合金液进入内浇道；内浇道引导合金液进入型腔。

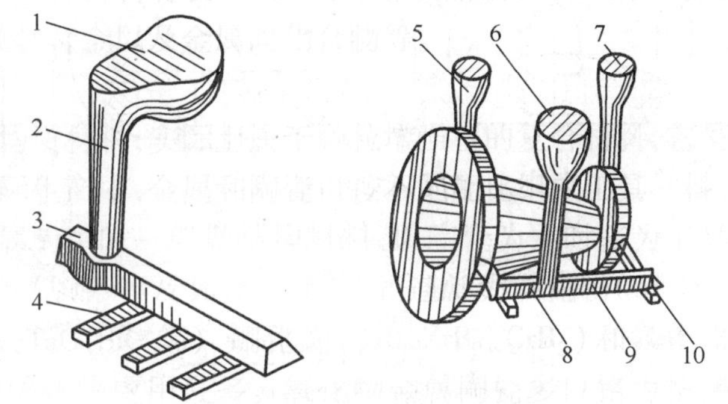

图 9－12　浇口系统示意图

1,6—浇口杯；2,9—直浇道；3,8—横浇道；4,10—内浇道；5,7—冒口。

5. 铸造工艺图

铸造工艺图是指根据零件的结构特点、技术要求、生产批量和生产条件直接在零件图上进行铸件工艺设计的图(图 9－13)，主要包括浇注位置、分型面、加工余量、浇铸系统、冒口、内外冷铁的位置和数量、起模斜度、反变形量、工艺补正量等。它是制作模样、模板、芯盒以及生产准备和产品验收的依据。

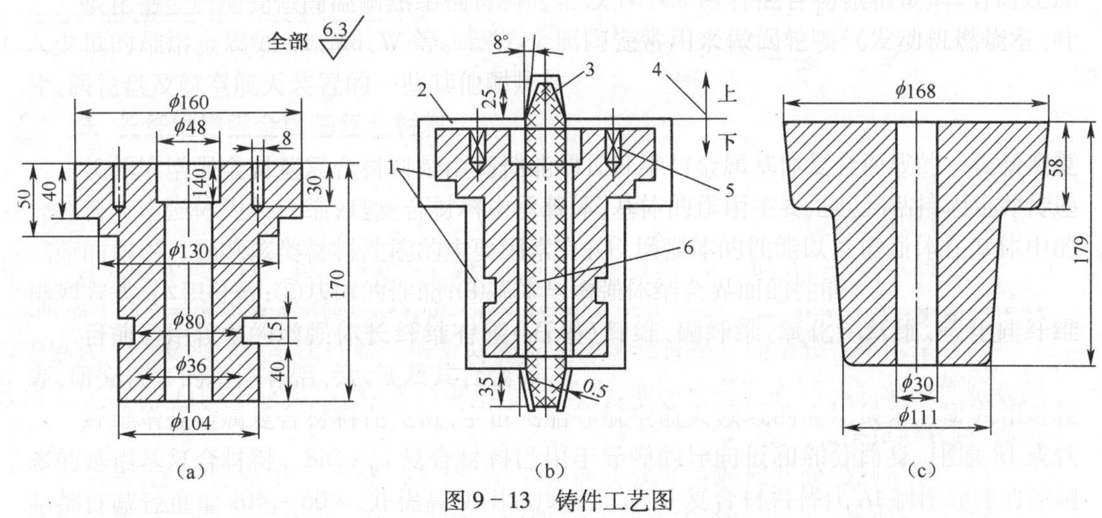

图 9－13　铸件工艺图

(a)铸件零件图；(b)铸造工艺图；(c)铸件。

1) 浇铸位置的确定

浇铸位置是指铸件在铸型中的空间位置。合适的浇铸位置,有利于提高铸件质量和简化铸造工艺。确定浇铸位置应注意以下原则。

(1) 铸件的重要加工面和大平面应朝下或垂直安放。这是因为铸件的上部易产生气孔、砂眼、夹渣等铸造缺陷,且组织也不如下部致密。当铸件中有多个重要加工面时,一般将大的加工面朝下。图9-14是圆锥齿轮的两种不同浇注位置,其中(a)图合理,因为重要的齿面朝下。

(2) 有利于补缩。将铸件中易产生缩孔的部位放在分型面附近的上部或侧面,以便安放冒口,实现顺序凝固。图9-15是套筒的两种不同的浇注位置,其中(b)图合理,重要的加工面垂直放置,易产生缩孔的较厚部位放置在分型面附近的上部。

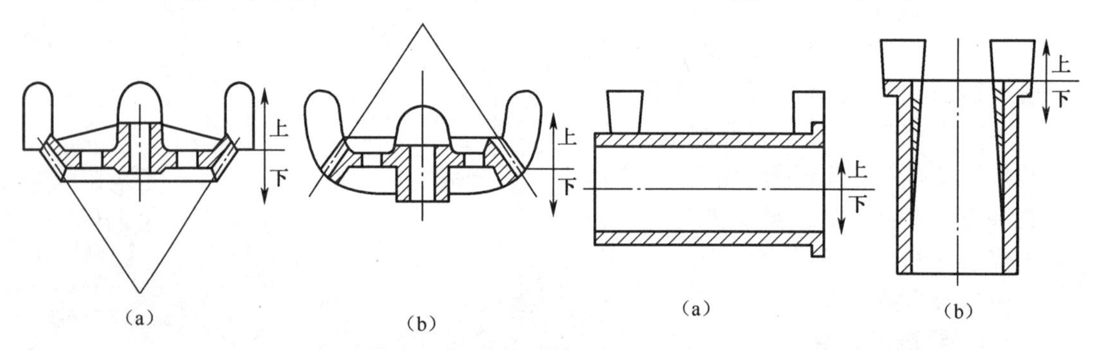

图9-14 圆锥齿轮的浇注位置

(a)合理;(b)不合理。

图9-15 套筒的浇注位置

(a)不合理;(b)合理。

(3) 有利于充型。铸件中的薄壁大平面应朝下、垂直或倾斜,以防冷隔和浇不足。图9-16是箱盖的两种不同浇注位置,(b)图将壁薄面大的部分朝下,有利于合金液充型,是合理的浇注位置。

(4) 型芯数量少。最好使型芯位于下型,便于下芯和检查。

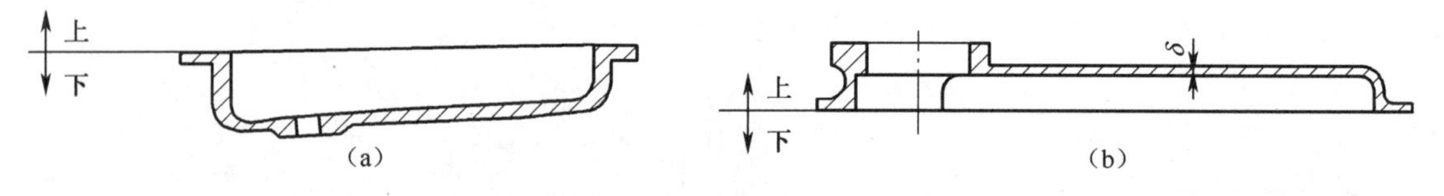

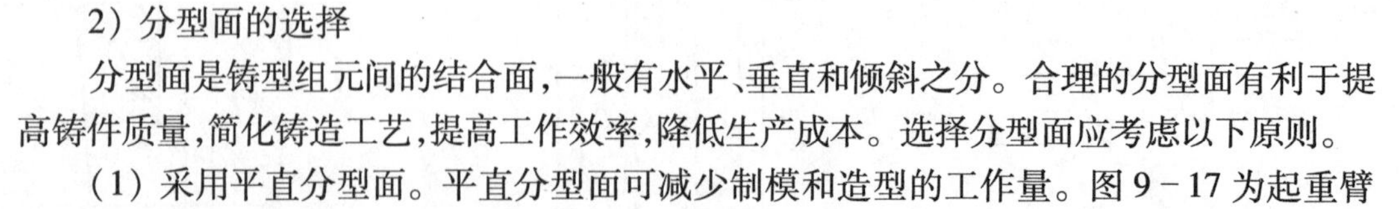

图9-16 箱盖的浇注位置

(a)不合理;(b)合理。

2) 分型面的选择

分型面是铸型组元间的结合面,一般有水平、垂直和倾斜之分。合理的分型面有利于提高铸件质量,简化铸造工艺,提高工作效率,降低生产成本。选择分型面应考虑以下原则。

(1) 采用平直分型面。平直分型面可减少制模和造型的工作量。图9-17为起重臂的分型面选择:(a)图为弯曲分型面,需挖砂或假箱造型,难以批量生产;(b)图为平直分型面,可分模造型。

(2) 尽量减少分型面数量。分型面应尽量少,这样利于简化造型工艺,提高铸型精度,改善铸件质量。图9-18为绳轮的分型面选择示意图,未采用组芯时需要两个分型面,三箱造型,而采用组芯后仅需一个分型面,变三箱造型为两箱造型,大大简化了造型工序。

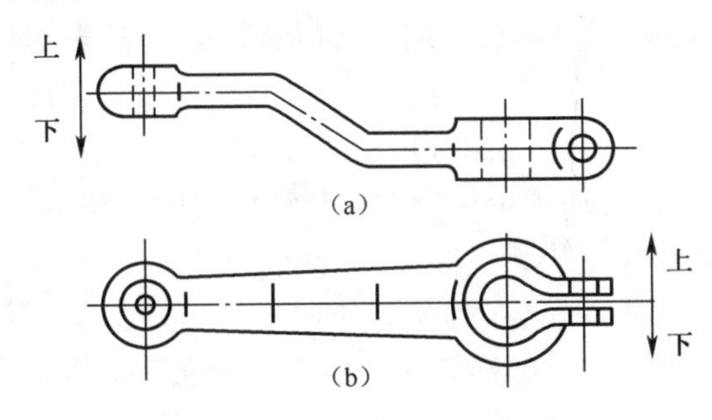

图 9-17　起重臂的分型面选择
(a)不合理;(b)合理。

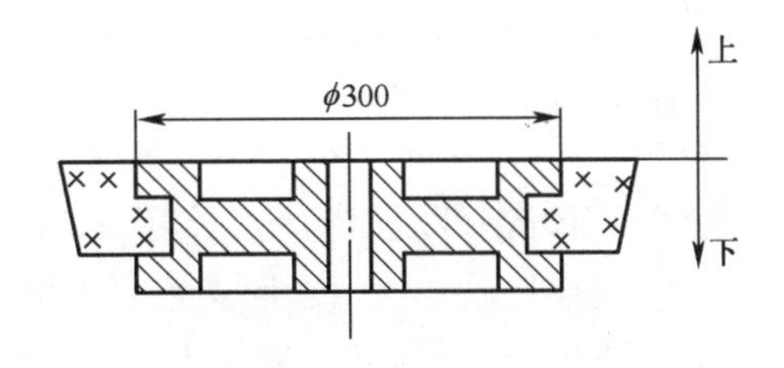

图 9-18　绳轮的分型面选择

(3) 减少芯子数目。芯子数目少有利于下芯和简化造型,同时便于合箱和检查铸件壁厚。图 9-19 为一接头铸件的分型面选择,(a)图需要型芯,而(b)图可不用型芯了。

(4) 尽量使铸件位于同一砂箱内。这样可使铸件的主要加工面、基准面在同一砂箱中,同时还可简化造型以免错箱。图 9-20 为一闷头的分型面选择,(a)图是合理的,它将铸件全部放在下型,基准面和加工面不会错位,从而保证了铸件质量。

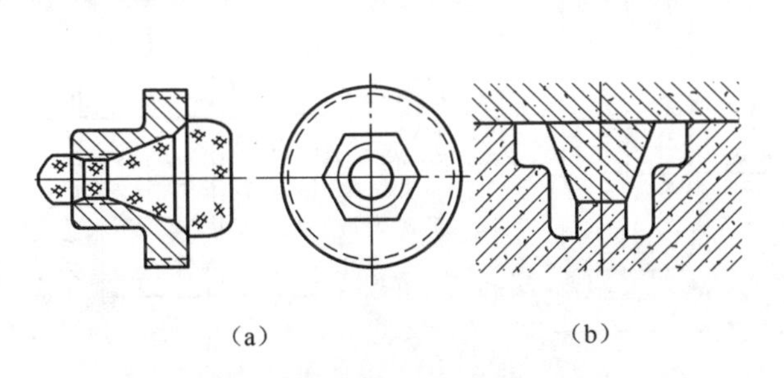

图 9-19　接头铸件的分型面选择
(a)不合理;(b)合理。

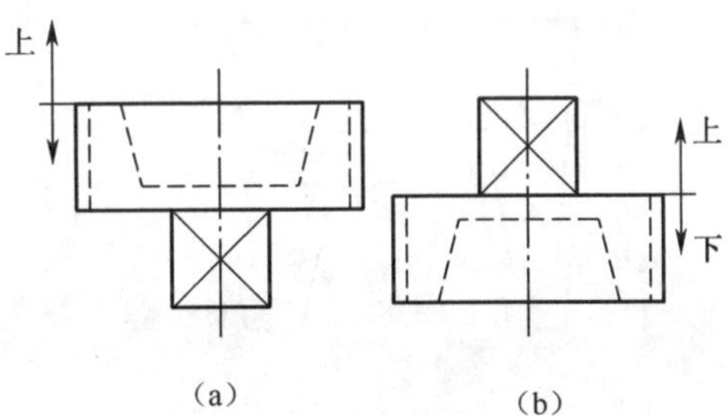

图 9-20　闷头的分型面选择
(a)合理;(b)不合理。

浇注位置和分型面的合理选择是保证铸件质量的前提。但对一个具体的铸件而言,往往难以同时满足,这时应优先考虑对铸件质量和生产率影响较大的因素,而对那些次要因素设法通过其他工艺措施来满足。

3) 工艺参数的选择

铸造工艺参数主要包括铸造收缩率、机械加工余量、起模斜度以及芯头尺寸等方面,它是由合金的种类和不同的铸造工艺决定的。目前大部分铸造工艺参数是在砂型铸造的基础上总结出来的,因此,随着造型材料的发展,工艺参数也将随之发生变化。在确定铸造工艺参数之前首先要简化铸件结构,对零件上的小孔、小槽、小凸台等可不铸出,以简化铸造工艺,这些被简化的部分可由机械加工来解决。但对于一些有特殊要求的孔,如弯曲孔,无法通过机械加工的方法解决,只能铸出。在单件小批量生产时,铸铁件的孔径小于 30mm、凸台高度和凹槽深度小于 10mm 时均可不铸出。

铸造收缩率:由于合金液的收缩,固态铸件的尺寸必然小于铸型尺寸,因此应根据合金的收缩率放大铸型模样尺寸。通常灰铁的收缩率为 0.7%~1.0%,铸钢的为 1.6%~2.0%,

非铁合金的为1.0%~1.5%。

机械加工余量：即在铸件的加工表面留出的准备切去的金属层厚度。加工余量过大，浪费金属和加工工时，过小又不能完全去除铸件的表面缺陷，保证铸件质量，甚至露出铸件表皮，达不到设计要求。加工余量与铸件批量、合金种类、铸件尺寸、加工面与基准面的距离、加工面在浇注时的位置、造型方法等有关，具体值由相关手册查得。一般情况下，机器造型精度高，加工余量小，而手工造型误差大，加工余量也大。灰铁件表面平整，加工余量小，而铸钢件表面粗糙，所留加工余量也应大一些。

起模斜度：为了便于起模，防止损坏砂型或砂芯，在起模方向留有的一定斜度。起模斜度取决于模样高度、造型方法、铸型材料等因素。起模斜度一般应用于没有结构斜度并垂直于分型面的表面，通常取15′~3°(图9-21)。

芯头：为了准确安放和固定型芯，伸出模样以外不与金属接触的凸出部分。芯头分为垂直型芯头和水平型芯头两种(图9-22)，为了便于装配，芯头与型芯座之间应留有1~4mm的间隙。

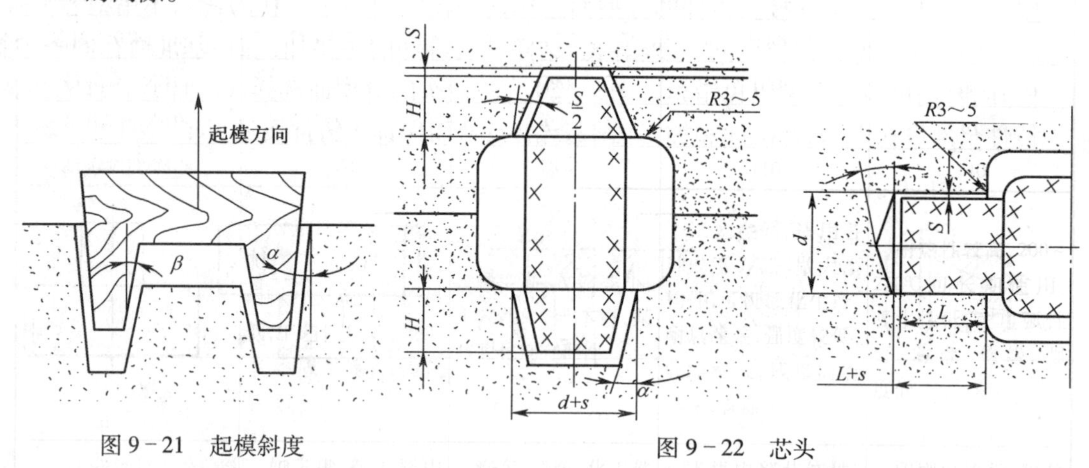

图9-21 起模斜度

图9-22 芯头

4）综合举例——气阀

图9-23是5t蒸汽锤的气阀零件图，有两个分型面方案 $A-A$、$B-B$ 和 $C-C$。

方案Ⅰ：$A-A$、$B-B$ 分型面

优点：零件的主要加工面都在侧面，可保证加工面质量；铸件全在中间砂箱中，不会产生错箱缺陷；两分型面都在棱缘上，清理方便。

缺点：需三箱造型，中箱深，修型困难；整体型芯无法穿过中箱，需截成两截，合箱时装配；这样操作麻烦，易产生毛刺，且位置特殊，难以清除。

方案Ⅱ：$C-C$ 分型面

优点：两箱造型，操作简化；型芯由四块组成，可预先拼合，修补接缝，合箱时整体安装，稳固且定位准确。

缺点：平做平浇不能保证主要加工面的质量；平做立浇可保证主要加工面的质量，但铸型易被翻坏，必须用干型，生产费用高；分型面处的毛刺清理困难；无法开设横浇口，因此，浇口无清渣作用；内浇口也无法开在圆切线方向，只能对准型芯。

图9-24为两种不同方案的合箱图。通过以上分析可知，两种方案均可行，但相比而言，方案Ⅰ更优。

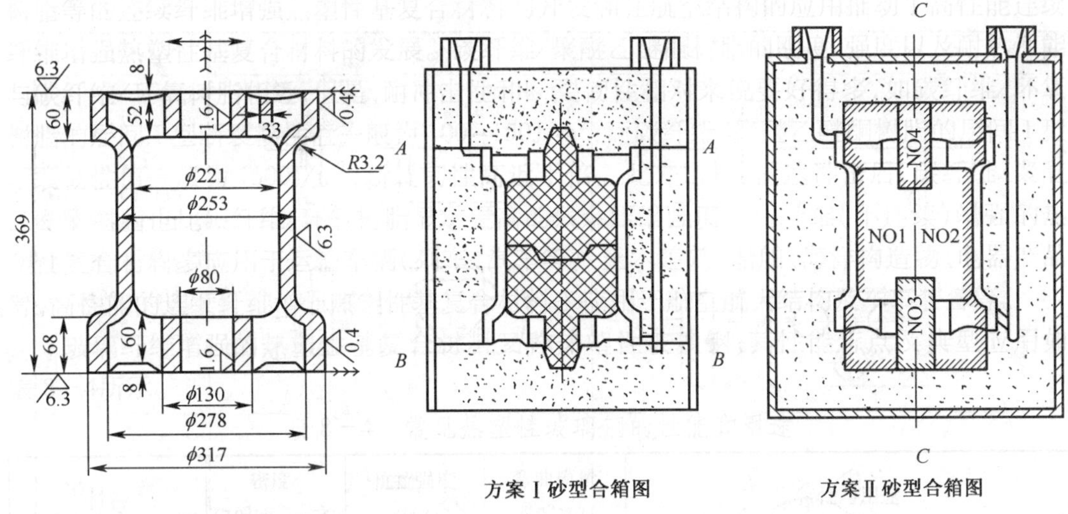

方案Ⅰ砂型合箱图　　方案Ⅱ砂型合箱图

图 9－23　气阀零件图及其分型面选择　　图 9－24　气阀砂型合箱图

9.1.3　铸件的结构工艺性

铸件结构是指铸件的外形、内腔、壁厚及壁之间的连接形式、加强筋、凸台等。铸件结构是否合理直接影响铸件质量、工作效率以及生产成本。因此，在铸件结构设计时，不仅要保证铸件的工作性能和机械性能，同时还要认真考虑铸造工艺和合金的铸造性能对铸件结构的特殊要求。

1. 铸造工艺对结构设计的要求

铸造工艺对铸件结构设计的要求见表 9－3。表中的铸造工艺是以砂型铸造工艺为主，同时结合其他铸造方法的特点共同分析的结果。

应注意的是起模斜度不同于结构斜度。它们的相同点是均为起模方便而设计的；不同点是起模斜度所在的面是垂直于分型面的加工表面，斜度值较小，一般为 15′～3°，而结构斜度所在的面则是与起模方向平行的非加工表面，值较大，一般为 30°～45°。

2. 合金的铸造性能对结构设计的要求

进行铸件的结构设计时还应充分考虑合金铸造性能的要求，以减少因铸造性能而产生的铸造缺陷如缩孔、缩松、浇不足、冷隔、变形、裂纹等，合金的铸造性能对铸件结构设计的要求如表 9－4 所列，具体的尺寸可由相关设计手册查得。

必须指出的是，以上分析只是一些基本原则和要求，由于不同合金的铸造性能不同，对其铸件结构的要求也就不同。因此，在进行铸件设计时，还应根据合金种类、工作条件、生产条件等因素具体分析，灵活运用。

表 9－3　铸造工艺对结构设计的要求

要求	不合理结构	合理结构	说明
外形简单			改进后减少了分型面或环状型芯

(续)

要求	不合理结构	合理结构	说明
外形简单	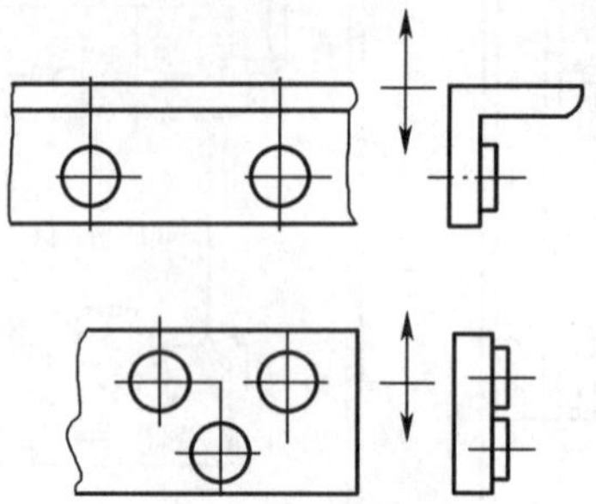	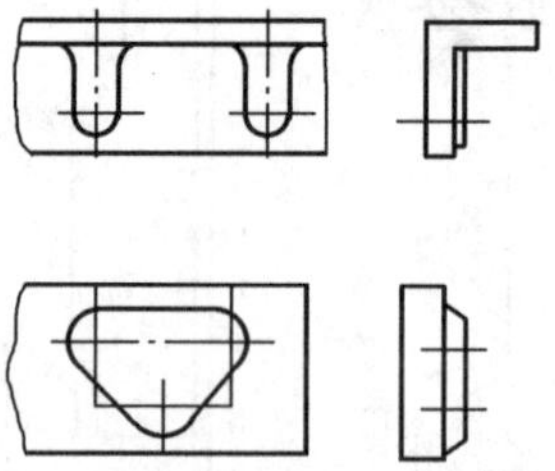	改进凸台、凸缘肋片结构。改进后凸台延至分型面可省去活块
	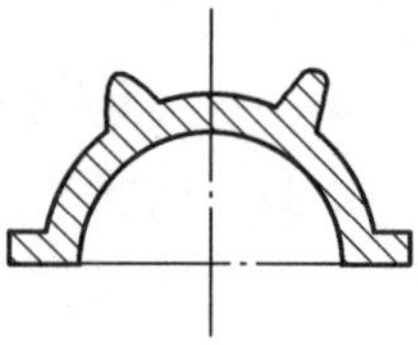	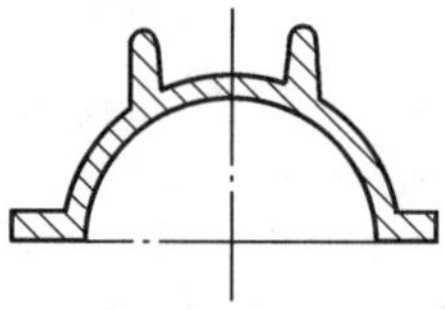	改进后筋相互平行并垂直于分型面,易起模
	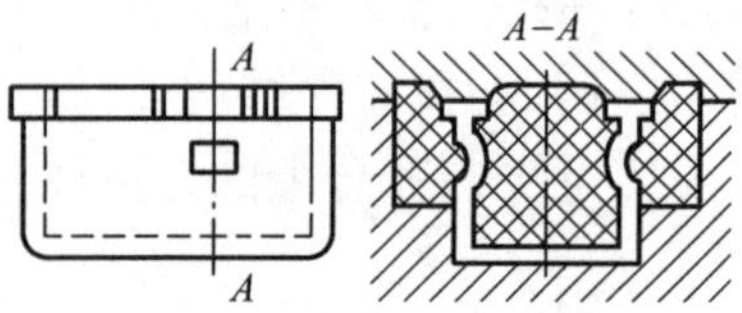 A A—A A	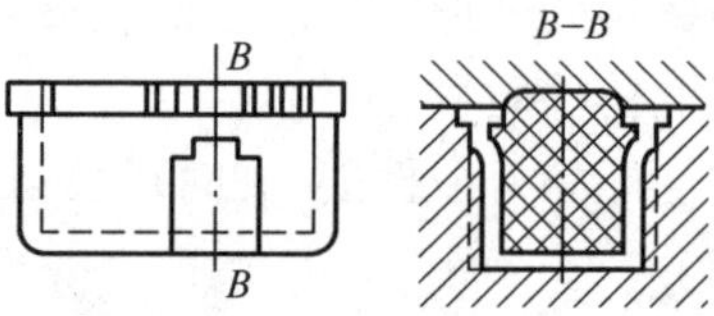 B B—B B	改进后凹坑通到底,可省去两个外型芯
	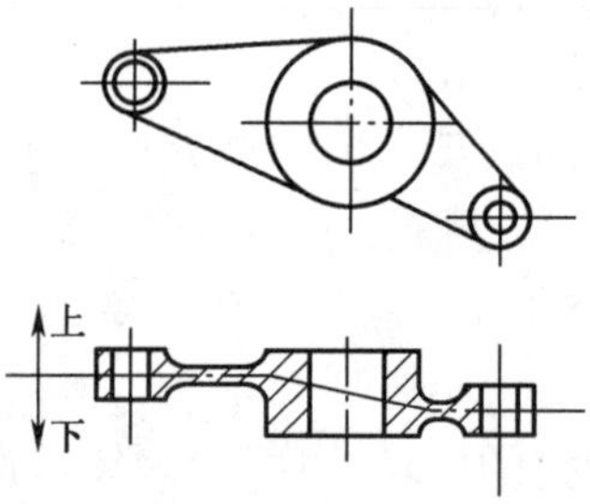 上 下	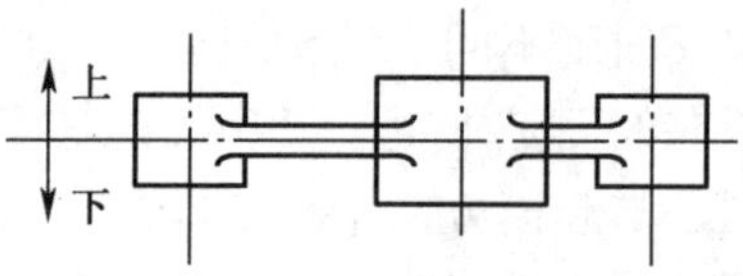 上 下	改进后可用平直分型面,避免了假箱或挖砂造型
内腔合理	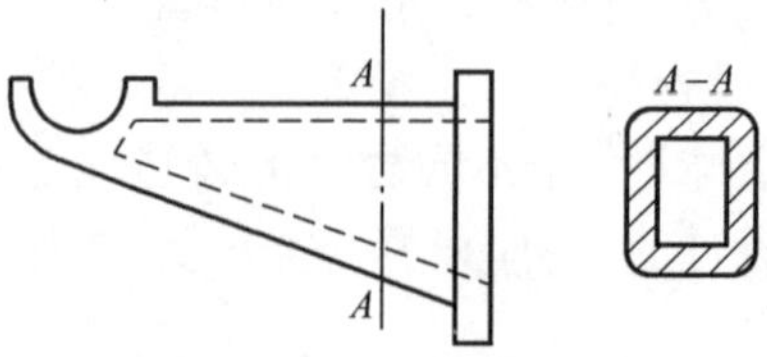 A A—A A	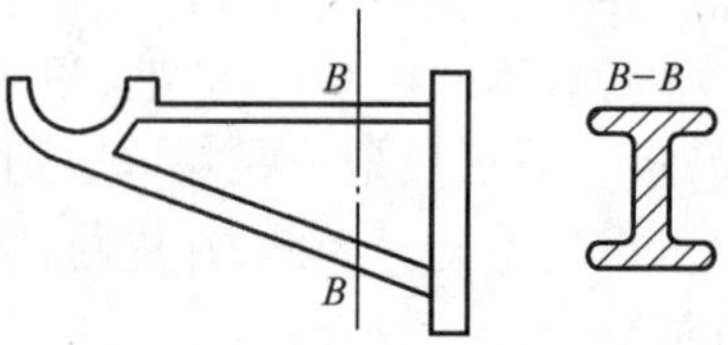 B B—B B	改进后避免了不必要的型芯
	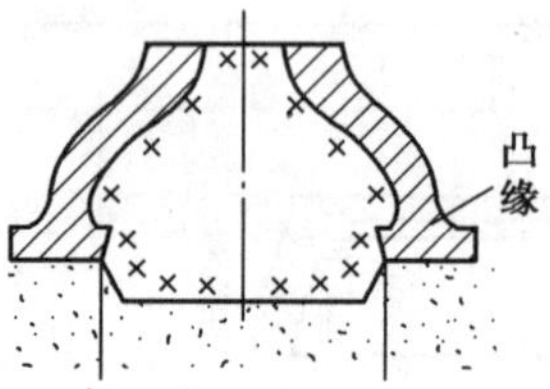 凸缘	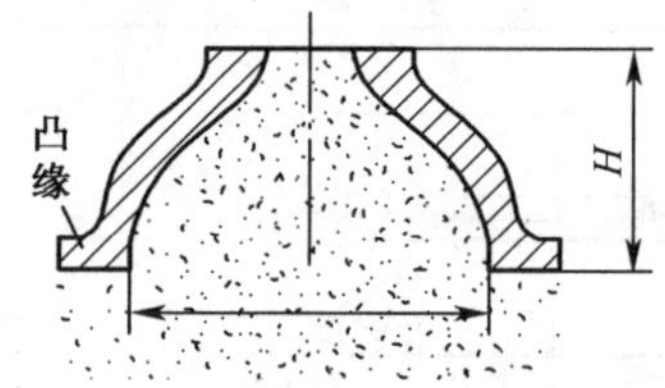 凸缘 H	改进后自带型芯取代了砂芯,有利于型芯的固定、排气

（续）

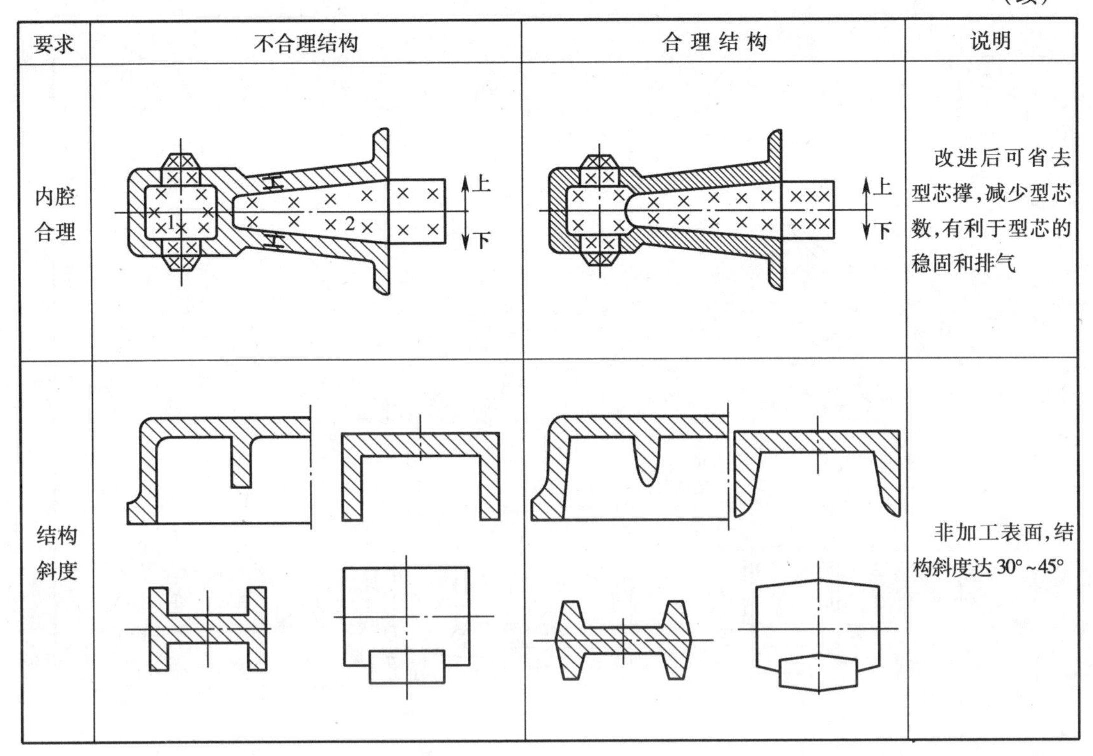

要求	不合理结构	合理结构	说明
内腔合理	1　2　上　下	上　下	改进后可省去型芯撑，减少型芯数，有利于型芯的稳固和排气
结构斜度			非加工表面，结构斜度达30°~45°

9.1.4　特种铸造

特种铸造是指砂型铸造以外的铸造方法，常见的有熔模铸造、金属型铸造、压力铸造、低压铸造以及离心铸造等，它们是砂型铸造的有益补充，弥补了砂型铸造的不足。

1. 熔模铸造

熔模铸造是用蜡料制成蜡模以及相应的浇注系统，在其表面涂覆耐火材料，浸入固化剂硬化，再熔去蜡模，烘干、焙烧铸型，四周填砂、浇注，获得铸件的工艺过程。

1）熔模铸造的工艺过程

熔模铸造的工艺过程示意图如图9-25所示。

表9-4　合金铸造性能对铸件结构设计的要求

设计要求	不合理结构	合理结构	说明
壁厚均匀			避免厚薄不均，相差过大。改进后可防止壁厚处产生热节或缩孔

(续)

设计要求	不合理结构	合理结构	说明
连接合理			避免锐角连接。改进后可减少热节,防止缩孔甚至裂纹
			避免直角转向。改进后为圆角过渡
			避免交叉连接。改进后可防止交叉处产生热节或缩孔
			避免收缩受阻。改进后可借助轮毂或轮缘的微量变形减小内应力
避免过大水平面			避免过大水平面。改进后有利于合金液的充填,不易产生浇不足、冷隔等

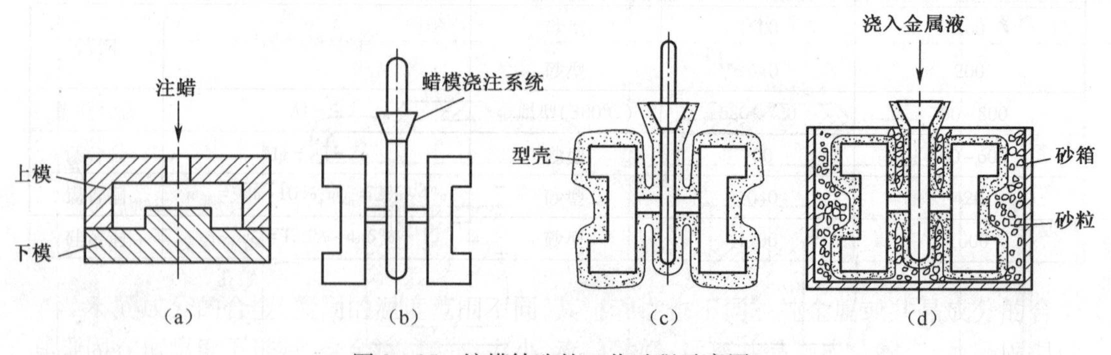

图9-25　熔模铸造的工艺过程示意图

(a)制蜡模;(b)蜡模组;(c)制型;(d)装箱浇注。

制蜡模：采用 50% 的石蜡和 50% 的硬脂酸制成蜡料，注入压型（专制蜡模的特殊铸型）制成蜡模。制成的蜡模再粘合在预制的蜡质浇口棒上，制成蜡模组。

结壳：结壳是将蜡模组表面涂上一层耐火涂料，制成耐火壳层的过程。耐火涂料一般是粘接剂、水玻璃和石英粉调制而成的。首先将蜡模组浸挂涂料后，在其表面撒上一层石英粉，然后放入氯化铵水溶液中，利用化学反应产生硅酸熔胶粘住砂粒并硬化，如此反复多次，直至形成 5～10mm 厚的壳层。

脱蜡：将结壳后的石蜡组浸入 90～95℃ 的热水中，蜡模熔化，形成一组中空的型壳。

焙烧：将型壳在 800～950℃ 焙烧，以提高铸型的强度，排除石蜡和水分。

浇注：为了防止型壳变形或开裂，可将型壳置入干型砂箱中，四周用砂填紧，并趁热浇注，以提高金属的充型能力。

2）熔模铸造的特点及应用

熔模铸造具有铸件尺寸精度高、表面粗糙度小，工艺灵活性强、适应性广，但工序繁多、生产周期长、铸型成本高等特点。可铸形状复杂、壁薄（可达 0.25mm）、孔小（可达 ϕ2.5mm）的铸件，一般应用于铸造形状复杂、精度要求高、难以切削加工的小型零件，如汽轮机、燃气轮机的叶片、叶轮、切削刀具、大型活塞的冷却油道等。

2. 金属型铸造

金属型铸造是指将合金液浇入金属型中获得铸件的工艺方法。图 9－26 是铸造铝合金活塞的金属型和金属型芯，由左右两个半型并由铰链连接而成，活塞的内腔由组合式金属型芯组成。金属型中设有通气和冷却系统。

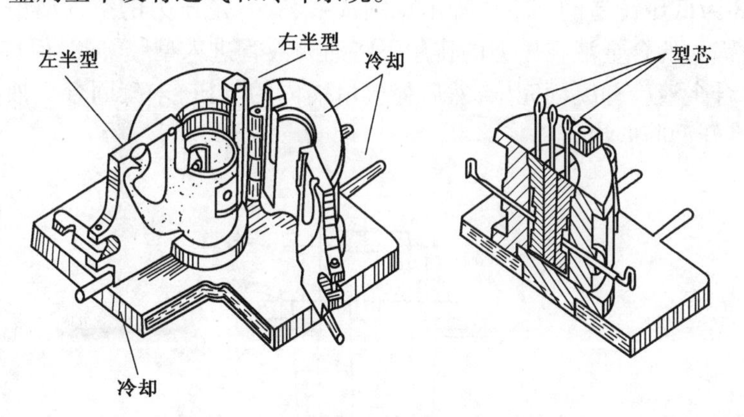

图 9－26　铝活塞的金属型及金属型芯

与砂型相比金属型散热快，且无退让性，易产生浇不足、冷隔、裂纹等铸造缺陷，灰铁件还会有白口产生，因此金属型铸造时需采取浇前预热、喷刷涂料、适时开型等措施。该种方法具有复用性好、加工余量小、力学性能高等特点，一般应用于于有色金属件的大批量生产，如铝活塞、汽缸体、缸盖、油泵体等。有时也用来生产某些铸铁件和铸钢件。

3. 压力铸造

压力铸造是将液态金属在高压（5～150MPa）、高速（充型时间为 0.01～0.02s、压射速度为0.5~50m/s)充填金属型腔,并在压力下凝固获得铸件的一种工艺方法(图9-27)。

压力铸造的工艺过程如图9-27所示。压力铸造可铸薄壁件,铸件具有尺寸精度高、表面质量好、力学性能优、生产率高等优点,但也有铸件中细小气孔多、压铸机投资大、成本高、生产安全性差等不足。一般应用于有色金属铸件的大批量生产。目前已广泛应用于汽车、拖拉机、仪表、电信器材、医疗器械等领域。

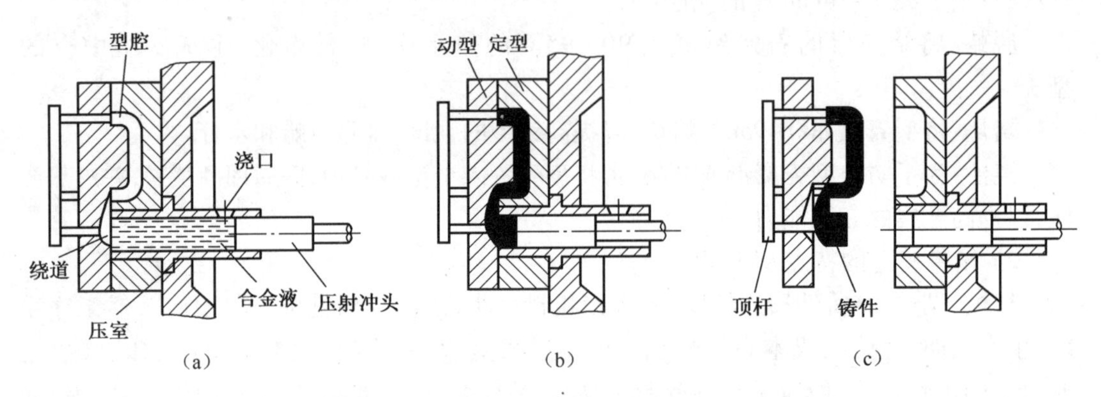

图9-27 卧式压铸机的工作过程示意图

(a)合型;(b)压射;(c)开型。

4. 低压铸造

低压铸造是将合金液在较低压力下(一般为0.02~0.08MPa)注入型腔,冷却凝固,以获得铸件的一种工艺。它介于压力铸造和重力铸造之间。

图9-28为低压铸造的基本原理示意图,将具有一定压力的空气或惰性气体通入密封坩锅内,坩锅内的合金液在压力的作用下将沿升液管进入型腔,同时保持一定压力或适度增压,直至合金液冷却凝固完毕,然后释放坩锅内的气压,未凝固合金液在重力作用下返回坩锅。打开型腔取出铸件。

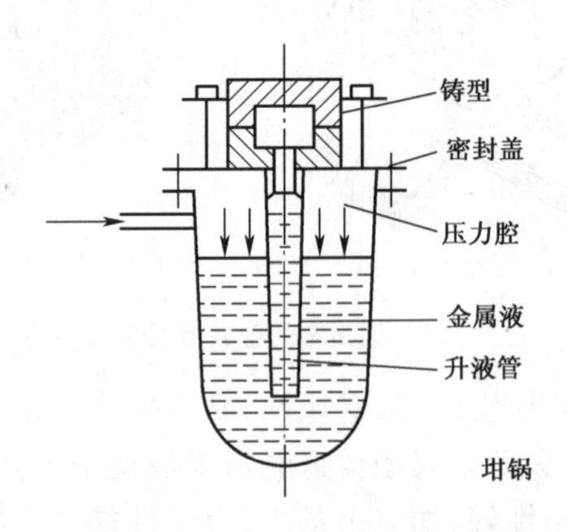

图9-28 低压铸造示意图

低压铸造具有工艺适应性广、充型平稳、机械性能好、设备简单、操作方便等特点。一般应用于铸造铝合金和镁合金铸件,如小型发动机的汽缸体、缸盖、活塞以及大型铸铁缸套和大型球铁曲轴等。

5. 离心铸造

离心铸造是指合金液在离心力的作用下充型、凝固获得铸件的一种工艺。

离心铸造时离心力的作用使合金液中密度小的熔渣、气体、杂质等集中于内表面，而铸件的结晶方向是由外向里，因而铸件无气孔、缩孔、夹渣等缺陷，铸件质量高。离心铸造按其转轴的空间位置可分为卧式和立式两种（图 9－29）。卧式离心铸造机的铸型轴线水平旋转，铸件壁厚均匀，一般应用于长度大于直径的管类铸件，如铸铁水管、煤气管等。立式离心铸造机的铸型轴线垂直旋转，铸件的壁厚不均，一般用于高度较小的圆环类铸件，如活塞环等。

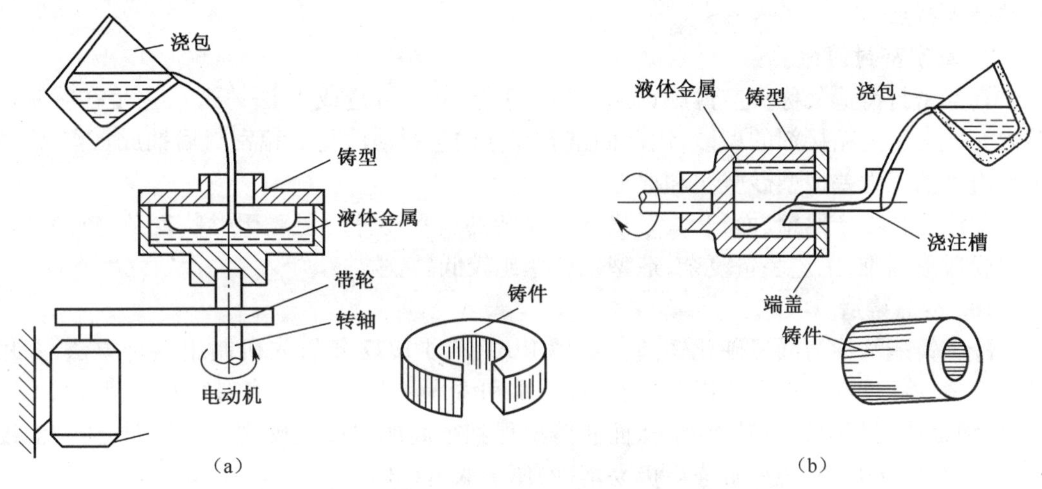

图 9－29　立式、卧式离心注压机示意图

(a)立式；(b)卧式。

6. 悬浮铸造

悬浮铸造是指在浇注时向合金液中添加金属粉末或合金液组元之间发生化学反应产生固相质点，成为凝固结晶时的核心，加快铸件凝固，细化铸件组织，提高铸件质量的一种铸造方法。

悬浮铸造法具有铸件质量高、缩松倾向低、缩孔体积小、铸铁件的石墨化程度高、不易产生白口等优点，但也存在对粉末的表面质量要求较高，浇注温度因粉末的加入要适度提高，合金液中的杂质含量会因粉末的加入而增加等不足。悬浮铸造不仅适用于金属铸件，同时还适用于金属基复合材料的铸件。

7. 真空实型铸造

它是采用聚苯乙烯泡沫塑料模样替代普通模样置入可抽真空的密封砂箱中，填干沙后振动紧实，抽真空，不取模样，直接浇注，泡沫塑料模在与金属液接触后受热汽化、燃烧而消失，金属液充满型腔，冷却凝固后获得铸件。该法又称汽化模型铸造或消失模铸造。

真空实型铸造无需起模、下芯、分型、修模等工序，因而可避免因分型、合箱、起模等工序所导致的铸件尺寸误差和铸造缺陷等不足，其具有铸件表面光洁、尺寸精度高，铸件设计的灵活性强、自由度大，生产工序简化、劳动强度降低，生产率提高等优点。但也存在以下不足：如模样的一次性使用，增加了成本；模样自身强度低，需干沙造型；模样在汽化、燃烧时易污染工作环境等。近十年来，真空实型铸造越来越受到国内外铸造工作者的关注和重视,尤其是近几年的发展很快,已成了当今铸造的热点之一。

8. 磁型铸造

磁型铸造是将聚苯乙烯泡沫塑料制成汽化模,表面刷上一层涂料,置入砂箱中,填以磁丸并微振紧实,再将砂箱置入磁性机中通电,磁丸磁化并相互吸引,从而形成具有一定强度的铸型,浇注金属液,汽化模汽化消失,冷却凝固后解除磁场,磁丸消磁失去吸引力,取出铸件。

磁型铸造利用了磁丸取代了型砂、磁场力取代了粘接剂、汽化模替代了普通模,是一种新型的铸造工艺,因而具有铸件质量高、工艺灵活,适应性广、劳动强度小,成本低,经济效益高等特点。

9. 真空密封铸造

真空密封铸造又称真空薄膜铸造、减压铸造、负压铸造或V法铸造。它是在特制砂箱内充填无水无粘接剂的型砂,用薄而富有弹性的塑料薄膜将砂箱密封后抽成真空,借助铸型内外的压力差使型砂坚实和成形。

此法适合生产薄壁、面积大、形状不太复杂的扁平铸件。但对于形状复杂、较高的铸件覆膜成形困难,工艺装备复杂,造型生产率比较低。

10. 冷冻铸造

冷冻铸造又称为低温硬化铸造。英国BDC公司1977年首先研制出这种方法,并用于小型铸铁件生产。它采用以普通石英砂、水和少量黏土为原料,将制好的铸型送入冷冻室,用液氮或二氧化碳对其冷冻,从而使铸型得到很高的强度及硬度。浇注时,铸型温度升高,水分直接升华,铸型解冻后极易落砂,便于取出铸件。

冷冻铸造清理落砂方便,旧砂易于回收,铸造过程产生粉尘和有害气体少,铸型硬度高,透气性好,铸件质量好,但所用到的低温储存设备和制冷剂价格较贵。

随着科技的发展,特别是计算机技术的应用,现已形成了以计算机技术为基础的产品开发系统、铸造专家系统、信息处理系统,并随着人工智能技术的发展和应用,机械手和机器人将逐步取代了铸造生产中的人工操作,铸造已不再是传统意义上脏、苦、累的代名词,它正朝着清洁化、专业化、智能化和网络化方向迅速发展,铸件也随之进一步精密化、轻薄化和高性能化。可以坚信:铸造将谱写新的篇章、铸就更大辉煌。

9.2 压力加工

压力加工是指金属在外力的作用下,通过塑性变形形成具有一定形状、尺寸和力学性能的型材、毛坯或零件的加工方法。常见的压力加工形式有锻造(自由锻造、锤上模锻)、板料冲压、扎制、挤压拉拔等。本章主要介绍自由锻造、锤上模锻和板料冲压三种加工形式,着重了解其加工规程、结构设计及其一般应用。

9.2.1 金属塑性变形基础

1. 塑性变形的本质

金属在外力作用下首先发生弹性变形,当外力超过一定值时,金属屈服并产生塑性变形。塑性变形是晶粒内的变形、晶粒间的移动以及晶粒转动的综合表现。过程十分复杂,为揭示其实质，首先讨论单晶体的塑性变形。

1）单晶体的塑性变形

图9-30为单晶体在外力作用下发生形变过程的示意图。从图中可以看出，晶体中存在一个刃形位错（晶体的下半部多半个原子面），在切应力作用下，这半原子面一格一格地从左向右移动，当其移出晶体时，晶体的上半部分相对于下半部分沿滑移方向移动了一个原子间距。因此，单晶体的塑性变形主要是通过滑移的形式实现的，而滑移的本质是晶粒内的位错（多余原子面）在沿某一滑移面沿某一滑移方向移动的结果，而不是滑移面上所有的原子同时发生刚性移动。滑移面即为晶体中的密排面，而滑移方向为密排面上的密排方向。

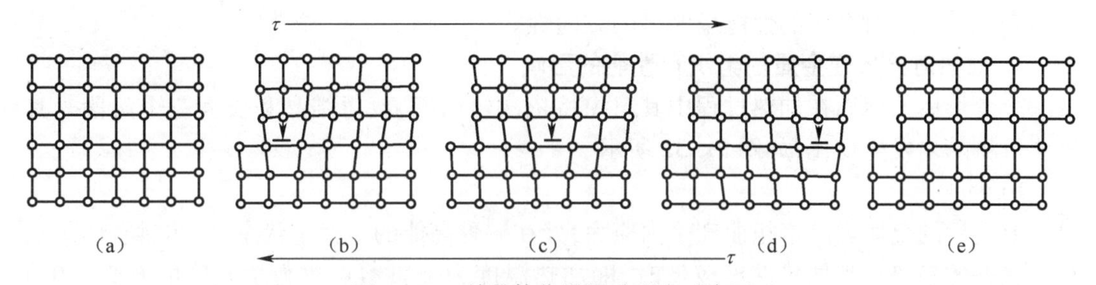

图9-30　单晶体位错滑移形变示意图

(a)未变形；(b)、(c)、(d)位错运动；(e)塑性变形。

2）多晶体的塑性变形

多晶体的塑性变形比单晶体要复杂得多。在外力作用下除了与单晶体一样在晶粒内产生滑移外，还将产生晶粒间的移动和转动，如图9-31所示。多晶体中的晶界对位错的滑移有较大的阻碍作用，位错易在晶界处产生塞积，导致远离晶界的地方变形大，靠近晶界的地方变形小，形成所谓的竹节现象。晶粒越细，总的晶界面积越大，位错滑移的阻力也就越大，材料的强度就越高。与此同时，有利于滑移的晶粒就越多，变形越分散，塑性增强。因此，晶粒越细的金属，其塑性和强度同步提高。

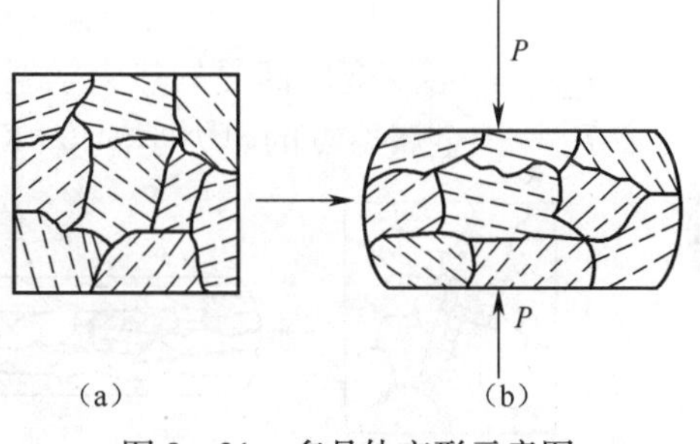

图9-31　多晶体变形示意图

(a)变形前；(b)变形后。

2. 冷塑性变形对金属的显微组织及力学性能的影响

1）晶粒变形、碎裂，性能各向异性

金属经塑性变形后，晶粒发生相对移动和转动，并沿受力方向伸长、排列，有的晶粒发生碎裂，形成细条状或纤维状，即所谓的加工流线。此时金属具有明显的方向性，变形方向的强度明显高于其他受力方向，对外呈现出各向异性。

2）形变强化

塑性变形使金属内部的位错密度明显增加，产生加工硬化，即金属的强度和硬度提高，而塑性和韧性下降的现象。

形变强化是一种有效的强化手段，特别是那些不能采用热处理强化的纯金属、有色合金等,可通过形变手段使其晶粒扭曲变形和碎裂,增加滑移阻力,提高其强度。

3）余内应力

残余应力是指金属内部因塑性变形不均匀而产生的内应力,表现为宏观内应力和微观内应力两种。宏观内应力是因工件整体变形不均匀而产生的内应力,又称第一类内应力。微观内应力包括晶粒间和晶粒内因变形不均匀产生的内应力以及因晶格畸变产生的内应力,又分别被称为第二类和第三类内应力。其中第三类内应力是形变强化的主要原因。

4）织构现象

形变量较大(70%~90%)时,金属中各晶粒择优取向,晶格的位向趋向一致的现象称为形变织构。此时金属的性能呈明显的方向性。

3. 加热对冷形变金属的组织和性能的影响

冷变形后的金属在加热过程中其组织将依次经历回复、再结晶和长大三个阶段。其性能也将随之发生变化,如图9-32所示。

1）回复

形变后的金属因晶格扭曲产生内应力,处在一种高能的不稳定状态,加热时有回复到稳定状态的趋势。当加热温度较低时,即加热温度为金属熔点热力学温度的0.25~0.3倍时,原子的活力增强,通过扩散使晶格扭曲减轻,内应力显著减小,但晶粒的形状、大小及其强度和塑性变化不大,这个过程或现象称之为回复。

$$T_{回} = 0.25 \sim 0.3T_{m} \tag{9-1}$$

式中 $T_{回}$——形变金属回复的热力学温度(K);

T_{m}——金属熔点的热力学温度(K)。

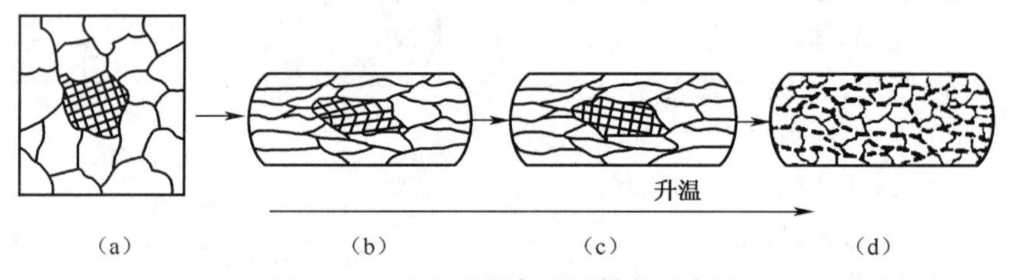

图9-32 金属的回复和再结晶示意图

(a)变形前的组织;(b)变形后的组织;(c)回复后的组织;(d)再结晶后的组织。

2）再结晶

随着加热温度的提高,原子的扩散能力进一步增强,畸变的晶粒通过形核和长大,形成无畸变的等轴晶粒,这一过程称之为再结晶。

再结晶可消除晶体的各种缺陷,并使其强度、硬度和组织基本恢复到形变前的状态,残余应力基本消除,形变强化现象完全消失。

再结晶过程不是恒温过程,而是随着温度的升高到某一温度才开始的过程,我们把发生再结晶的开始温度称再结晶温度。大量的试验表明金属的再结晶温度与其熔点密切相关,约为熔点热力学温度的0.4倍。

$$T_{再} = 0.4T_{m} \tag{9-2}$$

式中 $T_{再}$——再结晶温度(K)。

再结晶温度的主要影响因素有预变形度、金属成分、加热速度和保温时间等。

3）晶粒长大

再结晶完成后，若继续加热，会使晶粒粗化，导致材料的强度、塑性和韧性下降。加热温度越高，保温时间越长，晶粒长大越显著。

4. 热塑性变形对金属组织和性能的影响

1）冷变形和热变形

金属在再结晶温度以下的塑性变形称为冷变形，又称冷加工。如金属在常温下进行的冷挤压、冷轧和冷冲压等。金属在冷变形过程中不会发生回复和再结晶，但产生加工硬化，金属的性能呈现出各向异性。

金属在再结晶温度以上的塑性变形称为热变形，又称热加工。如金属在一定温度下进行的热挤压、热轧等。在热变形过程中，因回复和再结晶的速度高于形变强化的速度，故金属不会产生加工硬化。热变形可细化晶粒、均匀组织，并可消除一些铸造缺陷如气孔、缩松以及偏析等，显著改善金属的力学性能。热变形后的组织为再结晶组织。

2）热变形对金属的组织和性能的影响

热变形不会产生形变强化现象，但可使铸态下的粗状晶和柱状晶碎裂细化形成等轴晶粒，也可使铸态下的缩松、气孔焊合，密度提高、组织均匀化，显著改善金属的力学性能。

热变形使金属中的枝晶和非金属夹杂物沿变形方向拉长，形成热加工流线，使其性能呈现出各向异性的特征。

值得注意的是热加工流线与冷加工流线有着本质区别。冷加工流线是冷形变时晶粒沿受力方向伸长、形变产生的，具有强烈的形变强化和各向异性。热加工流线则是在热形变下产生的，是金属中的夹杂沿受力变形方向的再分布，组织为再结晶组织，无形变强化现象。它们的共同点是均出现各向异性、均能细化晶粒改善力学性能。

5. 金属的锻造性能

金属的锻造性能是指金属在压力加工时获得优质产品的难易程度。其衡量指标是金属的塑性变形抗力和塑性。低的塑性变形抗力和良好的塑性可使变形设备的能耗降低，产品质量提高。金属的锻造性能主要取决于金属的本质和变形条件两大要素。

1）金属的本质

成分：一般纯金属的可锻性比合金强，在钢中含碳量增加时，塑性下降，变形抗力增加，可锻性变差。

组织：组织决定了金属的塑性和变形抗力。一般单相固溶体和晶粒细小而均匀的组织，形变抗力小、塑性高，锻造性好。

2）变形条件

形变温度：形变温度越高，金属的塑性越好，形变抗力就越小，越有利于金属锻造成形。钢在一定温度时还可能发生相变，变成单相的奥氏体组织，形变后迅速回复和再结晶，这些均可改善金属的锻造性能。但形变温度不能过高，否则会发生氧化、脱碳、晶粒粗化等不良现象，严重时造成废品。

形变温度的选择依据是合金的相图。图 9－33 是碳素钢的锻造温度范围，始锻温度一般在固相线以下 150～250℃，终端温度一般为 800℃左右。终端温度不宜过高，否则就不能充分利用良好的变形条件，增加回炉加热的次数，使晶粒粗化。800℃左右时，亚共析钢处于两相区,但此时因含碳量少,钢仍保持较高的塑性和较强的形变能力;过共析钢也处于两相区,但此时可击碎沿晶界分布的二次网状渗碳体。表9-5是常用合金的锻造温度范围。

表9-5 常用合金的锻造温度范围

合金种类	牌　号	始锻温度/℃	终端温度/℃
碳　　钢	15,25, 40,45 T9A,T10	1250 1200 1000	800 800 700
合金结构钢	20Cr,40Cr 20CrMnTi 30Mn2	1200 1200 1200	800 800 800
合金工具钢	9SiCr Cr12	1100 1080	800 840
不　锈　钢	1Cr13,2Cr13 1Cr18NiTi	1150 1180	750 850
紫　　铜	T1~T4	950	800
黄　　铜	H68	830	700
硬　　铝	LY1,LY11,LY12	470	380

形变速度:形变速度对锻造性能的影响如图9-34所示。随着形变速度的提高,再结晶来不及彻底消除形变强化所造成的加工硬化现象,使金属的塑性下降,形变抗力增加,可锻性变差;当形变速度提高到一定值时,因塑性变形产生的热效应迅速提高了再结晶的速度,使形变强化现象减弱,甚至消失,锻造性能得到改善。高速锻就利用了这一原理。

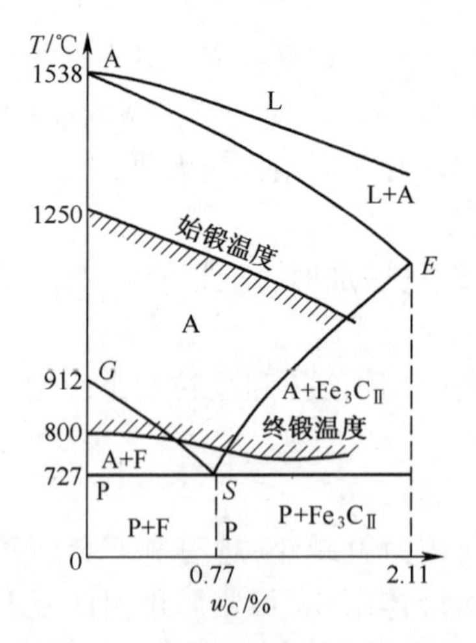

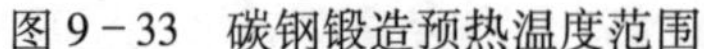
图9-33 碳钢锻造预热温度范围

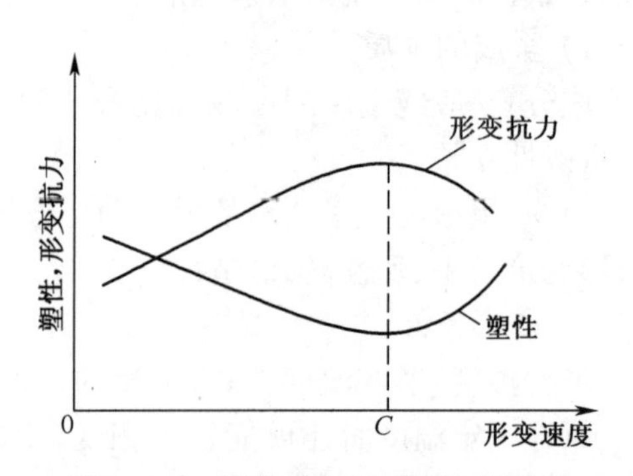

图9-34 形变速度对可锻性的影响

应力状态:金属在形变时所受的应力主要有拉应力和压应力两种。拉应力时,金属内部的缺陷处易产生应力集中,并促使缺陷扩展,导致金属破坏。金属受压应力时,可阻止微裂纹的产生和扩展,抵消了因变形不均匀产生的附加应力,使金属的形变抗力减小,塑性提高,锻造性能得到改善。因此,拉拔时(图9-35(a))金属两向受压一向受拉,锻造性能下降;金属在挤压时(图 9 - 35(b))三向受压,表现出良好的锻造性能。

总之,金属在压力加工时,三向中受压应力状态数目越多,其可锻性就越好,反之越差。

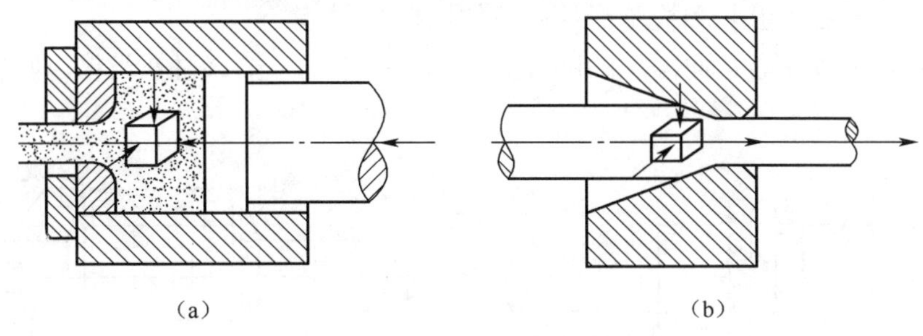

图 9 - 35　应力状态对可锻性能的影响

(a)挤压;(b)拉拔。

9.2.2　压力加工的方式

常见的压力加工方式有轧制、挤压、拉拔、自由锻造、模型锻造和板料冲压等,如图 9 - 36 所示。

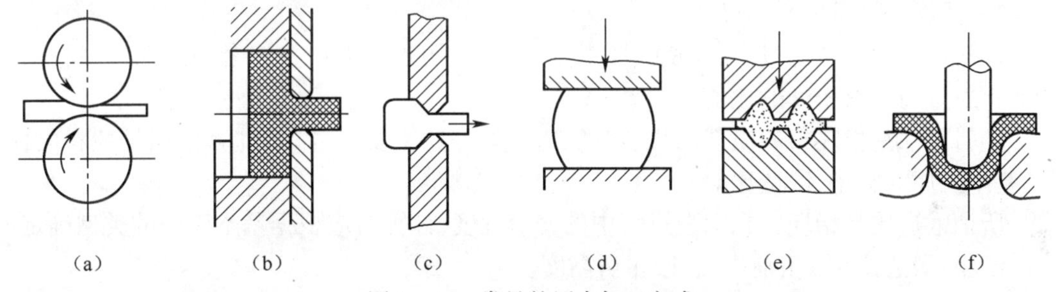

图 9 - 36　常见的压力加工方式

(a)轧制;(b)挤压;(c)拉拔;(d)自由锻;(e)模锻;(f)板料冲压。

压力加工是固态下成形,具有力学性能好、材料浪费少、生产率高等优点,但也存在加工成本高、成形困难、无法获得内腔复杂的零件等不足。

9.2.3　自由锻造

自由锻造是利用锻锤或水压机等设备产生的冲击力或压力,使预热的金属坯料在上下抵铁之间发生自由流动形成锻件的方法。其特点是锻件的形状和尺寸由锻工控制,锻件的精度低,加工余量大;劳动强度高,生产率低,一般用于单件、小批量、形状简单的毛坯零件生产。

自由锻造的工序由基本工序、辅佐工序和修整工序三部分组成。基本工序是指使坯料基本达到所需形状和尺寸的工艺过程,如镦粗、拔长、弯曲、冲孔、切割、扭转和错移等;辅佐工序是为基本工序而设的预变形工序,如压钳口、倒棱、压痕等;修整工序是为提高锻件表面质量而设的工序,如校正、滚圆和平整等。

1. 自由锻工艺规程的制定

自由锻的工艺规程主要包括绘制锻件图、计算坯料的尺寸和质量、确定锻造工序、选择锻造设备、确定加热规范和加热火次、填写工艺卡片等。

1）绘制锻件图

锻件图是依据零件图,同时考虑余块、余量以及锻件公差绘制而成的(图9－37),它是计算坯料、制定锻造工艺和检验锻件质量的依据。

余块:为简化锻件形状而添加的部分。如零件中的退刀槽、键槽、齿槽以及一些小孔、台阶、盲孔等。

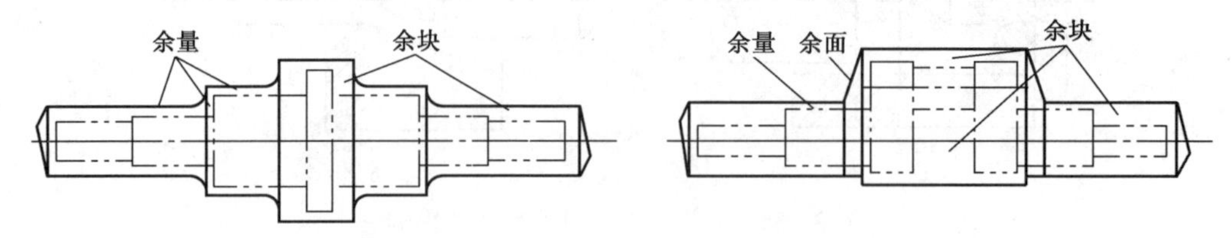

图9－37　锻件图及其余块和余量

余量:即加工余量。

锻件公差:锻件公差是指锻件的名义尺寸允许变化的范围,通常为加工余量的1/4~1/3。

余块、余量和锻件公差是在零件尺寸的基础上根据《钢质模锻件公差及机械加工余量》(GB/T 12362—2003)查得的。

2）计算坯料质量及其尺寸

坯料质量为锻件质量、氧化烧损质量以及冲孔、切头损失质量三者的总和;坯料体积为坯料质量与材料密度的比值。

坯料尺寸是指坯料的横截面积、直径、边长等一些主要尺寸,其计算依据是坯料的体积、基本工序的类型、锻造比等。

所谓锻造比是指坯料在锻造过程中的变形程度,计算时应根据基本工序的类型确定。

镦粗:锻造比＝镦粗前高度/镦粗后高度。

拔长:锻造比＝拔前横截面/拔后横截面。

锻造比又分为工序锻造比和总锻造比两种,总锻造比为各工序锻造比的乘积。工序锻造比的选择要合适:过小,锻件的性能达不到要求;过大,一方面增加了工作量,另一方面又使锻件的各向异性更加突出。因此,碳素钢轴类件总锻造比一般取2.0~2.5;合金钢轴类总锻造比取2.5~3.0;发动机转子轴身取3.5~6.0;航空用大型锻件取6.0~8.0。采用轧材时可小一些。

应注意的是锻造是一种热加工方式,锻造后在锻件中产生加工流线,又称为锻造流线,使锻件呈现明显的各向异性,该流线无法通过再结晶消除,只能用热变形来改变流线的流向和分布,应尽量使加工流线沿零件的轮廓分布。

3）选择锻造工序

锻造工序是根据锻件的形状特点来制定的,表9－6即为常见锻件的锻造工序。

表9－6　常见锻件的锻造工序

锻件类型	图　例	基本工序	应用实例
盘块类		镦粗或局部镦粗	圆盘,齿轮叶轮,模块等

（续）

锻件类型	图　　例	基本工序	应用实例
环筒类	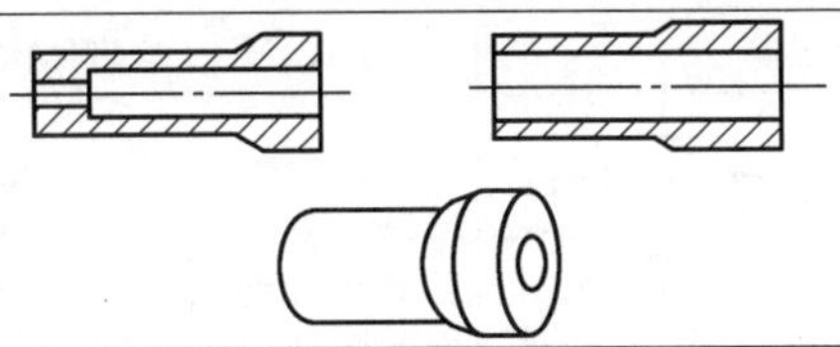	镦粗—冲孔 镦粗—冲孔—扩孔 镦粗—冲孔—芯轴上拔长	圆筒，套筒、齿圈，法兰，圆环等
轴杆类	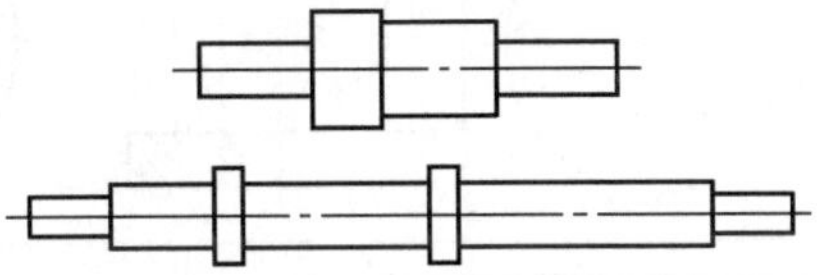	拔长 镦粗—拔长 局部镦粗—拔长	主轴，传动轴、连杆等
曲轴类	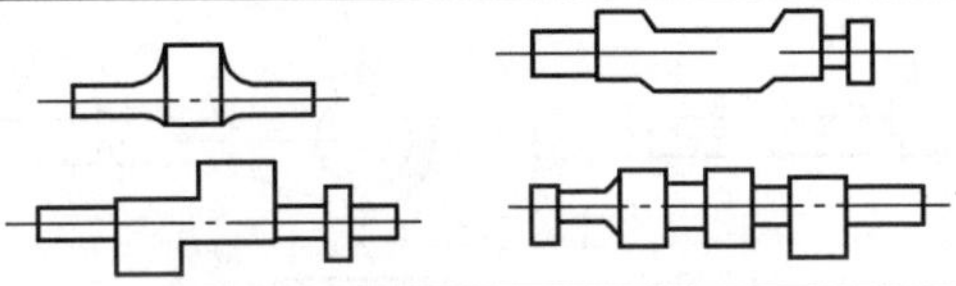	拔长—错移（单拐） 拔长—错移—扭转（多拐）	曲轴，偏心轴等
弯曲类	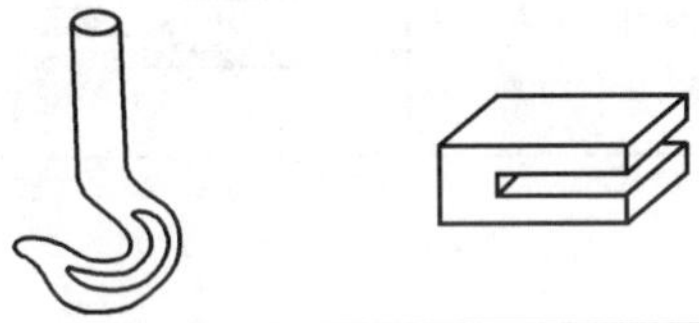	轴杆类工序—弯曲	吊钩，瓦盖等

4）选择锻造设备

锻造设备应根据坯料的种类、质量要求、锻造的基本工序并结合实际条件来确定。

2. 自由锻件的结构工艺

进行自由锻件设计时不仅要满足使用要求，同时还应考虑其工艺要求，表 9－7 即为常见自由锻件的结构工艺性要求。

表 9－7　常见自由锻件的结构工艺性要求

工艺性要求	举　　例	
	不合理结构	合理结构
避免锥面和斜面	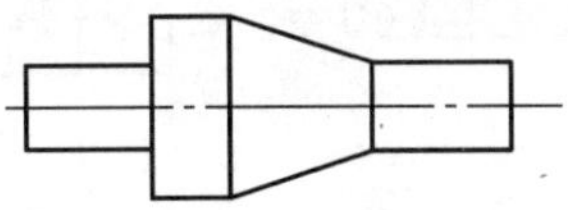	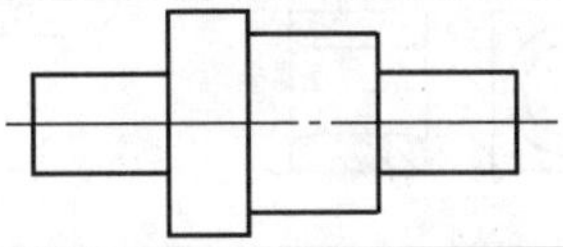
避免贯线	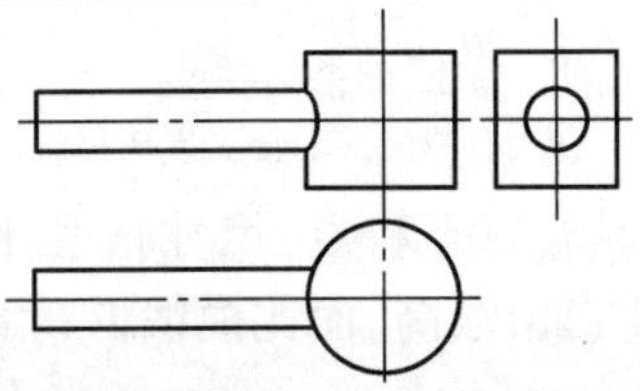	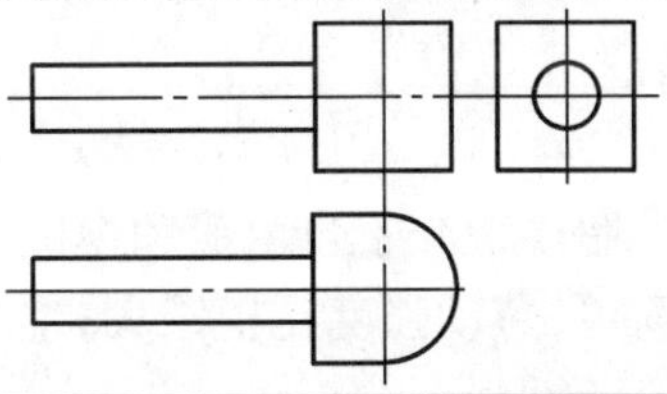
避免非规则截面和非规则外形	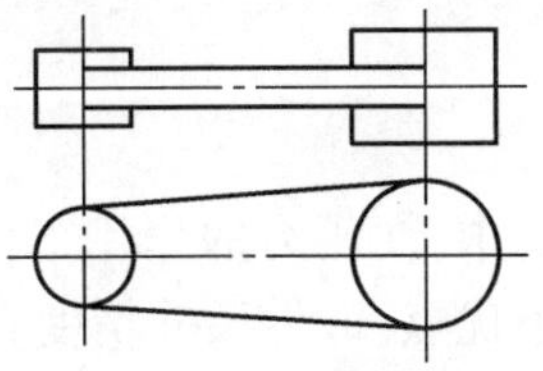	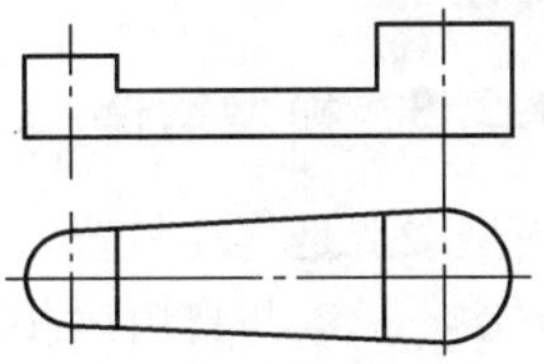

(续)

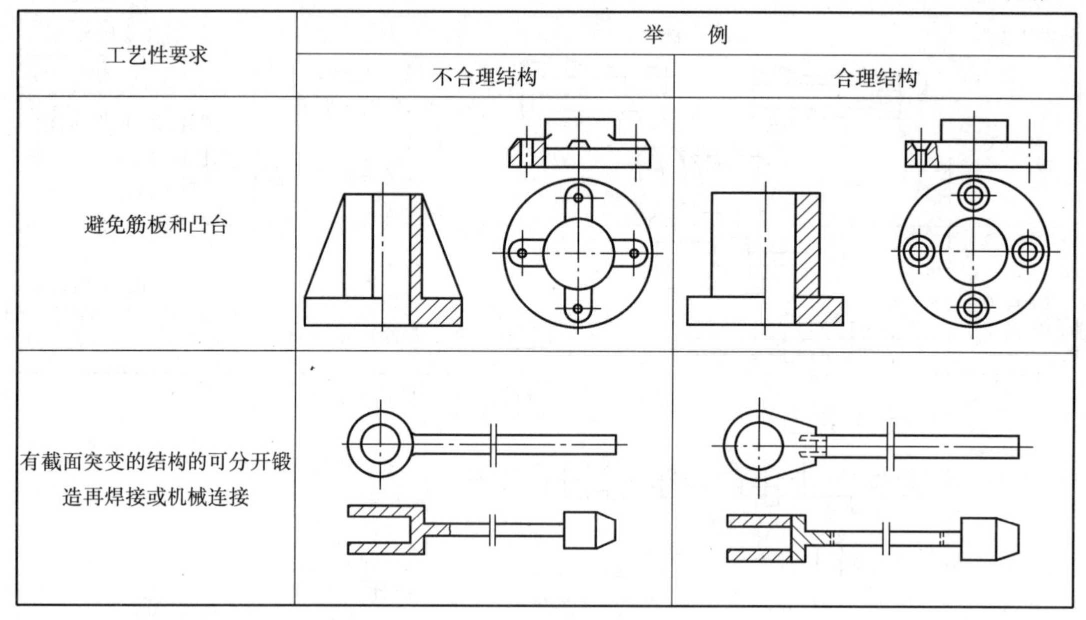

工艺性要求	举例	
	不合理结构	合理结构
避免筋板和凸台		
有截面突变的结构的可分开锻造再焊接或机械连接		

9.2.4 胎模锻

它是在自由锻的设备上利用胎模生产锻件的工艺。胎模的种类较多,常有摔模、扣模、套筒模、合模等,如图9-38所示。胎模锻一般适用于中小批量的锻件生产。

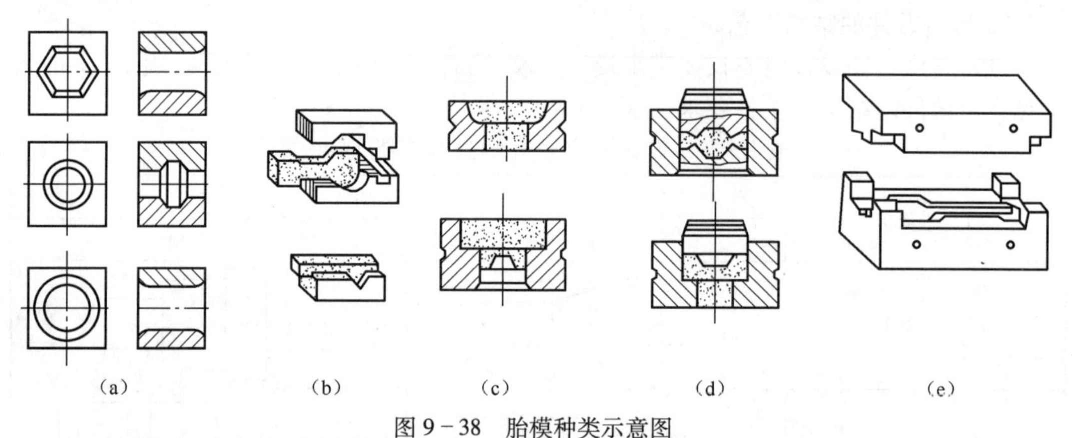

图9-38 胎模种类示意图

(a)摔模;(b)扣模;(c)开式套筒模;(d)闭式套筒模;(e)合模。

胎模锻介于自由锻和模锻之间,具有以下特点:尺寸精度比自由锻件高;操作比自由锻简单,劳动强度比模锻大;生产率比自由锻高,而比模锻低;胎模结构简单,制作方便,工艺灵活性强。

9.2.5 模型锻造

模型锻造是将坯料置入锻模的模膛中,在压力的作用下使坯料充满模膛获得锻件的制备方法。模锻与自由锻相比具有以下优点:锻件尺寸精度高,表面质量好,加工余量小;

锻件的纤维组织分布合理,使用寿命长;操作简单,易实现机械化。但也存在以下不足:设备的投资大,成本高;制模的生产周期长,模具的工艺灵活性差,一般为专模专用;锻件质量受模锻设备吨位的限制,一般小于150kg。

模锻一般只适用于中小型锻件的批量生产。按质量计算,飞机上锻件中模锻件占85%,坦克上占70%,汽车上占80%,机车上占60%。

按模锻的设备不同,模锻通常可分为锤上模锻、胎模模锻及压力机上模锻等三种。本节主要介绍锤上模锻的有关内容。

1. 锤上模锻

锤上模锻是将上模固定在模锻锤头上,下模固定在砧座上,上模通过导轨的导向机构对置于下模中的坯料进行直接打击,使坯料填满上下模膛获取锻件的方法。

1）模锻锤

模锻锤是锤上模锻中的重要件,常见的有蒸汽-空气模锻锤、无砧座锤和高速锤等多种,其中蒸汽-空气模锻锤应用最广。模锻锤的工作原理与自由锻基本相同。需注意的是应定期检查锤头与导轨的间隙。间隙过小,锤头的上下运动困难;间隙过大,则易导致上下模之间错位。

2）锻模结构

锻模结构如图9－39所示,主要由上、下模组成,上、下模均通过楔铁和燕尾槽分别与锤头和砧座相连,上模随锤头上下往复运动,下模则固定在砧座上。上下模合在一起时的中空部位就形成完整的模锻模膛。模锻模膛按其功能可分为制坯模膛和模锻模膛两大类。

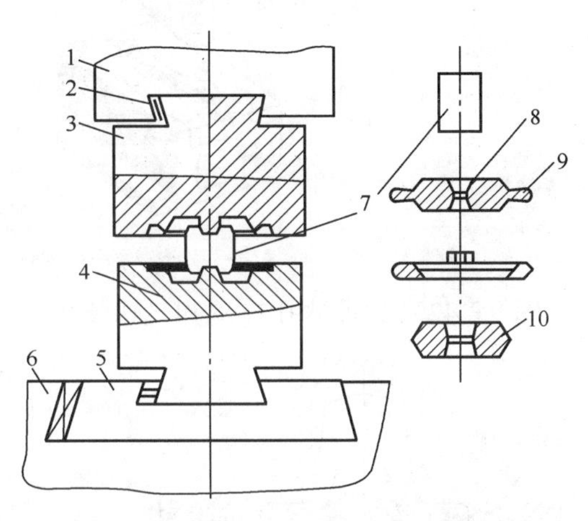

图9－39　锻模结构

1—锤头;2—楔铁;3—上模;4—下模;5—下模座;6—砧座;7—坯料;8—连皮;9—毛边;10—锻件。

制坯模膛:使坯料初步成形的模膛,是针对形状复杂、变形难以一步到位的锻件而设的。制坯模膛又分为拔长模膛、滚压模膛、弯曲模膛、切断模膛等,如图9－40所示。它们的作用是让坯料逐步变形,以保证金属变形均匀,纤维组织分布合理,坯料的尺寸和形状与锻件基本接近。

模锻模膛:锻件成形的模膛,包括预锻模膛和终锻模膛。预锻模膛的作用是让坯料变形到接近于锻件的形状和尺寸,以利于坯料在终锻模膛中顺利成形和减少终锻模膛的磨损。终锻模膛的作用是让坯料变形到锻件所要求的形状和尺寸。终锻模膛的尺寸应包含锻件的收缩量。终锻模膛设有飞边槽(图9－41),其主要作用是:增加金属从模膛中流出的阻力,以提高金属的充型能力;容纳多余金属;缓和冲击,避免分模面压陷和崩裂。

预锻模膛与终锻模膛的区别:预锻模膛的高度、锻模斜度和圆角半径稍大,不开设飞边槽。对于形状简单或量少的模锻件也可不设预锻模膛。

应注意的是锻件上的通孔一般不能直接锻出,上下模之间应留有间隙,目的是为了避免上下模之间直接接触,产生强烈撞击,这样在锻件孔内留有一层薄金属,又称为冲孔连

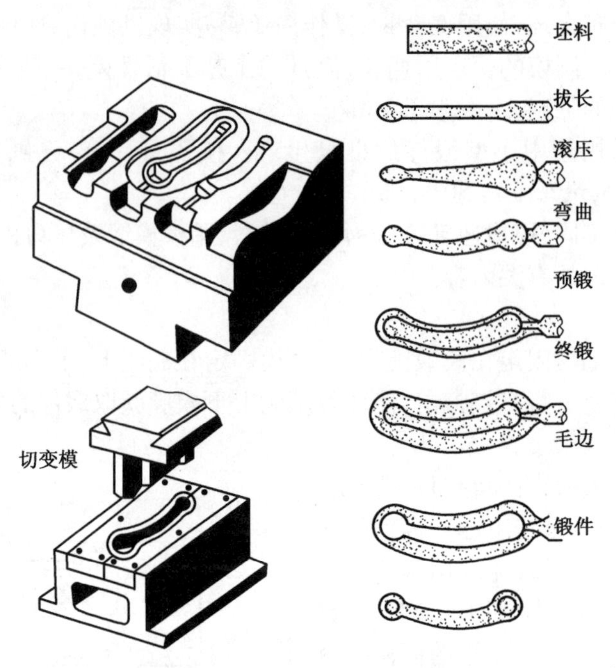

图9-40　弯曲连杆的模锻过程

皮(图9-42),去掉冲孔连皮和飞边槽即可获得通孔锻件。

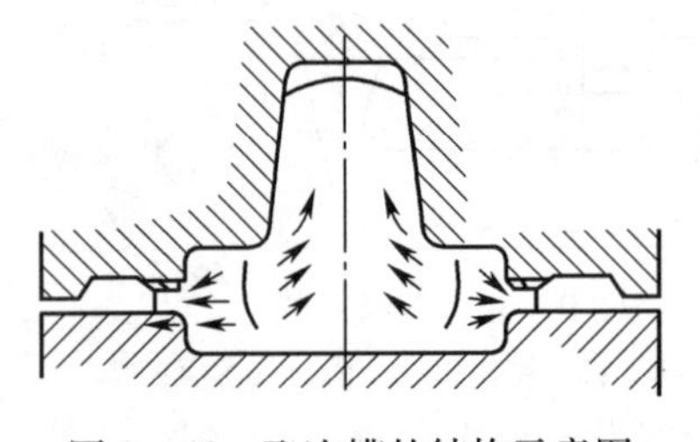

图9-41　飞边槽的结构示意图

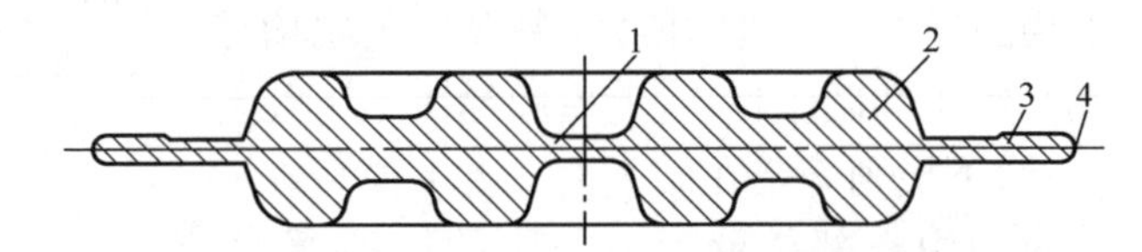

图9-42　带有冲孔连皮和飞边的模锻件

1—冲孔连皮;2—模锻件;3—飞边;4—分模面。

2. 模锻工艺规程的制定

模锻工艺规程包括绘制锻件图、计算坯料尺寸、确定模锻工步、选择模锻设备和安排修整工序等。

1) 绘制锻件图

锻件图是根据零件图按模锻工艺制定的,是编制模锻工艺规程、验收锻件、设计制造锻模和切边模的依据。绘制该图时应考虑以下几点:

(1) 分模面的合理选择。分模面是上下锻模在模锻件上的分界面。其选择原则是:保证锻件从模膛中顺利取出,一般情况应选择在锻件的最大截面处;上下模沿分模面的轮廓应一致,以便发现错模;上下模膛深度应尽量相近,便于锻模制造;余块数量尽量少。

图9-43是轮坯锻件分模面选择比较示意图。共有 *a*—*a*、*b*—*b*、*c*—*c*、*d*—*d* 四种选择方案。*a*—*a* 分型面取不出锻件;*b*—*b* 分型面模膛太深且无法锻出中心孔;*c*—*c* 分型面不易发现错模;*d*—*d* 分型面最为合理。

(2) 加工余量和锻件公差。加工余量和锻件公差根据手册确定,比自由锻件小得多,一般机加工余量为0.5~4mm,公差为0.3~3mm。

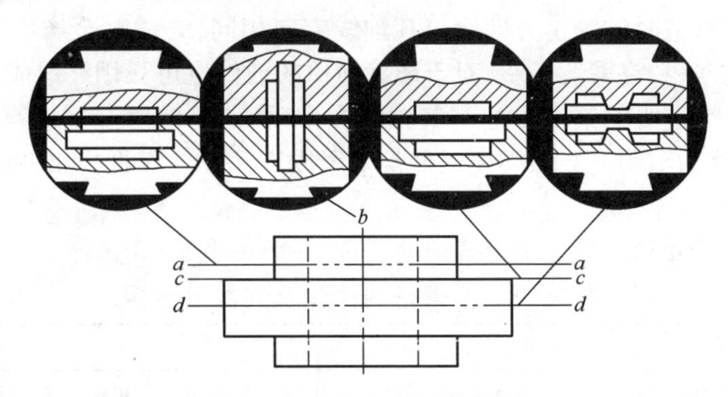

图9-43　分模面的选择比较

(3) 模锻斜度。为了便于从锻模中取出锻件,在垂直于分模面方向的锻件表面应具有斜度。模锻斜度一般为5°~15°,如图9-44所示。

(4) 圆角半径。模锻件上所有平面的交界处均需做成圆角,以便金属顺利流动和充模,保持金属中加工流线的连续性,提高锻件质量,延长模具寿命。圆角有内圆角和外圆角之分,外圆角 r 一般取1.5~12mm;内圆角 R 一般为外圆角的2~3倍(图9-45)。

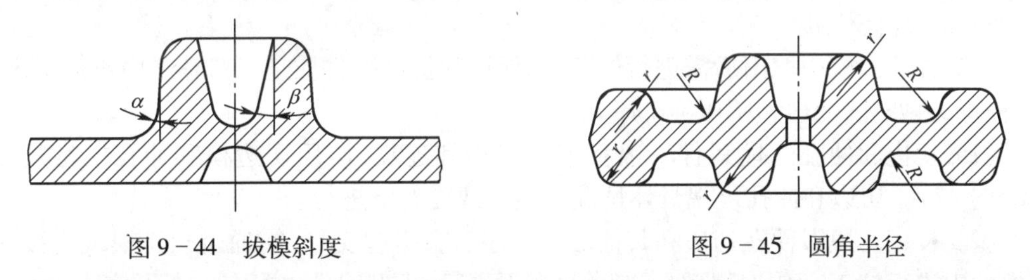

图9-44　拔模斜度　　图9-45　圆角半径

图9-46为齿轮锻件图,图中双点划线为零件的轮廓外形,分模面为锻件高度方向的中部,轮辐部不留加工余量。

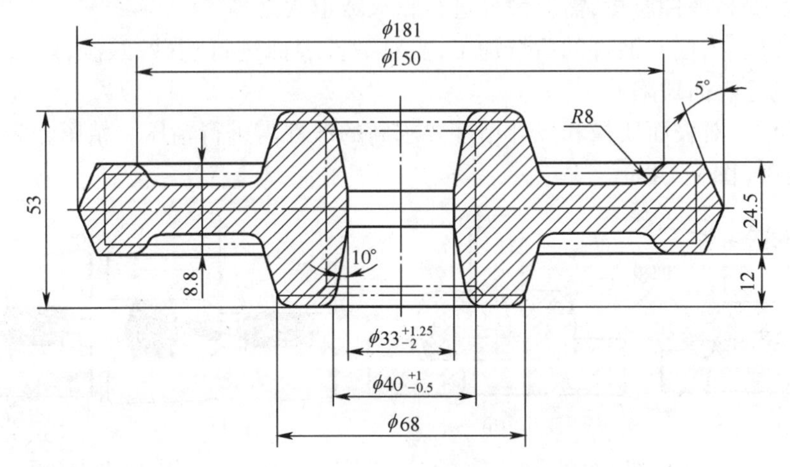

图9-46　齿轮坯模锻件图

2) 制定模锻工步

模锻工步应根据锻件形状而定。模锻件形状一般分为两大类:一类是饼盘类,如法兰、齿轮、圆环等;另一类是长轴类,如曲轴、台阶轴、连杆等。

饼盘类锻件锻造时的锤击方向应与其轴线方向相同,终锻时金属沿各方向流动。该类模锻件常采用镦粗、终锻等工步,对于形状简单的锻件也可只用终锻成形。

长轴类锻件锻造时的锤击方向与其轴线方向垂直,终锻时金属沿高度、宽度方向流动,而长度方向流动不明显。该类模锻件常采用拔长、滚压、弯曲、预锻和终锻等工步。

3) 锻模设备的选择

根据锻件的尺寸和质量等确定锻锤的吨位,一般按表9-8选择。

表9-8　模锻锤的吨位及其能力范围

模锻锤吨位/t	1	2	3	5	10	16
模锻件质量/kg	2.5	6	17	40	80	120
分模面处的截面积/cm^2	13	380	1080	1260	1960	2830
可锻齿轮的最大直径/mm	130	220	370	400	500	600

4) 计算坯料尺寸

计算方法与自由锻件类似。坯料的重量为锻件、飞边、连皮、料头及氧化皮重量之和。一般飞边是锻件重量的20%~25%;氧化皮是锻件、飞边、连皮总重量的2.5%~4%。

5) 选择修整工序

模锻件从锻模中取出后需进行修整,以保证和提高锻件质量。修整工序包括切边、冲孔、校正、热处理、清理和精压等工序。

(1) 切边和冲孔。模锻件一般都带有飞边和连皮,需用切边模和冲孔模将其切除(图9-47)。切边和冲孔可视具体情况在热态或冷态下进行。

(2) 校正。模锻件在切边和其他加工工序后会引起变形,需通过校正模或直接在终锻模膛中进行校正,大中型锻件一般在热态下进行,小型锻件也可在冷态下校正。

(3) 热处理。为消除锻件在锻造过程中产生的过热组织和加工硬化,改善锻件组织和加工性能,提高锻件质量,需对锻件进行正火或退火处理。

(4) 清理。为便于锻件的后继加工,需对锻件表面进行喷砂、酸洗,以去除表层氧化皮、污垢毛刺等表面缺陷。

(5) 精压。对表面质量和尺寸精度要求高的锻件需进行精压。精压分为平面精压和体积精压两种(图9-48)。

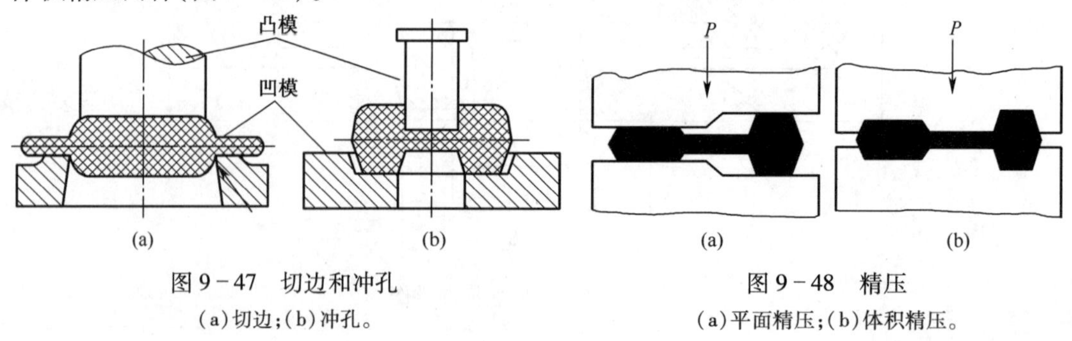

图9-47　切边和冲孔
(a)切边;(b)冲孔。

图9-48　精压
(a)平面精压;(b)体积精压。

3. 模锻件的结构工艺性

进行模锻件设计时,为便于生产和降低成本,应充分考虑模锻工艺的特点,使其结构符合以下原则：有合理的分模面、锻模斜度和圆角半径；力求结构简单、外形平直对称，截面相差不宜过大，最小截面与最大截面之比应大于0.5；避免出现薄壁、高筋、高凸台、深孔、多孔、深沟槽等难以成形的结构，以利于金属充模、锻模制造和延长模具使用寿命；形状复杂的锻件可采用锻-焊或锻-机械连接等组合工艺，以减少余块和简化工艺。

图9-49(a)所示的零件最小截面与最大截面之比等于0.5，同时凸缘薄而高，就不宜用模锻法制造。图9-49(b)零件扁而薄，薄处金属冷却快，变形抗力迅速增加，不利于金属充模。图9-49(c)零件的凸缘高而薄，不易制模和锻件出模。图9-49(d)结构较为合理。

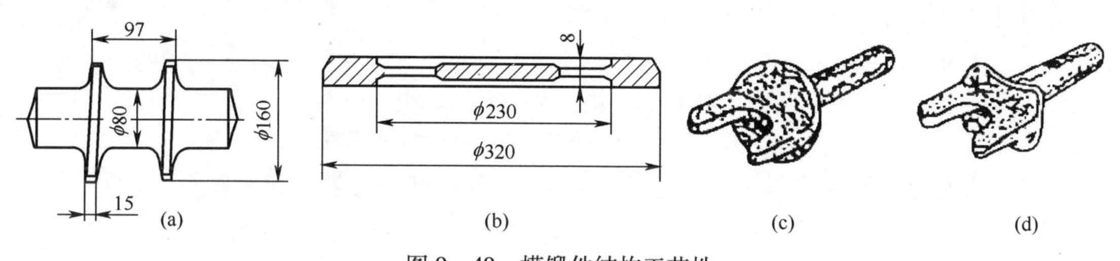

图9-49　模锻件结构工艺性

(a)凸缘薄而高；(b)零件扁而薄；(c)凸缘高而薄；(d)结构合理。

9.2.6　板料冲压

板料冲压是利用冲模对板料进行变形或分离，获得毛坯或零件的加工方法。板料冲压通常在室温下进行即冷冲压，只有当板料厚度超过8~10mm时才采用热冲压。板料冲压的特点为：可以冲出形状复杂的零件，废料少；可以获得强度高、刚性好的冲压件；冲压件表面光滑，尺寸精度高，互换性好；操作简单，便于机械化和自动化，生产效率高；冲模制造复杂，生产批量大时才能使生产成本降低。

板料冲压已广泛应用于汽车、飞机、电器仪表、轻工、兵器以及日用品等领域。板料冲压的常用设备是冲床和剪床。冲床的作用是通过冲压的基本工序制备所需形状和尺寸的零件；而剪床则是把板料剪成一定宽度的条料。

1. 冲压的基本工序

冲压的基本工序是分离工序和变形工序。

1) 分离工序

分离工序是指板料的一部分与另一部分分离的工序，主要有剪切、冲裁和修整等工序。

(1) 剪切。剪切是指用剪刀或冲模使板料沿不封闭轮廓进行分离的工序。

(2) 冲裁。冲裁是指使板料沿封闭轮廓进行分离的工序，包括落料和冲孔两种形式。当被分离的部分为成品时的冲裁工序称落料；当被分离的部分为废料的冲裁工序则称冲孔，如图9-50所示。

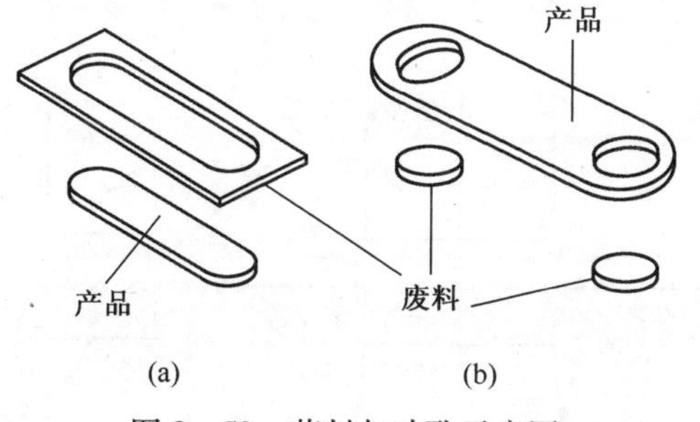

图9-50　落料与冲孔示意图

(a)落料；(b)冲孔。

冲裁过程依次经历弹性变形、塑性变形和断裂分离三阶段(图9-51)。冲裁端面质量主要取决于凹凸模的间隙和刃口的锋利程度,同时也与模具结构、板料性能及其厚度有关。

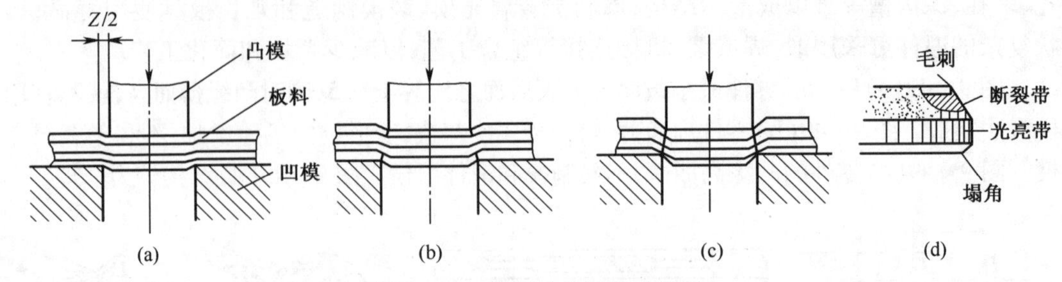

图9-51　板料冲裁过程示意图

(a)弹性变形;(b)塑性变形;(c)断裂分离;(d)切口。

凹、凸模的间隙应控制在一个适当的范围内,过大过小均影响断面质量,有如下经验公式:

$$Z = mS \tag{9-3}$$

式中　Z——凹凸模之间的间隙(mm);

S——板料的厚度(mm);

m——与板料性能及其厚度有关的系数。

板料较薄时:低碳钢、纯铁 $m = 0.06 \sim 0.09$;铜、铝合金 $m = 0.06 \sim 0.10$;高碳钢 $m = 0.08 \sim 0.12$。板料较厚时(>3mm),由于冲裁力较大,应适当增大 m 取值。

冲裁模的刃口尺寸由凹、凸模的间隙和冲裁的形式而定。落料模:凹模刃口尺寸等于成品尺寸,凸模的刃口尺寸等于成品尺寸减去两倍的间隙值。冲孔模:凸模的刃口尺寸等于孔径尺寸,凹模尺寸等于孔径尺寸加上两倍间隙值。

(3) 修整。为提高冲裁件的断面质量,利用修整模对冲裁件外缘或内孔切去一层薄的金属,以除去断面上残留的剪裂带和毛刺,如图9-52所示。

2) 变形工序

变形工序是指坯料的一部分相对于另一部分发生塑性变形而未断裂的工序,主要有弯曲、拉深、翻边及成形等工序。

弯曲:弯曲是将坯料的一部分相对于另一部分弯成一定角度的工序。图9-53是金属

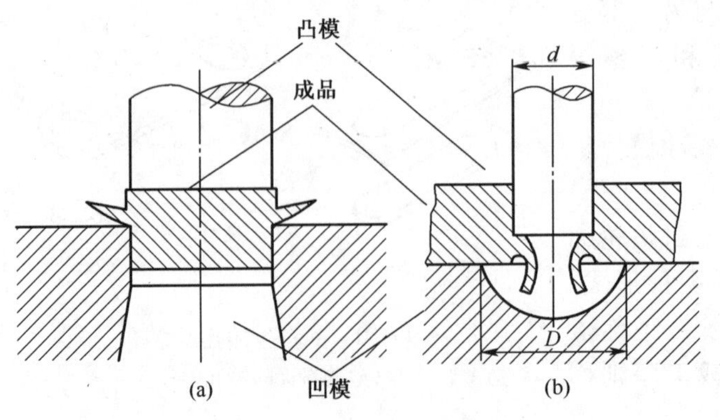

图9-52　修整示意图

(a)外缘修整;(b)内孔修整。

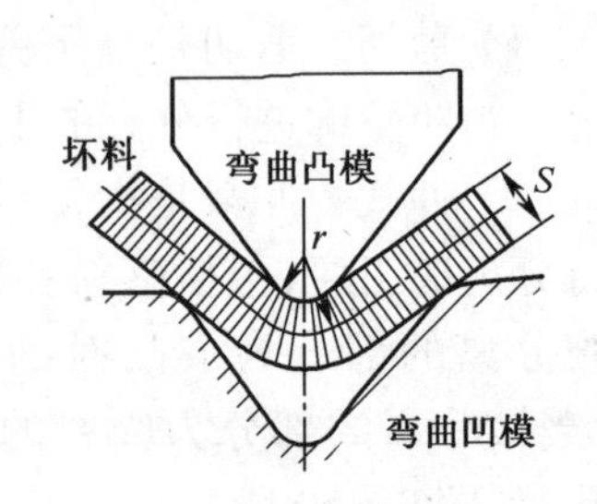

图9-53　金属弯曲过程示意图

弯曲变形过程的示意图。弯曲时材料的内侧受压而收缩、外测受拉而伸长，中心存在既不伸长也不收缩的中性层。当外侧应力超过其抗拉强度时就会引起弯裂，且弯曲半径越小越易弯裂，因此一般最小弯曲半径 $r_{min}=(0.25\sim1)S$，其中 S 为板料厚度。当材料的塑性好时（如黄铜、纯铝等），弯曲半径可取较小值。弯曲时应注意：尽可能使板料的纤维组织方向与弯曲曲线垂直，万不得已时可通过增大最小弯曲半径来避免弯裂；弯曲模的角度应比成品件的角度小一个回弹角（0°~10°），以便弯曲后获得准确的弯曲角度。

拉深：拉深是将板料变形成开口空心零件或使空心零件深度加深的工序。

拉深过程如图9－54所示。板料在凸模的作用下，被拉入凹、凸模的间隙中，形成所需的空心零件。拉深件的底部一般不变形，厚度也基本不变，而拉深件的直壁部分因受拉应力而伸长变薄，特别是直壁与底部的交界处变形最大，成了最危险区。当该区的拉应力超过材料的抗拉强度时，将出现开裂造成拉穿，如图9－55所示。为防止板料被拉穿，一般情况下：凹模圆角半径 r_m 取 $10S$；凸模圆角半径 r_n 取 $(0.6\sim1.0)r_m$；凸、凹模间隙 Z 取 $(1.1\sim1.2)S$，其中 S 为板料的厚度。

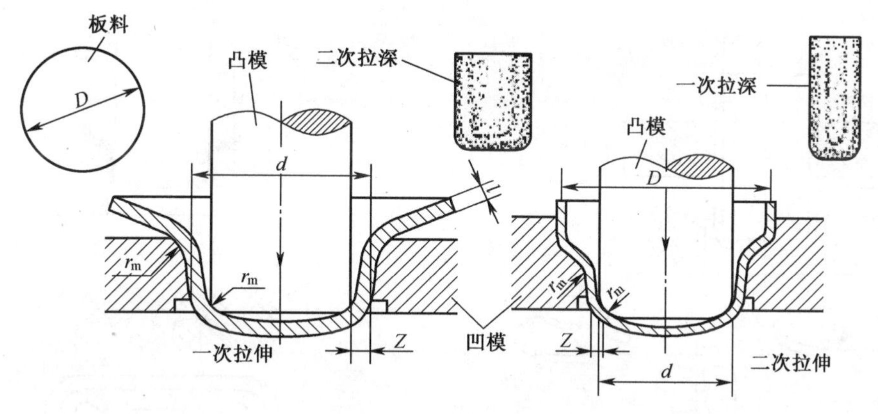

图9－54　拉深示意图

对于拉深系数 $m=d/D$（d 为拉深件直径，D 为板料直径）较小的筒状零件，因变形程度大，拉深过程中易被拉穿。拉深系数越小，板料的变形程度就越大，坯料被拉入凹模的难度就越大，被拉穿的可能性也就越高。因此，对拉深系数较小的深孔件，应进行多次拉深。总的拉伸系数等于分步拉深系数的乘积：$m=m_1\times m_2\times m_3\cdots$，经验表明每次拉伸系数 m_i 取0.5~0.8为宜，且每次取值应略有增加。

为消除板料在拉深过程中产生形变强化，保证后继拉深的顺利进行，在两次拉深之间应进行再结晶退火。对于塑性好的坯料可选小的拉深系数，以减小拉深次数，提高生产率。

起皱与防止：当坯料中多余的三角形（图9－56）在拉深过程中不能顺利增厚并沿高度方向伸长时，未拉入凹模中的法兰部分在切向压应力的作用下起皱（图9－57）。严重起皱时导致拉穿造成废品，轻微起皱则影响拉深件侧壁的表面质量。

翻边：使带孔的坯料在孔的周围产生凸缘的工序（图9－58）。图中 d_0 为坯料上的孔径，d 为凸缘的平均直径，h 为凸缘的高度，t 为凸缘的厚度。翻边系数 K（$K=d_0/d$ 即翻边前的孔径与凸缘的平均直径之比）不宜过小，否则易引起翻裂，因此，K 一般取0.65~0.72为宜。

成形:通过坯料或半成品的局部变形获取零件的工序。常用于生产鼓状容器、压筋条等,如图9-59所示。

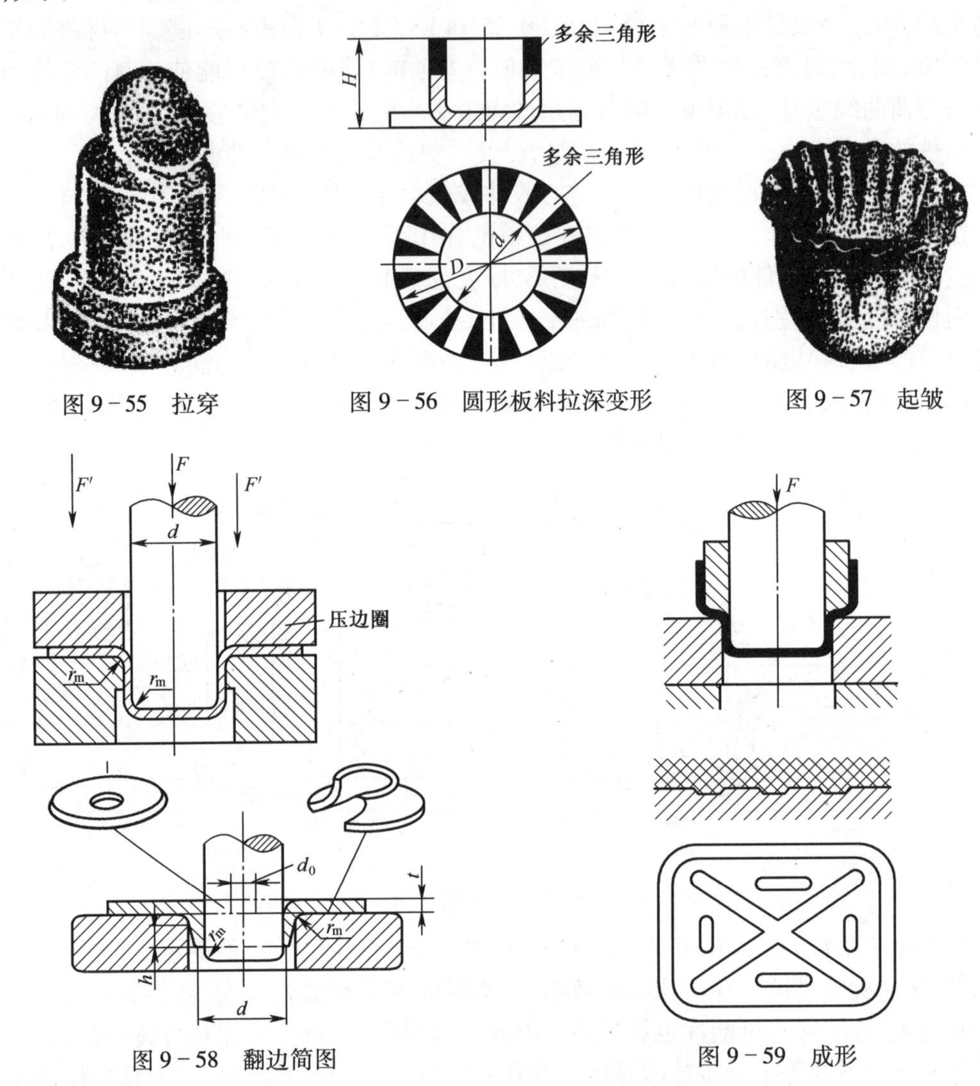

图9-55　拉穿　　图9-56　圆形板料拉深变形　　图9-57　起皱

图9-58　翻边简图　　图9-59　成形

2. 冲压件的结构工艺性

冲压件的结构设计不仅要保证良好的使用性能,同时还应具有良好的加工工艺性。冲压件的结构设计应注意以下几点。

1)落料冲孔件

形状力求简单、对称,尽量采用圆形、矩形等规则形状,以减少排样时的废料量。尽量避免窄条、长槽以及细长悬臂结构。孔径、孔距不宜太小,应满足图9-60(a)的要求。否则制模困难,模具的使用寿命缩短。

2)弯曲件

形状应尽量对称,弯曲半径 R 不得小于材料的许可值。弯曲时还应考虑坯料的纤维方向,以免弯裂。在弯曲带孔件时,孔的位置应在圆角的圆弧之外(图9-60(b)),且先弯曲再打孔。

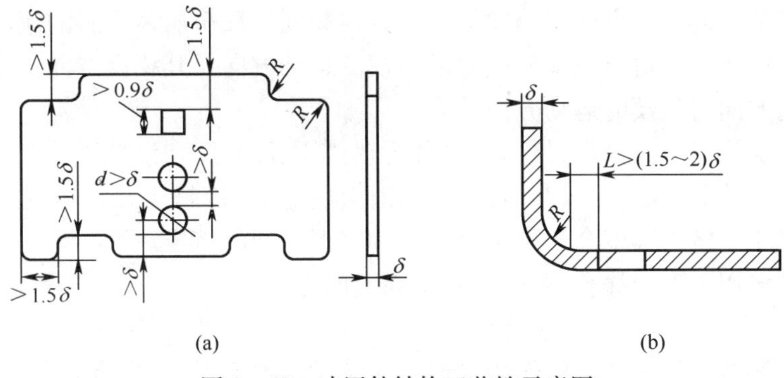

图 9-60　冲压件结构工艺性示意图

(a)落料冲孔件;(b)弯曲件。

3）拉深件

拉深件的外形力求简单、对称,圆角半径不宜太小。拉深件的高度也不宜太高,以减少拉深次数。对形状复杂件可采用冲压-焊接或冲压-机械复合结构。

9.2.7　其他压力加工方法简介

为了适应生产的需要,除了锻造和冲压外,还有其他一些压力加工的方法,如精密模锻、胎模锻、辊轧、挤压、超塑性成形等。

1. 精密模锻

精密模锻是锻制高精度锻件的一种工艺。精密锻件表面光滑,尺寸精度高,一般不需切削加工或只需少量的切削加工。精密模锻多用于中小型零件的大批量生产。

精密模锻时应注意以下几点:根据零件尺寸精确计算原始坯料的质量进行下料,否则增加锻件的尺寸公差,降低锻件精度;精细清理锻件表面的氧化皮、脱碳层等,去除干净;为减轻锻件表面缺陷如氧化皮、脱碳层等,加热时应采用无氧化或少氧化的气氛保护;为提高锻件的尺寸精度,应选择精度和刚度高的模锻设备,常用的模锻设备有曲柄压力机、摩擦压力机、精锻机等;一般模膛尺寸精度比锻件精度高三级,模具必须具有精确的导向机构,以保证合模准确,为排除模膛中气体,凹模上应开设排气孔;润滑与冷却的要求高。

2. 挤压

挤压是指坯料在强大压力的作用下,从挤压模中挤出,形成所需产品的一种工艺。若按金属流动方向与凸模运动方向的不同(图 9-61),挤压可分为正挤压、反挤压、复合挤压、径向挤压等多种。

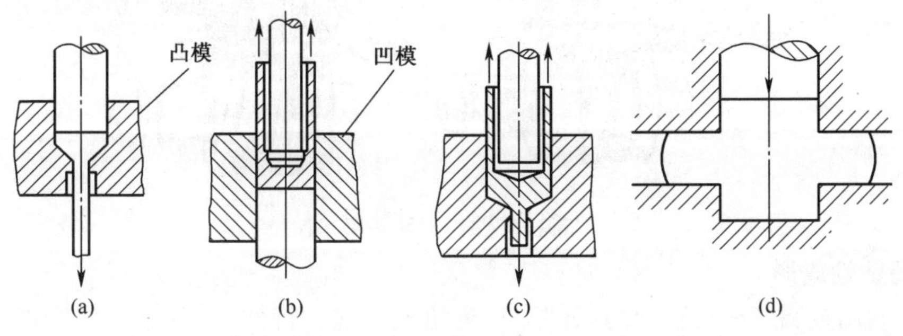

图 9-61　挤压种类示意图

(a)正挤压;(b)反挤压;(c)复合挤压;(d)径向挤压。

正挤压是金属的流动方向与凸模的运动方向相同。反挤压是金属的流动方向与凸模的运动方向相反。复合挤压是金属同时沿凸模的运动方向及其相反方向运动。径向挤压是金属的流动方向与凸模的运动方向垂直。

若按坯料加热温度的高低,挤压又可分为热挤压、冷挤压和温挤压等三种。热挤压是挤压温度高于再结晶温度,一般与锻造温度相同的挤压。冷挤压是挤压温度一般为室温的挤压。温挤压是挤压温度介于再结晶温度和室温之间的挤压。

挤压工艺多用于生产深孔、薄壁及异型断面的零件。

3. 辊轧

辊轧是指坯料在旋转轧辊的作用下产生连续的塑性变形,获得所需产品的一种工艺。辊轧根据轧辊轴线与坯料轴线位置的不同可分为纵轧、横轧与斜轧三种。

纵轧是指轧辊轴线方向与坯料轴线方向垂直的扎制方法。图9-62就是一种纵轧工艺,又称辊锻,此时轧辊为锻模,当坯料从轧辊之间通过时产生连续的塑性变形,从而形成所需的锻件或锻坯。纵轧主要用于生产扳手、连杆、叶片等零件。

横轧是指轧辊轴线方向与坯料的轴线平行,且轧辊做径向进给运动的扎制方法。图9-63为齿轮的横轧示意图。齿轮坯料通过高频感应器加热,带齿形的轧辊转动时与齿轮坯料对碾,并做径向进给运动,在不断的对碾过程中,坯料逐渐被轧制成齿轮。

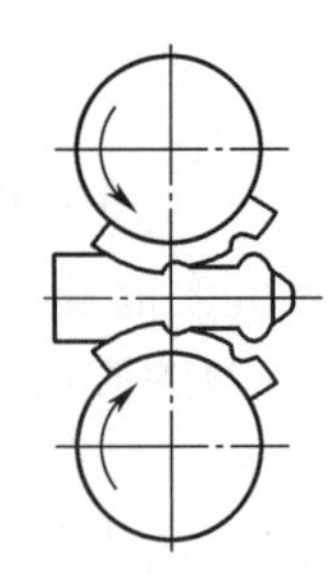

图9-62　纵轧示意图

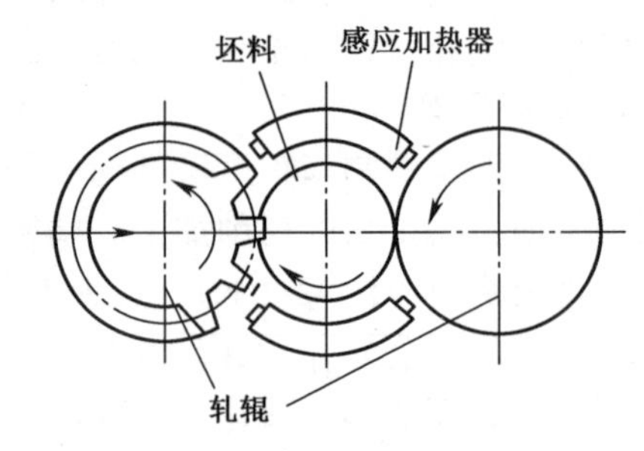

图9-63　横轧齿轮示意图

斜轧是指轧辊轴线与坯料成一定角度的扎制方法。图9-64为钢球的斜轧示意图。此时轧辊轴线不再平行,且旋转方向相同,坯料在轧辊的作用下做反向旋转,并同时做轴向运动,即螺旋运动。主要用于轧制钢球和周期变形的长干件等。

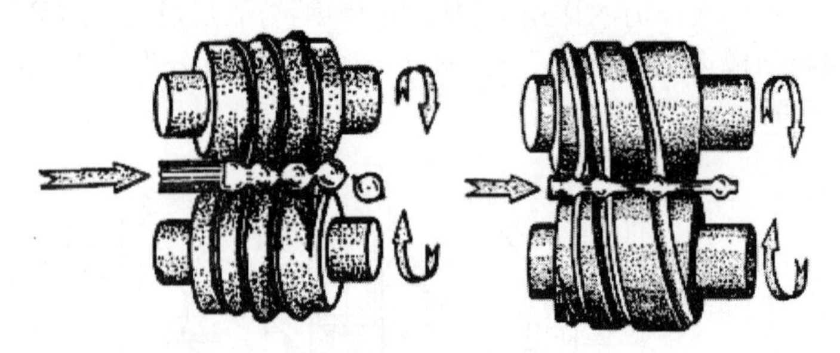

图9-64　钢球轧锻

4. 超塑性成形

它是利用金属坯料在特定的条件下具有超塑性这一特性,对其进行形变加工的工艺方法。所谓超塑性是指金属在一定的组织条件、温度条件和变形速度下,某些金属的延伸率可达200%以上,甚至超过1000%,这种现象称为超塑性。超塑性根据其产生机理的不同可分为细晶超塑性和相变超塑性两种。细晶超塑性是指等轴细晶粒的材料,粒径为数微米或更小,在恒定温度($T \geqslant 0.5T_m$,T_m为材料的熔点,单位为热力学温度单位K)和一定的应变速率($10^{-4} \sim 10^{-2}/s$)时具有的超塑性。而相变超塑性则是指材料在相变点附近通过反复加热冷却后获得的,该种方法尚未进入工业应用。

超塑性成型目前主要用于板料拉深、气压成形以及挤压和模锻等。

板料拉深:图9-65为一深筒形件,利用超塑性可一次拉深成形,零件质量好,性能无方向性,省时、省工也无需多副模具。

气压成形:将板料置入模具中,一起加热至特定的温度,向模具中通入压缩空气,或抽出空气造成负压,板料将紧贴在模具的内壁上,从而形成所需的零件。图9-66为气压成形示意图。

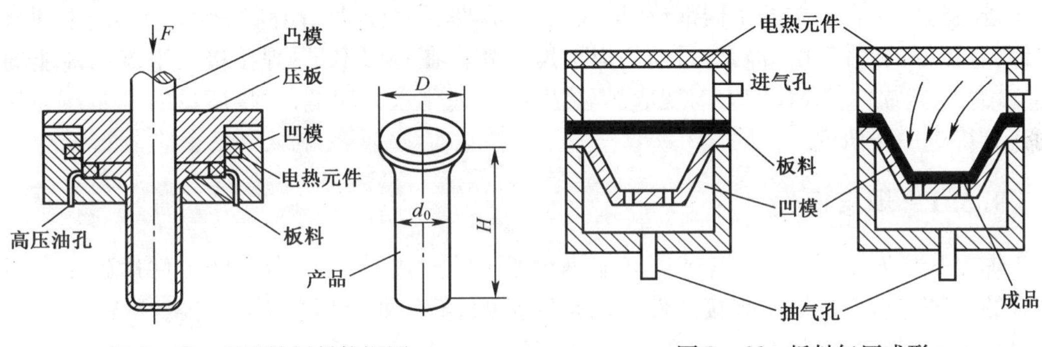

图9-65　超塑性板料拉深图　　图9-66　板料气压成形

模锻:对于某些金属在普通的热模锻时,因塑性差,变形抗力大,成形困难,而在超塑性成形时就可克服以上缺点,节约原料,降低成本。

5. 粉末锻造

粉末锻造是指将粉末烧结成形后,再经加热,在闭式锻模中锻造成形的工艺方法。锻件具有精度高、组织结构均匀、无成分偏析等特点,可用于难变形的高温铸造合金,在汽车工业中已得到较广应用,如发动机的齿轮、连杆等。

6. 半固态成形

半固态成形是一种介于铸造和锻造之间的金属成形新技术,在金属的凝固过程中剧烈搅拌,或控制在液固两相温度区内,使之呈液固两相状态,通过普通铸造方法浇注成形。其具有成形温度低、凝固收缩小、铸件质量好,工艺简单、能耗少、成本低、变形力小,应用广,适用于铸造、锻压等多种成型工艺等特点。

半固态成形一般应用于汽车、电子、电器、运动器件等零部件的生产。

随着科技的发展,尤其是计算机技术的广泛应用,锻压成形技术已向着自动化、柔性化方向发展。通过对成形过程的数值模拟和模具CAD/CAM,可实现无纸加工。

9.3　焊　　接

焊接是通过加热或加压,或两者并用,并且用(或不用)填充材料,使焊件达到原子结合的一种连接方法。采用焊接方法所获得的金属结构称之为焊接结构。焊接作为材料成型的一种重要工艺方法和制造技术,在现代国民经济生产中占有重要地位。焊接结构件在机车车辆、铁路桥梁、机器制造、矿山机械、化工装备、冶金、汽车、船舶、航空航天、核电站以及尖端科学技术等领域中有着广泛应用。

与其他连接方式相比,焊接成型方便,方法灵活多样,工艺简便,能在较短的时间内生产出复杂的焊接结构。在制造大型、复杂结构和零件时,可结合采用铸件、锻件和冲压件,化大为小,化复杂为简单,再逐次拼装焊接而成,如万吨水压机的横梁和立柱的生产便是如此;适应性强,既能生产微型、大型和复杂的金属结构件,也能生产气密性好的高温、高压设备;既能应用于单件小批量生产,也适应于大批量生产,同时,采用焊接技术还能方便地实现异种材料的连接,如原子能反应堆中金属与石墨的焊接、硬质合金刀片与车刀刀杆的焊接等;生产成本低,可减少画线、钻孔、装配等工序。另外,采用焊接结构能够按使用要求进行选材。在结构的不同部位,按强度、耐磨性、耐腐蚀性、耐高温等要求选用不同材料,具有更好的经济性。但是,目前的焊接技术尚存在一些不足:焊接接头组织和性能的不均匀性,容易产生焊接应力与变形,焊接生产自动化水平较低,焊接质量的可靠性等问题还有待进一步研究。

9.3.1　焊接概述

焊接是指通过加热或加压或同时加热和加压的方式,使两个分离的工件达到原子间结合的一种连接方法。被焊接工件可以是同类的金属、非金属(陶瓷、玻璃、塑料等),也可以是不同类的材料如金属、非金属等。

根据外界所提供能量的方式不同,焊接可分为熔化焊、压力焊和钎焊三大类,而每一大类又可进一步分为多种不同的焊接方法,如图9-67所示。金属间的焊接是焊接工作中占有举足轻重的地位,因此,本章主要讨论金属间的焊接。

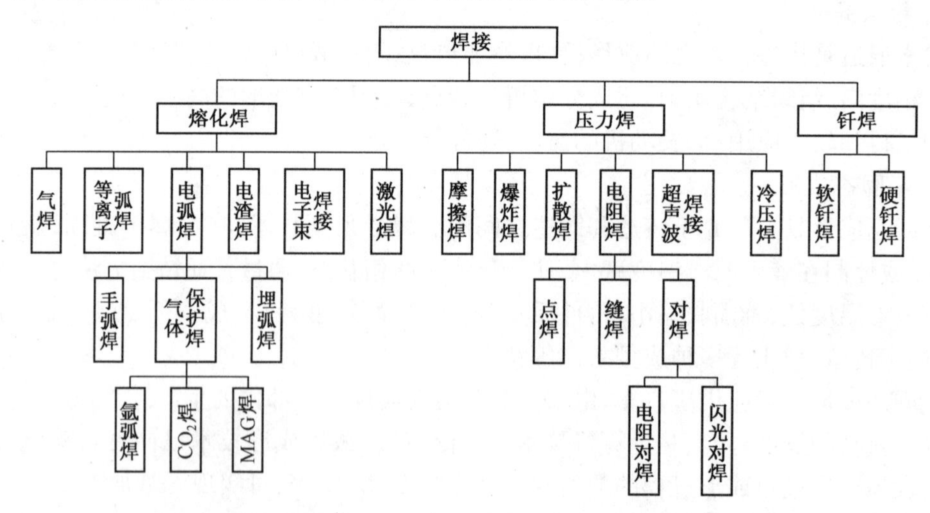

图9-67　主要焊接方法分类图

以上各种焊接方法中最常用的是熔化焊,外界所提供的能量为热能。熔化焊的热源有电弧热、化学热、电阻热、等离子弧热、电子束热、激光束热等,其中电弧热广泛应用于手工电弧焊、埋弧自动焊、气体保护焊等熔化焊中。

1. 焊接冶金过程

焊接冶金过程是金属在焊接条件下的再熔炼过程。焊接冶金不同于普通冶金(如炼钢、铸造合金的熔炼),具有以下特点。

(1) 冶金温度高。焊接金属在焊接热源的作用下,在接头处形成熔池。在焊接普通碳素结构钢和低合金结构钢时,熔滴的平均温度达 2300℃,熔池温度也在 1600℃以上,远高于普通冶金温度,极易造成金属元素的烧损与蒸发。

(2) 冶金过程短。焊接熔池的体积小,一般仅有 $2 \sim 3cm^3$,熔池从形成到凝固一般只有 10s 左右,使熔池中的冶金反应剧烈,导致反应不完全,易造成焊缝金属的化学成分不均匀、气体及杂质来不及浮出熔池,产生气孔、夹渣等焊接缺陷。

(3) 冶金条件差。焊接熔池一般暴露在大气中,高温作用下,熔池周围的气体、铁锈、油污等易分解成原子态的氧、氮、氢,原子氧与金属中的一些元素会发生下列反应:

$$Fe + O \longrightarrow FeO$$

$$C + O \longrightarrow CO \uparrow$$

$$Mn + O \longrightarrow MnO$$

$$Si + 2O \longrightarrow SiO_2$$

其中 FeO 可以溶解在液态金属中,将金属中的 C、Mn、Si 等元素进一步氧化成 CO、MnO、SiO_2等,从而使一些有益的元素严重烧损。FeO 溶入到熔池金属中,熔池凝固后以夹杂物的形式残留在焊缝中,使焊缝金属的强度、塑性和韧性等性能指标明显降低。原子氮与铁相互作用形成氮化物(如 Fe_4N),以针状形式分布在焊缝金属的晶界上和固溶体内,虽使焊缝金属的强度升高,但其塑性、韧性却急剧下降。原子氢,则会引起氢脆,易使焊缝产生冷裂纹。

为了保证焊缝质量,在焊接过程中必须采取有效措施保护焊接熔池,防止有害气体进入,控制焊缝金属的化学成分,并对焊接熔池进行脱硫、脱氧、脱氢、脱磷等。如:手工电弧焊用焊条药皮中的造气剂与造渣剂形成气渣联合保护,埋弧自动焊的焊剂熔化形成的渣保护,气体保护焊所用的保护性气体形成的气保护等均可有效地隔离空气;向焊条药皮或焊剂、焊芯或焊丝中加入合金元素控制焊缝金属的化学成分;在焊接材料中加入脱氧剂,进行脱氧和脱硫、磷,以保证焊接质量。

2. 焊接接头的组织与性能

焊接热源不仅使填充金属和被焊金属(称为母材)局部熔化形成金属熔池,焊缝附近的金属都要经历从低温到高温、再从高温到低温的热循环作用。焊缝金属经历了一次复杂的冶金过程,因此,焊缝附近的金属也受到了一次不同规范的热处理,其组织和性能发生了相应的变化。

焊接接头包括焊缝区和焊接热影响区。焊接接头的性能与焊缝区、焊接热影响区都有关系。

1) 焊缝区

焊缝区组织是由填充金属和部分母材熔化形成的金属熔池结晶得到的铸态组织。焊接时熔池金属的结晶与前述金属的结晶一样,也是生核和晶核长大的过程。焊接熔池中的液态金属过热度很大,合金元素的蒸发、烧损比较严重,使熔池中作为非自发晶核的质点较少,因此,形核主要在未熔化的被焊金属表面(此处温度分布最低)上进行。由于熔池散热最快的方向是垂直于熔池底面的方向,所以焊缝以柱状晶的形态结晶,且柱状晶以垂直于运动着的熔池底面向焊缝中心长大,因而晶粒是弯曲的,并沿着焊接方向伸展。

在熔池结晶过程中,由于冷却速度快,已凝固的焊缝中合金元素来不及扩散,造成化学成分不均匀,存在偏析现象,此外一些非金属夹杂物和气体来不及逸出而残留在焊缝的内部,造成夹渣和气孔。所有这些,都会使焊缝的性能受到影响,如果分布在晶界处的低熔点杂质较多,还容易在焊缝中产生热裂纹。

焊接过程中,一般要通过焊接材料向熔池金属中加入一些合金元素,使焊缝金属合金元素的含量高于母材金属。这样,不仅可以强化焊缝,而且还可以细化焊缝的晶粒。另外,只要采用正确的焊接工艺,就可以避免在焊缝中产生夹渣、气孔和裂纹等缺陷,从而保证焊缝金属的性能不低于被焊金属的性能。

2)热影响区

这两个区域的组织和性能与焊缝附近母材上各点所受到的热作用有关,还与被焊金属的化学成分及焊前热处理状态有关,现以低碳钢为例说明热影响区的组织和性能变化。如图9-68所示,左侧是热影响区不同部位在焊接时达到的最高温度和组织变化情况,右侧为部分铁碳合金相图。由于焊接热影响区中各点距离焊缝中心线的距离不同,所受的

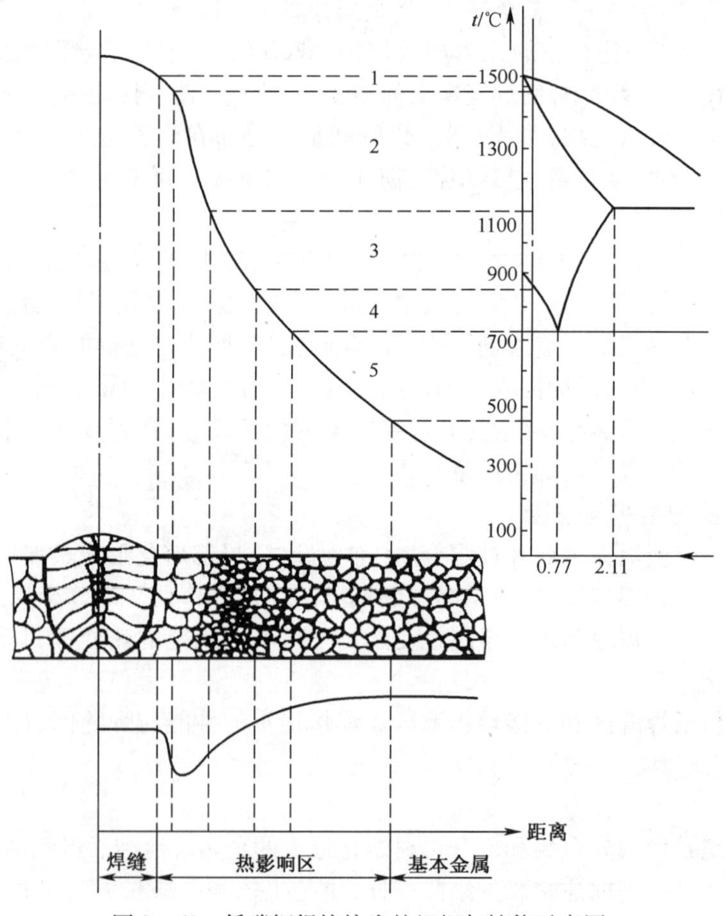

图9-68 低碳钢焊接接头的组织与性能示意图

1—熔合区;2—过热区;3—正火区;4—部分相变区;5—再结晶区。

热作用不同,所以组织变化也不同,这样又将其分为组织不同的小区域。低碳钢的焊接热影响区分布为:

(1) 熔合区。熔合区是焊缝与被焊金属的交界区,加热温度处于液、固相线之间。焊接时,部分金属被加热熔化,所以又称为半熔化区。此区在化学成分和组织性能上都有很大的不均匀性,组织中包括未熔化但因过热而长大的粗晶组织和部分新结晶的铸态组织。在各种熔化焊中,这个区的范围虽然很窄,甚至在光学显微镜下也难以分辨出来,但对焊接接头的强度、塑性等性能都有很大的影响,经常是产生裂纹、造成脆断的发源地。

(2) 过热区。过热区紧靠着熔合区,加热温度范围处于固相线与1000℃之间。这个区域由于受到高温作用,晶粒急剧长大,冷却后获得晶粒粗大的过热组织,因而其塑性和韧性低。在焊接刚度比较大的结构时,常常会在过热区产生裂纹。

(3) 正火区。正火区的加热温度范围在1000℃与A_3线之间。焊接时,这个区内的金属发生重结晶(铁素体和珠光体全部转变为奥氏体),冷却后得到细小而均匀的铁素体和珠光体组织,相当于受到了一次正火处理。由于该区的组织细小均匀,所以其力学性能优于被焊金属。

(4) 部分相变区。加热温度范围处于A_3与A_1线之间。在这个区中部分金属发生重结晶转变,冷却后得到细晶粒的铁素体和珠光体,而未发生转变的铁素体冷却后则变为粗大的铁素体。这个区由于金属组织不均匀,晶粒大小不均匀,因而性能也不均匀。

以上为低碳钢的焊接热影响区的组织分布情况。以熔合区和过热区对焊接接头性能的不利影响最为显著。这两个区的塑性最差,产生裂纹和脆性破坏的倾向最大。热影响区越宽,焊缝金属的冷却越慢,晶粒粗化,并使焊件变形增加,因此,热影响区越窄越好。还需指出,热影响区中各区的组织变化和分布与被焊金属的化学成分及焊前的热处理状态有关。一些不易淬火的钢种,如16Mn、15MnTi、15MnV等低合金钢,其热影响区中各区的组织及其划分基本上与低碳钢相同。至于易淬火钢种(如中碳钢、高碳钢等)的热影响区组织分布与被焊金属焊前的热处理状态有关。如果被焊金属焊前处于正火或退火状态,则热影响区中除熔合区外,在相当于低碳钢的过热区和正火区部位将会出现马氏体组织,形成淬火区,而处于A_3与A_1线温度之间的金属,发生部分相变,产生马氏体和铁素体的混合组织,形成部分淬火区。如果被焊金属焊前处于淬火状态,那么在热影响区中除存在熔合区、淬火区和部分淬火区外,还会发生不同的回火转变而产生回火区。显然随着含碳量和合金元素的增加,在热影响区中出现淬火组织马氏体的倾向增大,容易产生焊接裂纹,因而其焊接性变差。

3) 改善焊接热影响区性能的措施

熔化焊时,不可避免地要产生热影响区。焊接方法、工件厚度、接头形式、焊接规范及焊后冷却速度等都将影响焊接接头的性能和连接件的使用寿命,为此常采用以下措施改善其组织和性能。

(1) 加强焊缝保护,并对焊缝进行合金化及冶金处理。

(2) 选择合理的焊接工艺和焊接方法,使热影响区最小。

(3) 对焊接接头进行热处理,以消除接头内应力、细化晶粒,改善接头性能。

3. 焊接应力

1) 焊接应力

焊接应力是由于焊接时一般采用集中热源局部加热,焊件受到不均匀的加热和冷却导致的,存在于焊件中并保持平衡着的残余应力。焊接应力直接影响焊件的结构与性能,使结构的有效许用应力降低、甚至在焊接过程中发生变形或开裂导致结构的破坏。焊接应力导致结构变形,影响结构尺寸和外观,可能导致结构的承载能下降,甚至导致结构报废。

焊接加热时,见图9-69(a),图中的虚线为焊件中温度场的分布示意图,也是金属若能自由膨胀时伸长量的分布。实际上焊接件不能自由伸缩,这样必然使焊缝中心区的金属膨胀受阻,因而受到压应力(符号为"-"),而焊缝两侧的金属则产生拉应力(符号为"+")。当焊接应力大于焊件的屈服限时,焊件发生塑性变形,产生 Δl 的伸长。焊接冷却时,若金属能自由收缩,冷至室温时应为图中的虚线位置,见图9-69(b),焊缝两侧的金属也恢复至原来尺寸,但由于焊缝中心区部分已发生了塑性变形,无法实现自由收缩,这样,焊缝两侧金属将阻碍中心区金属收缩,在焊缝中心区产生拉应力,而焊缝两侧金属产生压应力。该压应力使焊件在焊缝方向收缩了 $\Delta l'$ 的量。

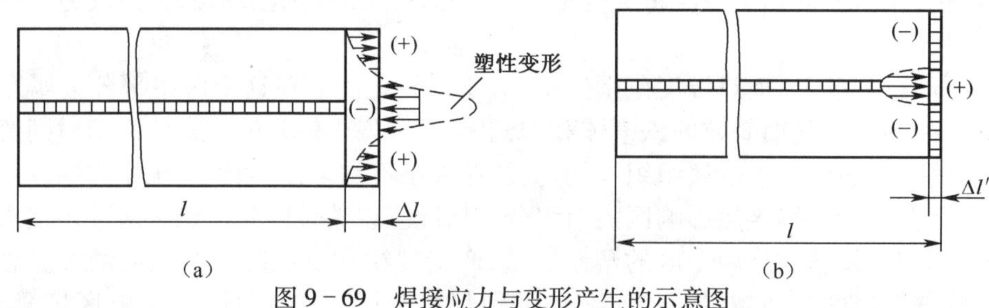

图9-69 焊接应力与变形产生的示意图

(a)加热时;(b)冷却时。

显然焊件的塑性和结构刚度直接影响焊接应力和焊件变形。当焊件的塑性越好时,焊件伸缩阻力减小,从而使焊接应力下降。同样,当焊件的结构刚度增强时,其焊接变形就小,其焊接内应力就大。

2) 消除焊接应力的措施

焊后将工件整体均匀加热到一定温度,如低碳钢加热到580~680℃,保温一定时间,而后缓慢冷却。该法可消除80%~90%的焊接应力。通过加载拉伸,使拉应力区产生塑性变形或利用局部加热时的温差来拉伸焊缝区均可消除残余应力。但对焊缝及其附近的局部区域进行加热,可以降低内应力峰值,但不能完全消除焊接应力。

9.3.2 常见焊接方法

1. 电弧焊

电弧焊是利用电弧作为焊接热源的一类焊接方法,简称电弧焊,它是现代工业中应用最普遍的焊接方法,包括手弧焊、埋弧焊、气体保护焊等。

1) 焊接电弧和焊接电源

焊接电弧是指发生在电极与工件之间的强烈、持久的气体放电现象。常态下的气体由中性分子或原子组成,不含带电粒子。要使气体导电,首先要有一个使其产生带电粒子的过程。焊接生产中一般采用接触引弧,即先将电极和工件接触形成短路过程,此时在某些接触点上产生很大的短路电流,温度迅速升高,这为电子的逸出和气体电离提供了能量条件;而后将电极提起一定距离(小于5mm),在电场力的作用下,被加热的阴极有电子高速逸出,撞击空气中的中心分子和原子,使空气电离成阳离子、阴离子和自由电子;这些带电粒子在外电场作用下作定向运动,阳离子奔向阴极,阴离子和自由电子奔向阳极;在它们的运动过程中,不断碰撞和复合,产生大量的光和热,形成电弧。电弧所产生的热量与焊接电流和电压的乘积成正比,电流越大,电弧产生的总热量就越大。

电弧由阴极区、阳极区和弧柱区三个部分组成,见图 9-70。阴极区因发射大量电子而消耗一定的能量,产生的热量较少,约占电弧热的 36%。阳极表面受高速电子的撞击,传入较多的能量,因此阳极区产生的热量较多,占电弧热的 43%。其余 21%左右的热量是在弧柱区产生的。

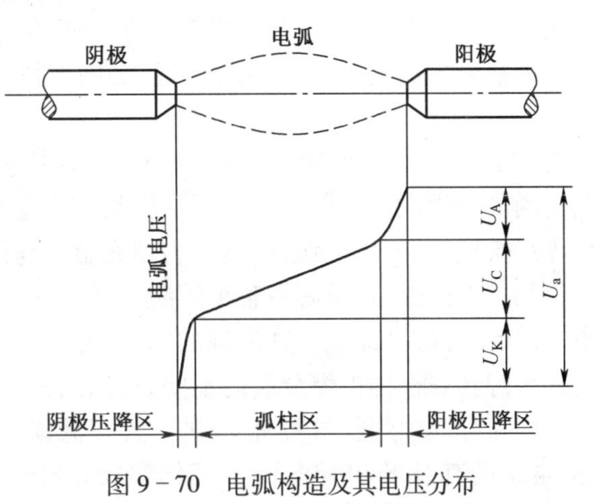

图 9-70　电弧构造及其电压分布

电弧中阳极区和阴极区的温度因电极材料(主要是电极熔点)不同而有所不同。用钢焊条焊接时,阳极区温度约为 2600K,阴极区温度约为 2400K,电弧中心区温度最高,可达 6000~8000K。

由于阳极区的温度高于阴极区的温度,所以当采用直流电源焊接时,有两种接线方式:一是采用直流正接(即工件接正),这时电弧热量主要集中在焊件上,有利于加快焊件的熔化,保证足够的熔深,因此适合于焊接较厚的工件;二是采用直流反接(即工件接负),当采用这种接线方法时,适合焊接有色金属及薄钢板等工件。当采用交流电源焊接时,由于两极极性交替变化,两极温度都在 2500K 左右,所以不存在正接和反接问题。

手工电弧焊设备简称电焊机,实质上是焊接电源,其类型主要有交流弧焊机、直流弧焊机和交直流两用弧焊机。交流弧焊机实质上是一台降压变压器,可将电网电压降低到空载电压及工作电压(20~25V)。同时能提供很大的焊接电流,并能在一定范围内进行调节。交流弧焊机结构简单、价廉、使用和维修方便,应用范围广泛。直流弧焊机焊接时电弧稳定,能适应各种焊条,但其结构复杂、价格较高。交直流两用弧焊机常用作多用途弧焊机。

2) 手工电弧焊

手工电弧焊是目前应用最广泛的焊接方法。手弧焊所需设备简单,操作灵活,对不同位置、不同形式的接头以及不同形式的焊缝均能方便地进行焊接,其缺点是劳动强度大,生产率低。

(1) 手工电弧焊的焊接过程。手工电弧焊是利用焊条与工件间产生的电弧,使工件和焊条熔化而进行焊接的,焊接过程如图 9-71 所示。熔化的焊条金属形成熔滴,在各种作用力(如重力、电磁力、电弧吹力等)的作用下,熔滴过渡到焊缝

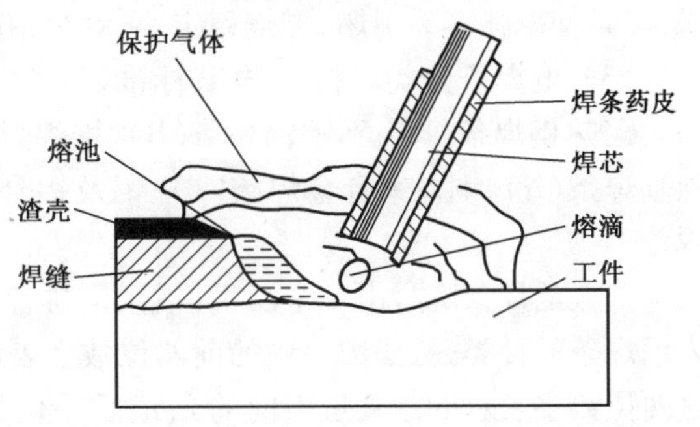

图 9-71　手工电弧焊焊接过程示意图

溶池中,与熔化的母材金属混合形成金属熔池。电弧热还使焊条药皮分解、燃烧和熔化,药皮分解和燃烧产生的大量气体充满在电弧和熔池周围。药皮熔化所形成的熔渣包覆在熔滴外面,随熔滴一起落入熔池中并与熔池中的液态金属发生物理化学反应,之后,熔渣又从熔池中上浮,覆盖在熔池表面。气流和熔渣起到了防止液态金属与空气接触的保护作用。当电弧向前移动时,工件和焊条不断熔化,形成新的熔池,而熔池后方的液态金属随电弧热源的离去其温度逐渐降低,凝固形成焊缝,覆盖在焊缝表面的熔渣也凝固成为渣壳。

(2) 电焊条。电焊条(简称焊条)是手工电弧焊最基本的焊接材料。它是由焊芯和药皮两部分组成的。焊芯一般是一根具有一定直径及长度的钢丝,它具有两个作用:一是传导焊接电流,产生电弧;二是作为填充金属与熔化的工件金属共同组成焊缝金属。

手工电弧焊时,焊芯占整个焊缝金属的50%~70%,焊芯的化学成分直接影响焊缝质量。因此,焊芯是经过特殊冶炼的钢丝,并专门规定了它的牌号及成分,这种焊接专用钢丝称为焊丝。根据被焊金属的不同,可选用相应的焊丝作为焊芯。

国家标准中焊丝材料有44种。焊接低碳钢和低合金钢时,一般选用低碳钢焊丝为焊芯,常用的有H08和H08A等,其化学成分列于表9-9。"H"是"焊"汉语拼音的首字母,表示焊接用钢;"08"表示平均含碳量为0.08%;"A"表示对所含杂质(硫、磷等)的限制非常严格。

表9-9 常用焊芯的化学成分及其用途

钢号	化学成分/%							用途
	C	Mn	Si	Cr	Ni	S	P	
H08	≤0.10	0.35~0.55	≤0.30	≤0.20	≤0.30	<0.04	<0.04	一般焊接结构
H08A	≤0.10	0.35~0.55	≤0.30	≤0.20	≤0.30	<0.03	<0.03	重要的焊接结构
H08MnA	≤0.10	0.80~1.10	≤0.07	≤0.20	≤0.30	<0.03	<0.03	用作埋弧自动焊等

焊接合金结构钢、不锈钢的焊条,采用相应的合金钢、不锈钢的焊条。

药皮在焊接过程中起着非常重要的作用,是决定焊缝金属质量的主要因素之一。药皮的组成相当复杂,一种药皮的配方中,通常由七八种以上原料配成。药皮的主要作用有:一是利用药皮分解、燃烧所产生的气体和熔化形成的熔渣,隔离空气,防止有害气体侵入到电弧区和熔池中;二是形成熔渣,并与液态金属发生冶金反应,除去有害杂质(如O、H、S、P等),并添加有益的合金元素,使焊缝金属获得合乎要求的化学成分,满足性能要求;三是使电弧容易引燃、燃烧稳定、飞溅少,并且焊缝成形美观,容易去除渣壳。

(3) 电焊条分类。按照国家标准,手工电弧焊用焊条共分九大类,即结构钢焊条(J)、耐热钢焊条(R)、不锈钢焊条(B)、堆焊焊条(D)、低温焊条(W)、铸铁焊条(Z)、镍及镍基焊条(N)、铜及铜合金焊条(T)、铝及铝合金焊条(L)等。其中应用最多的是结构钢焊条。

一般的焊条牌号由一个汉字(或汉语拼音字母)和三个数字组成,汉字(或拼音字母)表示焊条的种类,三位数字中的前两位数字表示各大类中的若干小类(注意在各大类中,这两位数字表示的意义是不同的),最后一位数字表示焊条药皮的类型和适用的焊接电源种类。

各大类焊条按主要性能不同再分若干小类，在结构钢焊条中是按焊缝金属的抗拉强度指标分成各小类的。例如，结422的牌号中“42”表示焊缝金属的$\sigma_b \geq 420MPa$，结507中的“50”表示焊缝金属的$\sigma_b \geq 500MPa$。

结构钢焊条除了按强度等级分类外，生产上还常按照其药皮熔化后形成熔渣的酸碱度分成酸性焊条和碱性焊条两大类。熔渣以酸性氧化物（如SiO_2、TiO_2、FeO等）为主的称为酸性焊条，如牌号中1～5类型的焊条均为酸性焊条；熔渣以碱性氧化物（如CaO、MgO等）为主的称为碱性焊条，焊条牌号中类型6、7焊条为碱性焊条，由于碱性焊条焊接后焊缝含氢量低而又称其为低氢型焊条。

焊条选择的主要根据是被焊结构的强度、特点、工作条件和具体施工条件及成本因素。

3）埋弧焊

埋弧焊是通过保持在光焊丝和工件之间的电弧将金属加热，使被焊工件之间形成原子之间的连接。根据其自动化程度的不同，埋弧焊又可分为半自动焊和自动焊。全部焊接操作包括引弧、焊丝送进、电弧移动和收弧等采用机械来完成的称为自动焊；只有引弧、焊丝送进等部分操作由机械完成，而电弧移动仍为手工操作的称为半自动焊。

（1）埋弧自动焊的焊接过程。埋弧自动焊焊接电源的两极一端接在工件上，另一端经导电嘴接在焊丝上。焊机的送丝机械、焊剂漏斗、焊丝盘和操作面板等全部装在焊接小车上。焊接时，只需按“启动”按钮，焊接便可自动进行。

图9－72为埋弧自动焊焊接系统示意图。焊前在焊缝两端焊上引弧板和熄弧板，焊接时，焊机送丝机构将光焊丝自动送进，在引弧板上引燃电弧，并保持一定的弧长进行焊接。在焊丝前面，粒状焊剂从漏斗中不断流出，撒在工件接合处的表面上。在焊剂层下焊丝与工件之间形成电弧，熔化被焊工件、焊丝和焊剂，液态金属形成熔池，熔化的焊剂，即熔渣覆盖在熔池表面。随着焊接小车沿着轨道均匀地向前移动（有时小车不动，工件在焊丝下做匀速运动），电弧向前移动，熔池前面不断有金属熔化形成新的熔池，而其后面冷却凝固形成焊缝，液态熔渣凝固形成渣壳，覆盖在焊缝上面。最后电弧在熄弧板上熄弧，焊接结束。焊后将引弧板和熄弧板切去，未熔化的焊剂可以回收重新使用。

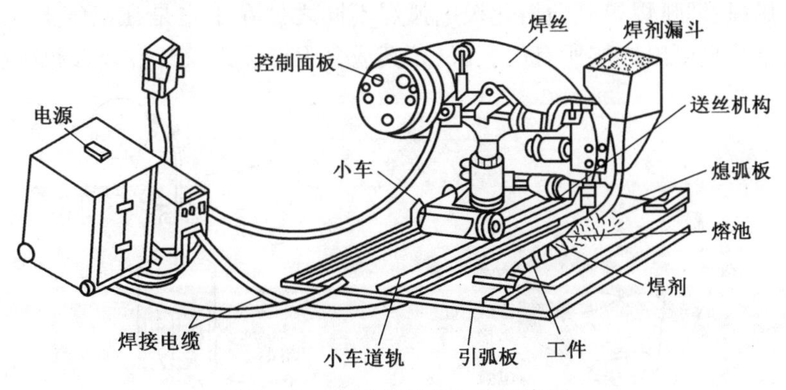

图9－72　埋弧焊焊接系统示意图

（2）焊丝与焊剂。埋弧焊使用的焊接材料为焊丝和焊剂，相当于手工电弧焊的焊芯和药皮，它们在焊接过程中起的作用也基本相同。焊丝的化学成分标准与焊芯的相同，常用的有 H08A、H08MnA、$H08Mn_2$等,配合适当焊剂,可以焊接低碳钢和普通低合金钢。焊剂按用途可分为钢用焊剂和有色金属用焊剂等。按制造方法又分为熔炼焊剂和非熔炼焊剂(如陶质焊剂、烧结焊剂)两大类。常用的焊剂是熔炼焊剂。熔炼焊剂按化学成分又分为高锰、中锰、低锰、无锰等。

(3) 埋弧焊的特点及适用范围。埋弧焊与手弧焊相比,具有如下优点。一是生产效率高。埋弧自动焊时,可以采用较大的焊接电流,提高了焊丝的熔化速度,因此焊接速度可以大大提高。另外,由于焊接电流大,焊接的熔深较大,一般不开坡口,单面焊熔深可达20mm,所以较厚工件可以不开坡口或少开坡口进行焊接。二是焊接质量高。埋弧自动焊时,焊剂熔化所形成的熔渣对电弧空间和金属熔池的保护效果好。焊接过程由焊机自动控制,焊接质量高而且均匀稳定,焊缝成形好,表面光滑。三是劳动条件好。埋弧自动焊减轻了手工操作的劳动强度,没有弧光辐射,且烟雾也较少,消除了弧光和烟雾对焊工的有害影响。

埋弧焊设备复杂,焊前对被焊工件的装配工作要求较严。埋弧焊一般限于水平或接近水平的位置焊接,对薄板(厚度小于3mm)的焊接也受到一定的限制。目前埋弧焊常用于焊接生产批量较大,长而直的且处于水平位置的焊缝或直径较大(一般要求大于500mm)的环缝。

4) 气体保护焊

(1) 氩弧焊。氩弧焊是一种气体保护焊焊接方法,根据其电极在焊接过程中是否熔化又可将其进一步分为钨极氩弧焊和熔化极氩弧焊。

钨极氩弧焊又称TIG焊,如图9-73所示。它的电极是用难熔金属钨或钨的合金棒。电弧燃烧过程中,电极是不熔化的,所以维持恒定的电弧长度,焊接过程稳定。焊接时,电极和电弧区及熔化金属都处在氩气保护之中,使之与空气隔离。有时也采用氦气作为保护气体,此时也称氦弧焊。

钨极氩弧焊可以使用交流、直流和脉冲电源焊接,具体视被焊材料来选择,如表9-10所列。

熔化极氩弧焊又称MIG焊,它是用焊丝做电极及填充金属,其焊接原理如图9-74所示。与手弧焊、埋弧焊等其他熔化极电弧焊不同之处在于它是在氩气保护下进行焊接的。其特点是几乎可以焊接所有的金属,尤其适合于焊接铝及其合金、铜及铜合金以及不

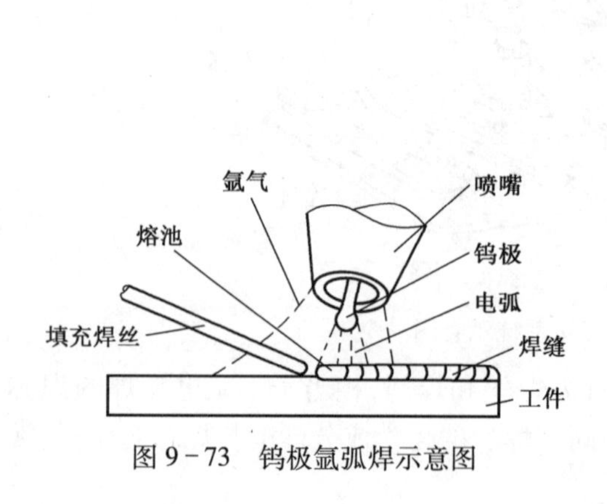

图9-73 钨极氩弧焊示意图

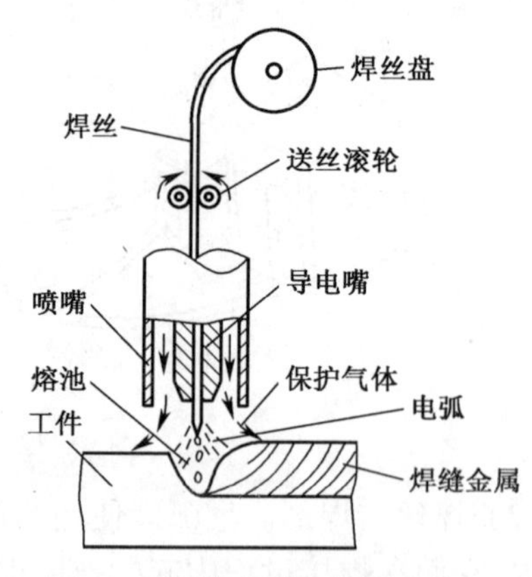

图9-74 熔化极氩弧焊示意图

锈钢等材料；由于采用焊丝做电极，因此可采用高密度焊接电流焊接，其母材熔深大，填充金属熔敷速度快，所以用于焊接厚板铝、铜等金属时生产效率比 TIG 焊高；熔化极氩弧焊采用直流反接焊接铝及其合金时具有良好的阴极雾化作用；此外，熔化极氩弧焊焊接铝及其合金时，其亚射流的固有自调节作用较为显著。

表 9－10　材料与电源类别和极性的选择

材　料	直流		交流	材　料	直流		交流
	正极性	反极性			正极性	反极性	
铝(2.4mm 以下)	×	○	△	合金钢堆焊	○	×	△
铝(2.4mm 以上)	×	×	△	高碳钢、低碳钢、低合金钢	△	×	○
铝青铜、铍青铜	×	○	△	镁(3mm 以下)	×	○	△
铸铝	×	×	△	镁(3mm 以上)	×	×	△
黄铜、铜基合金	△	×	○	镁铸件	×	○	△
铸铁	△	×	○	高合金、镍及其合金、不锈钢	△	×	○
无氧铜	△	×	×	钛	△	×	○
异种金属	△	×	○	银	△	×	○
注：△—最佳；○—良好；×—最差							

由于氩气是一种惰性气体，它既不与金属起化学作用，也不溶解于金属中，因此可以避免焊缝金属中的合金元素烧损及由此带来的其他焊接缺陷，使焊接冶金反应变得简单和容易控制，这为获得高质量焊缝提供了良好条件。因此它不仅适用于焊接合金钢、铝、镁、铜及其合金，而且还适用于补焊、定位焊、反面成形打底焊以及异种金属的焊接。但是，氩气不像还原性气体或氧化性气体那样，它没有脱氧或去氢作用，所以氩弧焊时对焊前的除油、去锈、去水等准备工作就要求严格，否则会影响焊缝质量。

如果用 $Ar-O_2$、$Ar-CO_2$ 或者 $Ar-CO_2-O_2$ 等混合气体做保护气体则称 MAG 焊。上述混合气体一般为富 Ar 气体，电弧性质仍呈氩弧特征。

(2) CO_2 气体保护焊。CO_2 气体保护焊是是用 CO_2 作为保护气体的一种电弧焊，如图 9－75所示。它用焊丝做电极，依靠焊丝和焊件之间产生的电弧熔化被焊金属和焊丝，以自动或半自动方式进行焊接。目前应用较多的是半自动焊。它和其他电弧焊相比具有生产效率高、焊接成本低、能耗小、适用范围广、抗锈能力强、焊后不需清渣等特点。但在

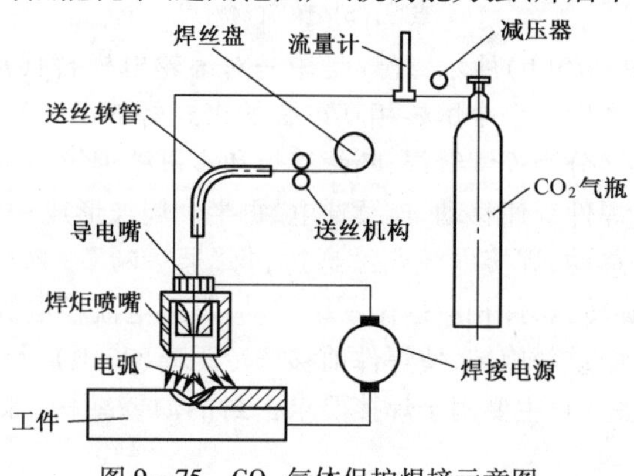

图 9－75　CO_2 气体保护焊接示意图

焊接过程中,金属的飞溅较大,焊缝成形较为粗糙,且由于CO_2气体的氧化性较强,所以焊接时必须采用含有脱氧剂的焊丝等措施,即在焊丝中加入一定量的脱氧剂(Mn、Si等)。

利用CO_2作保护气体,虽然可使电弧和熔池与周围空气隔离,防止空气中的氧和氮对焊缝金属的有害影响,但CO_2是氧化性气体,在电弧热作用下会分解出氧,使焊缝金属中的C、Mn、Si及其他合金元素烧损,从而使焊缝金属的性能大大降低,所以CO_2气体保护焊主要用于焊接低碳钢和低合金钢,对氧化性比较敏感的材料不宜采用CO_2气体保护焊。

2. 压力焊

1)电阻焊

电阻焊是将工件压紧于两电极之间,并通以电流,利用电流通过工件接触处产生的电阻热将其局部加热到塑性或熔化状态,使之形成金属结合的一种焊接方法。

电阻焊与其他焊接方法相比,具有生产效率高,无需添加填充材料,易于实现机械化、自动化,劳动条件好等优点。但设备较复杂,耗电量大,适用的接头形式与可焊工件的厚度受到一定的限制。电阻焊又可分为点焊、缝焊和对焊等。

(1)点焊。如图9-76(a)所示,点焊时,将焊件压紧在两圆柱形电极之间,然后接通电流,金属熔化,形成液态熔核;断电后继续保持或加大压力,使熔核在压力下凝固结晶,形成组织致密的焊点。点焊过程由预压、通电加热和冷却结晶三个阶段所组成。影响点焊质量的主要因素有焊接电流、通电时间、电极压力和电极尺寸等。点焊通常采用搭接接头形式,因此它主要适用于焊接厚度小于3mm的冲压、轧制、且不要求气密性的薄板结构件,如汽车的外壳,机车、客车车门等低碳钢的轻型结构,在航空、航天工业中,主要用于飞机、喷气发动机、火箭等由合金钢、铝合金、钛合金等材料制成的结构件。

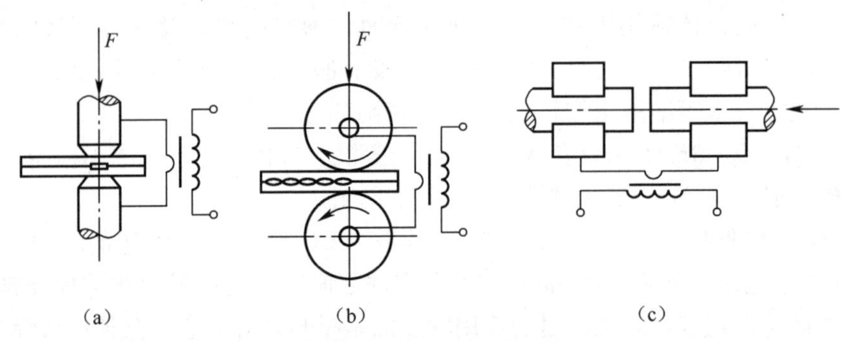

图9-76 电阻焊基本形式

(a)点焊;(b)缝焊;(c)对焊。

(2)缝焊。如图9-76(b)所示,缝焊是用一对滚轮电极替代点焊的圆柱形电极,与工件做相对运动,从而产生一个个熔核相互重叠的密封焊缝的一种方法。按滚轮电极形式和通电形式的不同,又分为连续缝焊、断续缝焊和步进缝焊等三种基本形式。连续缝焊是滚轮电极连续旋转,焊件等速移动,连续通电,每半个周波形成一个焊点;断续缝焊是滚轮连续旋转,焊件等速移动,焊接电流断续通过,每"通—断"一次形成一个焊点;步进缝焊是滚轮电极做断续旋转,焊件相应地做断续移动,焊接电流在电极与焊件皆为静止时通过,焊点形成后滚轮电极重新旋转,使焊件前移一定距离(步距),每"通—移"一次形成一个焊点的一种焊接方法。它主要用于焊接要求密封的薄壁结构,如汽车、拖拉机油箱,飞机、火箭的燃料储箱等。

（3）对焊。对焊是利用电阻热将两工件沿整个端面同时焊接起来的一类电阻焊方法，如图 9-76(c)所示。包括电阻对焊和闪光对焊。电阻对焊是将焊件夹紧在两钳形电极之间，其端面紧密接触，然后通电，电流通过工件和接触端面产生电阻热，将工件接触处迅速加热至塑性状态，然后迅速施加顶端压力，断电完成焊接。闪光对焊是将焊件装配夹紧在两钳形电极之间，接通电源，并使其端面逐渐移近并接触，因工件表面微观上是凹凸不平的，在焊接时总是某些点先接触，强电流从这些接触点通过时，这些点被迅速熔化形成液体过梁，强大电流继续加热时，液态金属发生爆破和蒸发，以火花形式飞出，形成闪光，此时工件继续移近，保持一定的闪光时间，待工件端面全部加热熔化时，迅速对焊件加压，并切断电流，焊件即在压力下产生塑性变形而焊在一起。

闪光对焊常用于重要件的焊接，可焊接各种金属的棒料和型材，如锚链的闪光对焊，钢轨的闪光对焊，自行车圈的闪光对焊等。

2）摩擦焊

摩擦焊是压力焊中的一种，它靠工件间的相互摩擦产生热量，同时加压从而达到焊接目的的方法。摩擦焊的特点：

（1）焊缝致密，接头质量高。由于摩擦副的相对运动可清除接触表面上的杂质、氧化膜等，高热和塑性变形使焊缝进一步致密，不易产生气孔、夹渣等缺陷，焊缝质量高而稳定。

（2）适用范围广。不仅适用于同种金属，同样也可用于异种金属。

（3）无焊条，操作简单，易实现自动化。

（4）设备简单，能耗低。

（5）需有控制灵敏的刹车、加压装置，且一般只适用于管形、棒料等圆形工件之间的焊接以及圆形工件与板件间的焊接，见图 9-77。

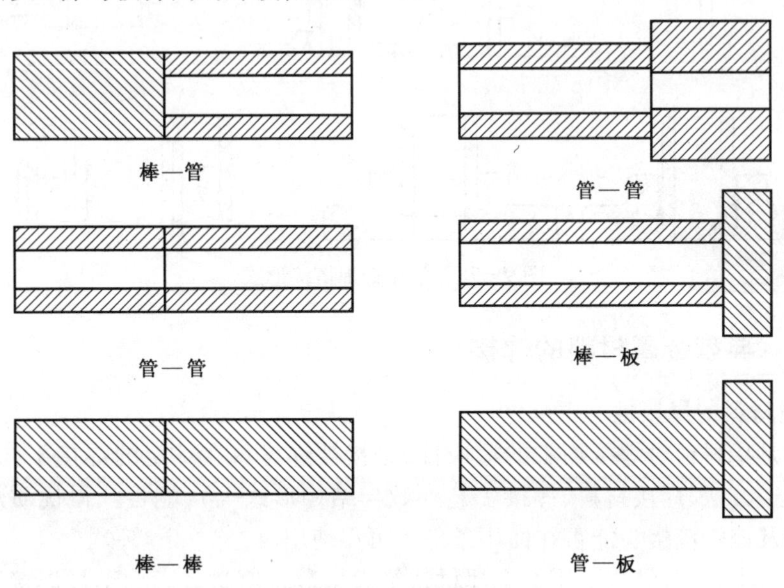

图 9-77　摩擦焊的接头形式

3. 钎焊

钎焊是利用熔点低于焊件的钎料在加热时熔化，借助毛细管的吸附作用填充焊件间的缝隙,使焊件连接起来的一种焊接方法。

钎焊的接头质量主要取决于钎料以及被焊件接触表面的质量,为此,需要选择合适的钎料,采用钎剂清除被焊面上的氧化膜和油污等杂质,以保护钎料和焊件接触面不受氧化,增加钎料的润湿性和毛细流动性。

钎焊根据钎料的熔点高低可以分为软钎焊和硬钎焊两种。软钎焊是指钎料熔点低于450℃的钎焊。常见的钎料有锡铅钎料、锌锡钎料等,此时的钎剂为松香、氯化锌等。一般适用于受力不大、温度不高的场合。而硬钎焊则是钎料熔点高于450℃的钎焊。常用的钎料有铜基钎料、铝基钎料、银基钎料等。常用的钎剂为硼砂、氯化物、氟化物等,适用于机械零部件的钎焊。

钎焊的加热方法常见的有烙铁、火焰、电阻、高频感应等。

钎焊具有焊接变形小、焊件尺寸精确等优点,但其接头强度不高、工作温度低,焊前对被焊处的清洁和装配工作要求较高。

钎焊的接头均采用搭接的方式,常见的搭接方式见图9-78。

图9-78 常见钎焊搭接形式

9.3.3 典型金属材料的焊接

1. 金属材料的焊接性

焊接性是指材料对焊接加工的适应性,是指被焊材料在一定的焊接工艺条件下(包括一定的焊接方法、焊接材料、焊接工艺参数与结构形式等),能否获得优质焊接接头的难易程度以及该焊接接头能否在使用条件下可靠使用。

实际生产中,焊接结构所用的金属材料绝大多数是钢材。影响钢材焊接性的主要因素是化学成分。随着钢中含碳量和合金元素含量的增加,其焊接性变差,而其中碳的影响最明显,把其他合金元素对焊接性的影响都折合成碳的影响,总结出的公式叫“碳当量公式”。用碳当量公式来估算金属材料焊接性的方法叫“碳当量法”。国际焊接学会最早推荐的碳当量公式如下：

$$C_{eq}=C+Mn/6+(Cr+Mo+V)/5+(Ni+Cu)/15 \quad (9-4)$$

式中，C、Mn、Cr、Mo 、V、Ni、Cu 等为钢中该元素含量的质量百分数。

根据经验，当 $C_{eq}<0.4$ 时，钢材塑性良好，淬硬倾向不大，焊接性良好，一般焊接工艺条件都能获得优质的焊接接头。当 $C_{eq}=0.4\sim0.6$ 时，钢材塑性下降，淬硬倾向明显，焊接性较差，焊接时需要采用适当的预热和一定的工艺措施，才能获得满意的焊接接头质量。当 $C_{eq}>0.6$ 时，钢材塑性很低，淬硬倾向很强，焊接时易产生裂纹，所以其焊接性差，焊接时必须采取较高的预热温度和严格的工艺措施，才能保证焊接接头的质量。

应当指出，利用碳当量法估算钢材焊接性是很粗略的，因为焊接性不仅受化学成分的影响，还受结构刚度、约束条件、环境温度等很多因素的影响。而且碳当量公式是通过试验得到的，由于试验条件和合金元素含量范围不同，得出的碳当量公式变化很大。世界各国研究得出各种不同的碳当量公式，所以在选用碳当量公式时，要注意它的适用范围与附加条件。

在实际工作中，为确定材料的焊接性，应根据具体情况进行焊接性试验。工艺焊接性试验方法有“平板刚性固定对接试验”、“Y 型坡口对接试验”、“插销试验”、“十字接头试验”等。使用性能试验有“焊接接头常规力学性能试验”、“焊接接头低温脆性试验”、“压力容器爆破试验”等。根据试验制订出合理的焊接工艺规程与规范。

2. 碳钢的焊接

1）低碳钢的焊接

低碳钢含碳量低，具有良好的塑性和冲击韧性，焊接性良好。焊接过程中毋需采取特殊的工艺措施，不需预热、层间保温和后热，焊后一般不需进行热处理（电渣焊除外）。但对于厚度大、刚度大的结构件，特别是在低温下施焊时，可能会出现裂纹，故应考虑焊前预热和焊后消除应力退火。

低碳钢是最容易焊接的钢种，各种焊接方法，如手弧焊、CO_2气保护焊、电阻焊、埋弧焊等都适合焊接低碳钢，都能获得优质的焊接接头。

一般根据焊接结构的特点来选择具体的焊接方法和焊接材料。如一般的焊接结构选手工电弧焊或半自动 CO_2焊。手工电弧焊焊条的选择应该保证焊缝与母材等强度的原则，选用结422、结423 等，重要结构（如承受动载、冲击载荷或低温工作等）应该选结426、结427 焊条进行焊接。CO_2焊选用 H08Mn2SiA 焊丝焊接。若焊接结构为钢板拼接的长直焊缝或大直径环焊缝，则可选用埋弧自动焊焊接，配合的焊接材料可以采用 H08A 焊丝和431 焊剂。若焊接薄板（3mm 以下）不密封结构件，可选用电阻点焊，而有密封要求的结构则可选用电阻缝焊或钨极氩弧焊；型材焊接件可选用闪光对焊等。

2）中、高碳钢的焊接

中碳钢的含碳量在 0.3%~0.6%之间，随着含碳量的增加，焊接性逐渐变差。实际生产中主要是焊接各种铸钢件与锻件。焊接中、高碳钢时易出现下列问题：含碳量在0.4%以上属易淬火钢，焊接时热影响易产生淬硬的马氏体组织，在焊接应力作用下易产生冷裂纹；焊接时因母材的含碳量及硫、磷等杂质元素的含量远远高于焊条 H08A 的，母材熔化后进入熔池，使焊缝的含碳量增加及硫、磷等杂质元素的存在，容易在焊缝中产生焊接热裂纹；由于含碳量增加，气孔的敏感性也增大。

在焊接高碳钢时，需要采取的工艺措施有：焊前预热使工件各部分温差缩小，以减少焊接应力,同时减慢焊缝和热影响区的冷却速度,从而防止产生淬硬的马氏体组织。45钢的预热温度可选150~250℃,含碳量再高或厚度大、刚度大的工件可将预热温度再提高些。焊后最好立即进行消除应力的热处理,消除应力回火温度一般为600~650℃。如不可能立即消除应力,也应当后热,以便让扩散氢逸出。后热温度不一定与预热温度相同,后热保温时间大约为每10mm的板厚保温为1h。

焊接中碳钢的焊接方法亦不外乎手工电弧焊、埋弧自动焊、CO_2气体保护焊、电阻焊、电渣焊等。只是在焊接过程中应采取相应的工艺措施以避免上述易出现的问题。如手工电弧焊应选择低氢型焊条(如结506、结507等),特殊情况下可采用铬镍不锈钢焊条(如奥102、奥107、奥302、奥307等)进行焊接,此时不需要预热。

高碳钢含碳量(w_C>0.6%)比中碳钢更高,焊接性更差,更容易产生硬脆的马氏体,所以淬硬倾向和裂纹敏感性更大。焊接时应采用更高的预热温度和更严格的工艺措施才可进行焊接。实际上,这类钢通常不用于制作焊接结构,而用于制造高硬度或高耐磨的零部件,它们的焊接也大多为焊补修理。为了获得高硬度或耐磨性,高碳钢零件一般都经过热处理,因此,焊接前应经过退火,这可以减少焊接时的裂纹倾向,焊后再进行热处理,以达到高硬度和耐磨性要求。

3. 低合金钢的焊接

1) 低合金高强度钢的焊接特点

低合金高强度钢焊接时主要遇到焊接接头的裂纹倾向和热影响区脆化问题。

热轧钢的含碳量和合金元素都较少,碳当量低,一般情况下冷裂倾向不大,但随着碳当量、强度级别及板厚的增加,其淬硬及冷裂倾向也随之增大。冷裂纹是常见的焊接缺陷之一,其产生的原因有三个方面:一是焊缝和热影响区的含氢量;二是热影响区的淬硬程度;三是焊接接头区内的应力。而其中氢的影响最为重要。由于液态合金钢容易吸收氢,凝固后氢在金属中的扩散、集聚和诱发裂缝需要一定的时间,因此冷裂缝常具有延时现象,故又称延时裂纹。防止冷裂纹产生的焊接工艺措施主要有控制焊接线能量、降低含氢量、预热和及时后热等方法。

由于低合金高强度钢的含碳量较低,且大都含有一定量的锰(锰对脱硫有利),因此其热裂倾向小。但在厚壁压力容器的焊接中,焊缝金属热裂纹易于在高稀释率焊道中出现。减少母材在焊缝中的熔合比,增大焊缝的形状系数(即焊缝熔宽与熔深之比)有利于防止焊缝金属产生焊接热裂纹。

大型厚板焊接结构中,Z向约束应力大的角接接头、T型接头或十字接头可能沿钢板轧制方向发生阶梯状的层状撕裂。采用预热及低氢型焊条、改变接头型式等措施都有利于防止层状撕裂。

焊接热影响区中,熔合区、过热区和不完全重结晶区都可能出现不同程度的脆化而降低韧性。一般采用预热、缓冷及适当的线能量等措施,以降低热影响区的脆化程度,必要时可采用焊后高温回火以恢复韧性。

总之强度级别较低的普通低合金钢具有良好的焊接性,但随着其强度级别和碳当量的提高,焊接性变差。

2) 常用的焊接工艺措施

焊接方法的选择:热轧及正火钢可采用埋弧自动焊、手工电弧焊、气电焊、电渣焊等方法进行焊接。

焊接材料的选择:应选择与母材强度相当的焊接材料,并综合考虑焊缝金属的韧性、塑性及焊接接头的抗裂性。如手工电弧焊焊接 16Mn 钢时,可选用 J502、J507 等焊条,焊接 15MnVN 桥梁结构钢时则选用 J557 焊条。焊接热轧及正火钢常用的焊接材料见表 9-11。

表 9-11　热轧及正火钢常用焊接材料

强度等级 MPa		钢号	手弧焊焊条	埋弧自动焊		电渣焊		CO_2保护焊焊丝
R_{el}	R_m			焊丝	焊剂	焊丝	焊剂	
294	412	09Mn2 09Mn2Si 09MnV	J422 J423 J426 J427	H08A H08MnA	431			H10MnSi H08Mn2Si
343	490	16Mn 14MnNb	J502 J503 J506 J507	H08A H08MnA H10Mn2 H10MnSi	431 350	H08Mn2MoVA	431 360	H08Mn2Si
393	529	15MnV 15MnTi 16MnNb	J502 J503 J506 J507 J556 J557	H08MnA H10Mn2 H10MnSi H08Mn2Si H08MnMoA	431 350 250	H08Mn2MoVA	431 360	H08Mn2Si
442	588	15MnVN 15MnVTiRe	J556 J557 J606 J607	H08MnMoA H04MnVTiA	431 250	H08Mn2MoVA	431 360	

预热温度及焊后热处理:焊前预热是防止冷裂纹,改善接头性能的有效措施。预热温度的确定取决于母材成分(碳当量)、板厚、焊件结构和约束条件以及环境温度等。随着碳当量、板厚、结构约束度的增加以及环境温度的降低,预热温度相应提高。典型热轧及正火钢焊后的预热温度参见表 9-12。

表 9-12　典型热轧钢和正火钢的预热和焊后热处理参考规范

强度等级 MPa	钢　号	预热温度	焊后热处理	
			电弧焊	电渣焊
294	09Mn2 09Mn2Si 09MnV	不预热 ($h \leqslant 16$mm)	不热处理	
343	16Mn 14MnNb	100~150℃ ($h \leqslant 30$mm)	600~650℃回火	900~930℃正火 600~650℃回火
393	15MnV 15MnTi 16MnNb	100~150℃ ($h \geqslant 28$mm)	550~650℃回火	950~980℃正火 550~650℃回火

(续)

强度等级 MPa	钢　号	预热温度	焊后热处理	
			电弧焊	电渣焊
442	15MnVN 15MnVTiRe	100~150℃ ($h \geq 25$mm)		950℃正火 650℃回火
491	14MnMoV 18MnMoNb	≥200℃	600~650℃	950~980℃正火 600~650℃回火

一般热轧及正火钢焊后不需进行热处理(电渣焊例外),但常需焊后进行后热及消氢处理。后热是指焊接结束后或焊完一条焊缝后,将焊件或焊接区立即加热到150~250℃范围内,并保温一段时间。而消氢处理则是焊后加热到300~400℃,并保温2h以上,以加速焊接接头中氢的扩散逸出。焊后及时进行后热和消氢处理是防止冷裂纹产生的有效措施。消氢效果比后热效果更好。

对于在低温下使用的结构、要求具有抗应力腐蚀或厚壁容器等产品,焊后需要进行消除焊接残余应力的处理。消除焊接残余应力处理是将焊件均匀加热到A_{c1}以下温度,并进行保温一段时间后随炉冷却到300~400℃,最后出炉空冷,可消除焊接内应力,改善接头组织性能。

4. 有色金属的焊接

1）铝及其合金的焊接

铝及其合金的焊接困难较大,主要表现在如下几个方面:铝与氧的亲合力较大,极易在其表面生成Al_2O_3薄膜(熔点高达2050℃),焊接过程中会阻碍金属熔合,并易造成夹渣;铝及其合金的导热系数、比热容都较大(比钢大一倍多),焊接过程中,焊接区热量迅速被基体散走,因此必须采用能量集中、功率大的热源;铝及其合金的线膨胀系数约为钢的两倍,所以焊接时易产生焊接应力与变形,导致热裂纹倾向增大;液态铝易吸气(主要是氢),焊接高温下熔入大量气体,熔池凝固过程中气体来不及析出而易形成气孔;铝及其合金高温时强度很低,且熔化时无明显的颜色变化,因此焊接时容易引起焊缝缺陷,给操作者的操作带来很大的困难。

焊接铝及其合金常用的焊接方法有气焊、氩弧焊、MAG焊、电阻焊等。其中气焊主要用于焊接厚度不大且不太重要的结构、薄板对接和铸铝件的焊补等。氩弧焊(包括TIG、MIG、脉冲氩弧焊)是铝及其合金焊接的有效方法。由于氩气的保护效果和氩离子对氧化膜的阴极破碎作用,可获得满意的接头质量。但不论用哪种焊接方法焊接铝及其合金,焊前必须严格清理焊件接头部位和焊丝表面的氧化膜和油污,清理质量直接影响到焊缝质量。

2）铜及其合金的焊接

铜及其合金采用一般的焊接方法进行焊接时其焊接性很差,其主要原因是:铜在高温下易氧化生成Cu_2O,它与铜形成低熔点的脆性共晶体分布在晶界上,易引起热裂纹;液态铜溶氢能力强,凝固时其溶解度迅速下降,来不及逸出的氢存在于焊缝中形成气孔;铜的导热性好,热容量大,焊接时必须采用较大的热量,否则不易焊透,但这样会增加热影响区的宽度,降低焊缝的力学性能;铜合金中的合金元素,如黄铜中的锌、铝青铜中的铝等,比铜更易氧化,从而降低焊接接头的性能,并促使热裂纹、气孔、夹杂等缺陷的产生。

铜及其合金的常用焊接方法有氩弧焊、气焊、手工电弧焊和钎焊等。其中以氩弧焊的焊接质量最好。铜及其合金焊接时应注意的事项有:焊前应严格清理焊件,以减少氢的来源;焊前预热,以弥补热传导损失;焊后锤击焊缝及进行再结晶退火,以细化晶粒和提高焊接质量。

5. 难熔金属及其合金的焊接

难熔金属的焊接通常采用氩弧焊、等离子弧焊和电子束焊等。钛及其合金在高纯度的氩气保护下进行焊接,如图 9-79 所示。焊前通过真空退火使焊丝和母材脱气。焊缝中各种气体的含量分别是氢<0.01%、氧<0.1%、氮<0.05%。上述气体含量高时,焊接接头金属的塑性下降。此外,钛合金还有形成冷裂纹的倾向。重要部件应在可控氩气室中焊接,也可在充满氩的房间内进行。

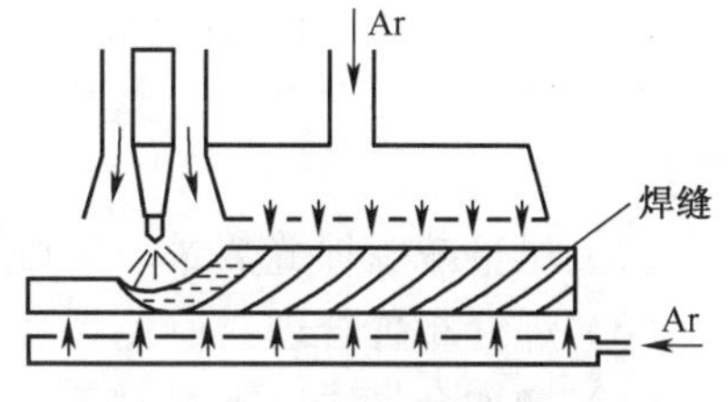

图 9-79　钛合金焊接示意图

钛及其合金也可采用等离子弧焊和电子束焊。锆的焊接性与钛很接近,故其焊接工艺与其相似。钼、铌及其合金,与钛相比更容易被气体所饱和,特别是被氧所饱和,含氧量超过 0.01%时,其塑性会急剧下降。钼、铌及其合金应在可控氩气室中采用电弧焊焊接或在真空中采用电子束焊焊接。

9.3.4　焊接工艺

焊接工艺是根据其结构工作时的承载情况、负荷种类、工作环境、工作温度等使用要求,来综合考虑焊接工艺性的要求,力求达到焊接质量良好,焊接工艺简单,生产效率高,成本低。焊接工艺一般包括焊接变形与预防、焊接结构材料的选择、焊缝布置和焊接接头的选择与坡口形式的设计四个方面。

1. 焊接变形

残存于焊件中的内应力导致焊件的变形称为焊接变形。

焊接变形使结构形状、尺寸达不到设计要求,增加矫正工作量,甚至造成构件报废。焊接应力是产生各种裂纹的重要因素,也是导致构件断裂的根源。另外焊接应力和变形还会降低结构的刚度和承载能力,因此焊接时必须设法防止和减少。

1) 焊接变形

焊接变形可能有多种,常见有收缩变形、角变形、弯曲变形、扭曲变形、波浪变形五种基本形式,如图 9-80 所示。

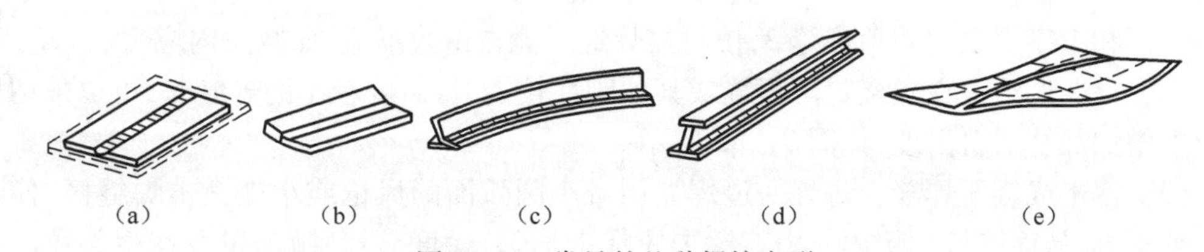

图 9-80　常见的几种焊接变形

(a)收缩变形;(b)角变形;(c)弯曲变形;(d)扭曲变形;(e)波浪变形。

对于低碳钢和低合金钢焊接结构,由于塑性好,焊接变形就比较大,焊接应力则较小。对于高碳钢、高合金钢结构,由于塑性差,焊接变形较小而焊接应力则较大。焊接结构多采用低碳钢和普通低合金钢制造,所以防止和减小焊接变形的工作尤为重要。

2) 控制焊接变形的措施

为了防止和减小焊接变形,一般可从设计和工艺两方面考虑解决。具体措施有:

(1) 选用合理的焊缝尺寸和形状。在保证结构有足够的承载能力的前提下,采用小的焊缝尺寸,如对于角接焊缝,并非焊角尺寸越大越好,不得随意加大焊角尺寸。而对于薄板结构,采用电阻点焊代替熔化焊可减少变形,这在汽车制造行业中已广泛应用。

(2) 尽量减少焊缝数量。如可采用型材、冲压件代替板材拼焊结构等。

(3) 焊缝布置合理。避免焊缝的集中和交叉。

(4) 增加余量法。下料时工件增加一定的收缩余量,以补充焊后的收缩。

(5) 反变形法。事先估计或试验好结构的变形方向和大小,焊接装配时给予一个相反方向的变形,然后焊接,使所产生的焊接变形正好与预变形相抵消。

(6) 刚性固定法。焊前将工件固定,夹紧在具有足够刚性的胎夹具上,然后焊接。这种焊接方法可大大减少焊接变形,但却增加了焊接应力,所以此法适用于低碳钢结构,不适用于高碳钢等淬硬倾向性较大的结构。

(7) 选择合理的焊接装配次序。

3) 焊接变形的矫正

有些焊接结构,即使采取了上述措施,焊后仍会产生超过允许的变形,为确保结构形状与尺寸符合设计要求,需要进行矫正。矫正方法常用的有机械矫正和火焰矫正两种方法。机械矫正法是利用外力使构件产生与焊接变形方向相反的塑性变形,与焊接变形相抵消。火焰矫正是利用火焰在焊件的适当部位进行加热,使其产生局部塑性变形,在随后的冷却过程中产生与焊接变形相反的收缩变形来矫正焊接变形。

4) 减少焊接应力的工艺措施

对于高碳钢和高合金钢结构件以及刚度较大的结构,应预防和减少焊接应力,除设计上尽量减少焊缝数量和尺寸,避免焊缝集中交叉等措施以外,工艺上可采取以下措施。

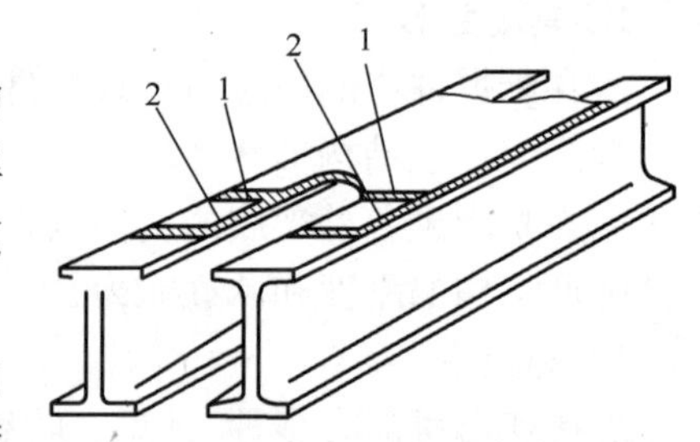

图9-81　按收缩量大小确定焊接顺序

(1) 采用合理的焊接次序。尽量使焊缝能自由收缩,先焊收缩量比较大的焊缝。如图9-81中带盖板的双工字钢结构件,应先焊盖板的对接焊缝1,后焊盖板和工字钢之间的角焊缝2,使对接焊缝1能自由收缩,从而减少内应力。

(2) 反变形法。在焊接封闭焊缝或其他刚性较大、自由度较小的焊缝时,可以采用反变形来增加焊缝的自由度,如图9-82所示。

(3) 锤击或辗压焊缝。每焊一道焊缝用带小圆弧面的风枪或小锤锤击焊缝区,使焊缝得到延伸,从而降低焊接内应力。锤击应保持均匀、适度,避免锤击过分产生裂纹。另外采用辗压法也可有效地降低焊接内应力。

(4) 加热减应力法。加热区的伸长带动焊接部位,使它产生一个与焊缝方向相反的变形。在冷却过程时,加热区的收缩和焊缝的收缩方向相同,使焊缝能自由地收缩,从而降低焊接内应力。图9-83就是利用该原理的一个应用实例。

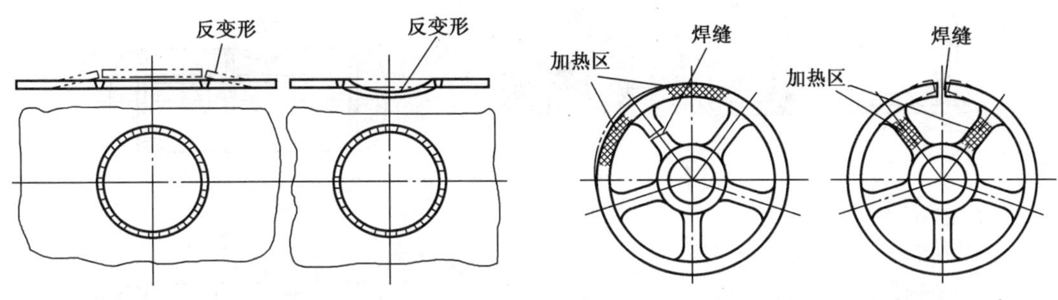

图9-82　降低局部刚度减小内应力　　图9-83　轮辐、轮缘断口的焊接

2. 焊接材料的选择

为了避免焊接时出现裂纹等缺陷,并保证焊接结构使用中的安全、可靠,在满足使用要求的前提下应尽量选用焊接性能好的材料。一般来说,应该尽可能选用像低碳钢和低合金结构钢这样碳当量较低的材料,因为它们的焊接性良好,价格低廉。对于碳当量大于0.4%的碳钢和合金钢,其焊接性较差,一般不宜选用。如必须采用,应在设计和生产工艺中采取必要的措施。

焊接应该尽量采用钢管和型材(如角钢、槽钢、工字钢等)。对于形状复杂的部分,也可以采用冲压件、铸钢件和锻件,这样不仅便于保证焊件质量,还可以减少焊缝数量,简化焊接工艺。

对于异种材料的焊接,必须考虑其焊接性。有的异种金属材料,焊接性较好,可以选用。对于焊接性较差的异种金属材料应尽量不用。

3. 焊缝的布置

合理地布置焊缝位置,对焊接结构质量和劳动生产率影响很大。在考虑焊缝布置时,要注意下列设计原则:

(1) 便于焊接和检验,以避免和减少焊缝缺陷的产生,如图9-84所示。

(2) 避免焊缝的密集和交叉,以改善焊接接头组织和力学性能。图9-85表示了焊缝之间的最小距离,图9-86表示了焊缝避免交叉和密集的应用实例。

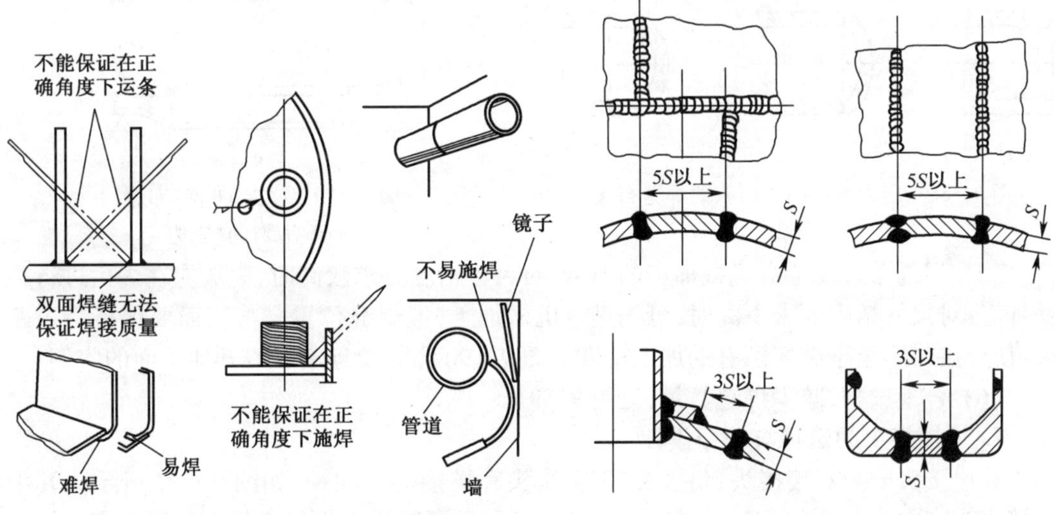

图9-84　不易施焊的焊缝部位示意图　　图9-85　焊缝之间的最小间距

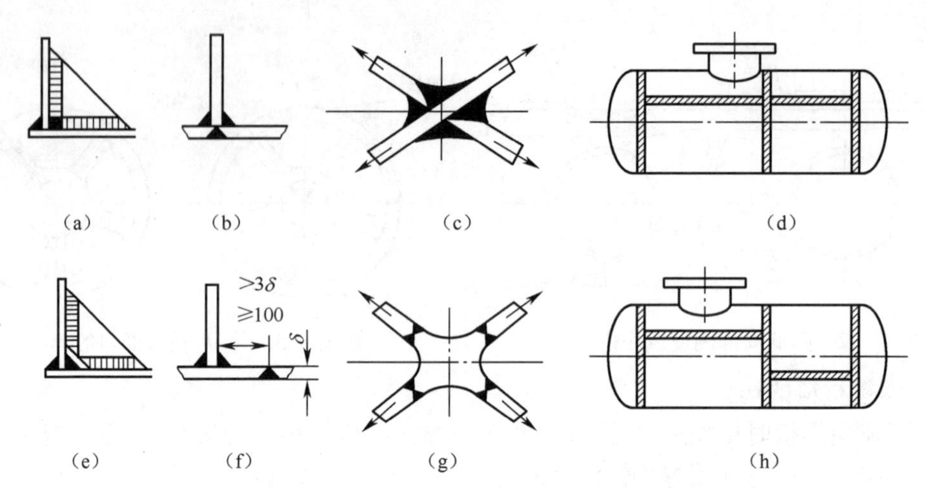

图 9-86　避免焊缝交叉和密集的实例图

(a),(b),(c),(d)不合理;(e),(f),(g),(h)合理。

(3) 焊缝的位置应尽可能对称分布,以减少焊接变形,如图 9-87 所示。

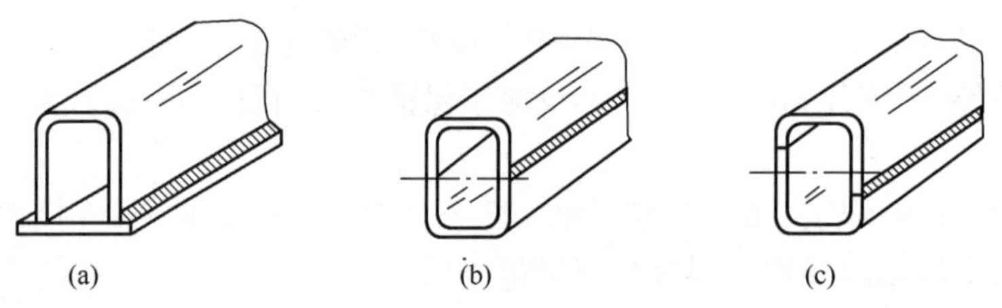

图 9-87　焊缝的对称布置

(a)不合理;(b),(c)合理。

(4) 焊缝尽量避开应力集中和最大应力的位置。如压力容器的凸形封头应有一直段,使焊缝避开应力集中的转角位置,见图 9-88。横梁的焊缝应避免在应力最大的跨度中间,见图 9-89。

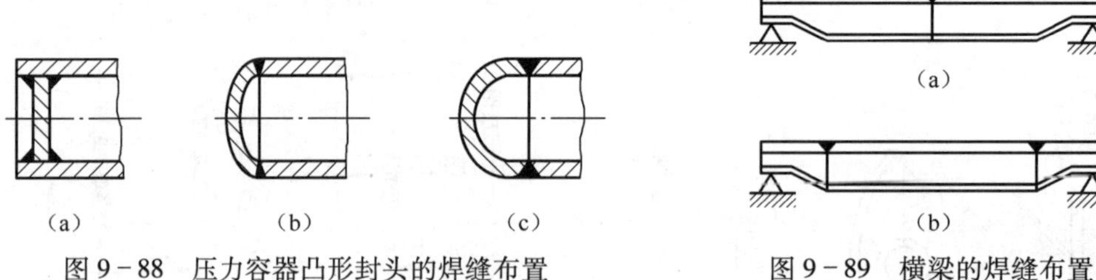

图 9-88　压力容器凸形封头的焊缝布置

(a),(b)不合理;(c)合理

图 9-89　横梁的焊缝布置

(a)不合理;(b)合理。

(5) 焊缝布置要考虑机械加工的因素,对尺寸精度要求较高时,一般应在焊后进行机械加工;对尺寸精度要求不高时,可先进行机械加工,但焊缝位置与加工面要保持一定距离,使焊接时不至于破坏已有的加工精度。图 9-90 为焊缝远离和避开加工面的实例。

(6) 合理选材,减少焊缝数量,见图 9-91。

4. 焊接接头的选择与坡口设计

焊接接头分为对接接头、角接头、丁字接头和搭接接头四种,如图 9-92 所示。其中对接接头应力分布均匀,接头质量容易保证,各种重要的受力焊缝应优先采用。搭接接头

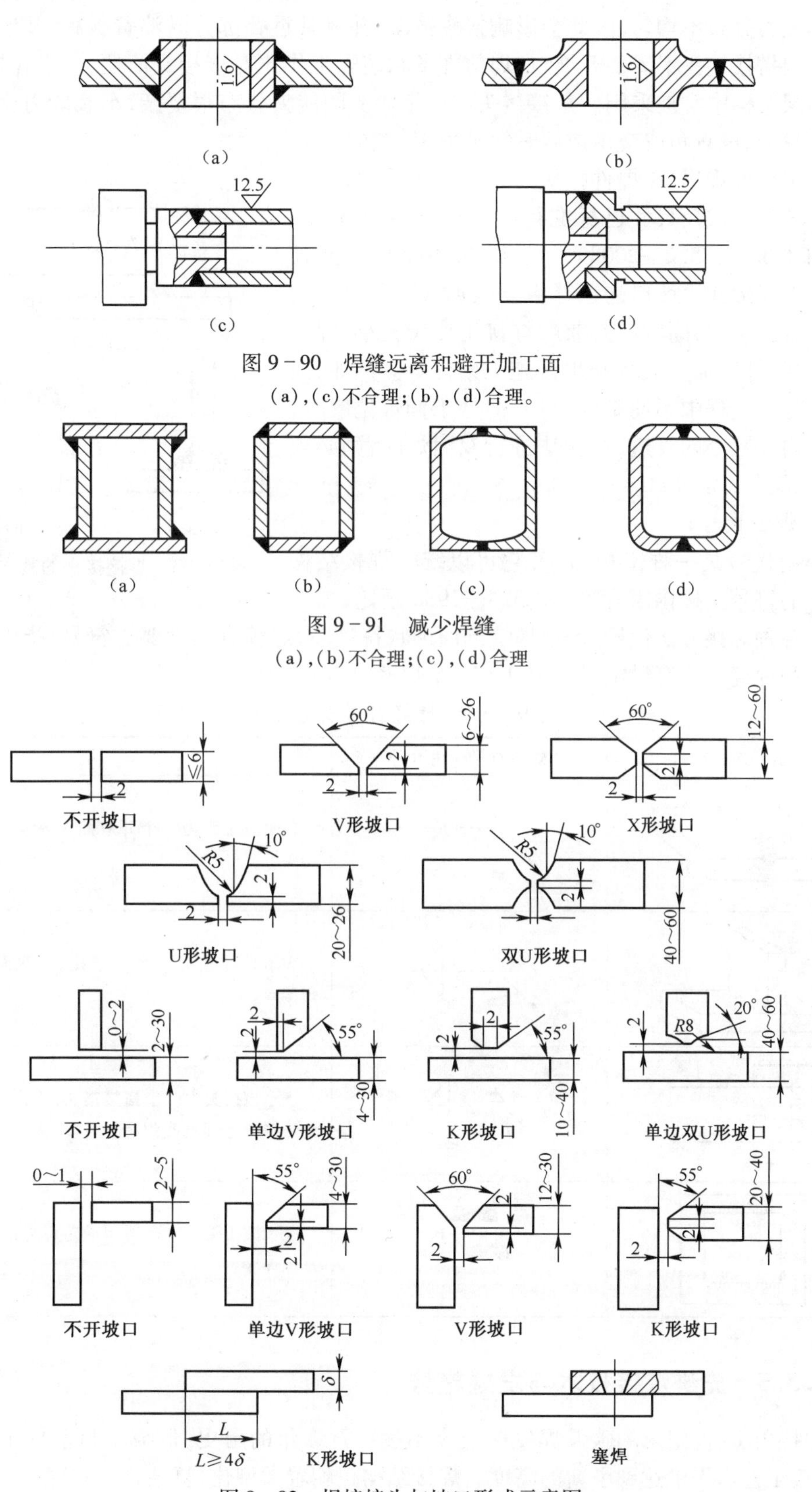

图9-90　焊缝远离和避开加工面

(a),(c)不合理;(b),(d)合理。

图9-91　减少焊缝

(a),(b)不合理;(c),(d)合理

图9-92　焊接接头与坡口形式示意图

的工作应力分布不均匀,因此会影响接头强度,并且其重叠部分既浪费材料,又增加结构重量。但搭接接头不需要开坡口,焊前准备和装配工作比对接接头简便,所以在桥梁、房架等桁架结构中常被采用。角接接头和丁字接头的应力分布很复杂,承载能力比对接接头低,当接头成直角或交角连接时常被采用。

为了保证焊透,在焊件接头边缘要加工坡口,各种接头的坡口形式及尺寸已标准化(参见 GB/T 985.1—2008 和 GB/T 985.2—2008)。图 9-93 中列举了几种常用的坡口形式。坡口的选择主要根据板厚和所采用的焊接方法确定,同时还要兼顾焊接工作量大小、焊接材料消耗、坡口加工成本和焊接施工条件等。例如,当焊件在施焊过程中不便翻转,另一面处于仰焊位置时,或对于内径较小的管道,在无法进行双面焊时,则必须采用 Y 形或 U 形坡口。

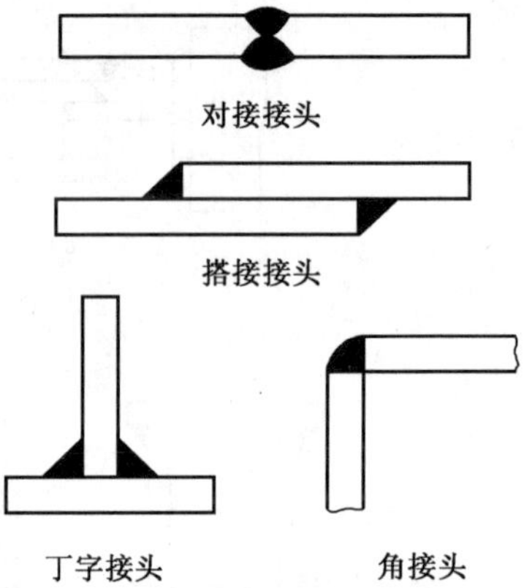

对接接头

搭接接头

丁字接头 角接头

图 9-93 焊接接头的基本形式

5. 焊缝代号

焊缝代号是一种工程语言,它可以统一焊接结构图纸上的符号。按国家标准 GB 324—1980 规定,焊缝代号由各种焊接方法代号、表示焊缝剖面形状符号、对焊缝有辅助要求符号、指引焊缝位置符号和焊缝尺寸符号组成。表 9-13 是焊缝符号的标注示例。

表 9-13 焊缝符号标注示例

示 意 图	焊缝符号标注示例	说 明
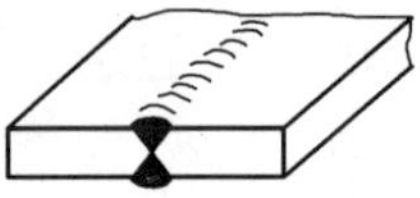	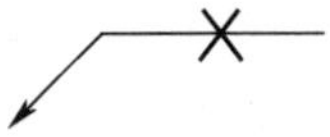	表示该接头为一个开双面 V 形坡口的对接接头
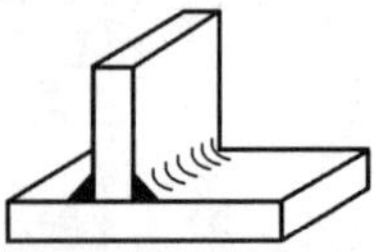	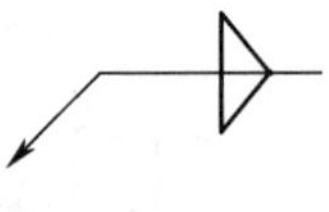	表示该接头为一个丁字接头,双面角焊缝焊接
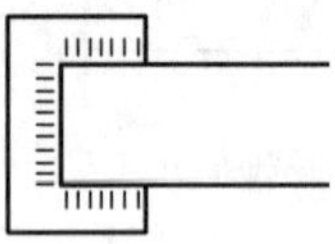	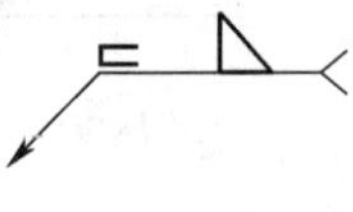	表示该接头为一个搭接接头,工件三面带有角焊缝,3 表示同类焊缝有三条
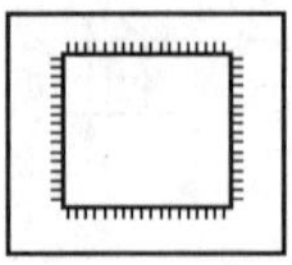	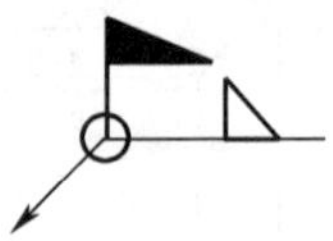	表示该接头为一个封闭的角焊缝,小旗表示现场焊接

9.3.5 先进焊接技术与发展趋势

焊接由 19 世纪末的碳弧焊发展至今不过一百多年的历史,形成了目前的上百种方法,焊接工艺水平也达到了新的高度。焊接结构正朝着大型化、复杂化、高参数方向发展。

同时焊接自动化也得到迅速发展,集自动控制、信息处理及大容量计算机于一身的焊接机器人在许多制造行业得到了广泛应用。

1. 激光焊

20 世纪 70 年代发展起来的一种新型焊接方法,它是以高能量密度的激光作为热源对金属进行加热熔化,形成焊接接头。它可用于焊接一般焊接方法难以焊接的材料,如高熔点金属等,也可用于异种金属和非金属材料的焊接。按激光器输出能量方式的不同,激光焊分为脉冲激光焊和连续激光焊。脉冲激光焊主要用于 0.5mm 以下的金属箔材或直径 0.6mm 以下的金属线材的焊接,如电子元件集成电路内外引线的焊接,仪表游丝的焊接等。连续激光焊主要使用大功率 CO_2 气体激光器,能够成功地焊接不锈钢、硅钢、铝、镍、钛等金属及其合金,如食品马口铁罐体的激光焊,电机定子及转子铁芯硅钢片叠紧的激光焊,燃气轮机换热器的激光焊等。激光焊与电子束焊相比,除具有能量密度高、加热范围小、焊接速度快、焊件残余应力和变形小等优点外,最大的特点是不需要真空室。但焊接厚度较电子束焊小,设备投资更大,成本更高。

2. 电子束焊

它是利用会聚的高速电子流轰击工件接缝处所产生的热量使金属熔合的一种焊接方法。电子束穿透能力强,焊缝深宽比大,所以厚板可不开坡口实现单道焊,节省辅助材料和电能。又由于电子束焊接是在高真空室内进行的,因此焊缝无污染,适用于活泼金属的焊接,所得焊缝质量高,热影响区窄,变形小。但真空电子束焊的设备复杂,费用昂贵,且焊件形状、尺寸受真空室限制及接头准备要求严格。根据以上特点,电子束焊主要用于活泼金属和难熔金属的焊接,如钛及其合金和钨、钼、钽、锆、铌、镍及其合金的焊接。另外,还可以用于焊接异种金属。

3. 扩散连接

新材料在生产应用中经常遇到焊接问题,如陶瓷、金属间化合物、非晶态材料及单晶合金等。这些材料采用传统的熔化焊方法很难焊接。一些特殊的高性能构件的制造往往要求把性能差别较大的异种材料,如金属与陶瓷、铝与钢、钛与钢、金属与玻璃等连接在一起。为了适应这种工业要求,近年来作为固相连接的方法之一——扩散连接技术成为连接领域的研究热点。扩散焊是指相互接触的表面,在高温和压力的作用下,被连接表面相互靠近,局部发生塑性变形,经一定时间后结合层原子间相互扩散而形成整体的可靠连接过程。扩散连接适合于耐热材料、陶瓷、磁性材料及活性金属的连接,特别适合于不同种类的金属与非金属异种材料的连接。在扩散连接技术研究与实际应用中,有 70%涉及到异种材料的连接;可以进行内部及多点、大面积构件的连接;该法连接的工件不变形,可以实现机械加工后的精密装配连接。目前,扩散连接技术发展迅速,已广泛应用于航空航天、仪表及电子等国防部门,并逐步扩展到机械、化工及汽车制造等领域。

4. 爆炸焊

爆炸焊接是一种固相焊接方法。它利用炸药爆轰能量,驱动焊件做高速倾斜碰撞,使其界面实现冶金结合,通常用于异种金属之间的焊接。如钛、铜、铝、钢等金属之间的焊接,可以获得强度很高的焊接接头。而这些化学成分和物理性能各异的金属材料的焊接,用其他的焊接方法很难实现。爆炸焊所需装置简单,操作方便,成本低廉。但是在生产过程中会产生噪声和地震波,对爆炸场附近环境和居民造成影响,因此,爆炸加工场一般应建在偏远的山区。

5. 超声波焊

超声波焊是一种固相焊接方法,利用超声波的高频振荡能对工件接头进行局部加热和表面清理,然后施加压力实现焊接。进行超声波焊时,通常由高频发生器产生16~80kHz的高频电流,通过激磁线圈产生交变磁场,使铁磁材料在交变磁场中发生长度交变伸缩,超声频率的电磁能便转换成振动能,再由传送器传至声极;同时通过声极对工件加压,平行于连接面的机械振动起着破碎和清除工件表面氧化膜的作用,并加速金属的扩散和再结晶过程。适当选择振荡频率、压力和焊接时间,即可获得优质接头。

超声波焊不需外加热源,焊接区输入较小,既可以焊接同种金属,也可以焊接异种金属,如铝与铜、铝与不锈钢、钛与不锈钢等,还可以实现金属与非金属的焊接。超声波焊机输入功率由几瓦至几十瓦,可焊铝合金厚度为几毫米。超声波焊特别适用于金属箔片、细丝以及微型器件的焊接,广泛应用于电子器件中引线与锗、硅上的金属镀膜的焊接,集成电路中各种金属(铝、铜、金、镍)与陶瓷、玻璃上的金属镀膜的焊接,热电偶焊接,化学活性物质如炸药、试剂、易爆品的封装焊接等。

6. 搅拌摩擦焊

搅拌摩擦焊(Friction Stir Welding,FSW)是英国焊接研究所(The Welding Institute)于1991年发明的专利焊接技术。它利用搅拌摩擦工具沿焊缝旋、前进,通过摩擦热和机械搅动使焊接材料发生塑化、机械混合以及回复、再结晶等一系列复杂过程,进而形成致密焊缝的固相焊接方法。

搅拌摩擦焊除了具有普通摩擦焊技术的优点外,还可以进行多种接头形式和不同焊接位置的连接。挪威已建立了世界上第一个搅拌摩擦焊商业设备,可焊接厚3~15mm、尺寸6×16的Al船板;1998年美国波音公司的空间和防御实验室引进了搅拌摩擦焊技术,用于焊接某些火箭部件;麦道公司也把这种技术用于制造Delta运载火箭的推进剂储箱。2011年,中航工业北京赛福斯特技术有限公司(中国搅拌摩擦焊中心)首次将搅拌摩擦焊技术应用于新能源汽车领域,成功实现了某混合动力汽车水冷套筒件的搅拌摩擦焊接,解决了混合动力汽车制造中的问题,节约了99%的能量消耗,经冷热环境下打压测试,性能高于传统焊接,可以有效地缓解汽车发动机过热的问题。中航工业北京赛福斯特过程有限公司搅拌摩擦焊过程如图9-94所示。

图9-94　搅拌摩擦焊接过程(赛福斯特公司)

焊接工艺技术在迅速发展,主要体现在三个方面:一是随着现代工业技术的发展,如原子能、航空航天、微电子等技术的需要,出现了新的焊接工艺方法及设备,如激光焊、超声波焊、真空扩散焊等;二是改进常用焊接方法和工艺,使焊接质量和生产率大大提高,如脉冲氩弧焊、三丝埋弧焊、固定式熔化极自动电弧焊等;三是焊接过程的智能控制和焊接机器人技术的应用。

思考题与习题

1. 在实际生产中为什么要采用“高温出炉,低温浇注”的原则?
2. 简述砂模等铸造件结构上为什么常常要设有斜度和圆角?
3. 分析下面铸件的工艺性,要求标出分型面(注明上、下箱)并说明理由。

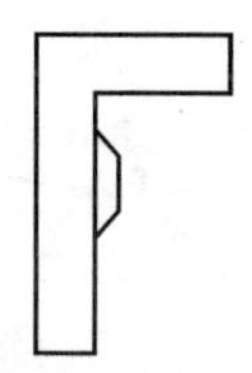

4. 分析下面铸件的分型面选择是否适合机器造型,如果不适合请修改,标出正确的分型面(注明上、下箱)并画出型芯,说明理由。

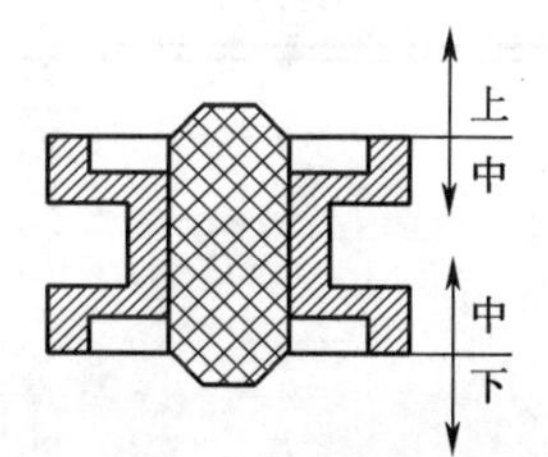

5. 分析图中砂型铸造铸件的结构缺陷,并做适当修改。

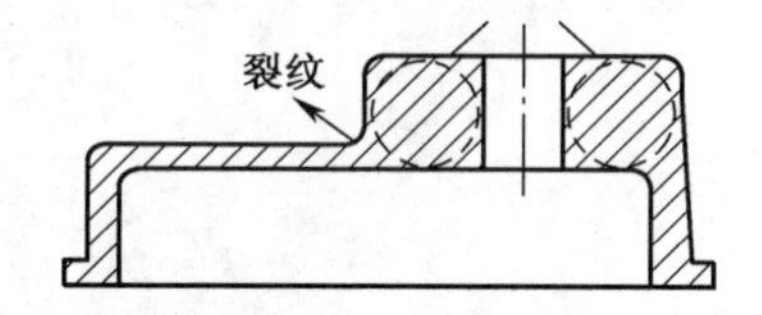

6. 如何从本门课的角度解释“趁热打铁”这个词?
7. 简述锻模为什么常要设有模锻斜度和圆角?
8. 简要解释模锻件为什么常有飞边及冲孔连皮?
9. 冲压加工中落料和冲孔有什么区别?
10. 拉深时容易出现哪两种质量问题?如何来解决?
11. 简述在板料深拉伸工序间为什么常穿插中间再结晶退火?
12. 自由锻的基本工序主要有哪些?
13. 如图所示自由锻件,请对结构中不合理之处进行修改,并给出修改的理由。

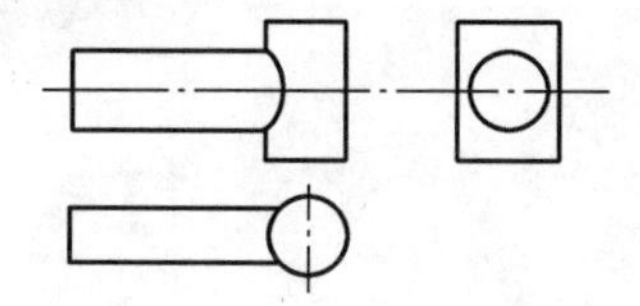

14. 如图所示自由锻件,请对结构中不合理之处进行修改,并给出修改的理由。

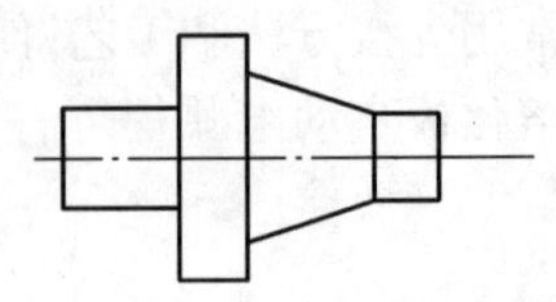

15. 比较焊接、胶接、机械连接三大连接技术,谈谈焊接的优缺点。

16. 将电子元件连接到电路板上,应采用手工电弧焊、电阻焊还是钎焊?为什么?请说明理由。

17. 焊接之前为了防止应力和变形,可以采用一些什么措施?

18. 如图所示两块焊件,在焊接时发生角变形,请进行合理的结构工艺设计来避免这种角变形,要求画出示意图。

19. 分析下列手工焊条电弧焊结构工艺性,绘制出修改示意图,并给出修改理由。

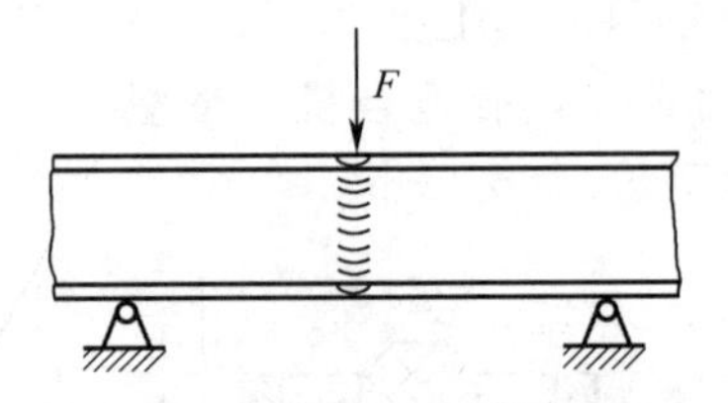

第4篇　工程材料的选用

第10章　工程材料的失效、选材及工程应用实例

本章目的:了解和熟悉零件的失效类型和失效分析方法,并熟练掌握常用金属材料的行情与选用。

本章重点:材料选择的三项基本原则、常用金属材料的应用情况、典型零件的选材、典型零件的热处理工艺和加工工艺路线。

本章难点:常用金属材料的应用情况。

无论是机械零件的设计者,还是机械零件的制造者,都应能合理选用材料、合理设计零件结构和合理制订零件的成型加工工艺,这样才能保证设计和加工制造出的零件在使用过程中具有良好的工作性能,并且使零件的生产总成本最低。因此,如何合理地选择材料及其成型加工工艺是一项十分重要的工作。

本章首先介绍机械零件在使用过程中出现的失效现象,在此基础上,介绍机械零件选材的三原则,最后介绍一些典型零件的选材过程与成型工艺。重点是熟悉机械零件合理选材的三项基本原则,熟悉轴、齿轮、箱体支承、工模具类等典型零件的选材分析。难点在于分析一般工况下零件的失效及能较合理地选择零件的用材。

10.1　零件的失效分析

10.1.1　失效的概念

失效是指零件在使用中,由于形状、尺寸的改变或内部组织及性能的变化而失去原有设计的效能。零件在工作时,由于承受各种载荷,或者由于运动表面间长时间地互相摩擦等原因,零件的尺寸、形状及表面质量会随着时间延长而改变。如果零件尺寸由于磨损超过了零件设计时的尺寸公差范围,表面由于磨损或外界介质的侵蚀等造成表面质量下降,这些都是零件失效。根据丧失功能的程度, 零件失效表现为下列三种情况:

(1) 零件完全破断,丧失工作能力。例如,齿轮轮齿折断、传动轴或连杆断裂、枪炮膛炸裂等都将使机器(械)不能再继续运转(工作)。

(2) 零件已严重损伤,不能再安全工作。如航空发动机零件、电站的关键部件(转子轴)出现裂纹后再继续工作可能很不安全,这些零件一旦失效将造成重大事故。

(3) 零件虽能安全工作,但已不能满意地起到预期作用。例如,高精度机床、精密仪表中的齿轮、轴、轴承、导轨等零件磨损后,虽仍能安全运转,但传动精度、传动效率达不到预定要求。

出现上述三种情况中的任一种时,即认为零件已经失效。有些零件失效前无明显征兆,这可能会造成严重的事故。因此,对零件的失效进行分析,确定失效原因,提出避免或推迟失效的措施就显得尤为重要。

10.1.2 失效的类型

根据零件损坏的特点、所受载荷的类型及外在条件,零件失效的类型可归纳为过量变形、断裂与表面损伤三种。

1. 过量变形失效

过量变形是指零件承受载荷后产生超过规定值的变形。它可以是塑性的、弹性的或弹塑性的。过量变形失效的构件或零件,通常无法承受规定的载荷 起不到预定的作用,还与其他零件的运转发生干扰。如厂房内的大型行车,其起吊横梁通过横梁两端的车轮跨支于钢轨上;当其吊物时,横梁将产生一定的挠度变形,如果超过许用挠度的规定值,车轮因梁的弯曲变形而卡住钢轨无法运行或发生出轨事故。

1) 过量弹性变形失效

弹性变形发生在弹性范围内。过量弹性变形与材料强度无关,而与零件形状、尺寸、材料的弹性模量、零件工作温度和载荷大小等有关。在一定的材料和外加载荷条件下,零件的结构(形状、尺寸)因素是影响弹性变形大小的关键。如横截面积相同的材料,在受到相同的载荷下,工字形刚度最大(变形量最小),立方形次之,矩形更次,薄板最差(变形最大)。当采用不同材料时,相同结构的零件,材料的弹性模量越大,则其相应变形就小,如采用碳钢所发生的弹性变形就小于铜、铝合金。

2) 过量塑性变形失效

因外加应力超过零件材料的屈服强度而发生明显的塑性变形。引起过量塑性变形的因素,除在过量弹性变形中所讨论的有关影响因素外,常见的还有材质缺陷、使用不当、设计有误和热处理不当等。

2. 断裂失效

1) 断裂类型与特点

机械零件在工作过程中发生断裂的现象称为断裂失效。断裂失效,尤其是突然断裂,会造成巨大损失。

按断裂性质,即材料或零件在断裂前所产生的宏观塑性变形量的大小,将断裂分为韧性断裂、脆性断裂、韧性-脆性断裂和蠕变断裂四种。

(1) 韧性断裂。材料断裂之前发生明显的宏观塑性变形的断裂。它是金属材料破坏的主要方式之一。当韧性较好的材料所承受的载荷超过材料的强度极限时,就会发生韧性断裂。它是一个缓慢的断裂过程。韧性断裂的典型断口为杯锥状断口或剪切断口。杯锥状断口的底部,晶粒被拉长,宏观上呈纤维状;剪切断口平面和拉伸轴大致成45°角,断口比较灰暗,断口侧面可观察到明显宏观塑性变形的痕迹。

(2) 脆性断裂。材料在断裂之前不发生宏观可见塑性变形的断裂。断裂之前无明显的征兆,裂纹长度一旦达到临界长度,即以声速扩展,并发生瞬间断裂。有时在显微镜镜下仍可以观察到脆性断口的局部区域发生了少量塑性变形,通常把金属材料的塑性变形量小于2%~5%的断裂,均称之为脆性断裂。脆性断裂断口一般与正应力垂直,断口表面平齐,断口颜色比较光亮。

(3) 韧性-脆性断裂。又称为准脆性断裂。实质上这是一种塑性与脆性混合的断裂。

按断裂路径可分为沿晶断裂、穿晶断裂和混晶断裂三种类型。沿晶断裂是指多晶体材料的裂纹在晶界处萌生并沿晶界扩展而致断裂的过程。穿晶断裂是指裂纹萌生和扩展发生在晶粒内部的断裂。混晶断裂是断裂时裂纹的扩展不是单一的沿晶界或在晶内发生,而是具有两种混合的路径。

(4) 蠕变断裂。蠕变断裂即在应力不变的情况下,变形量随时间的延长而增加,最后由于变形量过大或断裂而导致的失效。例如架空的聚氯乙烯电线管在电线和自重的作用下发生的缓慢的挠曲变形,就是典型的材料蠕变现象。金属材料一般在高温下才产生明显的蠕变,而高聚物在常温下受载就会产生显著的蠕变,当蠕变变形量超过一定范围是,零件内部就会产生裂纹而很快裂变。

2) 不同条件下的断裂

室温静载下的断裂:在室温静载荷作用下,零件的某一截面上的应力超过材料的强度极限而发生断裂。它可表现为韧性断裂或脆性断裂。

应力与环境介质共同作用下的断裂:在一定环境介质中工作的零件,在载荷作用下而发生低应力脆性断裂,也称应力腐蚀断裂。

交变载荷下的断裂:其交变应力值低于材料的屈服强度,断裂之前无明显的征兆。是大量承受动载荷零件的主要断裂形式。

高温下的断裂:高温下工作的零件随温度升高和高温停留时间的增加,材料的抗拉强度和屈服强度降低而发生的断裂。它有两种形式:一是蠕变断裂,这是长时间高温和应力共同作用所造成的;另一是高温延迟断裂,这是长时间高温作用下,材料强度降低所致。

3. 表面损伤失效

零件在工作过程中,由于机械和化学的作用,使工件表面及表面附近的材料受到严重损伤导致失效,称作表面损伤失效。表面损伤失效大体上分为三类,即磨损失效、表面疲劳失效和腐蚀失效。

1) 磨损失效

相互接触并做相对运动的一对金属表面不断发生损耗或产生塑性变形,使金属表面状态和尺寸改变的现象称为磨损。磨损是零件表面失效的主要原因之一,直接影响机器的使用寿命。

磨损失效的基本类型有:粘着磨损、磨料磨损、表面疲劳磨损、冲刷磨损、腐蚀磨损等五种基本类型。在实际的分析中往往遇到多种磨损类型的复合状况,即复合磨损失效。

粘着磨损:也称擦伤、磨伤、胶合、咬住、结疤等。两个金属表面的微凸部分在局部高压下产生局部黏结(固相粘着),使材料从一个表面转移到另一表面或撕下作为磨料留在两个表面之间,这一现象称为黏着磨损。黏着磨损使摩擦副降低了零件的使用性能,严重时可产生咬合现象,完全丧失了滑动的能力。如轴承轴颈部件润滑失效时,可发生擦伤甚至咬死等损伤。

磨料磨损:配合表面之间在相对运动过程中,因外来硬颗粒或表面微突体的作用造成表面损伤的磨损称为磨粒(料)磨损。其主要特征是表面被犁削形成沟槽。

冲刷磨损:由于含固态粒子的流体(常为液体)冲刷造成表面材料损失的磨损。冲刷流体中所带固体粒子的相对运动方向与被冲刷表面相平行的冲刷称为研磨冲刷。如风机中带硬粒气流对叶片纵向冲刷、液体中固态粒子与被冲刷表面近于垂直的冲刷称为碰撞冲刷。

腐蚀磨损:金属在摩擦过程中,同时与周围介质发生化学或电化学反应,产生表层金属的损失或迁移现象。化学反应会增强机械磨损作用。

磨损失效涉及到摩擦副的材质和磨损工况。摩擦副材质相同(即材料的成分、晶格类型、原子间距、电子密度、电化学性能等均相近)的材料副互溶性大,易于粘着而导致粘着磨损失效;而金属与非金属(如塑料、石墨等),互溶性小,粘着倾向小。摩擦副表面合理的强化处理有利于降低磨料磨损、粘着磨损等的磨损率。另外,材料表层组织和结构缺陷如夹杂、疏松、空洞、锻造夹层以及各种微裂纹、过高的装配应力等都将使各种磨损加剧。

2）表面疲劳失效

两个接触面做滚动或滚动滑动复合摩擦时,在交变接触压应力作用下,使材料表面疲劳而产生材料损失的现象称为表面接触疲劳失效。齿轮副、凸轮副、滚动轴承的滚动体与内外座圈、轮箍与钢轨等都可能产生表面接触疲劳失效。它是在交变载荷作用下,产生表面裂纹或亚表面裂纹,裂纹沿表面平行扩展而引起表面金属小片的脱落,在金属表面形成麻坑。

3）腐蚀失效

腐蚀是材料表面与环境介质发生化学或电化学作用的现象。腐蚀失效有多种类型。

均匀腐蚀是在整个金属的表面均匀地发生腐蚀。

点腐蚀是集中于局部,呈尖锐小孔,进而向深度扩成孔穴甚至穿透(孔蚀)的腐蚀。点腐蚀是由于洁净表面上的钝化膜的破坏或起防护作用的防蚀剂的局部破坏而产生的。

晶间腐蚀是发生于晶粒边界或其近旁的腐蚀。它会使其力学性能显著下降以致酿成突然事故,危害很大,不锈钢、镍合金、铝合金、镁合金及钛合金均可在某特定环境介质条件下产生晶间腐蚀。

10.1.3 失效原因与失效分析方法

1. 失效原因

只有弄清零件失效的形式和失效的原因,才能使选材有可靠的依据。导致零件失效的主要原因大致有下列几方面。

1）零件设计不合理

零件结构设计不合理会造成应力集中。对工作时的过载估计不足或结构尺寸计算错误,会造成零件不能承受一定的过载。对环境温度、介质状况估计不足,会造成零件承载能力降低。

2）选材错误

未能正确判断零件的失效形式,会导致设计时选错材料。对材料性能指标试验条件和应用场合缺乏全面了解,使所选材料抗力指标与实际失效形式不相符合而造成选材错误。材料冶金质量太差,由所选材料制成的零件达不到设计要求。

3）加工工艺不合理

成形工艺不当会造成缺陷。例如:铸造工艺不当在铸件中会造成缩孔、气孔;锻造工艺不当,造成过热组织,甚至发生过烧;机加工不当,造成深刀痕和磨削裂纹;热处理工艺不当,造成组织不合要求、脱碳、变形、开裂等。这都是导致零件失效的重要原因。

4) 安装使用不当

安装时对中不好,配合过紧或过松,不按规程操作,维护不良等都可能导致零件失效。

2. 失效分析方法

失效分析方法是指对零件失效原因进行分析研究的方法。一般来说,零件的工作条件不同,发生失效的形式也不一样,防止零件失效的相应措施也就有所差别。分析零件失效原因是一项复杂、细致的工作,其合理的工作程序为以下几步。

(1) 收集历史资料。仔细收集失效零件的残体,详细整理失效零件的设计资料、加工工艺文件及使用、维修记录。根据这些资料全面地从设计、加工、使用各方面进行具体的分析。确定重点分析的对象,样品应取自失效的发源部位,或能反映失效的性质或特点的地方。

(2) 检测。对所选试样进行宏观(用肉眼或立体显微镜)及微观(用高倍光学或电子显微镜)断口分析,以及必要的金相剖面分析,找出失效起源部位和确定失效形式。对失效样品进行性能测试、组织分析、化学分析和无损探伤,检验材料的性能指标是否合格,组织是否正常,成分是否符合要求,雨雾内部或表面缺陷等,全面收集各种必要的数据。

(3) 综合分析。对上述检测所得数据进行综合分析,在某些情况下需要断裂力学计算,以便于确定失效原因。如零件断裂失效,则可能是零件强度、韧性不够,或疲劳破坏等。综合各方面分析资料作出判断,确定失效的具体原因,提出改进措施。

(4) 写出失效分析报告。失效分析报告是失效分析的最后结果。通过它,可以了解材料的破坏方式,这就可以作为选材的重要依据。

必须指出,在失效分析中,有两项工作很重要。一是收集失效零件的有关资料,这是判断失效原因的重要依据,必要时做断裂力学分析;二是根据宏观及微观的断口分析,确定失效发源地的性质及失效方式,这项工作最重要,因为它除了告诉人们失效的精确地点和应该在该处测定哪些数据外,同时还能对可能的失效原因作出重要指示。例如,沿晶断裂应该是材料本身、加工或介质作用的问题,与设计关系不大。

10.2　选材的原则和一般方法

机械设计包括零件的结构设计、零件材料选用和成型加工工艺的制订。最佳设计的零件不仅应满足零件的使用性能要求,还要便于成型加工制造和生产总成本最低。这就是零件设计选材所要求的三原则:使用性能原则、工艺性能原则和经济性原则。

10.2.1　选材原则

1. 使用性能原则

使用性能是保证零件实现规定功能的必要条件,是选材最主要的依据。使用性能主要指零件在使用状态下应具有的力学性能、物理性能和化学性能。零件必须满足的使用性能要在对工作条件和失效形式分析的基础上提出。

1) 根据零件工作条件确定其使用性能要求

零件的工作条件包括受力状态、工作环境和特殊性能。从受力状态来分析,有拉、压、弯、扭等应力;从载荷性质来分,有静载荷、动载荷;从工作温度来分,有低温、室温、高温、交变温度等;从环境介质来看,有润滑剂、酸、碱、盐、海水、粉尘等。此外,有时还要考虑特殊物理性能要求,如密度、电导性、磁导性、热导性、热膨胀性、辐射等。

零件的失效方式包括过量变形、断裂和表面损伤。过量变形是过量弹性还是塑性过量变形;断裂是韧断还是脆断;表面损伤是由磨损、接触疲劳、腐蚀中哪一种引起。确定失效方式后,可确定不发生失效的使用性能要求。

2）根据零件使用性能要求确定零件使用性能指标

通过对零件工作条件和失效形式的全面分析,得到了零件对使用性能的具体要求,但这是不够的,必须将使用性能的具体要求量化为零件的性能指标数据,见表10-1。

表10-1　一些零件的工作条件、主要失效形式及主要性能指标

零件	工作条件	主要失效形式	主要性能指标
紧固螺栓	拉应力、剪切应力	过量塑性变形、断裂	强度、塑性
连杆螺栓	交变拉应力、冲击	过量塑性变形、疲劳断裂	疲劳强度、屈服强度
连杆	交变拉压应力、冲击	疲劳断裂	拉压疲劳强度
活塞销	交变剪切应力、冲击、表面接触应力	疲劳断裂	疲劳强度、耐磨性
曲轴及轴类零件	交变弯曲、扭转应力、冲击、振动	疲劳、过量变形、磨损	弯扭疲劳强度、屈服强度、耐磨性、韧性
传动齿轮	交变弯曲应力、交变接触压应力、摩擦、冲击	断齿、齿面麻点剥落、齿面磨损、齿面咬合	弯曲、接触疲劳强度、表面耐磨性、心部屈服强度
弹簧	交变弯曲或扭转应力、冲击	过量变形、疲劳	弹性极限、屈强比、疲劳极限
滚动轴承	交变压应力、接触应力、温升、腐蚀、冲击	过量变形、疲劳	接触疲劳强度、耐磨性、耐蚀性
滑动轴承	交变拉应力、温升、腐蚀、冲击	过量变形、疲劳、咬合、腐蚀	接触疲劳强度、耐磨性、耐蚀性
汽轮机叶片	交变弯曲应力、高温燃气、振动	过量变形、疲劳、腐蚀	高温弯曲疲劳强度、蠕变极限及持久强度、耐蚀性、韧性

大多数情形下,常把零件的性能指标数据直接看作材料的性能指标数据。对一些重要和特殊的零件,零件的性能指标数据与材料的性能指标数据并不一致,通常要经过实际试验或数值模拟计算,将零件的性能指标数据转化为材料的性能指标数据。

2. 工艺性能原则

任何零件都由不同的工程材料通过一定的加工工艺制造出来的。因此材料的工艺性能,即加工成零件的难易程度,自然应是选材时必须考虑的重要问题,它直接影响到零件的加工质量和费用。所以,熟悉材料的加工工艺过程及材料的工艺性能,对于正确选材是相当重要的。材料的工艺性能包括以下内容。

(1) 材料的切削加工性能。材料的切削加工性能是指材料进行切削加工时的难易程

度。评价材料的切削加工性能可以从切削后工件的表面粗糙度、切削速度、断屑能力及刀具磨损等方面加以考虑。金属的硬度对其切削加工性有较大影响。经验证明，当材料的硬度处于 170~230HBW 时切削加工性最好。硬度过低时切削速度低，断屑性能差；硬度过高时，对刀具磨损严重。

(2) 铸造性能。金属的铸造性能可以从铁液流动性、铸件收缩性及偏析倾向等方面来衡量。铸造性能好意味着具有好的流动性、低的收缩率及小的偏析倾向。表 10－2 是常用铸造合金的综合铸造性能比较。

表 10－2　常用铸造合金的综合铸造性能比较

材料	流动性	收缩性		偏析倾向	其他
		液态收缩与凝固收缩	固态收缩		
灰铸铁	好	小	小	小	铸造应力小
球墨铸铁	稍差	大	小	小	易形成缩孔、缩松，白口倾向小
铸钢	差	大	大	大	导热性差、易冷裂
铸造黄铜	好	小	较小	较小	易形成集中缩孔
铸造铝合金	较好	小	小	较大	易吸气、易氧化

(3) 焊接性能。焊接性能指材料对焊接形成的适应性，即在一定焊接工艺条件下材料获得优质焊接接头的难易程度。它包括焊接应力、变形及晶粒粗化倾向，焊缝脆性、裂纹、气孔及其他缺陷倾向等。通常低碳钢和低合金钢具有良好的焊接性能，碳与合金元素含量越高，焊接性能越差。

(4) 压力加工性能。压力加工性能是指材料的塑性和变形抗力，包括锻造性能、冷冲压性能等。塑性好，易成型，加工面质量优良，不易产生裂纹；变形抗力小，则变形比较容易，变形功小，金属易于充满模腔，不易产生缺陷。一般低碳钢的压力加工性能比高碳钢好，非合金钢的压力加工性能比合金钢好。

(5) 热处理工艺性能。热处理工艺性能指材料对热处理工艺的适应性能，常用材料的热敏感性、氧化、脱碳倾向、淬透性、回火脆性、淬火变形和开裂倾向等来判定。一般地，碳钢的淬透性差，强度较低，加热时易过热，淬火时易变形开裂，而合金钢的淬透性优于碳钢。

(6) 黏合固化性能。高分子材料、陶瓷材料、复合材料及粉末冶金材料，大多数靠黏合剂在一定条件下将各组分黏合固化而成。因此，这些材料应注意在形成过程中，各组分之间的黏合固化倾向，才能保证顺利成形及成形质量。

3. 经济性原则

材料的经济性也是选材的重要原则之一。选材的经济性，不单单指材料本身的价格，还应包括所选材料在加工成零件时的生产过程中的一切费用，即总成本。设计任何产品首先应从使用性能的角度考虑选材，在保证使用性能的前提下，要尽量降低生产成本。合理的设计是用最小的成本去换取最好的性能，尤其是对于大批量生产的零部件，材料的经济性将是一个非常重要的考核指标。从材料的经济性考虑，选材时应注意以下几个方面。

1）材料的价格

材料的直接成本在产品总成本中占有较大比重。因此,必须正确地选材和合理选用成型工艺。

各种材料的价格差别比较大,在满足使用性能的前提下,应优先选用价格比较低的材料,必要时可以采用不同材料的组合。在金属材料中,铸铁和碳钢的价格比较低,高合金钢、有色金属、工程塑料的价格就比较高。非金属材料依其类别不同,有的机械强度较低,工作温度也不允许太高(如工程塑料),有的材料脆性较大(如陶瓷),但它们有独特的、金属材料不能与之相比的性能优势,因而在机械制造、交通、化工、电子、仪表、能源、航空、冶金等工业部门越来越广泛地被用来代替金属材料制造一般结构件、摩擦传动件、耐蚀件、耐高温件等。一些齿轮、凸轮、轴承、导轨、密封环、叶片、泵叶轮、高温炉管、切削刀具等零件都可用非金属材料制作。这既节约了大量金属材料,又提高产品质量,延长使用寿命,减轻重量,降低成本。因此,扩大非金属材料的应用范围是材料选择中一个十分重要的问题。选材时,凡能用便宜材料解决问题的,绝不选紧缺、昂贵的材料。

在机器制造业中常用的毛坯有铸件、锻件、焊接件坯件,在满足使用性能要求的前提下,选择零件毛坯的形式时主要考虑零件的外形尺寸特点、加工工艺性及生产批量等方面,使其易于加工、效率高、材料与能源消耗少,总的加工成本低等。一般形状复杂的零件,如箱体等,常用铸件毛坯;外形相对简单的零件则制成锻件;焊接件常用于要求尺寸大、重量小、刚性大的零件。单件或小批量生产时,采用自由锻件毛坯可以缩短生产周期、节省模具费用;而大批量生产时,多采用模锻件或精密铸件毛坯以减少机械加工工时,提高生产效率。

2）零件的总成本

零件的总成本由生产成本与使用成本两部分组成。前者包括材料、加工费用等,后者包括使用寿命、产品维护、修理、更换零件及停机损失等,在选材时要考虑这几方面对总成本的影响。例如,从长远看,选用性能好的材料可使零件的寿命延长、维修费用减少,虽然其原材料价格比较贵,但综合考虑是经济的。这时就应该从对零件的性能、使用性能等要求进行综合分析。另外,加工费用也与生产批量有关,批量越小,加工费用就越高。

3）国家的资源

选材时应立足于我国的资源,并考虑到我国生产和供应情况。我国的镍、铬等资源缺少,应尽量不选或少选含这类元素的钢或合金。

除上述三方面因素之外,也可采用一些价廉质优的新材料来代替常用的钢铁材料,如陶瓷材料、高分子材料以及各种复合材料。由于这些非金属材料具有较高的比强度、比模量,在满足性能要求的前提下,用它们代替金属材料后,可以减轻零件自重,降低生产成本。

10.2.2 零件选材的一般方法

综上所述,零件材料的合理选择通常按照以下步骤进行:

(1) 对零件的工作条件进行周密的分析,找出主要的失效形式,从而恰当地提出主要性能指标。一般地,主要考虑力学性能,特殊情况还应考虑物理、化学性能。

(2) 调查研究同类零件的用材情况,并从其使用性能、原材料供应和加工等方面分析选材是否合理,以此作为选材的参考。

(3) 根据力学计算,确定零件具有的主要力学性能指标,正确选择材料。这时要综合考虑所选材料应满足失效抗力指标和工艺的要求,同时还需考虑选材在保证实现先进工艺和现代生产组织方面的可能性。

(4) 决定热处理方法或其他强化方法,并提出所选材料在供应状态下的技术要求。

(5) 审核所选材料的经济性,包括包材料费、加工费、使用寿命等。

(6) 关键零件投产前应对所选材料进行试验,可通过实验室试验、台架试验和工艺性能试验等,最终确定合理的选材方案。

最后,在中小型生产的基础上,接受生产考验,以检验选材方案的合理性。图 10-1 所示为机械零件选材的一般步骤。

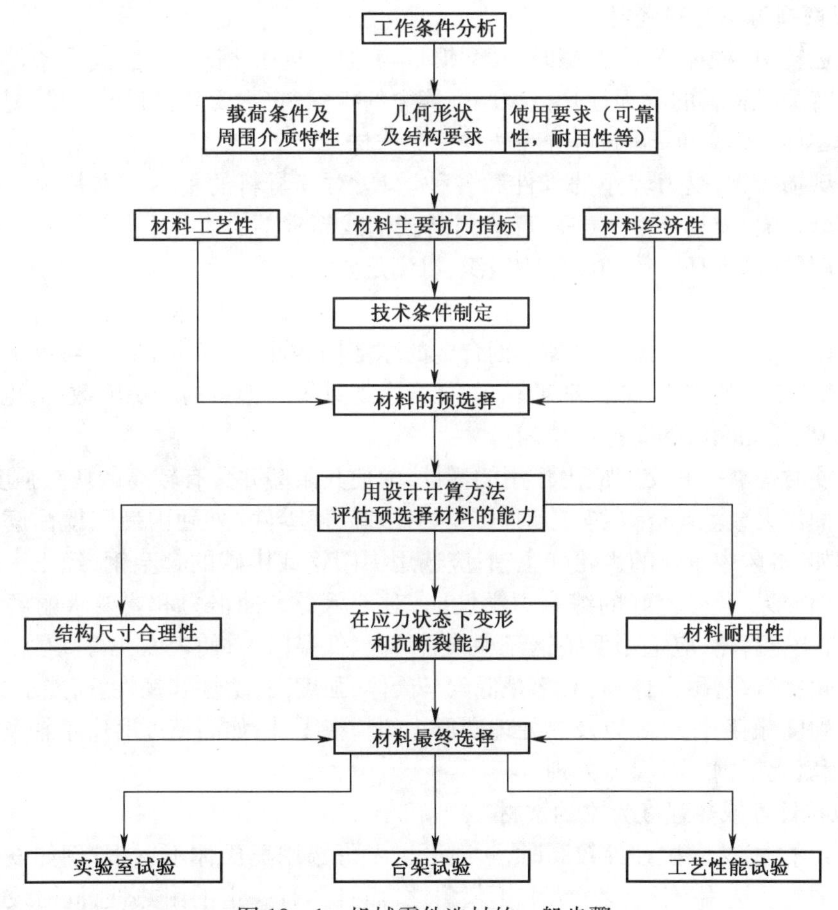

图 10-1　机械零件选材的一般步骤

1. 以综合力学性能为主时的选材

若零件工作时承受冲击力和循环载荷,如连杆、锤杆、锻模等,其主要失效形式是过量变形与疲劳断裂,对这类零件的性能要求主要是综合力学性能要好(R_m、R_{-1}、A、A_k较高)。对一般机械零件,根据尺寸的受力和尺寸大小,通常选用调质或正火状态的中碳钢或中碳的合金钢,调质、正火或等温淬火状态的球墨铸铁或选用淬火、低温回火的低碳钢等制造。当零件受力较小并要求有较高的比强度与比刚度时,应考虑选择铝合金、镁合金、钛合金或工程塑料与复合材料等。

2. 以疲劳强度为主时的选材

零件在交应变应力作用下最常见的破坏形式是疲劳破坏,如发动机曲轴、齿轮、弹簧及滚动轴承等零件的失效,大多数是由疲劳破坏引起的。这类零件的选材,应主要考虑疲劳强度。

应力集中是导致疲劳破坏的重要原因。实践证明:材料强度越高,疲劳强度也越高;在强度相同时,调质后的组织比退火、正火后的组织具有更好的塑性和韧性,且对应力集中敏感性小,具有较高的疲劳强度。因此:对受力较大的零件应选用淬透性较高的材料,以便进行调质处理;对材料表面进行强化处理,且强化层深度应足够大,也可有效地提高疲劳强度。

3. 以磨损为主时的选材

机器运转中两零件发生摩擦时,其磨损量与接触压力、相对速度、润滑条件及摩擦副的材料等有关。材料的磨损性是抵抗磨损能力的指标,它主要与材料的硬度、显微组织有关。根据零件工作条件不同,可分为两种情况选材:

(1) 磨损较大、受力较小的零件和各种量具,对其材料的基本要求是耐磨性和高硬度,如钻套、顶尖、刀具、冷冲模等,可选用高碳钢或高碳的合金钢,并进行淬火和低温回火,获得高硬度回火马氏体和碳化物组织,以满足要求。

铸铁中的石墨是优良的固体润滑剂,石墨脱落后,孔隙中可储存润滑油,所以也常用铸铁制作耐磨零件,如机床导轨等。铜合金的摩擦因数小,约为钢的一半,也常用做在运动、摩擦部位工作的零件,如滑动轴承、丝杠开合螺母等。塑料的摩擦因数小,也常用于摩擦部件,甚至是无润滑的摩擦部位。

(2) 同时受磨损和交变应力作用的零件,为使其耐磨并具有较高的疲劳强度,应选用能进行表面淬火或渗碳、渗氮等的钢材,经热处理后使零件“外硬内韧”,既耐磨又能承受冲击。例如:机床中重要的齿轮和主轴,应选用中碳钢或中碳的合金钢,经正火或调质后再进行表面淬火,获得较好的综合力学性能;对于承受大冲击力和要要求耐磨性高的汽车、拖拉机变速齿轮,应选用低碳钢经渗碳后淬火、低温回火,使表面获得高硬度的高碳马氏体和碳化物组织,耐磨性高;心部是低碳马氏体,强度高,塑性和韧性好,能承受冲击。

要求硬度、耐磨性更高以及热处理变形小的精密零件,如高精度磨床主轴及镗床主轴等,常选用氮化用钢进行渗氮处理。

4. 以抗蚀性或热强度为主的选材

当受力不大、要求抗蚀性较高时,一般可以考虑选用奥氏体不锈钢,例如发动机尾锥体和飞机蒙皮。选用奥氏体不锈钢,不仅耐蚀,而且具有一定的耐热性,同时成型工艺性好。当零件受力较大,又要求抗蚀性时,如汽轮机叶片,则以选用马氏体不锈钢为宜。为减轻结构重量,也可考虑选用钛合金。不同类型的材料,具有不同水平的耐热性,从热强度角度选用材料,必须了解零件的工作温度、介质的性质、所受载荷的大小和性质。耐热铝合金和镁合金,一般只能在300~400℃以下工作,而且能够承受的工作应力较小,往往是为了减轻结构重量,或因零件形状较复杂,需要铸造成形时选用。不锈钢和钛合金的耐热水平相近,大致都可在500~600℃以下工作,但不锈钢零件的结构重量较大。在工作应力、温度和腐蚀条件允许时,选用钛合金可以减小结构重量。

10.3　零件的选材及加工工艺分析实例

10.3.1　齿轮类零件选材与加工工艺分析

1. 齿轮的工作条件及性能要求

1）工作条件

齿轮是机械工业中应用最广的零件之一，是机床、汽车、拖拉机等机器设备中的重要零件，主要用于传递扭矩、改变运动方向和调节速度，其工作时的受力情况如下：由于传递扭矩，齿根承受较大的交变弯曲应力；齿面相互滑动和滚动，承受较大的接触应力，并发生强烈的摩擦；由于换挡、启动或啮合不良，齿部承受一定的冲击。

2）失效形式

根据齿轮的工作特点，其主要失效形式有以下几种：主要发生在齿根的疲劳断裂，通常一齿断裂引起数齿、甚至更多的齿断裂，它是齿轮最严重的失效形式；由于齿面接触区摩擦使齿面磨损，导致齿厚变小，齿隙增大；在交变接触应力作用下，齿面产生微裂纹并逐渐发展，最终齿面接触疲劳破坏，出现点状剥落；有时还出现过载断裂，主要是冲击载荷过大造成齿断。

3）性能要求

根据工作条件和失效形式，对齿轮用材提出如下性能要求：高的弯曲疲劳强度；高的接触疲劳强度和耐磨性；轮齿心部要有足够的强度和韧性。此外，对金属材料，应有较好的热处理工艺性，如淬透性高，过热敏感性小，变形小等。

2. 齿轮零件的选材

根据工作条件，表 10－3 给出了一些齿轮的工作条件、选材、热处理工艺和性能要求等情况。由于陶瓷脆性大，不能承受冲击，不宜用来制造齿轮。一些受力不大或无润滑条件下工作的齿轮，可选用塑料（如尼龙、聚碳酸酯）来制造。

表 10－3　一些齿轮的工作条件、选材、热处理工艺和性能要求

序号	齿轮工作条件	钢种	热处理工艺	硬度要求
1	在低载荷下工作，要求耐磨性好的齿轮	15 （20）	900～950℃渗碳，直接淬火或预冷到780～800℃淬火（水冷），180～200℃回火	58～63HRC
2	速度<0.1m/s，低载荷下工作的不重要的变速箱齿轮和挂轮架齿轮	45	840～860℃正火	156～217HB
3	速度为 2m/s，中等载荷下工作的高速机床走刀箱，变速箱齿轮	40Cr 42SiMn	调质后高频加热，乳化液冷却，180～200℃回火	45～50HRC
4	高速、重载荷、冲击，模数>6 的齿轮（如立车上的重要齿轮）	20SiMnVB 20CrMnTi	900～950℃渗碳，预冷 820～850℃淬火，180～200℃回火	58～63HRC
5	高速、重载荷、形状复杂要求热处理变形小的齿轮	38CrMoAlA	正火或调质后 500～550℃渗氮	850HV 以上

1）典型齿轮选材举例

（1）机床齿轮。各种机床中大量采用齿轮来传递动力和改变速度。一般地，受力不

大、运动平衡,工作条件好,对齿轮的耐磨性及抗冲击能力要求不高,常选用碳钢制造,为了提高淬透性,也可选用中碳的合金钢,经高频感应淬火后,虽然在耐磨和耐冲击方面比渗碳钢齿轮差,但能满足要求,且高频感应淬火变形小,生产效率高,例CA6140车床主轴箱齿轮。

齿轮工作中受力不大,转速中等,工作平稳,无强烈冲击,工作条件好,因此,对齿轮的耐磨性及抗冲击性要求不高。心部要具有较好的综合力学性能,调质后硬度为200~250HBW;表面具有较高的硬度、耐磨性和接触疲劳强度,采用高频淬火后,齿面硬度为45~50HRC。

由以上分析,选用40Cr钢可满足性能要求。其加工工艺路线为:下料→锻造→正火→粗加工→调质→精加工→齿轮高频感应淬火→低温回火→拉花键孔→精磨。

正火是锻造齿轮毛坯必要的热处理,它可改善齿面加工质量,便于切削加工,均匀组织,消除锻造应力,一般齿轮正火处理,可作为高频感应淬火前的预备热处理;调质可使齿轮具有较高的综合力学性能,改善齿轮心部强度和韧性,使齿轮能承受较大的弯曲应力和冲击力,并减小淬火变形;高频感应淬火及低温回火是决定齿轮表面性能的关键工序,高频感应淬火可提高齿面的硬度和耐磨性,且齿轮表面具有残留压应力,从而提高疲劳抗力;低温回火可以消除淬火应力,防止产生磨削裂纹,提高抗冲击能力。

表10-4中列出了不同工作条件下的机床齿轮的选材和热处理情况。

表10-4 机床齿轮常用钢种及热处理工艺

序号	工作条件	钢号	热处理工艺	硬度要求
1	在低载荷下工作,要求耐磨性高的齿轮	15 (20)	900~950℃渗碳,直接淬冷,或780~800℃水淬,180~200℃回火	58~63HRC
2	低速(0.1m/s),低载荷下工作,不重要的变速箱齿轮和挂轮架齿轮	45	840~860℃正火	156~217HBS
3	低速(≤1m/s),低载荷下工作的齿轮(如车床溜板上的齿轮)	45	820~840℃水淬,500~550℃回火	200~250HBS
4	中速、中载荷或大载荷下工作的齿轮(如车床变速箱中的次要齿轮	45	860~900℃高频感应加热,水淬,350~370℃回火	40~45HRC
5	速度较大或中等载荷下工作的齿轮,齿部硬度要求较高(如钻床变速箱中的次要齿轮)	45	860~900℃高频感应加热,水淬,280~320℃回火	45~50HRC
6	高速、中等载荷,要求齿面硬度高的齿轮(如磨床砂轮箱齿轮)	45	860~900℃高频感应加热,水淬,180~200℃回火	52~58HRC
7	速度不大、载荷中等、断面较大的齿轮(如铣床工作台变速箱齿轮,立车齿轮)	40Cr 42SiMn	840~860℃油淬,600~650℃回火	200~230HBS
8	中等速度(2~4m/s),中等载荷,不大的冲击下工作的高速机床进给箱、变速箱齿轮	40Cr 42SiMn	调质后860~880℃高频感应加热,乳化液冷却,280~320℃回火	45~50HRC
9	高速、高载荷、齿部要求高硬度的齿轮	40Cr 42SiMn	调质后860~880℃高频感应加热,乳化液冷却,180~200℃回火	50~55HRC

（续）

序号	工　作　条　件	钢号	热处理工艺	硬度要求
10	高速、中载荷、受冲击、模数<5mm 的齿轮如机床变速箱齿轮、龙门铣床的电动机齿轮	20Cr 20CrMn	900～950℃渗碳，直接淬火或 800～820℃再加热油淬，180～200℃回火	58～63HRC
11	高速、重载荷、受冲击、模数<6mm 的齿轮，如立车上重要弧齿锥齿轮	20CrMnTi 20SiMnVB 12CrNi3	900～950℃渗碳，降温至 820～850℃淬火，180～200℃回火	58～63HRC
12	高速、重载荷、形状复杂，要求热处理变形小的齿轮	38CrMoAlA	正火或调质后 510～550℃氮化	>850HV
13	在不高载荷下工作的大型齿轮	50Mn2 65Mn	820～840℃空冷	<241HBS
14	传动精度高，要求具有一定耐磨性的大齿轮	35CrMo	850～870℃空冷，600～650℃回火（热处理后精切齿形）	255～302HBS

（2）汽车齿轮。汽车、拖拉机齿轮，特别是主传动系统中的齿轮，工作条件比机床齿轮恶劣。受力较大，受冲击较频繁。这类齿轮失效形式主要为齿端磨损、崩角等，因此要求材料应有高的表面接触疲劳强度、弯曲强度和疲劳强度。由于弯曲与接触应力都很大，所以重要齿轮都要渗碳、淬火处理，以提高耐磨性和疲劳抗力。为保证心部有足够的强度及韧性，材料的淬透性要求较高，心部硬度应在 35～45HRC。另外，汽车生产批量大，因此在选用钢材时，在满足力学性能的前提下，对工艺性能必须予以足够的重视。

汽车、拖拉机齿轮所用材料主要是低合金渗碳钢，如 20Cr、20CrMnTi、20MnVB 等，并进行渗碳或碳氮共渗处理；部分齿轮则采用中碳钢和中碳合金钢，进行调质或正火处理。实践证明，20CrMnTi 钢具有较好的力学性能，在渗碳、淬火、低温回火后，表面硬度可达 58～62HRC，心部硬度达 30～45HRC。正火态切削加工工艺性和热处理工艺性均较好。为进一步提高齿轮的耐用性，渗碳、淬火、回火后，还可采用喷丸处理，增大表面压应力。

渗碳齿轮的工艺路线为：下料→锻造→正火→切削加工→渗碳、淬火及低温回火→喷丸→磨削加工。

表 10－5 为汽车、拖拉机齿轮所选用的材料及热处理技术要求。

表 10－5　汽车、拖拉机齿轮常用材料及热处理技术要求

序号	齿轮类型	常用钢种	热处理	
			工　艺	技　术　要　求
1	汽车变速箱和差速箱齿轮	20CrMnTi 20CrMo 等	渗碳	法向模数：$m<3$mm　层深：0.6～1.0mm $3<m<5$mm　0.9～1.3mm $m>5$mm　1.1～1.5mm 齿面硬度：58～64HRC 心部硬度：$m<5$mm，32～45HRC $m>5$mm，29～45HRC
	汽车驱动桥主动及从动圆柱齿轮	40Cr	浅层碳、氮共渗	层深：>0.2mm 表面硬度：51～61HRC
		20CrMnTi 20CrMo	渗碳	渗碳深度按图样要求，硬度要求同序号 1 中的渗碳工艺

(续)

序号	齿轮类型	常用钢种	热处理	
			工艺	技术要求
2	汽车驱动桥主动及从动圆锥齿轮	20CrMnTi 20CrMnMo	渗碳	端面模数: $m \leqslant 5$mm 层深:0.9~1.3mm 5mm<m<8mm 1.0~1.4mm m>8mm 1.2~1.6mm 齿面硬度:58~64HRC 心部硬度: m<8mm 32~45HRC m>8mm 29~4511RC
3	汽车驱动桥差速器行星及半轴齿轮	20CrMnTi 20CrMo 20CrMnMo	渗碳	同序号1中渗碳工艺
4	汽车发动机凸轮轴齿轮	HT200		170~229HBS
5	汽车曲轴正时齿轮	35、40、45	正火	149~179HBS
		40Cr	调质	207~241HBS
6	汽车起动电动机齿轮	15Cr、20Cr 20CrMo 15CrMnMo 20CrMnTi	渗碳	层深:0.7~1.1mm 表面硬度:58~63HRC 心部硬度:33~43HRC
7	汽车里程表齿轮	20	浅层碳、氮共渗	层深:0.2~0.35mm
8	拖拉机传动齿轮,动力传动装置中的圆柱齿轮及轴齿轮	20Cr、 20CrMo 20CrMnMo 20CrMnTi 30CrMnTi	渗碳	层深:不小于模数的0.18倍(mm),但不大于2.1mm 各种齿轮渗层深度的上下限差不大于0.5mm,硬度要求同序号1、2
9	拖拉机曲轴正时齿轮,凸轮轴齿轮,喷油泵驱动齿轮	45	正火 调质	156~217HBS 217~255HB
		HT200		170~229HBS
10	汽车拖拉机油泵齿轮	40、45	调质	28~35HRC

(3) 塑料齿轮。非金属材料齿轮在工业上早有应用。用塑料制作的齿轮代替某些金属材料齿轮,在不少机械上得到应用。塑料齿轮的摩擦因数低,耐磨性好,传动效率高,所以可在无润滑或少润滑的条件下运转,这对食品、纺织等需防油污染的设备特别有利。塑料齿轮有较好的弹性,故有吸震防冲击作用,噪声低,传动平稳。同时它的质量轻,耐蚀不生锈,可节约大量贵重耐蚀合金和不锈钢。塑料齿轮用注塑法成形,生产工艺简单,成本低。但由于塑料强度较低,所以塑料齿轮传动载荷不宜太大,且不能在较高温度工作。表10-6、表10-7分别列出塑料齿轮用材及实例。

塑料齿轮的结构形式可分为全塑结构、带嵌件结构和机械装配式结构三种。全塑结构的齿轮成形方便,造价低廉,但强度低,精度差,散热不良;金属轮盘外镶嵌塑料齿圈的结构,其强度、刚性及与轴装配的可靠性都比全塑的好,但内应力较大,用螺钉把两者装配在一起的结构,即可克服内应力较大的缺点。

表 10-6　塑料在齿轮、齿条上的应用实例

类别	零件名称	使用条件及要求	原用材料	现用材料	使用效果
圆柱齿轮	C336-1 六角车床走刀机构传递动力齿轮	常温，开式无润滑传动，转速 625~24r/min，切削功率可达 4.5kW，连续使用	45 钢	聚碳酸酯 聚甲醛 铸型尼尤	噪声减小，传动平稳，长期使用无损坏及磨损现象
伞齿轮	B8810 刨模机伞齿轮	转速 300~400r/min，受力不大，无润滑，常温使用	45 钢	尼龙 1010	减重 62%，经 2 年使用无损坏现象
蜗轮	3M4730 钢球研磨机传动蜗轮	使用温度 55℃，20 号机袖润滑，转速 8r/mm，单齿受力 17.8MPa	6-6-3 铜合金	铸型尼龙	减重 80%，噪声低，运转平稳，使用 3 年无磨损
齿条	Z3025 摇臂钻床移动主轴箱用齿条	无润滑，常温使用，低速(手动)，有一定载荷，要求刚性好，变形小	黄铜	聚碳酸酯	减重 90%，使用情况良好
			冷拔 35 钢	30%玻纤增强聚碳酸酯	变形小，长期使用无磨损，与其啮合的钢齿轮有磨损

表 10-7　塑料齿轮用材

塑料品种	性能特点	适用范围
尼龙 6，尼龙 66	较高的疲劳强度和刚性，耐磨性、吸湿性大	低、中负荷，中等温度(80℃以下)和少润滑条件下工作
尼龙 610、尼龙 1010、尼龙 9	强度、耐热性略差，但吸湿性小，尺寸稳定性较好	同上。可在湿度波动较大的情况下工作
MC 尼龙	强度、刚性均较前两者高，耐磨性较好	大型齿轮与蜗杆
玻纤增强尼龙	强度、刚性、耐热性均较未增强者优越，尺寸稳定性显著提高	高载荷高温下使用，速度较高时用油润滑
聚甲醛	耐疲劳、刚性高于尼龙，吸湿性小，耐磨性、耐热性好	轻载荷，中等温度(100℃以下)无润滑或少润滑条件下工作
聚碳酸酯	刚性好、尺寸稳定性好，因此精度高、耐疲劳性及耐磨性较差，有开裂倾向	较高载荷、温度下工作的精密齿轮，速度高时用油润滑
玻纤增强聚碳酸酯	强度、刚性、耐热性可与增强尼龙媲美，尺寸稳定性超过尼龙，耐磨性差	较高载荷、温度下工作的精密齿轮，速度高时用油润滑
聚酰亚胺	强度高、耐热性好，成本也高	在 260℃以下长期工作的齿轮

10.3.2　轴类零件的选材与加工工艺分析

1. 轴的工作条件及性能要求

1）工作条件

轴类零件在机床、汽车、拖拉机等机器设备中用量很大，是机器中最基本的零件之一，轴的质量好坏，直接影响机器的精度与寿命。其主要作用是支承传动零件，并传递运动和动力。机床主轴、丝杠、内燃机曲轴、膛杆、汽车半轴等都属于轴类零件。尽管轴的尺寸和

受力大小差别很大(钟表轴直径在0.5mm以下,受力极小;汽轮机转子轴直径达1m以上,载荷很大),然而多数轴受着交变扭转载荷,同时还要承受一定的交变弯矩或拉压载荷。而轴颈处,在用滑动轴承时,受着摩擦磨损(在用滚动轴承且轴颈不作内圈时,则没有摩擦磨损)。同时,大多数尤其是汽车、拖拉机一类轴,都会受到一定过载和冲击载荷的作用。

2)失效形式

根据轴的工作特点,其主要失效形式有以下几种:由于受扭转疲劳和弯曲疲劳交变载荷长期作用,造成轴疲劳断裂,这是最主要的失效形式;由于大载荷或冲击载荷作用,轴发生折断或扭断;轴颈或花键处过度磨损。

3)性能要求

根据工作条件和失效形式,对轴用材料提出如下性能要求:良好的综合力学性能,即强度、塑性、韧性有良好的配合,以防止冲击或过载断裂;高的疲劳强度,以防疲劳断裂;良好的耐磨性,防止轴颈磨损。此外,还应考虑刚度、切削加工性、热处理工艺性和成本。

2. 轴类零件的选材

对轴进行选材时,必须将轴的受力情况做进一步分析,按受力情况,可将轴分为以下几类。

不传递动力只承受弯矩起支撑作用:主要考虑刚度和耐磨性,如主要考虑刚度,可以用碳钢或球墨铸铁来制造;对于轴颈有较高耐磨性要求的轴,则选用中碳钢并进行表面淬火,将硬度提高到52HRC以上。

主要受弯曲、扭转的轴:如变速箱传动轴、发动机曲轴、机床主轴等。这类轴在整个截面上所受的应力分布不均匀,表面应力较大,心部应力较小。这类轴无需选用淬透性很高的钢种,通常选用中碳钢,如45钢、40Cr、40MnB等;若要求高精度、高的尺寸稳定性及高耐磨性的轴,如镗床主轴,则常选用38CrMoAlA钢,进行调质及氮化处理。

同时承受弯曲(或扭转)及拉、压载荷的轴:如船用推进器轴、锻锤锤杆等。这类轴的整个截面上应力分布均匀,心部受力也较大,应选用淬透性较高的钢种。

上述几类受力情况的轴一般选用45钢、40Cr、40MnB、30CrMnSi、35CrMo和40CrNiMo等中碳钢和中碳合金钢,以满足优良的综合性能。对那些要求抗冲击和耐磨的高载重要轴,也可选20Cr2Ni4A、18Cr2Ni4WA经渗碳、淬火、回火处理。

3. 典型轴的选材

1)机床主轴

机床主轴是机床的重要零件之一,在进行切削加工时,高速旋转的主轴承受弯曲、扭转和冲击等多种载荷,要求它具有足够的刚度、强度、耐疲劳、耐磨损以及精度稳定等性能。

机床主轴的轴颈常与滑动轴承配合,当润滑不足、润滑油不洁净(如含有杂质微粒)或轴瓦材料选择不当、加工精度不够、装配不当时经常会发生咬死现象,损伤轴颈的工作面,使主轴的精度下降,在运转时产生振动。为防止轴颈被咬死,除了针对上述问题采取一些相应的措施外,应选择合适的材料和热处理工艺,以提高轴颈表面的硬度和强度,如进行表面硬化处理。带内锥孔或外圆锥度的主轴需要频繁地装卸,如铣床主轴常需更换刀具,车床尾架主轴常需调换卡盘和顶尖等,为了防止装卸时锥面拉毛或磨损而影响精度，也需要对这些部位进行硬化处理。

根据机床主轴所选用的材料和热处理方式，可以将其分为局部淬火主轴、渗碳主轴、渗氮主轴和调质(正火)主轴四种类型。对一般的中等载荷、中等转速、冲击载荷不大的主轴，选用 45 钢或 40Cr、40MnB 中碳合金钢等即可满足要求，对轴颈、锥孔等有摩擦的部位进行表面处理。当载荷较大、并承受一定疲劳载荷与冲击载荷的主轴，则应采用 20CrMnTi 合金渗碳钢或 38CrMoAlA 渗氮钢制造，并进行相应的渗碳或渗氮化学热处理。

图 10－2 是 C620 车床的主轴，该主轴主要承受中等的交变弯曲与扭转载荷及不大的冲击载荷，转速中等，因此材料经过调质处理后具有一定综合力学性能即可，但在局部摩擦表面要求有较高的硬度与耐磨性，应局部表面处理。该轴一般选用 45 钢或 40Cr 钢制造，加工工艺路线为：下料→锻造→正火→粗加工→调质→半精加工→局部表面淬火＋低温回火→磨削加工→零件。

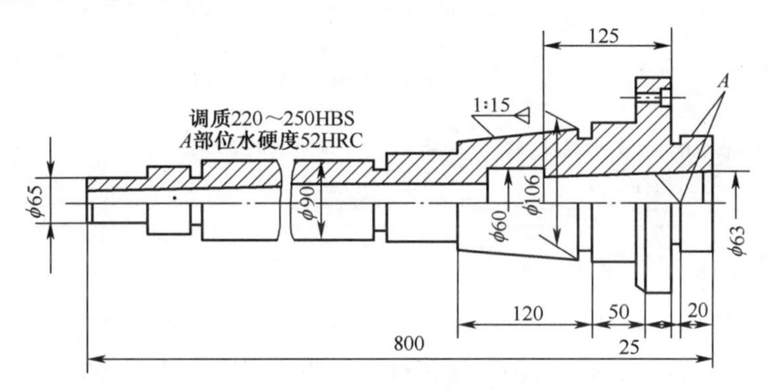

图 10－2　C620 车床主轴

整体的调质处理可使轴得到较高的综合力学性能与疲劳强度，硬度可达 220～250HBS，调质后组织为回火索氏体。在轴颈和锥孔处进行表面淬火与低温回火处理后，硬度为 52HRC，可以满足局部高硬度与高耐磨性的要求。

当轴的精度、尺寸稳定性与耐磨性都要求很高时，如精密镗床的主轴，选用 38CrMoAlA，经调质后再进行渗氮处理。

表 10－8 为常用的机床主轴选用的材料和热处理方法。

表 10－8　机床主轴的工作条件、选材及热处理

类别	工作条件	材料	热处理及硬度	应用实例
渗碳	与滑动轴承配合；中等载荷，心部强度要求不高，但转速高；精度不太高；疲劳应力较高，但冲击不大	20Cr 20MnV 20MnVB	渗碳淬火 58～62HRC	精密车床，内圆磨床等的主轴
	与滑动轴承配合；重载荷，高转速；高疲劳，高冲击	20CrMnTi 12CrNi3	渗碳淬火 58～63HRC	转塔车床，齿轮磨床，精密丝杠车床，重型齿轮铣床等主轴
渗氮	与滑动轴承配合；重载荷，高转速；精度高，轴隙小；高疲劳高冲击	38CrMoAlA	调质 250～280HBS，渗氮≥900HV	高精度磨床的主轴，镗床的镗杆

(续)

类别	工作条件	材料	热处理及硬度	应用实例
淬火	与滑动轴承配合;中轻载荷;精度不高;低冲击,低疲劳	45	正火 170~217HBS 或调质 220~250HBS,小规格局部整体淬火 42~47HRC,大规格轴颈表面感应淬火 48~52HRC	龙门铣床,立铣,小型立式车床等小规格主轴,C650、C660、C8480 等大重型车床主轴
	与滑动轴承配合;中等载荷,转速较高;精度较高;中等冲击和疲劳	40Cr 42MnVB 42CrMo	调质 220~250HBS,轴颈表面淬火 52~61HRC (42CrMo 取上限,其他钢取中下限),装拆部位表面淬火 48~53HRC	齿轮铣床,组合车床,车床,磨床砂轮等主轴
	与滑动轴承配合;中、重载荷;精度高;高疲劳,但冲击小	65Mn GCr15 9Mn2V	调质 250~280HBS,轴颈表面淬火≥59HRC,装卸部位表面淬火 50~55HRC	磨床主轴
调质或正火	与滑动轴承配合;中小载荷,转速低;精度不高;稍有冲击	45 50Mn2	调质 220~250HBS, 正火 192~241HBS	一般车床主轴,重型机床主轴

2) 内燃机曲轴

曲轴是内燃机中形状比较复杂而又重要零件之一,它将连杆的往复传递动力转化为旋转运动并输出至变速机构。曲轴在运转过程中要受到周期性变化的弯曲与扭转复合载荷;汽缸中周期性变化的气体压力与连杆机构的惯性力使曲轴产生振动和冲击;与连杆相连的轴颈表面的强烈摩擦等作用。在这样的复杂工作条件下,内燃机曲轴表现出的失效方式主要是疲劳断裂和轴颈表面的磨损。因此要求曲轴材料具有高的弯曲与扭转疲劳强度,足够高的冲击韧性和局部高的表面硬度和耐磨性。表 10-9、表 10-10 为曲轴的选材情况。

表 10-9 曲轴的选材

材料牌号成名称	预备热处理	最终热处理	应用举例
45、50、45Mn、45Mn2、50Mn、40Cr	正火或调质	感应加热表面淬火或火焰表面淬火	中吨位汽车曲轴、轿车曲轴、中型拖拉机曲轴
35CrNiMo、40CrNi、35CrMo	调质	感应加热表面淬火	重型汽车曲轴
镁球墨铸铁、稀土镁球墨铸铁	正火	感应加热表面淬火	中吨位汽车曲轴、轿车曲轴、拖拉机曲轴
合金球墨铸铁	正火	感应加热表面淬火	重型汽车曲轴

生产中,按照材料和加工工艺可以把曲轴分为锻钢曲轴和铸造曲轴两种。锻钢曲轴所选材料主要是优质中碳钢和中碳合金钢,如 45、40Cr、50Mn、42CrMo、35CrNiMo 等,以及非调质钢 45V、48MnV、49MnVS3 等,其中 45 钢是最常用的,一般在调质或正火后采用中频感应淬火对轴颈进行表面强化处理。某些汽车、拖拉机发动机的曲轴轴颈也有采用氮碳共渗处理,以提高曲轴的疲劳强度和耐磨性。

锻钢曲轴的工艺路线为:下料→锻造→正火→矫直→粗加工→去应力退火→调质→

半精加工→局部表面淬火+低温回火→矫直→精磨→零件。

为保证曲轴在加工过程中的尺寸精度，一般毛坯热处理后可以采用热矫直，若冷态矫直以及粗加工后均应进行去应力退火。在感应淬火后的低温回火过程中应采用专用的夹具进行静态逆向矫直，利用相变塑性达到无应力矫直的效果。曲轴的其他热处理的作用与机床主轴的相应热处理相同。

球墨铸铁也是曲轴常用的材料，在轿车发动机中应用很广泛。曲轴用球墨铸铁有 QT600－2、QT700－2、QT900－2 等。一般汽车发动机曲轴用的球墨铸铁强度应不低于 600MPa，农用柴油发动机曲轴的球墨铸铁强度则不低于 800MPa。

铸造曲轴的工艺路线为：铸造→高温正火→高温回火→矫直→切削加工→去应力退火→轴颈气体渗氮（或氮、碳共渗）→矫直→精加工→零件。

铸造质量对铸造曲轴质量有很大影响，应保证铸造毛坯球化良好并无铸造缺陷。正火是为了增加组织中珠光体的含量并使其细化，以提高其强度、硬度与耐磨性；高温回火的目的在于消除正火过程中造成的内应力。表 10－10 中对各种曲轴的工作条件、选材以及热处理工艺进行了介绍。

表 10－10　各种曲轴的工作条件、选材及热处理技术条件

序号	工作条件	材料	热处理		应用举例
			工艺	技术要求	
1	中等载荷，中等转速，工作较平稳，冲击较小	45	感应加热表面淬火	层深：2～4.5mm 硬度：55～63HRC	轿车，轻型车，拖拉机
		50Mn	570℃ 碳、氮共渗 180min，油冷	层深：>0.5mm 硬度：≥500$HV_{0.1}$	
		QT600－3	560℃ 碳、氮共渗 180min，油冷	层深：≥0.1mm 硬度：>650$HV_{0.1}$	
2	中等或较高载荷，中等转速，冲击较大，轴颈摩擦较大	QT600－3	感应加热表面淬火，自回火	层深：2.9～3.5mm 硬度：46～58HRC	载重车，拖拉机
		45	感应加热表面淬火，自回火	层深：3～4.5mm 硬度：55～63HRC	
		45	感应加热表面淬火，自回火	层深：≥3mm 硬度：≥55HRC	
3	功率较大，转速较高，轴所受的负荷与冲击较大，轴颈摩擦较严重	45	氮、碳共渗	层深：0.9～1.2mm 硬度：≥300 HV_{10}	重型载重车
		QT600－3	正火+回火	硬度：280～321HB	
		35CrMo	感应加热表面淬火	层深：3～5mm 硬度：53～58HRC	
4	负荷较高，转速较高，轴颈处摩擦强烈	QT600－3	正火+回火	硬度：240～300HB	大马力柴油机
		35CrNi3Mo	490℃渗氮 60h	层深：≥0.3mm 硬度：≥600HV	
		35CrMo	515℃离子渗氮 40h	层深：≥0.5mm 硬度：≥550HV_{10}	
		QT600－3	510℃渗氮 120h	层深：≥0.7mm 硬度：≥600HV	

3）汽车半轴

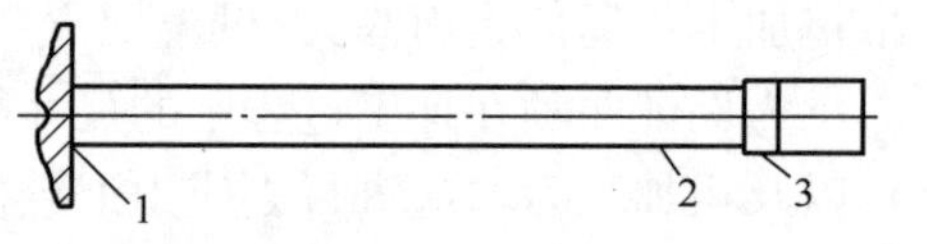

图10-3 汽车半轴结构示意图
1—花键端;2—花键与杆连接部位;
3—法兰与杆连接部位。

半轴是连接发动机与车轮的传动件,半轴轴杆一端带有花键,另一端带有法兰,其结构见图10-3。半轴主要承受驱动和制动扭矩,尤其是在汽车启动、刹车和爬坡时扭矩很大。半轴的使用寿命还与花键齿的耐磨性能有关。对重型载重车半轴,轴杆与花键的连接处、轴杆与法兰的连接处是易发生疲劳的部位。因此,半轴应有足够的强度、韧性、抗疲劳性和一定的耐磨性。

通常选用中、低碳合金调质钢制造半轴。小型汽车、拖拉机半轴多用40Cr、40MnB制造;大型载重车半轴多用40CrNi、40CrMo、40CrMnMo等钢种制造。

汽车半轴的加工艺路线为:下料→锻造→正火(或退火)→机加→调质→喷丸→矫直→感应淬火+低温回火→精加工→成品。

10.3.3 弹簧类零件的选材与加工工艺分析

1. 弹簧的工作条件和性能要求

1）工作条件

弹簧是重要的机械零件,广泛用于火车、汽车、枪炮及各种机械设备中,起承重、减震、缓冲及控制等作用。弹簧按外形分为叠板弹簧(板簧)和螺旋弹簧(卷簧),见图10-4。板簧多用于火车、汽车等,起减震作用和承受大的负荷。卷簧可承受拉力、压力和扭力载荷,起缓冲、测量、控制等作用,用途广泛。弹簧会因发生疲劳断裂或产生过大的残余永久变形而失效。

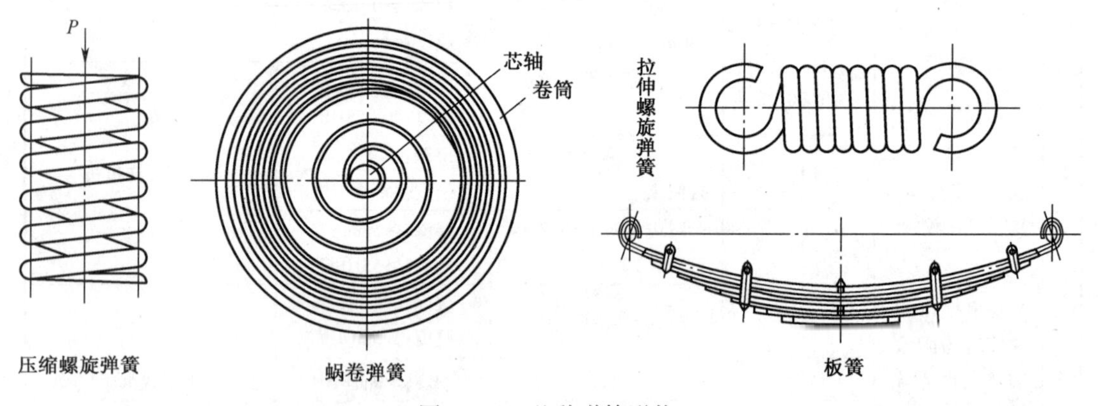

图10-4 几种弹簧形状

2）对弹簧的性能要求

弹簧应具有较高的弹性极限,以免在工作时产生残余变形;在振动及周期交变载荷作用的弹簧应具有较高抗疲劳性能,防止疲劳断裂;受较大冲击负荷起减震缓冲作用的弹簧,应具有一定的塑性和韧性;用于测量、控制的弹簧,应具有稳定的弹性系数;弹簧应具有良好的表面质量。

2. 弹簧的成形及处理工艺

直径为6~12mm的弹簧多用冷卷成形。板簧及大直径螺旋弹簧要热成形。

板簧的制造工艺为:切割→弯制主片卷耳→加热→弯曲→淬火→回火→喷丸→检验。

卷簧的制造工艺为:下料→锻尖→加热→卷簧及校正→淬火→回火→磨端面→检验。

为防止和减少弹簧淬火变形,可将加热的弹簧压住后水平淬入冷却剂(油)中。淬火与回火温度随钢及对弹簧的要求不同而异:一般弹簧钢在 350~450℃ 回火,弹性极限较高;在 450~500℃ 回火,抗疲劳性能较好。热处理时要防止脱碳,以免降低疲劳强度。以 55Si2Mn 为例,严重脱碳时,疲劳极限只有未脱碳的 46%。

3. 弹簧的选材与应用举例

表 10-11 为常用弹簧钢及其典型应用。

表 10-11　弹簧用材料用其应用

钢　号	应　用　举　例
65	用于火车车厢的螺旋弹簧或小型机械的弹簧
85	用于制造汽车、火车和拖拉机等机械中承受振动的螺旋弹簧等
65Mn	适于制造较大尺寸的各种扁、圆弹簧,座垫弹簧,气门簧,离合器簧片,刹车弹簧等
60Si2Mn、60Si2MnA	铁路机车车辆、汽车、拖拉机上的减震板簧和螺旋弹簧、汽缸安全阀簧以及要求承受较高应力的弹簧
60Si2CrA	用于 200~300℃ 工作的簧片、汽轮机汽封阀簧等
65Si2MnWA	用于制作耐高温(≤350℃)而要求强度更大的弹簧及枪管复进簧等
50CrVA	用于气门阀弹簧、油嘴簧、汽缸胀圈、安全阀弹簧等,特别适于在≤400℃下工作的弹簧及受冲击的弹簧
50CrMn	用于制造车辆、拖拉机和炮车上用的大截面和较重要板簧、螺旋弹簧
30W4Cr2VA	主要用于高温(≤500℃)条件下使用的弹簧,如锅炉安全阀用弹簧等

10.3.4　箱体支承类零件的选材与加工工艺分析

箱体支承类零件是构成各种机械的骨架,它与有关零件连成整体,以保证各零件的正确位置和相互协调地运动。一般箱体类零件多为铸件,外部或内腔结构较复杂,常见的箱体支承类零件有机床上的主轴箱、变速箱、进给箱和溜板箱,内燃机的缸体、缸盖等。

1. 箱体支承类零件的工作条件、失效形式和对材料的性能要求

箱体支承类零件一般起支承、容纳、定位及密封等作用。这类零件外形尺寸大,板壁薄,通常受力不大,多承受压应力或交变拉压应力和冲击力,故要求有较高的刚度、强度和良好的减振性,还应具有较高的尺寸和形状精度,才能起到定位准确、密封可靠的作用。另外,还须具有较高的稳定性,以便箱体零件在长期使用过程中产生尽可能小的畸变,满足工作性能要求。

箱体支承类零件在使用中主要失效形式有:变形失效,大多数是由于箱体零件铸造或热处理工艺不当造成尺寸、形状精度达不到设计要求以及承载力不够而产生量弹、塑性变形;断裂失效,箱体零件的结构设计不合理或铸造工艺不当造成内应力过大而导致某些薄弱部位开裂;磨损失效,主要是箱体零件中某些支承部位的硬度不够而造成耐磨性不足,工作部位磨损较快而影响了工作性能。

根据上述工作条件和失效形式,箱体支承类零件对材料的主要性能要求是:具有较高的硬度和抗压强度,具有较小的热处理变形量,同时还应具有良好的铸造工艺性能。

2. 箱体支承类零件的选材及热处理工艺

箱体支承类零件及热处理工艺的选择,主要根据其工作条件来确定。常用的箱体支承类零件材料有铸铁和铸钢两大类。

对于受力较大,要求强度、韧性高,甚至在高压、高温下工作的箱体支承类零件,如汽轮机机壳等,应选用铸钢。铸钢零件应进行完全退火或正火,以消除粗晶组织和铸造应力。

受力较大,但形状简单,数量少的箱体支承类零件,可采用钢板焊接而成。

对于受力不大,主要承受静载荷,不受冲击的箱体零件可选用灰铸铁,如 HT150、HT200。若在工作中与其他零件有相对运动,相互间有摩擦、磨损,则应选用珠光基体灰铸铁,如 HT250。铸铁零件一般应进行去应力退火,消除铸造内应力,减少变形,防止开裂。

受力不大,要求自重轻或导热好的箱体零件,可选用铸造铝合金,如 ZAlSi5Cu1Mg(ZL105)、ZAlCu5Mn(ZL201)。

受力小,要求自重轻、耐磨蚀的箱体零件,可选用工程材料,如 ABS 塑料、有机玻璃和尼龙等。

10.3.5 枪、炮管类零件的选材与加工工艺分析

1. 枪、炮身管的工作条件

枪、炮身管是发射弹丸的主要部件,本质上,身管为一个管状压力容器,它的尾端封闭(无后坐炮例外)而炮口敞开。在发射时,弹丸自身的密封结构——弹带与枪、炮身管的紧密闭合形成一个密闭空腔,火药在空腔内爆炸产生很大的压力而推动弹丸高速飞出。通常压力可高达几百兆帕(如 37 高炮膛压为 333MPa、122 加农炮为 315MPa、大口径坦克炮膛压超过 500MPa、枪膛压可达 280MPa),而作用时间很短(37 高炮弹丸在膛内仅停留 0.04s)。发射一次,作用一次。火药爆温高达 3000~3500℃。持续射击时,炮膛内温度可达千度左右,内表面可达 350~400℃或更高。所以,身管尤其是炮(枪)膛,受着高压、高温、高速火药气体的冲击、冲刷、烧蚀作用。此外,还受着弹丸(带)剧烈的摩擦使内壁产生磨损,热应力与组织应力的作用会形成裂纹,尤其是龟裂纹由阳线两侧发展连到一起时,就会加速阳线的损坏。火药气体和弹丸(带)的磨蚀作用造成的危害最大。膛线起始部的烧蚀最为严重,因为这里的温度高,弹带由这里挤进膛线,摩擦力也最大。当采取高爆温火药时,火药气体所造成的烧蚀作用就更为突出。

综合上述分析,身管在工作时受着火药气体压力和弹丸机械力的作用、热的作用和化学作用,因而受到烧蚀,这是身管失效的主要形式。此外,还有金属的塑性流动或变形以及产生裂纹和断裂。

2. 性能要求

身管的工作条件十分严酷。所以,身管材料必须具备优良的性能:应有好的耐热性,即使膛面温度高达 1093℃左右也能抵抗火药气体的烧蚀作用,耐急冷急热能力高,膨胀系数小,这样不致内膛表面镀层(涂层)脱落;应具有好的化学稳定性,高温下与火药气体接触时保持化学稳定性,或者当发生化学反应时,能形成一层粘着的防护薄膜;良好的成

形加工和热处理工艺性能。但是,现有材料并不能完全满足这些要求。实践证明,采用衬管并进行内膛电镀对提高身管的性能有明显的效果。

3. 身管用材

身管材料用得较多的是合金钢,它具有高强度、好的耐烧蚀性。为了提高身管寿命,可用耐烧蚀的材料做成衬管或采用表面镀层工艺。枪管可选用碳钢。

到目前为止,高温下钢材的力学性能、耐热性及化学性能的相关数据较少,一般是按其常温强度给以适当安全系数,并综合考虑热、化学作用的影响。火炮工作时身管受力很大,为了不使其发生塑性变形造成管壁扩张降低精度,一般以 $\sigma_{0.1}$ 作为设计计算标准。

身管零件尤其是火炮身管的截面尺寸较大,其结构示意图如图 10－5 所示。为了获得良好综合力学性能,选材时,在给定强度类别下必须与淬透层数据结合在一起考虑。通常把截面尺寸或壁厚划为三挡,分别为<80mm、≥80～120mm 和>120～160mm。

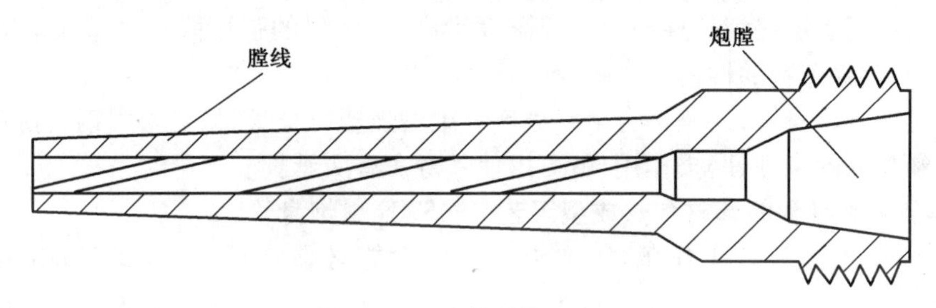

图 10－5　身管结构示意图

对强度级别为 P－75～P－80、壁厚小于 80mm 的身管,选择 PCrNi1Mo(P 表示炮钢,牌号中不标写含碳量)。而壁厚为 80～120mm 的身管,则选用 PCrNi3Mo。壁厚≥120～160mm 时,选 PCrNi3MoV(或 PCrNi3MoA)。

表 10－12、11－13 列出了部分火炮、枪身管用材情况。

表 10－12　部分火炮身管用材

钢　号	适用火炮身管
30CrNi2MoVA、35SiMn2MoVA	航空炮身管
30Si2Mn2MoWVA、30CrNi2MoVA	无后座炮、反坦克火箭炮身管
PCrNi1W、PCrNi1Mo	37 高射炮、85 加农炮身管
PCrNi2Mo	160 迫击炮身管
PCrNi3Mo	100 高射炮、130 加农炮身管
PCrNi3MoV	57 高射炮、海双 37 炮身管

表 10－13　部分枪管用材

钢　号	适　用　枪　管
50A、50BA	63 式、7.62 自动步枪身管、手枪管
30SiMn2MoVA、30CrNi2MoVA	14.5 高射机枪、7.62 轻重两用机枪枪管 77 式 12.7 高射机枪身管

枪用碳素钢含碳较高。有资料介绍 7.62mm 马克沁轻机枪及 7.62mm 勃朗宁机枪碳

含量(w_C)为0.75%,枪炮身管用合金钢碳含量(w_C)为0.3%~0.4%。在400℃以下,PCrNilMo、PCrNi3MoV与PCrNi3Mo中,由于前两种钢线膨胀系数小,热导率高,所以用它们制造的身管耐烧蚀性好,寿命长。很明显,从耐烧蚀角度看,含镍过多是不利的,但镍对钢的韧性有贡献。少量钒不仅能细化晶粒,而且还因能提高钢的回火稳定性而有利于抗烧蚀。生产实践表明,PCrNi3MoV钢身管比PCrNi3Mo钢身管的寿命长。

除钢之外,钛合金、铝合金及玻璃纤维增强塑料也都可以在某些特定条件下用来制作身管。钛合金用来制造无后坐炮身管已取得一些成就。钛合金的抗拉强度可达1125MPa。钛比钢轻40%,较易成形和热处理。但耐热水平未突破550~600℃,而且生产成本高,抗磨损性能差。所以,除无后坐炮外,其他火炮并不用钛合金作为身管材料。

铝合金的性能比钛合金差。尽管有些铝合金在200℃时仍能保持其强度特性,但这对于连续射击是无济于事的。所以铝合金可以考虑用于那些消耗性身管。

塑料也可用于那些消耗性身管。但温度增高时,塑料的强度降低。采用玻璃纤维增强之后,可以改善塑料的性能。

无论是钛合金身管,还是铝合金或玻璃纤维增强塑料身管,只要采用钢制衬管来承受火药气体和弹丸的烧蚀、磨损作用,就可以使其寿命有所延长。

4. 典型火炮身管的选材和热成型工艺——57高射炮身管

根据57高射炮身管工作条件,要求其力学性能必须满足:$R_{p0.1} \geqslant 790$MPa;硬度为302~352HB(d=3.25~3.50mm);Z=32.5%;$A_k \geqslant 26.8$J。据此确定材料强度类别为P-80。根据有关资料并参考以往用材实践,选PCrNi3MoA。

材料:PCrNi3MoA或PCrNi3MoV。工艺路线:钢锭→锻造→去氢退火→粗加工→正火→调质→钻孔、精加工→表面处理→成品。

实际生产中,57高炮身管的工艺流程比上述要复杂得多。中、小口径火炮身管采用先调质后钻孔的工艺,以减小变形。

锻造是为了获得一定形状尺寸的身管毛坯,同时也在于提高其力学性能。管坯用整钢锭锻压,钢锭的锭尾部锻成药室部,钢锭冒口部锻成炮口部。管坯锻件似变截面阶梯轴。

去氢退火是大锻件生产工艺中必不可少的。钢中含氢时,处理工艺是在580~660℃长期保温。时间参数与锻件直径(或厚度)及钢的冶炼工艺等有关。去氢后冷至300~350℃,必须限速冷却(PCrNi3Mo钢采用10℃/h的冷速),以减少和防止应力的产生。

正火目的为细化晶粒和均匀组织,为调质做组织准备。正火温度比淬火温度高10~20℃。正火在工艺路线中的安排有两种情况,本例是其一种。如果锻后紧接着进行正火和低温去氢退火(也有称高温退火或正火加高温回火的),则淬火前不再进行正火。

调质热处理是身管的最终热处理,以获得需要的组织与性能。管坯采用"空—水—油"直入式淬火。先在空气中预冷降温(对铬镍钼、铬镍钼钒钢以装炉量不同,按截面尺寸每1mm冷却1~2s计),然后垂直入水;控制大小头不同水冷时间(1~2min/100mm),再转入油中冷却(15~20min/100mm)。这种工艺的最大优点是能获得比油淬更深的淬透层,而在整个管坯进入M_s附近时,其温差比水冷小,从而减少了淬裂的危险。淬火后立即回火,特殊情况下也不得延误2h。

由于管坯必须进行校直,因此需要两次回火。第一次为校直回火,第二次为性能回火。第二次回火温度比第一次回火高 15~20℃,以彻底消除校直时产生的应力。回火温度及时间与管坯截面尺寸、钢种及性能要求等有关。本例在所用钢种及强度类别条件下,推荐温度为 585~595℃,均温保温时间 8~10h。第一次回火可采用水冷工艺,因为水冷造成的残余应力可在第二次回火时消除。第二次回火不允许快冷。由于钢中含有 Mo,故不致产生第二类回火脆。回火后获得综合性能较高的回火索氏体组织。

5. 典型枪炮身管的选材和热成型工艺——14.5 高射机枪枪管

根据 14.5 高射机枪枪管的工作条件,确定其性能指标为:$R_m \geqslant 900$MPa,$R_{eL} \geqslant 800$MPa;$A \geqslant 10\%$,$Z \geqslant 40\%$;302~341HB(d=3.3~3.5mm);$A_k \geqslant 27$J。

材料:30SiMn2MoVA。其工艺路线:下料→锻造→正火→调质→机加工+校直→去应力回火+精加工+镀铬→去氢定性回火+抛光→交验。

以上是枪管的大致工艺路线。枪管属硬度要求较低而精度要求高的零件,一般把机加工安排在调质之后进行。为了保证内膛质量,使孔直、膛线合乎要求、表面光洁,必须首先使材料的组织和性能均匀一致。材料经正火、调质后即能达到这样的要求。

淬火工艺为经 650~700℃预热后,加热到 870~890℃保温水淬。回火在(650±20)℃进行保温,然后空冷或水冷.

淬火回火的加热是在铅浴中进行。在铅浴中加热均匀,速度快,减少氧化脱碳和变形。但铅在高温下挥发,有害于操作者的健康。所以,可考虑采用中频淬火机进行枪管淬火。淬火前就已成孔的管坯,为使其充分淬透和硬度均匀,一般采用枪管淬火机对枪管内外同时以 5 个大气压(506.65KPa)的压力喷油冷却进行淬火。

去应力回火在 450~550℃进行。

去氢定性回火的目的在于消除应力及残留在铬层内的氢,一般是在 480℃保温 5~6h,然后炉冷至 300℃以下空冷。

零件经上述工艺处理后,即可获得所要求的性能。

10.3.6　量具的选材与加工工艺分析

量具指的是各种测量工具,它工作时主要受摩擦、磨损的作用,承受外力很小,因而,其工作部分要有高的硬度(62~65HRC)、耐磨性和良好的尺寸稳定性,并要求有好的加工工艺性。

精度较低、尺寸较小、形状简单的量具,如样板、塞规等,可采用 T10A 钢、T12A 钢制作,经淬火、低温回火,或用 50 钢、60 钢、65Mn 钢制作,经高频感应淬火,也可用 15 钢、20 钢经渗碳、淬火、低温回火后使用。

精度高、形状复杂的精密量具,如块规等,常用热处理变形小的钢制造,如 CrMn 钢、CrWMn 钢、GCr15 钢等,经淬火、低温回火。若要求耐蚀的量具可用不锈钢 3Cr13 钢等制造。

下面以块规为例进行分析。

块规是机械制造工业中的标准量块,常用来测量及标定线性尺寸,因此,要求块规硬度达到 62~65HRC,淬火不直度≤0.05mm,并且要求块规在长期使用中,能够保证尺寸不发生变化。

根据上述分析,选用 CrWMn 钢制造是比较合适的。

其加工工艺路线如下:锻造→球化退火→机加工→粗磨→淬火→冷处理→低温回火→时效处理→精磨→低温回火→研磨。

球化退火可改善切削加工性能,为淬火做组织准备。冷处理和时效处理的目的是为了保证块规具有高的硬度(62~66HRC)和尺寸的长期稳定性。冷处理后的低温回火是为了减小内应力,并使冷处理后的过高硬度(66HRC左右)降至所要求的硬度。时效处理后的低温回火是为了削除磨削应力,使量具的残余应力保持在最小程度。

思考题与习题

1. 什么是零件的失效?零件的失效类型有哪些?分析零件失效的主要目的是什么?

2. 材料选用的一般原则有哪些?在选用材料时有哪些方法?

3. 怎么才能做到材料的代用与节材?

4. 有一类零件,工作中主要承受交变弯曲应力和交变扭转应力,同时还受到振动和冲击,轴颈部还受到摩擦磨损。该轴直径30mm,选用45钢制造。试拟定该零件的加工工艺路线;说明每项热处理工艺的作用;分析轴颈部分从表面到心部的组织变化。

5. JN-150型载货汽车(载重量为8t)变速箱中的第二轴二、三挡齿轮,要求心部抗压强度为$\sigma_b \geq 1150$MPa,$A_k \geq 70$J;齿表面硬度≥58~60HRC,心部硬度≥33~35HRC。试合理选择材料,指定生产工艺流程及各热处理工序的工艺规范。

6. 已知一轴尺寸为ϕ30×200mm,要求摩擦部分表面硬度为50~55HRC,现用30钢制作,经高频表面淬火(水冷)和低温回火,使用过程中发现摩擦部分严重磨损,试分析失效原因,如何解决?

7. 某工厂用CrMn钢制造高精度块规,其加工路线如下:锻炼→球化退火→机械粗加工→调质→机械精加工→淬火→冷处理→低温回火并人工时效→粗磨→人工时效→研磨。试说明各热处理工序的作用。

8. 原由40Cr钢制作的拖拉机ϕ12mm连杆螺栓,其工艺路线如下:下料→锻造→退火→机加工→调质→机加工→装配。现缺40Cr材料,试选用代用材料,说明能代理的理由,并确定代用材料制作时的热处理方法。

参考文献

[1] 朱张校,姚可夫. 工程材料[M]. 北京:清华大学出版社,2009.
[2] 侯英玮. 材料成型工艺[M]. 北京:中国铁道出版社,2002.
[3] James P. Schaffer,等. 工程材料科学与设计[M]. 余永宁,强文江,等,译. 北京:机械工业出版社,2002.
[4] 韩建民. 材料成型工艺技术基础[M]. 北京:中国铁道出版社,2002.
[5] 方洪渊. 焊接结构学[M]. 北京:机械工业出版社,2008.
[6] 张柯柯. 先进焊接方法与技术[M]. 哈尔滨:哈尔滨工业大学出版社,2008.
[7] 陈勇. 工程材料与热加工[M]. 武汉:华中科技大学出版社,2001.
[8] 孙康宁,程素娟,孙宏飞. 现代工程材料成形与制造工艺基础(上册)[M]. 北京:机械工业出版社,2001.
[9] 赵程,杨建民. 机械工程材料[M]. 北京:机械工业出版社,2003.
[10] 金国珍. 工程塑料[M]. 北京:化学工业出版社,2001.
[11] 廖正品. 未来我国塑料工业发展思路及重点[J]. 塑料工业,2003,31(10):1-8.
[12] 刘新佳. 工程材料[M]. 北京:化学工业出版社,2005.
[13] 丁惠麟,辛智华. 实用铝\铜及其合金金相热处理和失效分析[M]. 北京:机械工业出版社,2008.
[14] 梅尔·库兹. 材料选择手册[M]. 陈祥宝,戴圣龙,等,译. 北京:化学工业出版社,2005.
[15] 郑峰. 铝与铝合金速查手册[M]. 北京:化学工业出版社,2008.
[16] Jacobs James A,Kilduff Thomas F. 工程材料技术[M]. 赵静,等,改编. 北京:电子工业出版社,2007.
[17] 王群骄. 有色金属热处理技术[M]. 北京:化学工业出版社,2008.
[18] 中华人民共和国国家质量监督检验检疫总局,中国国家标准化管理委员会. GB/T 228—2002 金属材料室温拉伸试验[S]. 北京:中国标准出版社,2002.
[19] 中华人民共和国国家质量监督检验检疫总局,中国国家标准化管理委员会. GB/T 1222—2007 弹簧钢[S]. 北京:中国标准出版社,2007.
[20] 中华人民共和国国家质量监督检验检疫总局,中国国家标准化管理委员会. GB 1298—2008-T 碳素工具钢[S]. 北京:中国标准出版社,2008.
[21] 中华人民共和国国家质量监督检验检疫总局,中国国家标准化管理委员会. GB 1299—2000-T 合金工具钢[S]. 北京:中国标准出版社,2000.
[22] 中华人民共和国国家质量监督检验检疫总局,中国国家标准化管理委员会. GB 9943—2008-T 高速工具钢[S]. 北京:中国标准出版社,2008.
[23] 中华人民共和国国家质量监督检验检疫总局,中国国家标准化管理委员会. GB 24594—2009-T 优质合金模具钢[S]. 北京:中国标准出版社,2009.
[24] 中华人民共和国国家质量监督检验检疫总局,中国国家标准化管理委员会. GB/T 16270—2009 高强度合金结构钢板[S]. 北京:中国标准出版社,2009.
[25] 国家技术监督局. GB/T 5613—1995 铸钢牌号表示方法[S]. 北京:中国标准出版社,1995.
[26] 中华人民共和国国家质量监督检验检疫总局,中国国家标准化管理委员会. GB/T 9440—2010 可锻铸铁件[S]. 北京:中国标准出版社,2010.
[27] 中华人民共和国国家质量监督检验检疫总局,中国国家标准化管理委员会. GB/T 18254—2002 高碳铬轴承钢[S]. 北京:中国标准出版社,2002.
[28] 中华人民共和国国家质量监督检验检疫总局,中国国家标准化管理委员会. GB/T 20878—2007 不锈钢耐热钢牌号化学成分[S]. 北京:中国标准出版社,2007.
[29] 中华人民共和国国家质量监督检验检疫总局,中国国家标准化管理委员会. GB/T 221—2008 钢铁产品牌号表示方法[S]. 北京:中国标准出版社,2008.

[30] 中华人民共和国国家质量监督检验检疫总局,中国国家标准化管理委员会. GB/T 229—2007 金属材料夏比摆锤冲击试验方法[S]. 北京:中国标准出版社,2007.
[31] 中华人民共和国国家质量监督检验检疫总局,中国国家标准化管理委员会. GB/T 1348—2009 球墨铸铁件[S]. 北京:中国标准出版社,2009.
[32] 中华人民共和国国家质量监督检验检疫总局,中国国家标准化管理委员会. GB/T 1591—2008 低合金高强度结构钢[S]. 北京:中国标准出版社,2008.
[33] 中华人民共和国国家质量监督检验检疫总局,中国国家标准化管理委员会. GB/T 8731—2008 易切削结构钢[S]. 北京:中国标准出版社,2008.
[34] 中华人民共和国国家质量监督检验检疫总局,中国国家标准化管理委员会. GB/T 9437—2009 耐热铸铁件[S].北京:中国标准出版社,2009.
[35] 中华人民共和国国家质量监督检验检疫总局,中国国家标准化管理委员会. GB/T 9439—2010 灰铸铁件[S]. 北京:中国标准出版社,2010.
[36] 中华人民共和国国家质量监督检验检疫总局,中国国家标准化管理委员会. GB/T 700—2006 碳素结构钢[S]. 北京:中国标准出版社,2006.
[37] 崔占全,孙振国. 工程材料[M]. 2版. 北京:机械工业出版社,2007.
[38] 徐自立. 工程材料及应用[M]. 武汉:华中科技大学出版社,2007.
[39] 沈莲. 机械工程材料[M]. 3版. 北京:机械工业出版社,2007.
[40] 中华人民共和国国家质量监督检验检疫总局,中国国家标准化管理委员会. GB/T16475—2008 变形铝及铝合金状态代号[S]. 北京:中国标准出版社,2008.
[41] 中华人民共和国国家质量监督检验检疫总局,中国国家标准化管理委员会. GB/T 25745—2010 铸造铝合金热处理[S]. 北京:中国标准出版社,2010.
[42] 陈振华. 变形镁合金[M]. 北京:化学工业出版社,2005.
[43] 陈振华. 镁合金[M]. 北京:化学工业出版社,2004.
[44] 莱茵斯 C,皮特尔斯 M. 钛与钛合金[M]. 陈振华,等,译. 北京:化学工业出版社,2005.
[45] 曾正明. 使用有色金属材料手册[M]. 北京:机械工业出版社,2008.
[46] 刘维良. 先进陶瓷工艺学[M]. 武汉:武汉理工大学出版社,2004.
[47] 尹衍升,陈守刚,李嘉,等. 先进结构陶瓷及其复合材料[M]. 北京:化工工业出版社,2006.
[48] 陈惠芬. 金属学与热处理[M]. 北京:冶金工业出版社,2009.
[49] 肖汉宁,高朋召. 高性能结构陶瓷及其应用[M]. 北京:化工工业出版社,2006.
[50] 宋希文. 耐火材料工艺学[M]. 北京:化学工业出版社,2008 .
[51] 李云凯,周张键. 陶瓷及其复合材料[M]. 北京:北京理工大学出版社,2007.
[52] 周玉. 陶瓷材料学[M]. 北京:科学出版社,2004.
[53] 刘宗昌. 金属学与热处理[M]. 北京:化学工业出版社,2008.
[54] 胡曙光. 特种水泥[M]. 武汉:武汉理工大学出版社,2010.
[55] 张锐,陈德良,杨道媛,等. 玻璃制造技术基础[M]. 北京:化学工业出版社,2009.
[56] 薛群虎,徐维忠. 耐火材料[M]. 北京:冶金工业出版社,2009.
[57] 江树勇. 工程材料[M]. 北京:高等教育出版社,2010.
[58] 齐宝森. 新型材料及其应用[M]. 哈尔滨:哈尔滨工业大学出版社,2007.
[59] 崔占全,王昆林,吴润. 金属学与热处理[M]. 北京:北京大学出版社,2010.
[60] 刘洋,曾令可,刘明泉. 非氧化物陶瓷及其应用[M]. 北京:化学工业出版社,2010 .
[61] 宋希文,赛音巴特尔. 特种耐火材料[M]. 北京:化学工业出版社,2010.
[62] 陈光,崔崇. 新材料概论[M]. 北京:国防工业出版社,2013.
[63] 李涛,杨慧. 工程材料[M]. 北京:化学工业出版社,2013.
[64] 王毅坚,索忠源. 金属学及热处理[M]. 北京:化学工业出版社,2014.